フランスのワインと生産地ガイド

−その土地の岩石・土壌・気候・日照、歴史とブドウの品種−

シャルル・ポムロール監修
フランス地質学・鉱山研究所 (BRGM) 編集
鞠子　正訳

古今書院
2014

TERROIRS ET VINS DE FRANCE 2E
edited by Charles Pomerol

copyright ©1984-1986 Éditions du Bureau de recherches géologiques et minières(BRGM)

THE WINES AND WINELANDS OF FRANCE
Geological journeys

under the direction of Charles Pomerol
Éditions du BRGM
ORLÉANS

English translation based on 2nd edition, Terroirs et Vins de France, revised and corrected, 1989

©1984-1986 Éditions du Bureau de recherches géologiques et minières
©1984-1986 TOTAL-Édition-Presse 25, rue Jasmin, 75016 PARIS
©1989 English language edition Robertson McCarta Limited 122 Kings Cross Road LONDON WC1X 9DS

Japanese translation rights arranged with BRGM, Orléans, France
through Tuttle-Mori Agency, Inc., Tokyo.

Fw まえがき

　過去数十年の間にワインに関する多くの本が出版されたが、ブドウと土地の間の関係を正確かつ組織的に記述したものは皆無のように思われる。この本はワイン地域に出かけ、ブドウばかりでなく地表深くの土壌、あるいはより正確に言えば風化によってその土壌を生みだした岩石に光を当てた旅行案内を書き記すことによって理論的にこれをなすことができたといえよう。小さな道路のほとりや土地の隅でブドウを生育し、地のワインを試飲するなどして研究を行った25人の共著者、地質研究者、ブドウ研究者の協力なくしてはこの本の出版はあり得なかった。

　著者らはフランスの15の主要ワイン生産地域について、ブドウ畑およびワイン生産者の歴史を簡単に述べた後、その地域の岩石、土壌、気候、露光とともに旅行コースに沿ったブドウの種類を記載した。旅行の終には読者は選ばれたワインとそれを補う素敵な料理とが調和したパーティーに招待されることになる。

　フランスの主要ワイン生産地において50に及ぶ旅行案内が記述されているが、その土地の個々のヴァン・ド・ペイ（Van de pays）ワインすべてについて述べることは不可能であった。例えば、ロワール川の南、Thouarsais, Poitou, Forez, Vivaraisあるいは Aveylon 地域では、低または平均的標高のほとんどすべての地質帯でこの範疇のワインを生産する傾向がある。これらのブドウ畑を訪れ、それらの土壌について学びたいワイン愛好家はGuides géologique régionaux（パリの Masson 社出版）から適切な情報を得ることができる。各章の始めの地質図に示されたブドウ畑区域の境界はおおよそのもので、単なる表示に過ぎない。より正確な情報を得るには、共同生産組織、ワイン生産シンジケート、専業者間委員会、とくに Institute National des Applications d'Origine（INAO）などの主要なブドウ栽培当局に問い合わせる必要がある。

　各著者らに報告や情報を提供した専門機関の多くの人々にそれぞれ謝意を述べることは不可能であるが、彼らに我々の感謝の意を表し、この本がフランス・ワインの販売促進にそれなりの寄与をすることを願っている。もし社会全体がワイン生産者の仕事を評価し、地質学よってなされた部分を生産者が理解することに、この本が寄与することができれば、我々の目的は達成される。

　地質学的な時間スケールおよび用語集が巻末のブドウ品種索引およびワイン産地名索引の前に記載されている。

　この本の一般的概念は、原稿の編集における Michel Amould および Robert Lautel の献身的助力とともに André Combaz, Robert Laitel,, Jean Ricour の共同作業によって発展した。大部分の製図作業は Odile Femandez によって行われ、百万分の一スケールの境界線入り地質図は Breau de Recherches Géologiques et Miniéres（BRGM）において作成された。

編集責任者は André Combaz（全編集・印刷）, Jean-Claude Demort, Jacqueline Goyallon, Marie-Claude Guimbaud（BRGM）である。

　多くの読者の意見を考慮して、第2版はロレーヌ、ローヌ、プロヴァンス、東アキテーヌ、ボルドー、ラングドック、ロワール地方のワインに関する追加的な情報とともに文章および挿絵を改善した。

　終わりに、この本の出版は農業貸付金（Crédit Aglocole）への加入なしには不可能であったことを明記したい。

Charles POMEROL

訳者まえがき

　この本はフランス地質学・鉱山研究所（BRGM）が、その事業の一環としてワインとその原料であるブドウと、ブドウが栽培されている土壌、ひいては土壌を生じた地質との関係を明らかにするために行った調査・研究の成果をまとめたもので、初版は1984年に発行されたが、第2版発行の後英訳版が1989年に発行された。この訳本は英訳版に基づいている。内容の大部分を訳しているが、ごく一部を省略したので抄訳とした。また各地域の案内図の道路番号などは原本発行当時とはかなり変わっているので、Google地図を参考に修正した。しかし、これらの案内図はあくまで概略図なので、現地に行かれる場合は、現地で詳細な地図を求めることをお奨めする。

　フランスはすべての自治体をコミューンと称しているが、これでは訳した場合その大きさがわからないので、人口によって市、町、村として記載した。また、巻末に主要ワイン産地名として収録してあるコミューン名はカタカナ太字で示した。

　2011年におけるフランスのワイン生産量は4,960万 hl（世界の18.7%）、消費量は2,993万 hl（世界の12.4%）－国際ブドウ・ワイン機構（O.I.V.）の統計による－で、共に世界第1位であり、フランスは何と言っても世界に冠たるワイン文化の国である。本書のようにブドウと土地の間の関係を総合的に記述することができるのはおそらくフランス以外では不可能と思われる。訳者は単なるワイン好きの地質屋であり、ワインの専門家ではないが、長年携わった応用地質学の立場からこの本に興味を持ち、幸いに英訳本が出版されたのでこれを基に日本語に訳した。国内のブドウ・ワイン製造家、ワイン愛好家、ワイン輸入者あるいはフランス観光に行かれる方のお役に多少でも立てば幸いと思っている。

　なお原本にはフランス国内におけるワイン産地の分布図がないので、読者の便利のために次頁に示した。また、地質学的用語集は省略したので地学事典（平凡社）などを参照していただきたい。

鞠子　正

Ct 目次

00 歴史、ワイン、土壌——1
    0.1 ブドウとワインの起源——1
    0.2 ワインとそれを作る土壌——3
    0.3 ワインの個性と品質——6
    0.4 生命のように複雑－ワインの秘密——7
    0.5 ワインの試飲と生活芸術——8
    0.6 ワインの規制——10
    0.7 原産地名称ワインのラベルに書かれている情報——11
    参考文献——12

01 アルザス地方——13
    1.1 ブドウ畑地区の発展と分割——13
    1.2 ブドウ畑地区の地質帯と土壌——14
    1.3 ブドウ畑地区の気候と日照——16
    1.4 ブドウ畑地区とその住民の歴史——17
    1.5 アルザスのブドウとアルザス・ワイン——18
    1.6 旅行案内——23
    1.7 食べ物と飲み物の道：アルザス・ワインと地域料理との調和——44
    参考文献——46

1b ロレーヌ地方——48
    1b.1 ブドウ畑と人々の歴史——48
    1b.2 ブドウと土壌——49
    1b.3 旅行案内——51
    1b.4 ロレーヌ地方のワインと料理——54
    参考文献——54

02 シャンパーニュ地方——55
    2.1 ブドウと土壌——55
    2.2 歴史——58
    2.3 旅行案内——59
    2.4 シャンパーニュ地方の料理とワイン——70

参考文献——71

03　ブルゴーニュ—ボージョレー地方——72
　　　3.1　ブドウと土壌——72
　　　3.2　旅行案内——77
　　　3.2.1　ボージョレー地区——77
　　　3.2.2　マコネー地区——82
　　　3.2.3　コート・シャロネーズ地区——87
　　　3.2.4　コート・ドール地区——90
　　　3.2.5　シャブリ地区——102
　　　3.3　ワインと料理——104
　　　参考文献——106

04　ジュラ地方——108
　　　4.1　コート・デュ・ジュラ地区——108
　　　4.1.1　ワイン産地とその土壌——108
　　　4.1.2　旅行案内——112
　　　4.1.3　コート・デュ・ジュラ地区のワインと料理——114
　　　4.2　ビュジェ地区——115
　　　4.2.1　地域と土壌——115
　　　4.2.2　旅行案内——117
　　　4.2.3　ワインと料理——118
　　　参考文献——119

05　サヴォア地方——120
　　　5.1　ブドウ畑と土壌——120
　　　5.2　気候と日射——122
　　　5.3　ブドウ、ブドウ畑、ワイン——123
　　　5.4　旅行案内——129
　　　参考文献 --137

06　コート・デュ・ローヌおよびデュオワ地方——138
　　　6.1　北コート・デュ・ローヌ地区——138
　　　6.1.1　旅行案内——138
　　　6.1.2　ワインと料理——145
　　　6.2　南コート・デュ・ローヌ地区——145

6.2.1　ローヌ川左岸地区——145
　　　6.2.2　ブドウ畑と土壌——145
　　　6.2.3　旅行案内——146
　　　6.2.4　ワインと料理の結婚——150
　　　6.2.5　ローヌ川右岸地区——153
　　　6.2.6　旅行案内——151
　　6.3　デュオワ地区——153
　　　6.3.1　ワイン生産地およびその土壌——153
　　　6.3.2　旅行案内——154
　　　6.3.3　ワインとその飲み方——156
　　参考文献——156

07　プロヴァンス地方——157
　　7.1　ブドウと土壌——157
　　7.2　旅行案内——163
　　7.3　ワインと料理——170
　　参考文献——171

08　コルス島（コルシカ島）——172
　　8.1　ブドウと土壌——172
　　8.2　旅行案内——175
　　8.3　ワインと料理——184
　　参考文献——184

09　ラングドック-ルーション地方——185
　　9.1　Hérault 地区のブドウ畑——188
　　　9.1.1　旅行案内——188
　　9.2　Hèlault 地区の古くからのワイン産地——191
　　　9.2.1　旅行案内——191
　　9.3　Aude 地区のブドウ畑——193
　　　9.3.1　旅行案内——193
　　9.4　東ピレネー地区のブドウ畑——201
　　　9.4.1　旅行案内——201
　　9.5　ワインと料理——205
　　参考文献——206

10 南西フランス―ペイ・バスク、ベアルヌ、シャローズ地方――207

 10.1 ブドウと土壌――209

 10.2 旅行案内――211

 10.3 ワインと料理――218

 参考文献――219

11 南西フランス―アルマニャック―地方――220

 11.1 ブドウと土壌――220

 11.2 旅行案内――224

 参考文献――227

12 東アキテーヌ地方――228

 12.1 ドルドーニュ川からガロンヌ川まで――228

  12.1.1 ベルジュラック地区――228

  12.1.2 コート・ド・デュラス地区――233

  12.1.3 コート・ド・マルマンデ地区――234

  12.1.4 コート・ド・ビュゼ地区――236

  12.1.5 コート・ド・ブルロイス地区――238

  12.1.6 ワインと料理――239

 12.2 ロット川からタルン川まで――240

  12.2.1 カオール地区――240

  12.2.2 ガヤック地区――243

  12.2.3 フロントン地区――248

 参考文献――249

13 ボルドー地方――250

 13.1 ブドウと土壌――250

 13.2 旅行案内――256

  13.2.1 サン＝テミリオン地区―ポムロール地区――256

  13.2.2 アントル＝ドゥ＝メール地区―サント＝クロワ＝デュ＝モン地区―ソーテルヌ地区―バルサック地区―グラーブ地区――261

  13.2.3 Côtes de Bourg 地区―プレミア・コート・ド・ブライ地区―メドック地区――266

 13.3 ボルドー地方のワインと料理――275

 参考文献――277

14 シャラント地方——279
  14.1 ブドウと土壌——279
  14.2 旅行案内——282
  14.3 コニャックと料理——288
  参考文献——289

15 ロワール地方——290
  15.1 ブドウと土壌——291
  15.2 旅行案内——297
    15.2.1 プィィ=スュル=ロワール地区－サンセール地区－Quincy 地区——297
    15.2.2 Touraine 地区の白ワイン——301
    15.2.3 Touraine 地区およびソミュール地区の赤ワイン——305
    15.2.4 Anjou 地区——311
    15.2.5 Pays nantais 地区——315
  参考文献——319

16 ブルボネーおよびオーヴェルニュ地方——321
  16.1 ブドウと土壌——321
  16.2 旅行案内——323

地質年代概表——327

主要ブドウ品種の索引——329

主要ワイン産地名の索引——332

著者リスト

歴史、ワイン、土壌	André Combaz, Robert Lautel
	Charles Pomerol
アルザス地方	Claude Sittler
ロレーヌ地方	Claude Sittler
シャンパーニュ地方	Hubert Guérin, Michel Laurain
ブルゴーニューボジョレー地方	Noël Leneuf, Robert Lautel, Pierre Rat
ジュラ地方	
コート・デュ・ジュラ地区	Noël Leneuf, Robert Lautel, Pierre Rat
ビュジェ地区	Gérard Demarcq
サヴォア地方	Jean-Paul Rampnoux
コート・デュ・ローヌおよびデュオワ地方	
北コート・デュ・ローヌ地区	Gérard Demarcq
南コート・デュ・ローヌ地区	
ローヌ川左岸地区	Georges Truc
ローヌ川右岸地区	Claude Rousset
デュオワ地区	Georges Truc
プロヴァンス地方	Claude Rousset
コルス島	Alain Gauthier
ラングドック－ルーション地方	Albert Cavaillé
南西フランス－ペイ・バスク、ベアルヌ、シャローズ地方	Robert Bourrouilh, Jean Delfaud
南西フランス－アルマニャック地方	Michel Pujos, Michel Vigneaux
東アキテーヌ地方	Albert Cavaillé
ボルドー地方	Jean-Pierre Doazan, Jean-Claude Dumon
	Claude Latouche, Louis Pratviel,
	Gérard Seguin, Michel Vigneaux
シャラント地方	Pierre Moreau
ロワール地方	Jean-Jacques Macaire
ブルボネーおよびオーヴェルニュ地方	Jean-Marc Peterlongo
英訳者	Charles Polley, Graham Cross,
	Sally M. Turner

00 歴史、ワイン、土壌

　地質学とワインの結びつきは、気候が穏やかであれば、ブドウは実際ほとんどいかなる型の地質帯でも栽培できることから、必ずしも直接的には明らかではない。これが昔、実用的で高速の運搬手段が存在する前に、フランス全体でブドウが栽培された理由である。それはともかく、地質学とワインの関係は存在し、この章の目的はフランスのブドウ畑において、地下土壌が、そこで作られるワインの品質にいかに影響するかを説明することにある。すなわち、ブルゴーニュ地方においては、限られた品種のブドウ、赤ワイン用のピノ・ノワール（pinot noir）種、白ワイン用のシャルドネ（chardonay）種が特定の地層に栽培されているのでその関係を明白に見ることができる。また同様にボージョレー地区では他の品種のブドウ、ガメイ（gamay）種が結晶片岩と花崗岩上で栽培され、素晴らしいワインをこれから生産している。他の地域では様々な型のブドウが種々の地質帯で栽培され、選択された品種のブドウと土壌の型との調和が長年にわたって理解されているにもかかわらず、ワインがどの程度土壌の性質に影響されているかを確定することは困難である。ボルドー地方のようにワインが多品種ブドウの組み合わせから作られている場合は問題がより複雑になる。

　ヨーロッパ以外の主なブドウ畑は、その発端において、なによりもまず栽培の要として適切な土壌を選び、作り出し、これがその発展の要因となった。今日では、これらのブドウ畑は産業用品種のワインを大量生産するために開発され、その場合は物理学と化学が主役となる。結果的には、そのワインは多くの場合一定品質であるとして受け入れられている。しかしそこには、フランスのあるブドウ畑のように、長い伝統を通して奥深い専門的知識をもったワイン生産者と土壌との産物である奇跡的に素晴らしいワインは決して存在しない。

0.1　ブドウとワインの起源

　ワイン愛好者の最初の質問は、通常、ブドウは最初どこに出現し、その栽培の歴史はどれほどの長さにわたっているのか？　ということである。ブドウはフランスの土壌の上に数千万年の間繁茂してきた。1880年に、地質学者 E. Munier-Chalmas は第三紀の始め（約6千万年前）に堆積した石灰岩中に G. de Saporta によって *Vitis sezannesis* と名付けられたブドウの葉の痕跡を発見した。しかし、それは今日南部北アメリカに見いだされる亜熱帯種に属し、現在フランスで栽培されているブドウ *Vitis vinifera* とは全く別種である。後者は西アジアおよび南ヨーロッパに起源を有する植物に属している。このブドウは第四紀の気候変化に伴って南カスピ海および地中海地域からスウェーデンまでに及ぶ全ヨーロッパに伝搬したことが花粉分析によって明らかにされた。

この野生のブドウ、*Vitis vinifera silvestris*、は生理学的性質によって我らの *Vitis vinifera sativa* と区別され、この *Vitis vinifera sativa* の多重品種は、黒海およびインダス川地域に起源を有する *Vitis vinifera caucasica* から導かれたと考えられる。ギリシャ人によって育成され、ローマ人によって引き継がれ栽培が促進されたブドウは紀元前5世紀頃プロヴァンス地方およびラングドック地方に導入された。それはローヌ川およびガロヌ盆地を通ってさらに北および西へブルターニュ、ノルマンディー、フランドル、シャンパーニュ、アルザス地方へと次第に土地を得ていった。また、ギリシャとアジアからヨーロッパの中心部を通ってローマ人のルートに接続するもっともらしいルートもしばしば提案されている。

このような伝搬は、ブドウが今日しばしば考えられているよりも物理条件に左右されないことを示唆している。

今や、ブドウは太古の昔からワインの生産に用いられてきたことが知られている。ワインは常に信仰、神話、宗教、文化に伴うシンボルとなってきた。またそれは、神とともにあり、神聖なものにふれる神秘的な何かである。聖書はワインついて600回ほど言及しており、その最もよく知られているものはノアの試練に関する挿話である。フランスではかつてブドウ畑は一般にもっと広く分布していた。運搬が困難であれば、ワインを飲むためには人はその場所でワインを作らなければならない。厳しく寒い大陸性気候の地域の例として、ロレーヌ地方をあげれば、そこでは春霜によって良い収穫は4年に一度しか得られなかった。しかし、いずれにしても、ブドウはあらゆるところで栽培されていた。

ブドウの熟し方が貧弱であればワインの品質は、並はずれたものにならなかったのは明らかである。したがって17世紀に始まって以来ブドウ汁に砂糖を加えることは問題にはならなかった。また古代には、オセール、ブルゴーニュ、ボルドー地方のある例外的なブドウ畑で作られたものを除いて、ワインを遠距離運搬するということはなかった。その時に用いられた容器には2つの型があり、その1つはギリシャとローマの耳付きの壺、アンフォーラ（amphorae）でコルク栓を付けることが難しく、壊れやすいものであった。2つめは樽で、その利点はガリア人のみが恩恵を被った。実際には、川や海に通路を有するブドウ畑のみがワインを売ったり交換することができた。航路を有していたヨンヌ川は、オセール地域に対してパリ風のマーケットを開き、その範囲はサンス地域まで及んだ。一方ブルゴーニュ地方はヨンヌ川まで荷馬車を用いねばならず不利な条件を負っていた。ボルドー地方のワインは海路によって英国やオランダに運ばれ、アルザス地方のワインはライン川を下ってオランダに、ドナウ川を通ってウイーンまで運ばれた。

液体を確実に密閉し、ワインの熟成にとって基本的な周囲の空気との微妙な交換を可能にするコルクの使用は、比較的最近18世紀になって始まった。

記憶すべき歴史的事実として次のようなことがあげられる。ガリアのブドウ畑は盛んにローマのワインに挑戦し、その結果ローマ皇帝ドミティアヌスは西暦91年から95年にかけてガリアのブドウを根こそぎにするよう命じたほどである。しかし、272年から

282年にかけてプロブス皇帝はこの法令を廃棄せざるを得なくなった。アルマン人およびフランク人の犯した破壊の後、フランク王国のメロビング王朝はカロリング王朝と同様に生産を奨励した。しかし、ブドウ畑の改革はなによりもまず集団の目的のために大量のワインを必要とした聖職者たちによって行われた。15世紀から16世紀にかけて司教公邸と修道院は信徒会とともに活発に活動し、今日まで続くワインの品質に対する保証の義務化をおこなった。結局、19世紀の科学－産業革命は、一方でロレーヌ地方のように悪条件のブドウ畑に対する弔鐘を鳴らしたにも関わらず、ワイン交易に対して重要な貢献を果たした。

それから長い間、19世紀の終わりまでブドウはあらゆる場所で栽培されたが、ワインはほとんど移動して回ることはなかった。古代エジプトのワイン生産者のように、フランスの小百姓はほんの僅かワインを飲むだけでその大部分を聖職者、貴族、中産階級の人々に売り渡した。彼らは自身の消費のために残りのブドウ汁からアルコールを含まず酔うことのないリフレッシュ飲料を作った。

種々の要因が同時に起こりフランスのブドウ畑の地理的分布が変化した。最初の被害は1830年以後のオイディウム菌によって、また後にはブドウ虫によってもたらされた。それから鉄道の発達によって急速かつ容易な運搬が可能となり、フランス全土にとくに中級から高級の良いテーブルワインが行き渡るようになった。最早、家庭の消費のために適当な値段でワインを買えるようになり、すべての地域で自身のワインを作る必要がなくなった。これは並のワインを作るブドウ畑の終焉と他の型の作物への転換を意味した。卓越した品質のワインを作るブドウ畑のみが生き残ることになったのである。

0.2　ワインとそれを作る土壌

その後、ブドウ畑の生き残りと消滅の支配的な要素となったものは、何であったろうか？気候、露光、地質帯の性質、ブドウと伝統の確立などが種々の程度で関わってきた。

ブドウは、とくに丘陵の斜面では凍結が一般的であり谷の底部で被害が大きいので、気候が適当である場合のみ（春の間あまり凍らないことを意味する）生き残ることができる。湿潤時の凍結は新芽に対して致命的であるので、春の間雨は多すぎてはならない。7月、8月には、ブドウの房が長すぎて地面に接するようではいけないが、ブドウの房を大きくするのに雨は必要である。9月の太陽はブドウの房を熟させる。しかしブドウ収穫前に雨が降ると有害な腐敗病が起こる危険性を生じ、もしワイン生産者が収穫時にブドウの選別に注意を払わないと、ブドウ汁の損失をこうむる。

嵐や豪雨によって新芽あるいはブドウの木は被害を受け、土壌の表層が洗い流されてしまう。ブドウ畑のある丘陵の麓にブドウ生産者によって立てられた低い壁の後側に集積した土壌を丘陵の頂部へ戻すことはかつて女性の仕事であった。

太陽の役割は根本的に重要であり、ブドウは選択的に南と東に面して植えられる。微気候も同様に重要な役割を果たす。微気候は温度、日照、標高が適当に結びついた効果によ

るもので、ブドウ畑に成り得るかを決定する優れた保護作用をなす。

　Victor Rendu（1857）は著書"Ampélographie française（フランスのブドウ研究）"において"ブドウは水が停滞するところでなければどのような種類の地質帯にも適合する"と述べている。また"他のすべての土壌を否定してブドウに適合する土壌を決めるのは、近視眼的ではないのか？　実際、フランスではマルム期の白亜上でブドウの栽培に成功し、またジュラ紀の最良産地の土壌と同様に重く泥灰質の土壌もブドウに完全に良く適合している。素晴らしい Côte-Roite および Hermitage ワインによって証明されようにコート・ドール（Côte d'Or）の魚卵状石灰岩や花崗岩岩屑も利用され、ツーロン市付近の La Malgue ワインは Banyuls ワインと同様結晶片岩上で作られ、Cap-Breton ワインのブドウ畑はほとんど純粋な砂岩上にある──"という今日でも有効な質問を発している。これらのリストにアルザス地方の火山－堆積性土壌、ペルム－三畳紀砂岩および洪積世堆積物を加えることができる。また、同じ地域で花崗岩、片麻岩、結晶片岩、石灰岩も忘れてはならないし、以上の他、堆積岩、変成岩、噴出岩に属する種々の岩型もブドウ畑に適合する。

　これらの岩石は、採石場でも見ることができるが、数百万年以上前に堆積し、あるいは固結したものである。これらは風化によって"土層"を形成し、これはまた岩石の浸食、運搬によって生じた未固結堆積物と合併し表層を形成する。表層には、例えば、石灰岩が分解してできた残留粘土、フリントおよびミルストンを伴う粘土、重力による斜面堆積物などを含む。この堆積は数十万年をさかのぼるに過ぎない。

　表層ごとに、土層の鉱物成分、植物および動物の活動、時には 50cm の深さまでの耕作、などの相互作用が異なる結果、表層の土壌にはかなりの多様性が付与される。土層はしばしば $1km^2$ 以上の面積にわたって均質性を保持するが、土壌の均質性は数百 m^2 を超えることはない。

　ワインの個性についてその要素を決定するものは、土層の岩石型ばかりでなくそれから導かれた土壌の組成と性質である。ブドウは実際上そこでは他の作物を耕作することができないような石に富んだ土壌を好む。石に富んだ土壌のこのような性質は、ブドウの導入を促進し、逆説的にいえば、豊かな土壌より石に富んだ土壌のほうが良いブドウを生産する。

　たとえ不毛であっても、土壌は激しく働かなければならない。気候がより乾燥しているほど、より深く（0.6m）鋤で最初に耕し、それから富化剤を注意深く加えて改良する。ブドウは実際上均質な土壌より不均質な土壌を好むので、"がれ"で覆われた斜面を偏愛する。人はしばしばこの好みに介入することを考えてきたし、なお介入している。例えばシャンパーニュ地方では、白亜質の土壌にスパルナス階（暁新統最上部）の亜炭を含む粘土露頭から採掘した土を混ぜ合わせた。このような行為は古代にまでさかのぼる。

　Dion（1959）は、Château de Condé-sur-Moselle（現在の Custines）の大きなブドウ畑を改良するために荷馬車 3800 台分の牧草を輸送した記録文を Lorraine 公（1625）から抜粋引用した。例えば Mâcnnais のブドウ畑では、これら祖先伝来の作業の結果、同一の

地層でも土壌は他地域の土壌と異なっている。

　この本の多くの章で、著者はワインの特性と土壌との関係を述べている。例えばアルザス地方では、極めて多種類の土壌上で後期シルヴァネール（sylvaner）種のブドウが成熟しているのに対して、ゲヴェルツトラミネール（gewurztraminer）種のブドウは花崗岩、石灰岩－泥灰岩、沖積堆積物上にのみ見いだされている。

　同様なことがボージョレー地区の異なった種類の土壌に対して適用できる。"フルーティーで、まるまると太った、独特の風味のある、強健かつ際だったブドウが花崗岩質砂層上に、まるまると太った、豊かで、強健な、素晴らしい深赤色のブドウが結晶片岩および斑岩上に、それぞれ土壌の特徴ある風味を伴い見いだされる。

　このように一方で岩石とそれから導かれる土壌とブドウとの関係、他方で結果として得られるワインとの関係は明らかにされているが、その生化学的機構をうまく解明するにはほど遠い状態にある。例えば、Leneufu および Rat は環境に存在するカリウム、マンガン、マグネシウムのような一定の化学成分のブドウの生長と生産性における役割についての仮説を発表したが、ワインの型や品質に関しては問題が残されている。彼らはいくつかの物理的特性（斜面、"石の含有率"、粘土、全石灰岩含有率）を解析しワイン品質の水準と結びつけているに過ぎない。

　根を通って上昇する液汁によってブドウ中に濃集し、素晴らしいワインになるべき果汁を作る栄養素を如何にしてブドウが探し出すかという謎が残っている。表面的な解析によっては、根を通って循環するこの活力ある液汁の生活・変化機能の正確なイメージを描くことはできない。また地質学、すなわち根が生長する土層の性質によって、すべてを説明することはできないが、一方ワインの個性が土壌成分分類学によって強く特徴づけられることは確かである。

　緻密な石灰岩から導かれた土壌では、ブドウの根は 0.7m 以上のびない。乾燥した夏期の場合、石灰岩は毛管移動によって開花期から収穫期までにブドウによって消費される水の 35% を供給するので、水の供給は乏しいけれども十分に行われる。

　他方、砂質組織をなす土層においては、同様な夏期における水の供給が過剰となり、収穫時の品質に悪影響を及ぼす。

　実際、水供給の調節は土壌の性質の基本的要素である。このようにワインの品質を決定するものは、気候条件に基づく最適の水の保持復元容量という観点から、土壌の化学的性質よりも物理的性質であるということができる。ボルドー地方のグラーブ（Graves）地区では、土壌は礫に富む同じような外観を示しているが、土層は根の発達によって 4, 5, 6m の深さまで極めて変化に富んでいる。

　根によって提供される水供給の調節機構は、ブドウのために一定の内部環境を保持し、ブドウ品質の成熟を保証する。Graves という名のワインの特性は、礫を全く含まない下にある地層の性質の影響を強く受けている。もし水の供給が少ない場合でも、通常の量の 45% あるいは 35% 以下まで落ちなければ収穫時品質は保持される。糖分の変化は僅かで

あるが酸味は減少し、とくに品質を決定する基本的要素であるフェノール化合物に富むようになる。水の大量供給の結果は、かえってアロマと味覚成分および色素を薄めて低品質の産物を増加させる。水不足や窒素の供給不足のような産物を制限する要素は、しばしば偉大なワイン創造の原因となる。

0.3 ワインの個性と品質

ワインの"個性"は明らかに土壌の固有の性質に関係するといえるが、それは化学的要素に依存すると想像されがちである。しかし、これは仮説に過ぎないが、現在我々は次のような考えに同意している。自然は多分より複雑であり、ワインにその個性（アロマとブーケ）を基本的に与えているものは複雑な生物的"魔力（糖分と酸味の十分に発達したブドウの各房の内なる秘密）"の結果である。絞り出すときに、ブドウの破裂によってこれらはイースト菌中に解放され、発酵の際に大きな分子的混乱を起こさせると考えられる。

ワインの個性と品質を区別することは基本的に重要である。後者は特定の製造年のとくに気候的環境に関係している。

実際、品質に関するこの定性的関係は、作られるワインに対してそれ自身の特別な育ちの良さを与えるブドウの種類とともに、気候、土壌、植物との間に形成されたものである。歴史を通して、フランスのワイン生産者は耕作に用いる土壌に適合するブドウを探し続けてきた。

フランスには、40の主要な種類のブドウから製造され、それ自身の性質によって良く境界の定められた数百のワインが存在する。

長い間、多くの熟練者がブドウ研究（amperography）のために生涯を捧げてきた。Louis Orizet によれば、その研究には3つの範疇が考えられる。偉大なワインを作るブドウ"グラン・ノブレ（grande noblesse）"の研究、次にブドウの交配によって品質を向上して"グラン・クリュ（grande crus）"を作る研究、最後に"レジョナル（regional）"と称される心地よく極めて素晴らしいワインを作る研究である。この本の著者達はフランスの各ワイン生産地で使用されているブドウの主要な品種について述べている。ここでは、グラン・ノブレについて述べてみよう。ピノ・ノワール種の純粋な果汁からは、熟成後偉大なブルゴーニュ赤ワインが作られるばかりでなく、純粋な果汁を圧搾し直接シャンパーニュ・ワインが作られる。ガメイ種のブドウはボージョレー・ワインの基盤をなし、グラナシュ（grenache）種からは南部フランスのワインが作られる。偉大なボルドー赤ワインである Médoc はカベルネ・ソーヴィニオン（cabernet-sauvignon）種から作られるが、これにメルロー（merlot）種とマルベック（malbec）種が混ぜられる。白ワインに関しては、ブルゴーニュ地方およびシャンパーニュ地方のグラン・クリュであるシャルドネ種、ロワール川沿いで栽培されているシュナン（chenin）種、アルザス地方のリースリング（riesling）種、サンセール地方および南西フランス地方のソーヴィニオン（sauvignon）種、最後にボルドー地方のセミヨン（sémillon）種をあげなければならない。

しかしながら、ブドウ栽培の実験には多大な時間が必要である。最初の収穫は3年後であるが、15年までの収穫物は重要視されないし、ブドウが最良の品質になるには30年あるいは40年を要する。

ブドウ栽培およびワイン製造の方法は、フランスでは、世代から世代へ何世紀にわたって臨機応変の才に多く負っている。ワイン醸造所およびワイン貯蔵所と同様にブドウ畑において活発に保たれてきた伝統を享受するのは古くからのブドウ生産地の特権である。機械化によって、人間的介入が徹底的に弱められ、そのために素晴らしいフランスのグラン・クリュの真の創造者－この本によって我々が周知させたい－の終焉という事態にならないよう希望したい。ワインを生産するこのような職人は、比較できないような傑作を今なおほとんど毎年作っているブドウ畑の選択と確立に、ワイン生産技術を適用してきた中世の先駆的修道士の相続人である。

土壌、ブドウ、ワインとの出会いは大きな喜びをもたらしたが、最も心を豊かにした経験は、ブドウ畑とワイン貯蔵所に議論好きなワイン生産者を訪問したことである。ワインを選び、それを味わい固い友情を結ぶならば、数年後にも彼との経験を思い出すにちがいない。

0.4 生命のように複雑－ワインの秘密

ワインは、年老いた名人と同様、科学の問題ではなく芸術の問題である。それにもかかわらず、骨董品のような絵画から化学分析を目的として試料をとるのと同様な科学的好奇心を阻止することは難しい。

最良のワインも同様に分析の対象となってきたが、この魅力ある飲み物の深い秘密は現在なお良く理解されてはいない。水が人体と同様ほぼその80重量％を占め、ワインの主成分である。残りの半分強が、エチルアルコールで数十種類の他のアルコールをごく微量伴い、水に溶解している。これがワインの大雑把な構造である。アルコールが種々の香の良い成分の媒体となっている一方、水は糖分その他太陽光によってブドウ中に生成された炭水化物を溶解している。グリセリンは、いくつかの他のポリアルコールと同様ワインに旨味を与える。試飲する前にワインが旋回しているとき、グラスの表面に残っているのがグリセリンである。

また総計30以上の有機酸も存在し、これらは基本的にアルコールの仲間である。有機酸には、ラウリン酸、リンゴ酸、乳酸、クエン酸、コハク酸、酒石酸、プロピオン酸、酢酸などがある。それらは自由な状態にあり、とくにカリウム塩の形で存在する。それらの均衡のとれた割合はワインに"新鮮さ"と"活力"を与える。酒石酸が優勢な場合はしっこくなるが、幸いにも時間がたつとカリウム2酒石酸塩の形で沈殿する。しかし、酢酸が過剰であると時間がたてばワインは酢に変わる。

アミノ酸を含む窒素化合物のほかに、へた、種、若いワインを入れる樫の樽から導かれるcatechic酸から作られた稀であるがより複雑なタンニン、ポリフェノール、あるいは

色素、ヴィタミン（とくにC, B）、その他同定できない最も複雑な物質など一群の物質が存在する。また最後に、12の陰イオンと20の陽イオンからなるいくつかの無機塩をあげることができる。これらは樹液中の水に入ってきたものであり地球起源の塩類、ナトリウム、カリウム、カルシウム、マグネシウムの塩化物、硫酸塩、燐酸塩であり、微量元素としてフッ素、硼素、ヨウ素、珪素、亜鉛、鉄、マンガンを伴う。

　ごく新しくてもワインと呼ばれる透明な液体は、驚くほど複雑である。古いワインは更にもっと複雑になり、時間は偉大なワインを高貴にする。ゆっくりと、アルコールと酸は和解する。すなわち彼らは合併してエチル酒石酸塩、アミル・クエン酸塩、ブチル・プロピオン酸塩などの異なるエステルになる。それらの嗅覚および味覚的性質は際だっており、年を経るごとにそれらはワインを豊かにし、各産物にそれ自身の個性を付与する。これらの課程は、極めて遅い酸化の形でアルコールがアルデヒドに、アルデヒドがケトンに変わるという更なる化学課程が同時に起こる間に継続する。

0.5　ワインの試飲と生活芸術

　命のある物質から作られ、熟練した用心深さと注意力で人に楽しみを与えるワインは、その若々しさ、その絶頂、その病弱、その死でもって命あるもののように振る舞う。その驚嘆すべき魔力は、その中にバランスの永久的追求性向を保持している。その構成物質は2つの異なった道筋で反応する。何故なら、もしワインが立派に貯蔵され堅固な体質を持っているならば、静穏で低温のワイン貯蔵室はワインの長い寿命を保証するのに対して、事故（"ストレス"の）、化学的病気（酸化、鉄または銅"病変"－糖化性発酵によって引き起こされる条件）、あるいはバクテリアによる病気（好気性、嫌気性）によってワインは死に至る可能性があるからである。ワインは老齢によっても等しく死亡する。その悪化は、色が褐色に変わる、曇る、酸化、酸性などの間違のない徴候によって示される。

　しかし、悲しい話の時に、話を終えるのは止めよう。ちょうど牡蠣のようにワインは、目、鼻、味覚によって絶対的な新鮮さを賞味しなければならない。最初に、ワインが持っている衣が薄いか深いかである。これは目の楽しみである。白色、灰色、黄色、バラ色、タマネギの肌色、赤色……。あらゆる範囲のワインは数えきれない陰影と泡によって増加する淡い色調を持っている。純血種のワインの透明度としばしば見られる輝きの中に、分子の複雑な混合を如何にして疑うことができるだろうか？……。一方より強健なワインは、多くの他のワインのかすかに光る絹の優雅さよりも、むしろビロードのような厚みを感じさせる。

　楽しく感性に訴えるワインの試飲に入ろう。ワインの香は鼻の嗅覚器官の感覚によって感じ取られる。若い産物の香、アロマはブドウから直接受け継いだもので、夏の香水を思い起こさせる。発酵させ少し年を経ると、ワインは第二の香ブーケを持つようになる。その花のような、そして果物のようなニュアンスは、藪草、菌類、トリュフ、こはく、ジャコウ、鹿肉などの野性的な匂いを和らげる。ワインを口の中に入れる前に、その蒸発物を

長い間吸い込むことになる。暖かい粘液の薄膜の中に、ワイン自身を完全に引き渡し、その揮発性のエッセンスとエーテルが鼻の穴に吸い込まれる。それはすべての異なった味とともに味覚突起、口蓋、顎と咽喉の基底にしみ込み、最終的に無数の調和へ溶け込む。

　静かで低温の環境に10年から20年程の間保たれると、かすかな進歩が起こる……熱意のある用心深さと注意力をもって根気よくワインの瓶を開けて味わう偉大なる瞬間の到着を待ちかまえなければならない。これはしたがって急き立てられるべきではない。……長く続いた味わいの感覚に感謝している中にアロマがしばしば口の中に残る。そのようなワインこそ"長持ちする"ということができ、これがワインを味わう最良の瞬間である。

　ワインを味わう楽しさを手に入れることは難しくはなく、当たり年のヴァン・ド・ペイ（vin de pays）―地方のワインという意味―でも良い。世界の他の国々と同様フランスにおいてもなおあまりにも一般的でないこの完全な文化を楽しむためには少々の注意と準備が必要である。フランスおよび海外において、ますますワイン飲みに出くわすことが多くなったが、本当にワインを楽しめる人はなお僅かである。品質と欠点両方を真に正しく評価するには、洗練され訓練された鑑識眼ばかりでなく磨かれた心が要求される。これらの真に知的な条件は、芸術と同様即席では作れないし、創始し保存されたものである。もし人が実際ただワインを消費する者であると見なされるならば、切れ味の悪い特性のない産業ワインで十分である。そうでなければ、公共的試飲教育などのワイン評価教育によって鑑定人を増加させ、彼らによってワインの土壌と幅広い多様性に関する特質を表明させ、ブレンドされていないワインを主張させなければならない。

　理解するための唯一の方法は、まず始めることである。それには根元に戻るより良い方法はない。土壌について、臨機応変の才を如何にして学ぶかについてワイン生産者の世界をのぞくためにワイン生産地への旅行が広く行われた。ワイン生産者はフランスの心、そして長く豊かな歴史の所有者である。しかし、現在彼らが持っているような良いワインを過去においては決して持ってはいなかったし、それほど古くから良いワインを保持していたわけではない。我らの時代は、それ自身のもたらした栄光なのである……。

　終わりに言わねばならないことは、科学はワインの魔術の一部を担っているともいえるが、一方科学はその羅針盤を超越する良いワインの魔術を説明するというよりも、これを記述しているに過ぎないということである。通常のワインと良いワインの間は、化学分析によってその僅かな違いが明らかにされるだけだが、鑑定人によって魔法をかけられた"ワインの魂"がこの境界を明らかにする。

　ワインの試飲は感覚の刺激に基づく精神的な課程である。それには注意集中の能力ならびに香を呼び戻す能力が必要である。"高級な文化"の産物であるワインはその価値を評価できる鑑定人、言い換えればそれに適した洗練された人を必要とする。ワインは料理の理想的な仲間であるので、家族の背景内で手ほどきが行われなければならない。何故我々の子供達には匂いを感じ味を味わう能力が発達しないのか？　我々は彼らに、単に遠くから美しい物を評価させておくだけでなく、経験させなければならない。……同時に節制と

いうことも学ばねばならないが。芸術と倫理は完全に手に手を取って行くことができる。子供の強い探求心は、このようにしてすべての分野において容易に真の価値を実感するとともに、味を味わい匂いを感ずる経験を表現する方法を子供が会得し語彙を獲得したとき、より広げられるだろう。

　良い料理の地域は、同時に良いワインでも知られている。食べることと飲むことは同じ味覚が関係する。また、芸術は精神の手段である。多くの芸術的伝統を有する国民の住むフランスにおいて、例えばブルゴーニュ地方ではローマ時代の芸術と協力しあってワインにおける芸術の栄光が維持され、2つの伝統は彼らの高く豊かな精神によって固く結ばれている。

　洗練は文化の最高の表現である。生活芸術は人類の才能と愛によって提示された全財産によって発展する。物質は、その範囲を超えるまで、支配され高級化され、それとともに喜びをもたらす。これが、結局近代化の完全な形ではないのか？

0.6　ワインの規制

　ワイン規制の概念は、コート・デュ・ローヌ（Côtes-du-Rhône）地方の際だった特性を守りたいために最初 Le Roy de Boisemaumarié 男爵によって考えられた。その後、1919年にワインは"地域的、法に忠実、一定生産法"という条件によって認可された区域内で、指定された種類のブドウを用いて生産しなければならないことを規定した法律が導入され、これによってワイン生産地に多くの利益がもたらされた。実際には、"d'Origine（原産地）"の記号によるワインの生産区域境界設定は、Institut National des Appellations d'Origine des Vins et Eaux-de-Vie －ワイン及びブランディー用ブドウ原産地名称国立研究所－（INAO）の司法権のもとになされた。法令上の手続きにおいて、土壌の役割は地質学者を含む調査とともに重要である。この調査においては、ワインの品質とワインを生産する地質帯の性質－すなわち原岩石の地質学的性質、土壌の組織と構造、堅さ、深さ、化学組成－との関係が記録される。他の要素としては、地形的位置、緯度、傾斜、露光、自然排水容量があり、より後の要素がとくに重要である。各原産地の際だった特性が示され、その特性の原因が、とくに土層および土壌の性質であることなども記録される。調査は複数品種のブドウを対象とする場合も、1つの品種を対象とする場合もある。

　ワインの取引は綿密に吟味された世界である。フランスのワイン生産は INAO および不正取引防止サービスによる国家レベルの厳格な管理と同時にヨーロッパ・レベルの管理も受けている。1970年7月15日以来ヨーロッパのワイン協同市場が成立し、そこでは2つの範疇のワインすなわち原産地ワインと良質ワインとに区別され、前者は次のように細分されている。

　ヴァン・ド・ターブル（Vin de table）－テーブルワイン－：ラベルにアルコール％を表示。この範疇のワインはラベルに示さずにヨーロッパ共同市場に属する他の国のワインをブレンドすることができる。

ヴァン・ド・ペイ：原産地を表示。行政上の原産地を示したテーブルワインである。これは伝統的なブドウから作られ、混成物ではなく、分析と試飲によって管理されている。1つの原産地表示、すなわち生産する区域を記述する権利は"地域的、法に忠実、一定生産法"条件に基づいた一種の自然発生的な権利から構成されており、これには法律に則って外部から異議を唱えることができる。

ECは良質ワインを定められた地域（VQPRD）によって区別している。フランスにおいては、これは法令によって定められたVDQS（vins délimités de qualité supérieure）ワインおよびAOC（appellation d'origine contrôlé）ワインに相当している。地理的な境界は極めて厳密であり、ブドウ植樹、耕作法、ブドウ選別、1ヘクタール当たりの最大生産量、自然のアルコール％、可能な富化度などが組織的に規制され管理される。

実際上、VDQSとAOCの間の境界線は曖昧であり、基本的に"地域的、法に忠実、一定生産法"条件に対応して、あるいは言い換えると非常に良く確立された技術によって生産されたワインの評判にある程度左右される。問題の地区の地質学的・岩石学的性質は原産地境界の拡張の場合に適用される基準となる。ブルゴーニュ地方（ボージョレー地区を含む）のグラン・クリュ・ワインの場合には、土壌の地質学的性質が決定要素となる。他の地域では、この基準は、絶えず行われている事実連続観察において土壌の基本的な性質の比較決定に用いられるに過ぎず、与えられた土壌に対してブドウの最良品種を決定するのには適さない。

アルザス・ワインは一般の地理学的原産地の指定を受けた後、例えばリースリング種のブドウが認知されたという重要な例となっている。しかし生産をより促進し、アルザス地方のAOCワインおよびグラン・クリュ・ワインの区域境界を打破する計画が実現するためには厳格な地理学的原産地規定の必要性が今日ここでも感ぜられる。

0.7 原産地名称ワインのラベルに書かれている情報

"mise en boutelle（瓶詰めされた）"の表示は瓶詰め業者の名前、住所、職業を確認するために有用な情報である。瓶詰め業者がワイン生産者かワイン商人かを知ることは重要である。生産地と生産年は基本的な情報事項である。後者については、すべての主要ブドウ畑地区のワインの品質・熟成容量分類表のついた多くの宣伝用地図がある。この情報は、良いワイン貯蔵庫を作るための助けとなる。フランスではヨーロッパ原産地より正確かつ厳密なVDQS原産地とAOC原産地の区別がされているので、VQPRD原産地の表示は外国ワインのラベルのみに行われている。

参考文献

ワイン醸造学

Anglade, P. and Pauisais, J(1987): Vins et vignoble de France. Published by Larousse.
Clos-Jouve, H.(1974): Itinéraires à travers les vins de France. De la Romanée. Conti au Piccolo d'Argenteuil. Published by Denël.
Debuigne, G.(1970): Larousse des vins. Published by Larousse.
Dion, R.(1959): Histire de la vigne et du vin de France des orines au XDX siècle. Published by Fammarion.
Dumay, R.(1967): Guide de vin. Published by Stock. (New edition 1983).
Engalbert, H. and Engalbert, B.(1987): Histire de la vigne du vin. Published by Bordas.
Jacquelin, L. and Paulin, P.(1960): Vignes et vins de France. Published by Flammarion.
Johnson, H.(1984): Le gide mondial du vin. Published by Lafront.
Lochiver, M.(1988): Vins, vignes, et vignerons ― Historie du vignoble francais. Published by Fayard.
Lichine, A.(1972): Vins et vignobles de France, Robert Lafront, Paris.
Mastrojanni, M.(1982): Gtand livre des vins de France. Published by Solar.
Peynaud, R.(1980): La got du vin; grand livre de la degustation. Published by Dunod.
Rendo, V.(1857): Ampélographie francaise.
Rivereau-Gayon, J., Peynaud, E., Rivereau-Gayon, P. and Sudraud, P.(1975): Traité d'oenologie ― Sciences et techniques du vin. Published by Dunod
Roger, CL.(1981): Les vignerons. Published by Berger-Levrault.
Roupnel, G.(1932): Historie de la champagne francaise.

地質学

Bellair, P. and Pomerol, CH.(1982): Éléments de géologie, 8e ed. Published by Collin. Collect. U.
Debelmas, J.(1974): Géologie de ka France, 2vol., published by Doin.
Delmas, J.(1971): Les sols des vignobles, in: Ribereau-Gayon, J. and Paynaud, E., Sciences et techniques de la vigne, tI. Published by Dunod.
Dercourt, J. and Pauquet, J.(1978): Géologie. Objets et methods. Published by Dunod.
Duchaufour, PH.(1970): Précis de pédlogie. Published by Masson.
Fischer, J. and Fischer, C(1980): Fossiles de France et des regions limitrophes. Published by Masson.
Foucault, A., Raoult, J. and Raoult, F.(1983): Dictionaire de géologie. 3rd ed. Published by Masson.
Pomerol, CH.(1980): France géologique. Grand itineraries. Pablished by Masson.
Pomerol, CH. and Blondeau, A.(1980): Initiation á la géologie. Mémento du géologique. 2nd ed. Published by Boubée.
Geologic map of France of the continental margin to the scale 1/1,500,000. Published by BRGM.

（より専門的な文献は各ワイン生産地方の章の終わりに示した）

01 アルザス地方 *Alsace*

　今日 *Ampelopsis* 種および *Vitis* 種に属する何種類かの野生ブドウが、とくにライン川地域の森で知られているが、これらの"野生ブドウ"が、アルザス地方のブドウの前身であるかどうかを確定することはできない。この偉大な川の川岸に広がる森は、明らかに野生のブドウに第四紀の厳しい気候からの避難場所を与えている。実際、ライン川とネッカー川の谷の種々の後氷期堆積物中には紀元前 5,000 年の *Vitis silvestris* 種の化石化した種と木が見いだされ、また新石器時代の湖岸居住地遺跡の土壌中に紀元前 5,000 年から 3,000 年のブドウの葉と種が集積しているのが認められた。これら歴史以前の住民はアルザス平野の果物ブドウを味わっていたのである。結論的に言って、この Voges 山脈によって良く保護された地域においてヨーロッパの最も美しい北部ブドウ畑地域の 1 つが発展したということは、驚くに当たらない。

1.1 ブドウ畑地区の発展と分割

　アルザス地方のブドウ畑は、Vosges 山脈に沿って北から南へ、**マルレンハイム**（Marlenheim）町（同じ緯度でライン川沿いに Strasbourg 市がある）から**タン**（Thann）町（同じ標高でライン川沿いに Mulhause 市がある）まで 100km 以上伸びている。ブドウ畑は、山脈の根元に当たる山腹に段々畑の列をなして横たわり、ブドウで生計を立てている数万の家族の家々からなる先祖伝来の魅惑に満ちた多数の小さな町を伴っている（第 1 図）。しかしこの地域は、必ずしも今日知られているような魅惑に満ちた姿をかつて持っていたわけではない。

　4,500 万年前、古い Vosgian-Black Forest 地塊が沈降した。最初は徐々に、それからより激しく南北方向に伸びる 2 系統の割れ目が発達しライン・グラーベンを形成した（Sitter,1969）。その結果、アルザス地方のブドウ畑の領域として 3 つの地形的・構造的単位、すなわち Vosges 山地、Vosges 丘陵地、ライン沖積平野が生じた。ブドウ畑は極めて稀に山側に位置することがあるが、平野まで広がることは経済的考慮無しに行われるに過ぎない。ブドウ畑に適した領域は Vosges 丘陵地であって、その丘の斜面をときに地質学者はブドウ畑地区と称している。しかしこのブドウ生産地は他のフランスの大きなブドウ畑地域のように生産地あるいは原産地によって分類されていない。アルザスにおいては、土壌と微気候に対応して導入された 9 品種以上のブドウが栽培されているので、優勢な要素はブドウの品種である。これらはアルザスのいろいろなワインを特徴づけるもので、正確な原産地名なしに AOC ワインに指定されているか、あるいは地区的にグラン・クリュとして認められている。

　1985 年の生産において AOC ブドウ畑は境界を指定された 20,200ha およびそれ以外の

12,600ha からなっている。これはアルザス地方の農業耕地面積の 5％を占めるに過ぎないが、生産高（その 35％は野菜生産物である）の 25％を占めている。

1.2 ブドウ畑地区の地質帯と土壌

アルザス地方のブドウ畑は、3 つの地形的・地質構造的地区からなり、その地質帯と露光の適切な性質によって条件付けられている。Vosges 山地側では地質は一般に珪質岩からなり、排水と日照が重要な役割をなしている。Vosges 丘陵傾斜地は石灰質の土壌が優勢で、最適な気候条件となっている。ライン平野部では水貯蔵容量が危機的であり、最近になっても他の 2 つの地区に比べて改良されていない。

これら 3 つの地区では、土層の多様性による非常に異なった環境条件と相まって、土壌の化学的肥沃性、構造などに大きな変化が生じている。その変化は平行して生じていることもあり、古期あるいは現世の地すべり、浸食、傾斜によって交錯していることもある。各地質帯について、それから導かれた土壌の型について述べることとする。

Vosges 山地側

各地層・岩石の広がりを詳しく考慮すると、ある地域的な不均質性が存在することがわかる。ブドウ生産地質帯の標高は 400m を越えることは稀であり、一般に 250m から 360m の範囲に分布している。土地の傾斜はときに急な（65°）ことがあり、段地にすることが必要である。土壌の深さは、斜面の底部に発達する崩積層を除いて非常に浅い（0.30m）。原岩と土壌の関係は以下のようである。
○花崗岩および片麻岩－崩積土壌、褐色酸性ないしレシベ土壌、化学的に肥沃な砂
○結晶片岩－褐色硬質または粘土質土壌
○火山堆積岩－肥沃な鉱物元素に非常に富む種々の褐色土壌
○砂岩－褐色のレシベ質、ボソドール質、砂質、軽質不毛土壌

Vosges 丘陵傾斜地

種々の時代と岩石からなる地質帯が僅かな距離を隔てて並列しているのが地質学的に見たこの地区の特性である。しかし第四紀のソリフラクションに加えて地表の風化と再配列によって明瞭な土壌分類学的特徴が形成されている。その特徴は余りよく規定されていない地質帯の種々の型から自然に期待される。詳細に見るとこれらの地質帯は均質からほど遠いけれども、全体としてほとんどすべて多少とも石灰質および泥灰質の性質を持っている。ここではブドウ畑は 200m～300m の標高に位置しており、非常に変化のある傾斜角度を示すが、一般には 25°程度である。同様に土壌の厚さも地質帯と傾斜により変化に富み、約 0.50m から 2.00m である。原岩と土壌の関係は以下のようである。
○石灰質岩－褐色レンジナ、硬質および乾燥土壌
○白亜砂岩－レンジナ状土壌、褐色土壌、砂質風化透水性石灰岩、稀に肥沃質

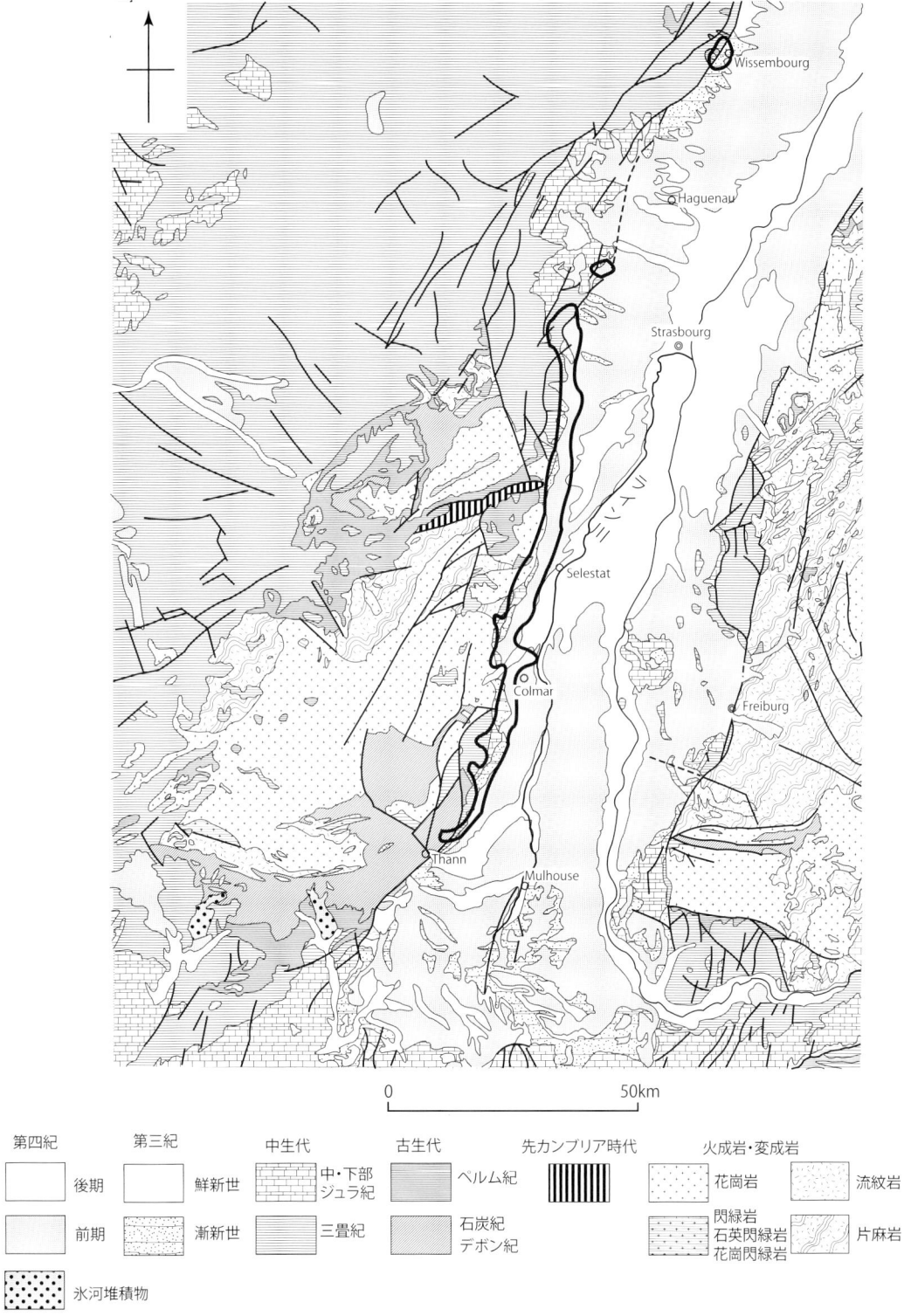

第1図　アルザス地方の地質図とAOCブドウ畑境界

○泥灰質粘土－化学的肥沃質な重質不透水性土壌
○石灰質泥灰岩－ブドウ畑として非常に適した赤色ないし褐色レンジナ（第三紀石灰岩礫岩が丘陵の縁に沿って分布している）

ライン沖積平野

　Vosges 丘陵の縁に沿ってのみワイン生産に適した地質帯が見いだされる。ここの第四紀、稀に第三紀鮮新世の堆積物は、その出発物質を供給する後背地の岩石組成を反映している。この地域の標高は、一般に 170m から 220m の間である。ここでは、土壌の厚さは極めて厚く均質であり、丘陵からの流出物によって肥沃化しているので、平野でのワイン生産拡大は土壌の水理的性質の良さと日照時間の長さによって保証される。原岩と土壌の関係は以下のようである。
○沖積成含礫砂質粘土堆積物－低進化土壌、時折浸水する褐色酸性土壌（疑似グライ土）
○黄土およびローム－褐色石灰質土壌およびパラレンジナ

1.3　ブドウ畑地区の気候と日照

　北緯 47°50′から 49°の間に位置するアルザス・ブドウ畑はブドウ栽培のほぼ北限にあるが、ここではブドウの成熟が遅いにもかかわらず（しかし、そのブドウに与えられた自然なアロマは長く保たれる）多くの産物が見いだされている。

降水量

　アルザス地方は、ライングラーベンの基底に位置し、Vosges 山脈によって良く保護されているが、1年中天候の動きは西から行われるので海洋の影響を免れることはできない。しかし、その影響は降水量については良く緩和されている。すなわちアルザスでは降水量は稀に 600mm から 700mm を越える程度であるが、Vosges 山地の頂部では 2,000mm に達する。最大降水は、常に温暖な月の間に起こり、春やしばしば夏の嵐には相当激しい土壌浸食をもたらし、あられや雹の危険も生ずる。

温度

　気候は半大陸型で、寒い冬（平均 1.9℃）で代表されるが、雪が解けることなく残るのは僅か2週間位である。夏は暑い（7月平均 20.1℃）が激しい嵐によって調節される。平均の年間気温は 10～11℃であるが、アルザスの気温の特徴として2つあげることができる。すなわち 15℃の差を持つ急速な気温変化と、平野部を霧や雲を伴った冷たい気塊が覆い、暖かく澄んで太陽が一杯の空気が Vosges 丘陵と山地の上を占めるという温度の逆転現象である。

日照

気温を一部決定する日照時間は、アルザスにおいて年間 1,500 ないし 1,800 時間と測定されているが、夏期に集中し（4月～9月72%）、ブドウの最終成熟期である 10月は伝統的に晴れ月である。

微気候

アルザスのブドウ畑はライン川において、種々の気候的および地形的要素が一致した結果、微気候について特権的な位置を占めている。極めて寒冷な冬での凍結、春の霜、湿度と秋の霧の危険は、露光、標高、傾斜、空気の流れ、土地の表面の性質の関数である。例えば、温暖帯は丘の側面および中間部に記録されている。そこでの温度は斜面の上部および下部より 1 ないし 1.5℃高く、夜間の温度も他所より下がりにくい。この温暖帯は南側に正確に位置しているわけではなく、最も急な斜面を有している側にある。

アルザスのブドウ畑は標高 150m から 350m（AOC の境界設定の上限は 380m ないし 400m である）の間に段をなして分布している。最も適した露光は、一部に南西面露光を伴う南面露光であり、ときに縁辺部において典型的な南東面露光優勢となる。どのような場合でも、アルザスにおいて露光または太陽に対する方位は、十分な基準とはならない。何故ならば、土壌の極めて変化に富む性質によって、とくにその水、空気、熱に対する吸収と保持容量によって、同じ方位が適当であったり不利であったりするからである。

1.4 ブドウ畑地区とその住民の歴史

ライン川の谷には野生のブドウが疑いもなく常に存在していたけれども、ヨーロッパ・ブドウ（*Vitis viniera*）の栽培は我々の時代の初めにさかのぼる。とくにローマ軍団のライン川の谷での活動的な定住に伴い、彼らは彼ら自身のブドウの品種を持ち込んだ。ローマ皇帝 Domittan が西暦 91 年から 95 年の間に、ライン川地区との生産競争に疑いもなくおそれをなして、ブドウの木を根こそぎ抜いたということは良く知られている。しかし西暦 272-282 年には、皇帝 Probus はアルザスにワイン生産を再導入した。5 世紀におけるゲルマン民族（アルマン人とフランク人）大移動によって一時的にワインの生産は減少したが、その後すぐに回復し、メロヴィンガ王朝、カロリン王朝、司教公邸、7 世紀に確立された大修道院の支配のもとにその重要性を増していった。大修道院はブドウ畑を買収するか、寄付として受け取った。ブドウは地域の富の根元であり、ワイン交易は、中央ヨーロッパ、オランダ、英国、スカンジナビアで始まった。9 世紀における 119 のワイン生産村から 14 世紀における 172 のコミューンまで、この拡大を停止させるものは何もなかった。Colmar 市はアルザス地区のワイン生産中心都市となり、ワイン交易によって富を蓄えた。行政官は品質に関する厳しい規制を課した。

15 世紀および 16 世紀には、アルザスのブドウ畑地区はその最盛期に達したと思われる。壮大な半木造の家と素晴らしいワイン貯蔵庫の多くは、ワイン生産コミューン繁栄の時期に建てられたものである。15 世紀から始まった Ammerschwihr 市民協会（Société des

Bourgeos d'Ammerschewir）—後の聖 Étienne 団（Confrérie Saint-Étienne）—は、最も調停能力のある町の人々を集め、コミューンのブドウ畑で生産されたすべてのワインの品質について協議を行った。繁栄した町の長は、民主的原理に沿って組織作りを行い、特定の品種のブドウ栽培とワイン生産を管理した。しかし間もなく 30 年戦争となり、アルザスにおいてとくに厳しい状況となった。村々は略奪され、多くの人々が殺され人口が激減し、ブドウ畑は荒廃した。ルイ 14 世が即位した 5 年後の 1678 年に、戦争に疲れた生存者達は、多数の移民とともにアルザスの復興に取りかかった。ブドウの木は小麦を植えるために引き抜かれ、僅かなワインは食料と交換された。

18 世紀の間にブドウ畑は徐々に復活したが、主として一般的な品種のブドウが栽培され、丘陵斜面よりも平地の耕作が好まれた。1789 年のフランス革命とともに、新しい雇い主は、平凡な人々の好みに合わせて高品質のワインを放棄し、低品質のワインを安く販売した。質より量がキー・ワードとなり、1828 年までにブドウ畑の面積は 23,000 から 30,000ha に拡張された。しかし、これらの高生産性ブドウは、19 世紀に発生した隠花植物病に対して抵抗力がなかった。1871 年にはドイツによるアルザスの併合があり、それとともにワインを水で薄め甘味料を加える新しい法律が制定され、更に品質が低下した。1914 年〜 1918 年の第一次世界大戦が過ぎると、アルザスのワイン生産者は、フランス・ワイン生産に対する微弱な変化に気が付き、品質に集中し、高生産性のブドウ（*Vitis vinifera* の種々の混成品種）にかえて、かつてアルザス・ワインを有名にした特別に選ばれたブドウの株（リースリング種、ピノ種、ゲヴェルツトラミネール種）に置き換えることにした。ブドウの木は間隔をあけて植えられ、株を用いた接ぎ木—高生産性のブドウの株へ種々の品種のブドウを接ぎ木することが、それから一般的になった。これはいろいろな品種のブドウを異なった土壌で栽培するのに適している。

悪い位置のブドウ畑の整理によって、1903 年に 25,000ha であったブドウ畑面積は 1948 年には 9,500ha に減少したが、アルザス・ワインの評判を立て直すのに効果があった。1848 年以来存在しなかった全アルザス・ブドウ畑地域を管轄する名誉ある聖 Étienne 団が、1947 年に**アンマーシュヴィア**（Ammerschwihr）町に復活した。

1.5　アルザスのブドウとアルザス・ワイン

ブドウ品種の分類

数世紀にわたってアルザス地方で栽培されたブドウは極めて多種類にわたっている。これは疑いもなく土壌の多様性によるもので、1 区画のブドウの栽培においても、多様な土壌に遭遇することがある。接ぎ木に対する株の適応性は、ブドウの品種と地質帯の土壌—地質学的性質の両方に関係し、これらは基本的に重要である。

今日約 10 品種の *Vitis vinifera* がアルザス地方ブドウ畑の座を占めている。それらは収穫後分離してワインに変換される。何故ならアルザス・ワインは、原産地に指定されている他のフランス・ワインと対照的に、地域や地質帯、あるいは原産地によってではなく伝

統的にそれが作られたブドウの種類によって特徴づけられ名付けられているからである。しかし、長い間評判の良いクリュや限定されたグラン・クリュの場合には、ワインの瓶に産地名が記されている。

　ブドウが白ワイン種（シャスラー chasslas －種、シルヴァネールー silvaner －種、リースリング種、ピノ・ブラン－ pino banc －種、ミュスカー muscat －種）であろうと、赤ワイン種（トケー－ tokay －種、ピノ・グリ－ pinot gris －種、ゲヴェルツトラミネール種、ピノ・ノアール種）であろうと、またロゼワイン種（ミュスカ・ロゼ－ muscat rose －種、シャスラ・ロゼ－ chasslas rose －種）であろうと、ロゼワインに変換されるピノ・ノアール種を除いて、一般にすべて白ワインに変換される。

　ブドウ品種序列のトップは、ゲヴェルツトラミネール種、リースリング種、ミュスカ種、ピノ・グリ種、ピノ・ノアール種で、序列後尾のシャスラ種、シルヴァネール種、ピノ・ブラン種、オセール（auxerrois）種に比べて際だっており、後者は2種以上のブドウを混合してワイン（エーデルツヴィッカー－ Edelzwicker －）を作る場合が多い。

　限定された区域内で生産されたワインは、AOC"Vins d'Alsace"（原産地呼称規制アルザス・ワイン）または "Alsace"（アルザス）と称する権利を有し、ある特別のワインは "Alsace grand cru"（アルザス・グラン・クリュ）と表記される。地区名は書かれているときと、ない場合がある。アルザス・ワインの年産額は、フランス全AOC白ワインの20%を占め、合計平均10億lで1億4,000万ボトルに達する。そのうち500万ボトルはAOC品質のスパークリング・ワイン－クレマンダルザス（"Crément d'Alsace"）－である。アルザス・ワイン全販売量の30%が輸出され、アルザスはボルドー、シャンパーニュ、ブルゴーニュに次ぐフランス・ワイン生産地である。

　単位面積当たりの平均生産量はブドウの品種によって1ha当たり55hlから98hlまで変動する。すべてのワインは、グラン・クリュの70hl/ha以下を除いて、法律によって100hl/ha以下と制定されている。毎年、CRINO専門委員会は各ブドウ品種についてワイン生産開始期日と同時に最低および最高アルコール%を設定している。

　我々は1972年以来有効となったアルザス・ワインに課せられた生産地域内での瓶詰め義務について指摘しなければならない。この品質規制はもちろんシャンパーニュを除くフランス国内に限られている。

アルザス・ワイン

○シャスラ（315ha; 2.5%）このブドウは、エジプトのあるオアシスが原産であるといわれているが、18世紀末にライン川上流部に最初に出現した。品種名は Saône-et-Loire の村の名前に由来している。このブドウはスイスの Fendant 種およびドイツの Gutedel 種とも同じである。また、このブドウは一貫性のない収穫量と非常な早熟性が特徴である。疑いもなく、このことがその栽培が定常的に減少し近い将来消滅するだろうとされる理由となっている。このブドウは軽く、新鮮で、やや控えめなワインを作る。

このようなワインはこの地域では、これ以外に今までほとんど知られていない。シャスラは、混合ブドウワイン（エーデルツヴィッカー）製造に用いられることが次第に多くなっている。

○シルヴァネール（2,523ha; 20.1%）このブドウは、18世紀末にライン川下流部に導入され、20世紀にもオーストリアから多分 Transylvania 原産のものが導入された。これはハンガリーにおいて cilifanthi 種、スイスの Valais 州で grande arvine 種と呼ばれているものである。アルザス地方では、とくにライン川下流部で最も一般的に栽培されている。このブドウは活力に乏しいが、優秀で一貫した収穫が得られ、晩熟性で、軽く、新鮮かつフルーティーなワインを作ることができる。そのワインはあらゆる場合にマッチし、飲んで楽しめる。ブドウが良い露光環境を得たところでは（例えば、**ミッテルベルカイム**－ Mittelbergheim －村の Zotzenberg の丘）、高貴で素晴らしい丸みを帯びたワインができあがり、良く熟成すればピノやリースリングに比すべきものとなる。

○ピノ・ブラン（クレブナー－ Klevner －とも言う）およびオセール（2,358ha; 18.7%）アルザス地方でのピノ種との最初の関係は16世紀にさかのぼる。これは、事実上イタリア北部原産のシャルドネ種であるブルゴーニュ地方のピノ・ブラン種とは異なる。アルザス地方のピノ・ブラン種は、しばしば他種のブドウであるオセール種（ロレーヌ州およびルクセンブルグから来たと思われる）と一緒に醸造する。これら2種のブドウの混合は平均的には優れた結果をもたらす。オセール種のブドウはピノ・ブランよりやや早熟で酸味が少ない。この2種のブドウをブレンドして作られたピノ・ワインはシルヴァネールより良いクラスのワインを構築し、バランスが良く、柔らかで、微妙なブーケを持ち、心地よい酸味のワインとなっている。

○ミュスカ（378ha; 3%）ミュスカ種のブドウは1510年の Wolxheim 教区の記録に記されている。今日、東方原産のこのブドウは2品種を有する。（1）いわゆるアルザス・ミュスカで、ミディ地域のミュスカ種と同一である。したがってライン川の気候に遅れがちで、次の（2）に置き換わる傾向がある。（2）ミュスカ・オットネル（muscut ottonel）種のブドウで、非常に早熟であり、従って開花事故を起こす傾向がある。このブドウはシャスラ種によく似た素晴らしい香を有している。ミュスカ2品種をブレンドすると最も辛口で序列トップクラスの軽いワインができる。このワインはフルーティーで、非常に特徴的なミュスカの味と、強いアロマ的ブーケを有する。このブドウの味わいのすべては、ワインに蓄えられ、軽い食前酒として特別な魅力を持っている。

○リースリング（2,606ha; 20.7%）この品種は、最も高貴で最も素晴らしいワインができる抜群のアルザス・ブドウである。このブドウは15世紀にドイツの Rhinland 地域からも導入されているけれども、アルザス地方のリースリング種はオルレアン地域原産で、ドイツの相当品種とは異なっており、現在世界中に出現している無数のリースリング種とは関係がない。このブドウは遅い時期に一貫して多収穫が得られる品種で、比較的低温下で成熟を続ける際だった特性を持っている。最良の環境で栽培され遅く

収穫した場合には、微妙なブーケと優れた果実性が組み合い、生き生きとした酸味と素晴らしい独特の風味を持った辛口のワインが得られる。アルザスのワインの王様は酸味と果実の調和がとれていなければならない。

○トケー－ピノ・グリ（618ha; 4.9%）トケーという名のブドウはオーストリア貴族のSchwendi 将軍が 1565 年頃彼の所有するアルザス地方のブドウ畑に導入したという伝説によってハンガリーとの関係が考えられる一方、これは事実上 17 世紀末以後アルザス地方に存在していたブルゴーニュ原産のピノ種であるとも考えられる。それはまたBaden 地域のルーレンダー（ruländer）種あるいは Vaud and Vlais ブドウ畑のマームジー（malmsey）種かもしれない。その成熟は極めて早く、生産は開花困難性によって不確実である。トケー種のブドウは、ときに甘く活気の充ちた、新鮮かつ豊かなブーケ持つ強いワインを作るが、顕著な酸味がある。しかし、見事に熟成する。少なくとも、アルザス地方北端の Cléebourg ブドウ畑地区で獲得した砂と粘土に富む第三紀礫岩から生じた特別な土壌の名声によらない点で、アルザス・ワインの中でトケーは例外的である。

○ピノ・ノアール（809ha; 6.4%）このブドウは、おそらくブルゴーニュ地方とアルザス地方の地形・気候条件が似ているという理由で、ブルゴーニュ地方から導入された疑いもなく最初のブドウである。この有名な赤いブドウは中世には重要な地位を占めたが、一部の地区（**オットロット**－ Ottrott －村、**マルレンハイム**町、**ロデルヌ**－ Rodern －村）で赤ワインを楽しむために継続されたのを除いてその後消滅した。このブドウによるルビー色のロゼワイン醸造の成功は最近のことであるが、そのためこの品種のブドウ生産は一定の割合で増加している。比較的最近、ロゼワインを作るのに用いられるようになったこの非常に不均質な品種のブドウは、それほど酸味が強くなく心地よい果実性が特徴で、その独創性が評価されている。ワイン愛好家の強い要望に応えるために、昔のように、このブドウで赤ワインを作ることが現在も行われている。

○ゲヴェルツトラミネール（2,496ha; 19.8%）このブドウは、イタリアの Haut-Adige 州から導入されたトラミネール・ロゼ種またはソーヴィニオン・ロゼ種からとくにアロマの良いものを選抜したものである。アルザス地方におけるトラミネール（traminer）種のブドウは、1551 年の植物学の書物である Kreuterboch に記載されている。このブドウは、疑いもなく他の種より優れており、それ自身 19 世紀とくに 1870 年以後普及したミュスカ種の淘汰に役立った。その時ゲヴェルツトラミネール種がアルザス地方に現れた。過去におけるミュスカ種よりも更に普及することになるゲヴェルツトラミネール種は、それにもかかわらず、その当時はコミューンによって指定された Klevner de Heilingstein 産地名のワインを作ったソーヴィニオン・ロゼ種の香のない変種であった。トラミネール種からゲヴェルツトラミネール種への転移はアルザスの成功物語である。なぜならその最高品質への到達はアルザス地方においてのみ可能であったからである。Vosges 丘陵の環境が、この早熟で気候の不規則さに敏感な中程度収穫量のブドウに幸いをもたらした。このブドウは飲むよりも風味を味わうワイン、非常に特徴

のある、ほのかで上品なブーケを持ち強健でかつ美しく組み立てられたワインを作る。当たり年には、それに好ましい柔らかい甘みが加わる。このワインは、際だった特徴と花のようなアロマを保ったまま良く熟成する。ゲヴェルツトラミネールによってアルザス・ワインが高く評価されているといっても良い。

○エーデルツヴィッカー（Edelzwicker）（混合ブドウワイン）（495ha; 3.9%）エーデルツヴィッカーはアルザス独自のワイン銘柄である。このワインはアルザス産地規制のワインをいくつか、一般にはシャスラ、シルヴァネール、ピノ・ブラン、オセールを組み合わせて作られる。これはいくつかの注意深く選ばれたブドウから作られたワインをブレンドした古代の方法の継続である。その場合主体となったブドウの名前がワインに付けられる。実際、いくつかの型のブドウが植えられたブドウ畑区画が混ざり合って存在していたし、現在も存在している。今日エーデルツヴィッカーは、生産者が唯一の審判員であるこれらブレンドワインに対して与えられた唯一の公認された名称である。

○クレマンダルザス　クレマンダルザスは、もっぱらピノ・ブラン、またはピノ・ノアール、リースリング、トケーから作られる。このワインはシャンパン法により醸造され、厳格に規制されている。その生産は公認されてから増加し、1985年には全アルザス産地ワイン生産の3%（25,000hl）に達している。

アルザス・ワインの飲み方

　アルザス・ワインが消費者に広く販売できるようになる前には、認可のためにすべて試飲してもらわなければならないという時代もあった。その主要な特徴は果実風味で、ブドウとその醸造時に放散されるアロマを保存するために収穫から8ないし10ヶ月以内に瓶詰めが行われる。

　アルザス・ワインは伝統的に若い中に飲まなければならないと言われてきた。これはブドウの型とブドウを作る土壌の地質学的性質によるものである。しかし、醸造学者はアルザス・ワインは、少なくとも2年以内の若すぎる中に飲んではならないと強調している。この年齢制限は平均的なでき年のワインに対して等しく有効である。他方、当たり年のワインは、良い状態に保存し早く熟成しないようにすれば、もっと長い時間熟成を続け、その最高点は4、5年以上後に達成される。ブドウが良く成熟する年には、ブドウの型に関わりなく非常に長く保存できるワインができる。しかし、トケー、ピノ・グリ、ゲヴェルツトラミネールは、製造年にかかわらず最良の熟成が行われる。

　アルザス・ワインはそのブーケは鼻を通して、その新鮮さは口蓋によって味わわねばならない、また揮発性成分のアロマをすべて保存するためには、瓶を開けたらすぐにグラスに注がねばならない。氷の入った容器に入れるのは避けなければならない（低温の衝撃によってワインが荒廃する）。適温は、クレマンダルザスについては8℃、白ワインとピノ・ロゼは12℃、ピノ・ノアールは16℃である。

1.6　旅行案内

　この旅行案内では南北方向の"アルザス・ワインの道"に沿って歩くことを提案したい。その道に沿うか、必要であれば迂回してVosges山地の端に沿うアルザス土層組成の基本的な特徴を述べ、時おり、地域につながる歴史のすべてを忘れることなく、土壌の地質学的性質とそのブドウおよびワインに対する影響を詳しく考察する予定である（旅行者案内部局によって発行される多数のちらし、とくにアルザス・ブドウ畑案内年報を参照）。

ライン川下流部のアルザス・ワインの道（第2・4図）
Wissembourg市からクルブル（Cléebourg）村まで

　Wissenbourg市を出発し、D334道路を西のWeiler村方向に進路をとる。税務所手前200mのN. D. de Weiler教会の後ろ側に大きな露天採石場①がある。ここでVosges山地基盤の灰色のグレーワッケからなる古生層が見られる。このグレーワッケは、デボン紀末期から石炭紀初期の火山－堆積成砂岩と片状堆積岩からなり、鉄に富む噴出火山岩脈が点在する。付近の地表では第四紀の河川および氷河堆積物が凹地を埋めている。

　Wissenbourg市に向かって引き返すと道路は、Vosges断層を横切る。Vosges山地基盤岩とこれを覆う三畳紀層（Vosges砂岩とムッシェルカルク統からなる）が、この断層を介して接するのが見られる。三畳紀層は、割れ目帯を形成して3.5km続きライン断層と交差する。この断層によって泥灰岩質の第三紀層が出現する。

　Rott村に向かってD77道路を行くとAOCブドウ畑地区の北部小区画に到達し、1つのワイン生産協同組合を組織している4ヶ村付近の土層を最初に調べることができる。Rott村に入ると、右側の斜面と道路の窪み②には、底部に全地域の第三紀層の基底を構成するPechelbronn層（下部漸新世）の帯緑灰色泥灰岩が見られる。頂部は、上から粘土、砂、砂岩・礫岩層からなり、ルペル階の特徴である有孔虫とカキ類を含む。礫はVosges砂岩とムッシェルカルク統からなる。これはRott礫岩層の一部であり、中期漸新世にライングラーベンに位置を占めた沿岸相堆積物である。これらの礫岩は礫を供給したVosges砂岩の麓に当たるRott村の西側全斜面に分布している。

　Rott村を離れ、左に曲がってOberhoffen地区およびSteinseltz地区を過ぎD240道路を行くと、その辺の丘陵地は第三紀の黄土とロームに覆われている。Riedseltz村で左に曲がり北の出口からAltenstadt地区への小道を1km行くと、右側に大きなRiedseltz砂採掘場③が開ける。

　黄土の下には、採掘の対象となっている厚さ10mの白色砂層を産し、褐色、黒色、時に褐炭質の粘土を挟む。これらはVosges山地が衝上を始めた時、ライングラーベンにわたって堆積した鮮新世に特徴的な砂質の河川および湖沼堆積物である。残存する植物（*Nyssa, Tsuga, Magnolia* など）は、現在より温暖な気候を指示している。

　Riedseltz村およびIngolsheim地区に戻り、丘の頂上でBremmelbach村に向かって右に曲がり、鉱山鉄道に沿って約2km行くと、前に粘土採掘場④だったモトクロス場に着

く。ここでは地表に、Rott 礫岩と同時にルペル海際に堆積した泥灰質土壌が露出している。

　Bremmelbach 村を過ぎ、**クルブル**村に向かって進むとワイン協同組合の貯蔵場⑤がある。ここではアルザス・ワイン特製品が土曜日と日曜日に提供される。そこで貴方は、この区域で名声を得たオセールとトケー―ピノ・グリを味わうことができる。その成功は砂質優勢の土壌（上部ルペル系、鮮新系、黄土起源）に関係しているといえる。乾燥しすぎない良く均衡のとれた製造年のトケーは口中で極めて新鮮であり、そのアルコール分は控えめで、特徴あるアロマを引き起こす一方、百合の香気の混ざった木の風味と匂いを持っている。

クルブル村からマルレンハイム村まで：Severune 割れ目帯

　この地学旅行は、ここでワインの道の公式出発点と一緒になる。Hochwald 山塊の麓に沿って走る D77 道路に沿って行くと、実際上 Lobsann 村に向かって南下するライン断層線上を行くことになる。Lobsann 村は 1818 年から 1950 年まで道路舗装と防水を目的とした Lobsann アスファルトを全ヨーロッパへ供給したことで有名である。このアスファルト質石灰岩は Pechelbronn 層上部で北西に向かって坑道を掘削して採掘した。

　Merkwiller 村に向かって歩き続けると、Woerth 村で Pechelbronn 油田にぶつかる。ここはライングラーベンの中で最も地温勾配が高いところである。Pechelbronn 石油博物館を訪問する。

　Woerth 村（ここにはフランスで唯一のアルコールと煙草禁止のレストランがあり、シルヴァネールとミュスカの自然の果汁を飲み、素晴らしい家庭料理を堪能できる）から Froeschwiller 村および Reichshoffen 村への旅を続けると、これは 1870 年戦争中心地（多くの記念碑がある）への聖地巡礼コースに一致する。我々はまたライン断層と Vosges 断層の間に発達する割れ目帯に入ることになる。手元の地図で Gunderhoffen 村、Pfaffenhoffen 村、Obermodern 村を経て Bouxwiller 村に行くルートを探すこと。

　Bouxwiller 石灰岩は、大陸性のルテシアン型であり、19 世紀の Cuvier の研究によって発見された哺乳類化石の際だった層準を伴う（有名な採石場がカソリック教会⑥の裏にある）。この石灰岩の下に亜炭層を挟む泥灰岩を産する。この亜炭層は 1743 年に発見され 1811 年から 1881 年まで坑道採掘された。これら始新世の岩石、動物相、植物相は、Bouxwiller 石灰岩湖とその他の湖沼の生成が、4,500 万年前のライングラーベン沈降運動の極めて初期に一致することを示す。

　Hochfelden 道路に沿って Bouxwiller 村を約 6.5km 離れると、Lixhausen 村の手前の道路の左側にリアス期（ジュラ紀初期）灰色泥灰岩の採石場⑦が操業している。泥灰岩は、プリンスバッキアン階の黄鉄鉱質アンモナイトに富む鉄質卵形コンクリーションを多少伴う。

　D25 道路を更に行くと Hochfelden 村と Schaffhouse 村の間の左の丘陵側に、Gryphaea arcuata（カキ類、頻出）を伴うリアス統基底（ヘタンギアン階－シネムリアン階）の泥

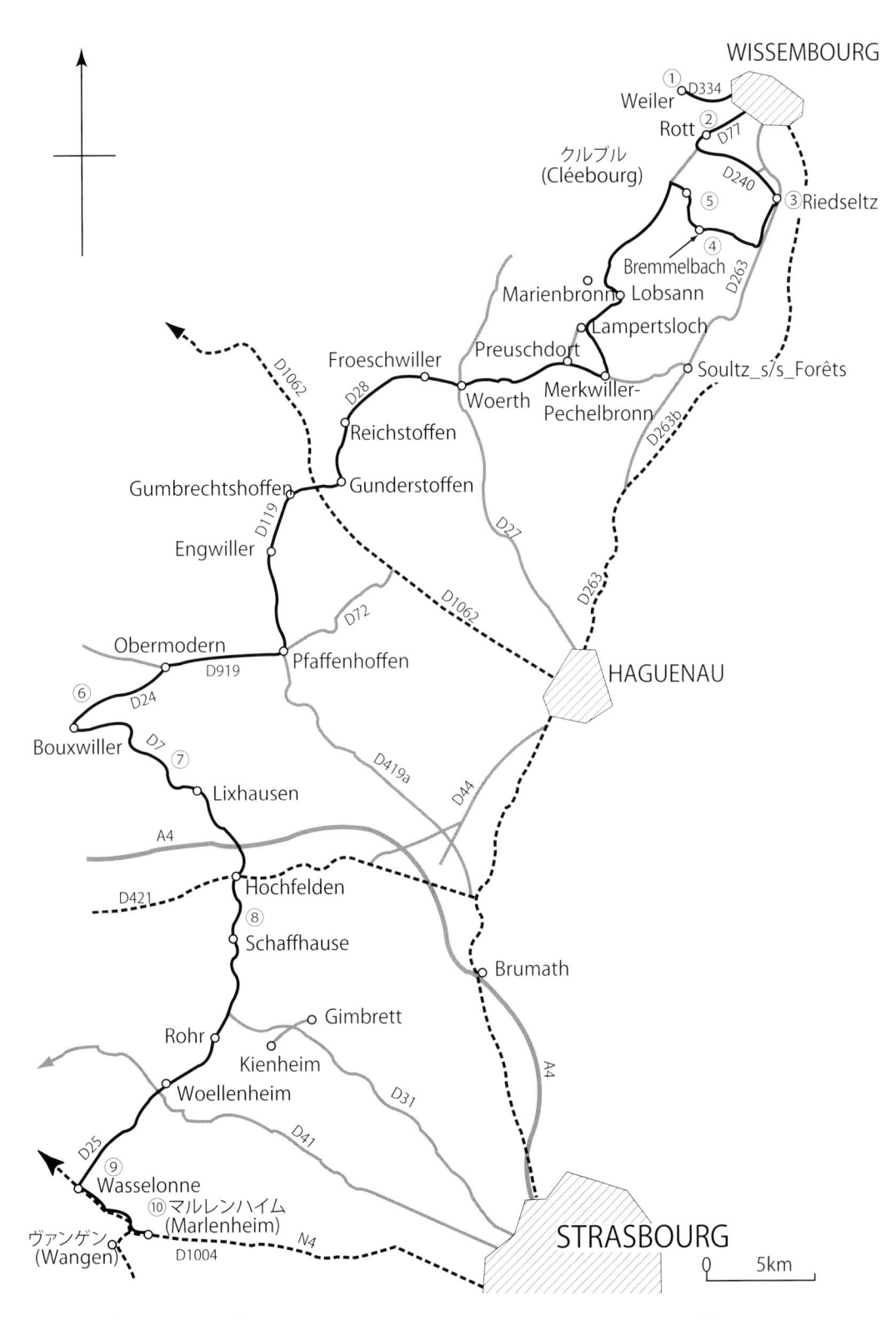

第2図　アルザス旅行案内図（1）Wissembourg市からマルレンハイム村まで

灰岩と石灰岩を露出する大きな採石場⑧が現れる。道路はNE-SW方向のKochersberg地塁に平行してこれを左側に見ながら走る。次第に古い地層が現れ、Rohr村では、コイパー統（三畳系上部統）の多色泥灰岩が露出し、ここはAOCブドウ畑地区に指定されGimbrett村とKienheim村を結んだ線で境されている。Woellenheim村ではLettenkohle層（コイパー統下部層）の粘土とドロマイトが観察され、その後すぐにムッシェルカルク統（三畳系中部統）に入る。ここにはいくつかの採石場⑨が道路の左側に開けており、道はWasselonne村に入る。ここで左に曲がるとストラスブール市に向かうD1004（N4）道路である。道路はMossig川に沿って走り地塁の中心部を切っている。ここがKronthal地塁で、頂部をSainte-Odile礫岩に覆われたVosges砂岩の崖がある（左側に採石場がある）。

マルレンハイム村におけるムッシェルカルク統石灰岩土壌上のワインの道

　マルレンハイム村は、古い歴史があり市場の立つ大きな村（"bourg"town）であり、そのブドウ畑はNordheim村（第4図）に向かって広がり、Kronthal地塁（Kochersbergホルストーテレビ塔がある）によって保護された影の場所を享受している。ここではN4道路に沿いワインの道が貴方を古い村⑩がある斜面上の2時間の散歩に誘う。

　ワインの道は市役所広場から道標が始まっており、至る所で素晴らしい丘とアルザス平野の眺望が得られ、道に沿ってブドウ栽培、ワイン製造過程、アルザス・ブドウの特徴に関する情報を示す標識がたっている。この地質帯の土壌と土層の性質は、その名称"石の塊（Steinklotz）"が良く表している。この石の塊は上部ムッシェルカルク統とLettenkohle層の砂岩と石灰岩からなる。地質図（第3図）は種々の層準とその平野方向に傾く姿勢（S-E傾斜）および地塁を切る断層を示す。

　この区域は、レンジナに属する褐色型の石灰質マグネサイト土壌を伴う典型的な石灰岩および砂質石灰岩地質帯である。地質層準の変化にかかわらず（泥灰岩中に突きだした石灰岩層をワインの道に沿って認めることができる）、一定の均質性が、地表の土壌ばかりでなくしばしば起こる浸食と地すべり現象においても現れる。1772年創設のN.-D. des Sept-Douleurs教会付近では、断層接触面とこの区域の異なった地質帯の性質を観察することができる。

　マルレンハイム村のワインは、ここでピノ・ノアールから赤ワインとロゼワインを醸造したことによって有名になった。このワインは軽く、サクランボ風の味で潤色されたもので数世紀にわたって作られ、その果実風味を完全に楽しむために若い中に消費すべきワインとして、いまだに評価されている。これは既にあるワイン生産者によって、Vorlaufの名称で登録されている。

　ブドウ収穫祭：10月第3日曜日。　Ami Fritz（Erckmann-Chatrian著）の結婚の再演：8月14、15日

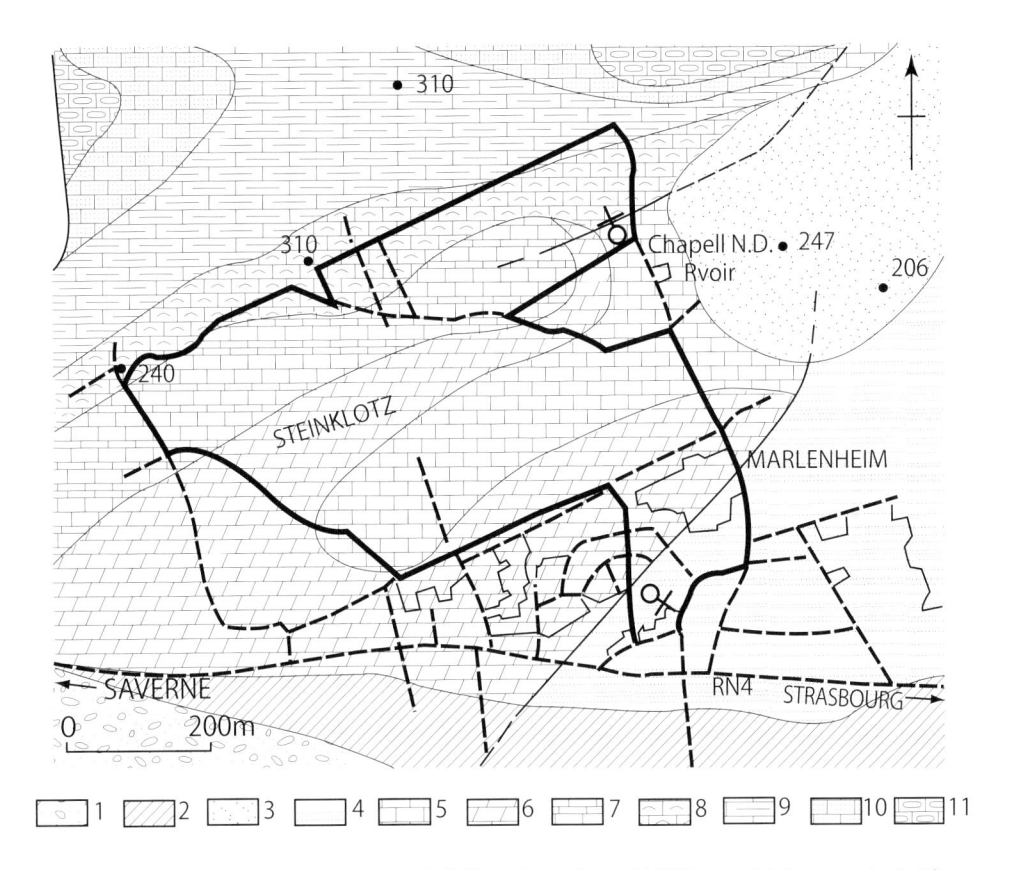

第3図 マルレンハイム村のワインの道地質図（5万分の一地質図 No.233 Saverne による）
1. 現世沖積層；2. 斜面・谷崩積土；3. "がれ"；4. 石膏質塩類質灰色泥灰岩（下部コイパー統）；5. 多色泥灰岩・ドロマイト（上部 Lettenkhole 層）；6. ドロマイト・石灰岩（下部 Lettenkhole 層）；7. アンモナイト石灰岩（上部ムッシェルカルク統）；8. ウミユリ石灰岩（上部ムッシェルカルク統）；9. ドロマイト・剥理性石灰岩（中部ムッシェルカルク統）；10. 石膏質多色泥灰岩（中部ムッシェルカルク統）；11. 細波曲状ドロマイト（下部ムッシェルカルク統）

マルレンハイム村からモルスアイム（Molsheim）町まで：Mossig 川と Bruche 川の間

　マルレンハイム村を離れて Saverne 地区の方向に行き、すぐに左に曲がってモルスアイム町に向かうと（第4図）、ワインを生産し市場の立つ要塞化した村として長く評判をとった**ヴァンゲン**（Wangen）村と**ウエストフェン**（Westhoffen）村に到着する。ここは、Kronthal 地塁の麓の沈降部すなわち Barbronn グラーベンに位置し、上部三畳系コイパー統が分布する。従って基本的には多色石膏質泥灰岩からなり、東は中期三畳紀の岩石（上部ムッシェルカルク統）からなる Scharrach-bergheim 村と Dangorsheim 村の間の上昇部によって境される。従って、Balbronn リフト・バレーによって真の地形的谷が続き、浸食されやすい両側の地塁上の泥灰岩帯がそこでは保存されている。

　トラエンハイム（Traenheim）村から**ベルグビートン**（Bergbieten）村ヘグラーベンを横切ると、土壌の色は玉虫色泥灰岩の際だった帯赤色、緑色、あるいは灰色となり、疑いなくこの区域の土壌の均質性を保持している（Flexbourg 村の古い石膏鉱山⑪を見るこ

と)。これらの土壌は時間とともにとくにリースリング種に適した疑似グライ土型の水のしみ込んだ土壌になる。例えば Traenheim 協同組合または Bergbieten ブドウ生産者のワイン貯蔵庫などでは、リースリングワインを推奨するだろう（l'Altenberg グラン・クリュ）。

　Scharrach 山の頂上からの崇高な景観を眺め、全く異なった地質帯を観察するために**シャラヒベルクハイム**（Scharrachbergheim）村⑫経由の回り道を推薦する。この地質帯は、ジュラ紀石灰岩円礫（南斜面の廃棄された採石場で見られる"巨大ウーライト"）が砂質粘土によって僅かにセメントされた礫岩からなる。その生成によって Vosges 山地－平野間の構造斜面は破壊された。この礫岩は、3,000万年ないし3,500万年前の早期漸新世の間に、河川あるいは河口近くの流れ、あるいはライングラーベン中にできた潟において、砕屑物が洗い流され、また激しい集積を引き起こして形作られたものである。この地質帯上のブドウ畑はアルザス・ブドウとくに香の良いゲヴェルツトラミネール種に最も適した泥灰岩質石灰岩土壌から恵みを得ている。**シャラヒベルクハイム**村において、このゲヴェルツトラミネール・ワインを必ず試飲すべきである。

　Soults-les-Basins 村に通ずる D422 道路に戻ることにする。D118 道路との交差点で左に曲がり、1km 行くと右側に上部ムッシェルカルク統が露出する採石場⑬の入り口がある。ここでは石灰岩層と泥灰質岩との互層が美しい級化層理を示している。北に行くと Scharrach 山頂までの中間にジュラ紀層（"巨大ウーライト"）の採石場がある。Soults-les-Basins 村に向かう D422 道路に沿って行くと Kronthal 地塁の場合と同じように Mossig 川のそばでブントザントシュタイン統（三畳系下部統）を切って Mutzig-Soultz 地塁の中心部にはいる。村の中心部で左へ Wolxheim 村の方向に曲がり、横断歩道の後約700m の左に、ブドウ畑を横切ってストラスブール城建設のために17世紀に Vauban によって開設された古い王室採石場⑭に至る道がある。

　ここでは、多色砂岩層の最上部と下部ムッシェルカルク統の露頭が無数の採掘面に現れており、上から下に向かって次のような岩石が認められる。
○黄色がかった貝殻質ドロマイト・石灰質砂岩（大きな同心円状楕円形堆積荷重痕）--10m
○ Voltzia 砂岩、その上部の粘土質砂岩は時に海生動物相を伴う炭酸塩堆積物を挟むが、下部のミルストン砂岩は、細粒ピンク色の砂岩からなり、緑色あるいは赤色の粘土質レンズによって分割されている。--12m

　Avolsheim 村においてワインの道に戻るが、ここでアルザスの聖職者 Léon9 世によって1049年に神に捧げられた Dompeter 教会を訪れることを忘れてはならない。

　モルスアイム町は、古代の司教と大学の町、Bugatti 自動車産業の中心であり、また軍駐屯地になっている Mont de Mutzig 山の斜面に張り付くブドウ畑も所有している。

　地域のワイン祭り：5月1日

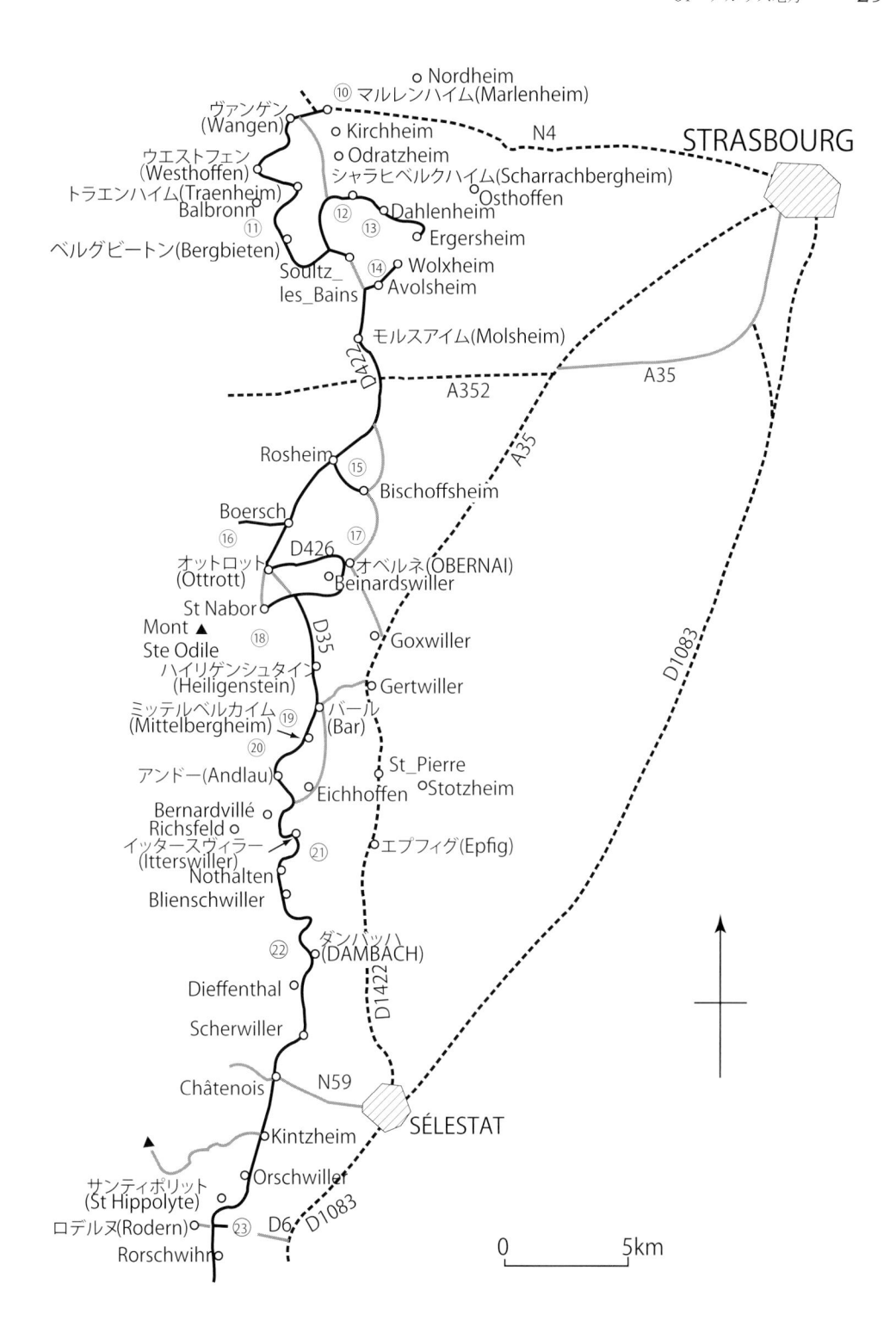

第4図　アルザス旅行案内図（2）マルレンハイム村からSélestat市周辺地区まで

オベルネ（Obernai）町周辺区域：Rosheim 町から Saint-Nabor 村まで

　D422 道路に沿って Rosheim 町に向かい、町にはいったら左に曲がり Bischoffsheim 村に向かう。約 1km 先の左側の道を行くと Burderberg 教会⑮の麓の採石場に至る。ここでは中期ジュラ紀石灰岩が石灰を作るためにかつて採掘された。南東方向に傾斜し、ウニ類とカキの化石に富むバジョシアン階の"巨大ウーライト"層の上には、バトニアン階の泥灰岩と石灰岩が露出する。これらの石灰岩とこれから誘導された斜面に分布する第三紀礫岩が、アルザス・ワイン生産地質帯の半分以上を構成している。

　Rosheim 町に戻ったならば、Saint-Pierre 教会と Saint-Paul 教会（12 世紀ライン川地域建築の装飾）およびローマ時代の家屋あるいは同時代の"異教徒の家（Maison des Païen）"を訪問しよう。村の南西出口にある由緒あるユダヤ教の共同墓地を訪問するために、Rosen-willer 地区経由の近道をとれば、D604 道路を通って Rosheim 町に帰ることができる。

　D35 道路を Boersch 村に向かって行くと、Bischenberg の美しい丘と National 山（その斜面はジュラ紀礫岩に覆われている）の背後のムッシェルカルク統と Lettenkohle 層が分布する低まった土地を通過する。Boersch 村の南の出口から Vosges 山地を貫いて Morkirch 村あるいは Kingenthal 村に達する D216 道路を行けば、2, 3km の距離の間にブントザントシュタイン統の Vosges 砂岩から貝殻に富む砂岩⑯に至る種々の層の地質断面が見られる。

　さて、山腹にわたって、断層の発達したムッシェルカルク統、広い第三紀の"がれ"斜面、被覆層上に発達した複雑な土壌上に家屋が点在する**オットロット**村に到着する。ここは、ピノ・ノアール種のブドウから作った赤ワインで長い間有名だった 3 ヶ村の 1 つである。その色は濃くないが、当たり年のワインにはチェリー・ブランディーに似たサクランボ風味があり、これが貯蔵に適した良いワインの印となる。このワインは 15℃位の温度で提供されるが、ワインの若い中に飲む方が新鮮で良い。

　D426 道路に沿って行くと**オベルネ**町に着く。ここは 15 世紀から 16 世紀にわたり小さな中心都市であったところで、中流階級の人々が彼ら自身の消費のために最高級のワインを貯蔵したことで有名である。町は漸新世礫岩からなる Mont National 山⑰に面している。

　そのブドウ畑を必ず訪れよう。小ワイン祭：8 月 15 日の週の週末。ワイン収穫祭：10 月第 3 日曜日。

　オベルネ町から Bemardswiller の町はずれを通る D109 道路を行くと、Saint-Nabor 村に着く。Saint-Nabor 村は、上部に礫岩をのせた Vosges 砂岩からなる Mont Saint-Odile 山（764m アルザスにおける最高点）の麓に小さなブドウ畑を有する。山から下りると、第四紀の薄層が上を覆う断層の発達した泥灰岩地域（コイパー統およびリアス統）が横たわっており、Vosges 断層を介してデボン紀のグレーワッケと接している。

　巨大な Saint-Vabor 採石場⑱では、Vosges 山地の基盤をなす細粒砂岩と強く変成した角礫岩と凝灰岩からなるデボン紀の火山－堆積成岩石を開発している。

Urlosenholtz 森の家への小さな道を行くと、道は厳密に Vosges 断層に沿い、やがて D35 道路に沿う**ハイリゲンシュタイン**（Heiligenstein）村に降りてくる。

ハイリゲンシュタイン村からミッテルベルカイム村まで：Barr 割れ目帯

　ここの疑斑状 Andlau 花崗岩の周縁部には、小さな Barr 割れ目帯が見え隠れする。Vosges 砂岩は断層運動により、Vosges 断層露頭線の水準でまで落ち込んでいる。断層によって強く乱されたリアス統とドッガー統は第三紀の礫岩あるいは"がれ"によって覆われている。これは Vosges 山塊に接する美しい丘陵の地形的進化－ブドウ畑に対して最も好ましい状況－に表現されている。ここには一連の有名なクリュが見出される。

　北の高地にある**ハイリゲンシュタイン**村は、平野を見渡す素晴らしいパノラマを見せてくれる。ここはアルザスにおいて、1972 年に導入されたほとんどアロマのないトラミネールの一種であるソーヴィニオン・ロゼ種－これから Klevner de Heiligenstein ワインが作られる－を栽培することを公認された唯一のコミューンである。この比類のない辛口の精妙なワインは、ブドウ間の家族関係に背いて香料のようなアロマと、稍スパイス的な花の風味を発している。

　バール（Barr）町は、Kirchberg グラン・クリュを含むブドウ畑の中央部に位置している。ここで栽培されているブドウの中、ゲヴェルツトラミネールは、その豊かさ、その滑らかさ、熟成によって得られるワインの甘草風味によって際だっている。Kirchberg グラン・クリュにおいては、シルヴァネール種のブドウが、ほとんど樹脂のような非常に独自の表情に到達している。**バール**町と**ミッテルベルカイム**村の間にある Zotzenberg の丘の南側でも同じようなことに出くわす。両者の土壌下の性質は同じで、ドッガー統石灰岩の上を漸新世礫岩が覆っている。

ミッテルベルカイム村において、明確に異なった土壌で栽培された晩熟のシルヴァネール種ブドウによって、土壌とワインの比較を行うことが実際に可能である[19]。

　村の北西に当たる Zotzenberg の丘の上の種々の型の割れ目帯は（西にはジュラ紀の泥灰岩、東にはドッガー統石灰岩・砂岩が分布）、丘の頂部に分布する第三紀の石灰岩礫岩によって覆われる。Zotzenberg の丘の山腹上部は、土壌はより礫に富むが、ここでは爽やかでフルーティー、リースリングに似た豊かさと丸みを備えたシルヴァネールを栽培している。そのワインは良く熟成しグラン・クリュの評価を得ているが、斜面の麓では細粒の崩積土が優勢となり、作られるワインはより表情に乏しいものとなっている。

　村の南側に直接する斜面を形作る優れた石灰岩土壌（"Stein―石―"と呼ばれている）は地すべりによって与えられたものである。ここで作られたシルヴァネール種のブドウを分離して醸造すると、そのワインは Zotzenberg の丘地域で作られた他のワインに対して豊かあるいは優秀と等級づけられる。

　ミッテルベルカイム村の西にある Crax Vosges 砂岩の丘の麓にある Forst 地区は、ジュ

ラ紀の泥灰岩質土層からなり、厚い砂岩の"がれ"によって覆われている。この土壌は透水性に富み養分に乏しい。ここでシルヴァネール種のブドウの成熟を遅らせて収穫すると、そのワインは緑色を帯び酸味（ソーヴィニオンに似た）があり、2、3年しか保存が利かない。

　前述の地区の直ぐ南西側の**アンドー**（Andlau）**村**（D62道路）のコミューンに属するWielesberg地区では、同様な砂岩質土壌が分布すると考えられる。しかし南西側の斜面はForst地区よりも日照が良く急速に暖まる。ここではかつてワインの消費が急速な時には、シルヴァネール・ワインが、一定の評価を得ていた。しかしここは現在、リースリングのグラン・クリュ地区になっているにもかかわらず、当たり年でもその際だった性質を表現する力に乏しいため苦しんでいる。

　ミッテルベルカイム村の他の種のブドウは、当たり年には、スパイシーで、燻煙臭のある独特の風味のワインを作る。これはBar割れ目帯土壌の特性であると思われる。

アンドー村からダンバッハ（Dambach）市まで：山地側

　D62道路に沿って行き**アンドー**村⑳に着く。ここはVosges断層の西に位置するが、断層に伴う崖はあまりはっきりと認められない。**アンドー・ブドウ畑地区**はVosges山地基盤の土壌に作られた数少ないブドウ畑地区の中の1つである。村の入り口には、異なった片状岩の土壌が分布する2つの谷が横たわっている。北側のSteige結晶片岩は固く粘板岩質で、Andlau花崗岩との接触部ではホルンフェルスに変成し、Kastelbergの丘（グラン・クリュ）上部から運ばれた花崗岩質砂と混じった石の多い暗色の土壌を生じている。南側のVillé結晶片岩はやや粘土質で褶曲し光沢があり、より砕け易い灰色の土壌を作っている。両者とも、土壌は珪質かつ鉱物栄養素に富み、石が多く暗色で、比較的透水性に乏しい。これらの土壌で、例えばリースリングを作れば、それは非常に表現力のあるミュスカ味を有し、焙煎していないコーヒーのアロマを伴っており、ある人はこれを瀝青質と表現している。

　Bermardvillé村およびその近くのReichsfeld村の山地ブドウ畑は、Villé結晶片岩とペルム紀の火山-堆積成岩の上の作られており、迂回してよる価値がある。

　イッタースヴィラー（Itterswiller）村まで行き、反対側のArnold Winstub駐車場㉑に車を止める。南東方向に2つの孤立丘が見える。これはかつてFronholzとBulettigと呼ばれた有名なブドウ畑のあった所であり、その西側は急峻で、8mの厚さの鮮新世砂層、更にその上の第四紀初期の白色化した砂岩礫層に覆われた石灰岩モラッセと第三紀泥灰岩からなる。Bulettigブドウ畑にはこれらの地質が露出し、ここを**エプフィグ**（Epfig）村のワインの道が通っている。

　Vosges断層の右側に位置するNothalten村およびBlienschwiller村に向かって旅を続ける。断層が、漸新世の泥灰岩を覆う高い標高にある沖積薄層の側面を通り、地形的特徴を示している。**アンドー**村と**サンティポリット**（Saint-Hypolyte）村の間の部分では、Vosges断層とライン断層とは事実上合併し、割れ目帯も独立したVosges丘陵も存在しない。

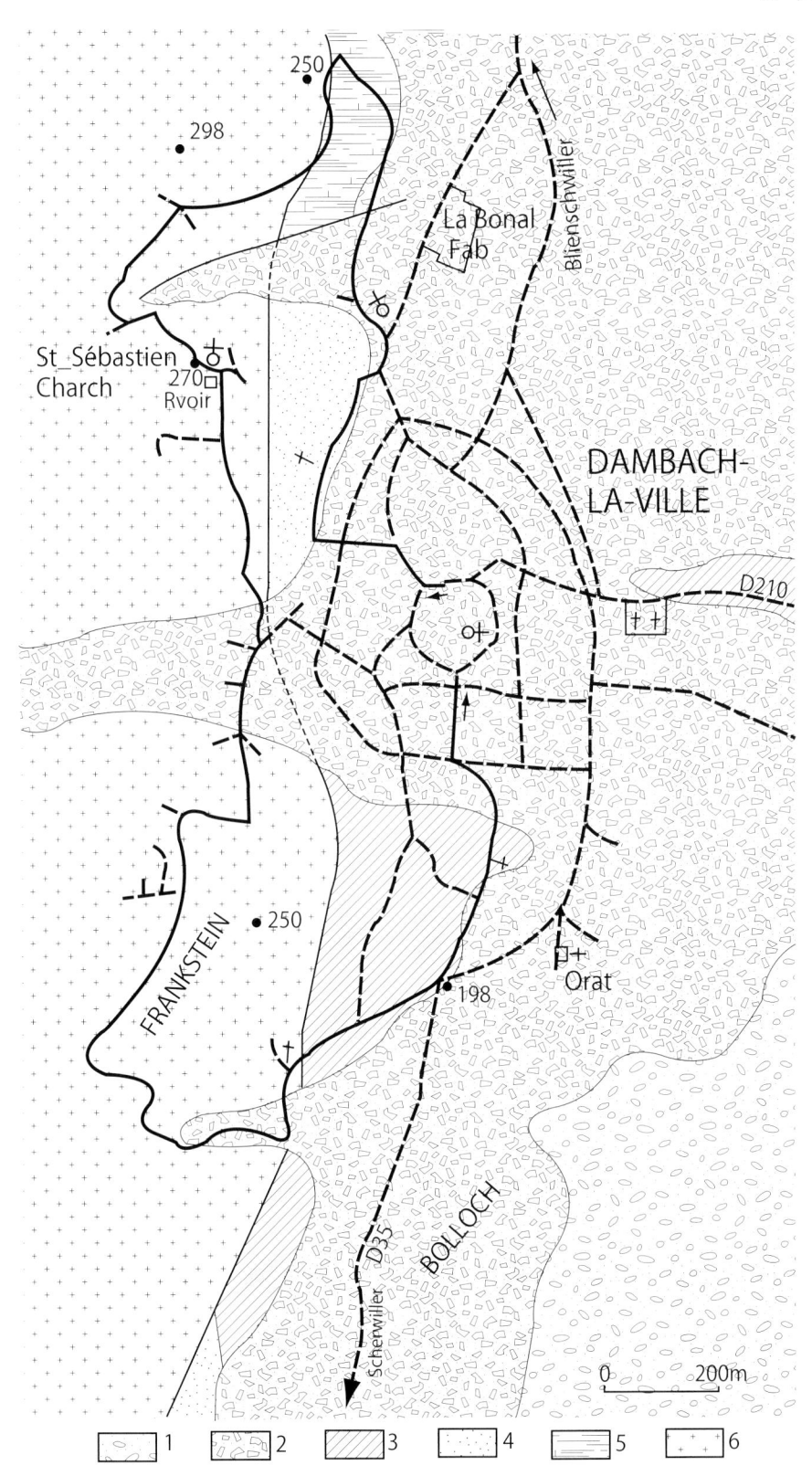

第5図 ダンバッハ＝ラ＝ビル・ワインの道地質図（5万分の1地質図 No.307 Sélestat による）
1. 古期沖積層（ウルム氷期）2. 斜面の裾を覆う土壌（リス氷期）3. 斜面と谷の底面を埋める崩積土 4. 石膏質および塩類質泥灰岩 5.Vosgian 砂岩（中部ブントザントシュタイン統）6.Dambach 両雲母花崗岩

ダンバッハ＝ラ＝ビル（Dambach-la-Ville）町と花崗岩地質帯中のワインの道

　要塞化した中世の都市**ダンバッハ**町には、旧市街地と数少ないワイン貯蔵所㉒を一寸訪問する以上の価値がある。ワインの道は貴方を市場のある所（観光案内所）から出発しブドウ畑を通る1時間半から2時間の快適な歩行に連れ出してくれる。ワインの道には他のアルザス・ワインの道と同じように矢印と説明掲示板が設置されている。このワインの道の地質学的特徴は、極めて均質な花崗岩土壌を見ることができることである（第5図）。Dambach-Scherwiller 両雲母花崗岩の裸岩露頭は、稀にしか見ることができない。何故なら、その風化産物、砂とその酸性崩積土壌が斜面の底面を比較的厚く埋めているからで、この土壌はブドウのための栄養素に非常に富んでいる。　ワインの道の北端で、最初の小道を高さ326mの丘に向かって左側の谷を上って行くと、容易に旧 Dambach 鉱山に達し、そこでは、マンガン鉱（ブラウン鉱）と鉄鉱（赤鉄鉱）を見つけることができる。

　17世紀に彫刻されたバロック式祭壇のある12世紀創立の Saint-Sébasten 教会が、栗の木の森の出口に見え隠れする。

　ダンバッハ町の南西にある地区名にちなんだ名前の Frankstein ワインの道は、Bernstein（荒廃したシャトーがブドウ畑を見渡している）という有名なクリュのブドウ畑に沿っている。ここでの主要なブドウの種類はリースリング（ワインの36%）種であるが、際だった特徴のあるゲヴェルツトラミネール種のブドウも土壌によっては広まっている。シルヴァネール種（27%）のブドウに適した土壌に覆われた平地にもブドウ畑が作られ、このブドウから作られたワインは若い中に飲んだ方が良い。また、香りがよく丈夫なピノ・ブラン種（14%）のブドウは着実にオセール種に置き換えられつつある。収穫されたピノ・ブラン種ブドウの5%以上はクレマンダルザスの醸造に用いられる。

　ワイン祝賀の夜：7月第1土曜日。　ワイン祭り：8月第2日曜日。

　更に花崗岩山塊を南に向かうと、荒廃した城がいくつか立っているのが見える。Scherwiller 村（ワインの道）から Châtenois 村までくると、Sélestat 市の東の平野を20m上から見下ろす Giessen の広い沖積錐の上にブドウ畑が分布しているのが見える。Kintzheim 村では、鷲の飼育場と更に"猿の山（Montagne de Singes）"を、また、ライン川下流部の南端に行き着く前に、Vosges 砂岩から離れた所にある非常に美しく再建された Haut-Koenisgsbourg 城を訪れよう。

　Sélestat 市では、8月第2日曜日に花の山車大行進が行われる。

ライン川上流部のアルザス・ワインの道（第6図）
Rebeauvillé 割れ目帯北端のサンティポリット（Saint-Hipplyte）村

　合併した Vosges 断層とライン断層は、**サンティポリット**村を西のカリ長石を含む花崗岩帯と東の第三紀泥灰岩帯の2つに分けている。ロデルヌ村から A35（N83）道路に向かう D6 道路に沿って中期漸新世の砂質泥灰岩が露出している採石場㉓があり、ここにはライン・グラーベンを厚さ300m以上充填するルペル階の "Mélettes 層（Couches á

Mélettes)"（一種の塩水棲魚を含む地層）が認められる。

　ロデルヌ村のブドウ畑は村の南西にあり完全に花崗岩上に位置するが、石炭を含む土壌（砂岩と植物痕跡を有する頁岩を含む）が大きな斑点をなして分布する。ロデルヌ村の伝統的ワインは、おいしく新鮮でサクランボあるいはプラムの長く続くアロマを伴うピノ赤ワインであるが、Glockelberg グラン・クリュでは、トケーピノ・グリおよびゲヴェルツトラミネールが優勢である。

　ロデルヌ村交差点から Rebeauvillé 割れ目帯が始まり南に向かって幅が広くなり、山地の結晶質岩と平野の沖積層の間に伸びている。

コイパー統泥灰岩帯中のベルクハイム（Bergheim）村ワインの道

　ライン断層は、**ベルクハイム**村を2つに切るとともに、ブドウ畑を西側の丘の側面において小さな地片に切り分けブントザントシュタイン統、ムッシェルカルク統、コイパー統、リアス統、ドッガー統、更に第三紀礫岩・泥灰岩帯に分割している

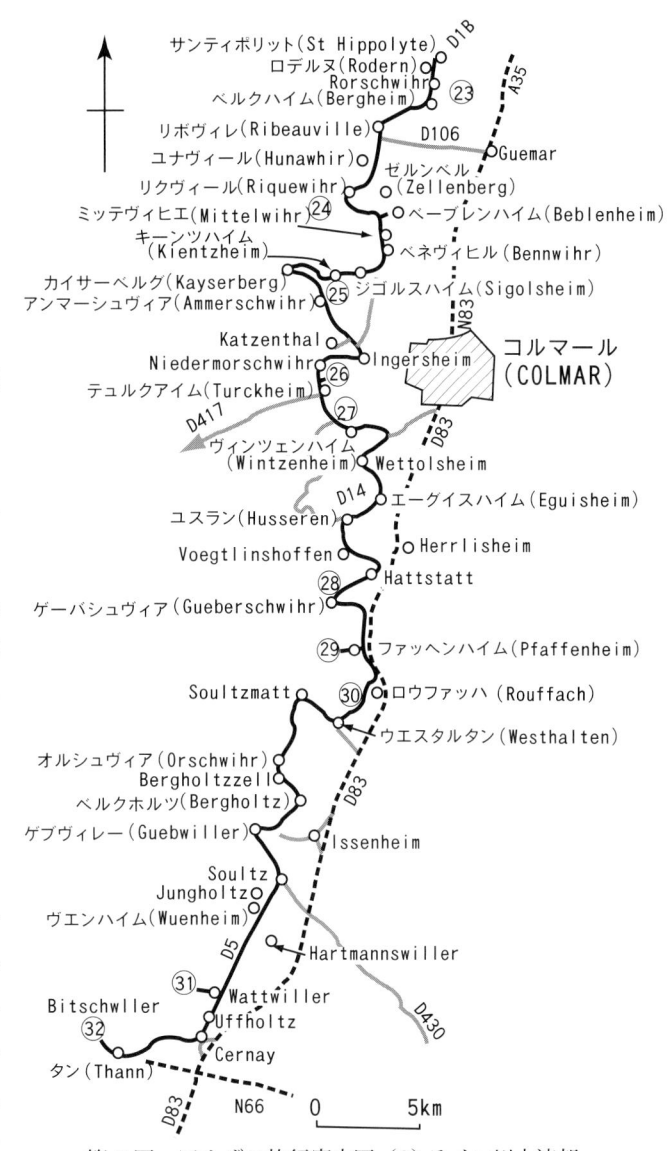

第6図　アルザス旅行案内図（3）ライン川上流部

（第7図）。これら地層の層準はこの地域でのほとんどすべてを示しているが、地表の大部分は Lettenkohle 層と下部コイパー統によって占められている。後者中には、石膏を一般的に産し漆喰と土壌栄養剤生産のために開発されている（古い石膏採掘場が Tempelhof の北にある）。

　ベルクハイム村のブドウ畑は基本的に丘陵の泥灰質粘土土壌上に発達しているが（Kanzlerberg グラン・クリュ）、泥灰質石灰岩土壌上にもある（Altenberg グラン・クリュ）。これらのワインについては、"おおよそ高貴な苦みに富んだ高慢な性質"といわれている。この性質は土壌のみに起因している。このことを心に刻んで、活気に満ちたシルヴァネール、あるいはもっと苦く厳しいゲヴェルツトラミネールを試飲してみよう。これらのワイ

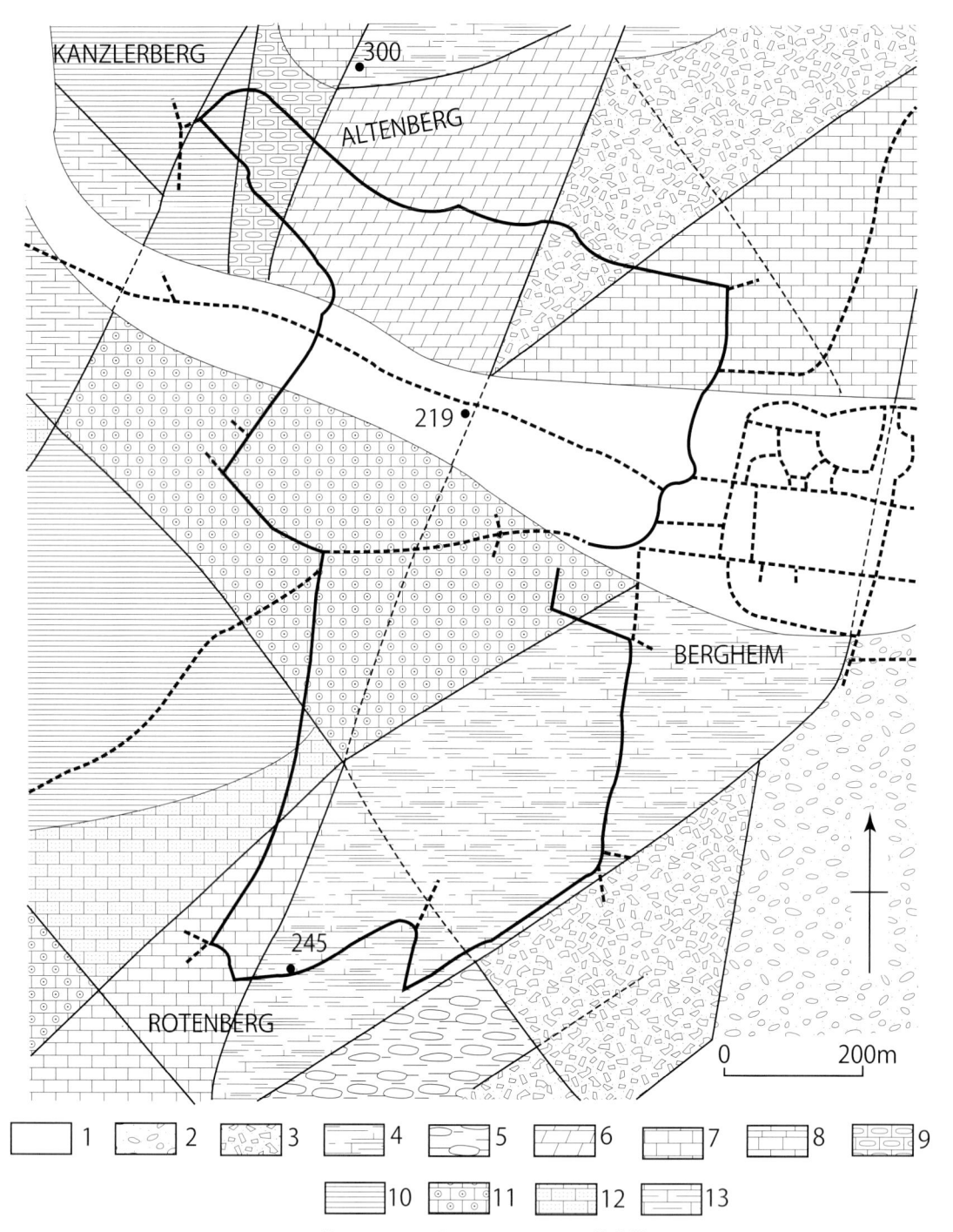

第7図　ベルクハイムワインの道地質図
（5万分の1地質図 No.342 Colmar-Artolsheim による）
1. 現世沖積層　2. 斜面・谷の底部崩積土　3. "がれ"　4. 石膏質・塩類質灰色泥灰岩（下部コイパー統）　5. 多色泥灰岩・ドロマイト（上部 Lettenkohle 層）　6. ドロマイト・石灰岩（下部 Lettenkohle 層）　7. アンモナイト類石灰岩（上部ムッシェルカルク統）　8. ウミユリ類石灰岩（上部ムッシェルカルク統）　9. ドロマイト・剥離性泥灰岩（中部ムッシェルカルク統）　10. 石膏質多色泥灰岩（中部ムッシェルカルク統）　11. 細波曲状ドロマイト（下部ムッシェルカルク統）　12., 13. ブントザントシュタイン統

ンのアロマは年代とともに強調されるし、2つの土壌の比較もできる。

　ゲヴェルツトラミネール祭り：7月第4日曜日

リボヴィレ（Ribeauvillé）村からジゴルスハイム（Sigolsheim）村、キーンツハイム（Kientzheim）村、カイサーベルグ（Kayserberg）村まで

　リボヴィレ村のブドウ畑は山地の片麻岩とStrengbach地区の沖積錐の間を縫うように分布しており、このコミューンは最高に有名なクリュ地区を多数含む中の1つである。泥灰質の土壌は**ベルクハイム**村と同様であるが、有名なCalora鉱水泉が全く同じ土壌からわき出ている。美しい古い歴史のある町の名前をとったGeisbergとKirchbergのグラン・クリュ・ワインはトケー、リースリング、ミュスカから作られる。9月の第1日曜日、旅回りのヴァイオリン弾きギルドの伝統的祭り－Pfifferday－（公共の泉からのワイン流し）を忘れないようにしよう。

　ユナヴィール（Hunawihr）村には、14世紀の要塞化した教会が、ブドウ畑（上部ムッシェルカルク統の上にあるグラン・クリュRosacker）の真ん中にあり、**ゼルンベル**（Zellenberg）村はToarcian期の泥灰岩に囲まれ斑点状に分布するAllenian期の石灰質砂岩の上に乗っている。

　リクヴィール（Riquewihr）町にはアルザスで最も多くの人が訪れた中産階級の町という評判があるが、混雑を避けて、良いワインの貯蔵所の隠れ家で、ここで満場一致の支持を受けているリースリングを試飲し、数世紀の間評判をとっている特別のクリュによって2つの土壌を比較して見よう[24]。

　北から**リクヴィール**町を見下ろすSchoenenbourgの丘の上には、石膏質虹色のコイパー統泥灰岩（石膏採掘場－北側城壁の発射台）を産し、西に位置するVosges砂岩に由来する砂・礫質"がれ"に覆われている。この上に発達する栄養素と水の保存性に優れ、軽く空気に曝された土壌と粘土質土層の組み合わせは、丘で栽培されるこの地区で最高の、疑いもなく優れたリースリング種ブドウの元になっている。若いワインの花のあるいはアンゼリカの香りは、良く熟成したワインの特徴ある石油質のアロマに変化する。

　この地区の南東1.5kmにあるSporen地区では、リアス統泥灰岩（鉄に富むノジュールを含むプリンスバッキアン階およびトアルシアン階粘土質石灰岩）が地表に現れている。Sporenの丘は、Schoenenbourgの丘と比べて高度が低く、向きも異なるが、そこでとれたリースリングには完全な熟成を求めることができないという事実は、粘土質で熱を吸収しにくいその土壌によって良く説明できる。

　リクヴィール町では、郵便歴史博物館の4月から9月までの特別展示を忘れないように。
リースリング祭り：7月の最後から二番目の週末

　ベーブレンハイム（Beblenheim）、**ミッテヴィヒエ**（Mittelwihr）、**ベネヴィヒル**（Bennwihr）の村々は、漸新世の礫岩によって斜面を覆われた丘の東端に集まっており、この区域はブドウ畑にとって最も望ましい地質帯として格付けされている。ここでは、2

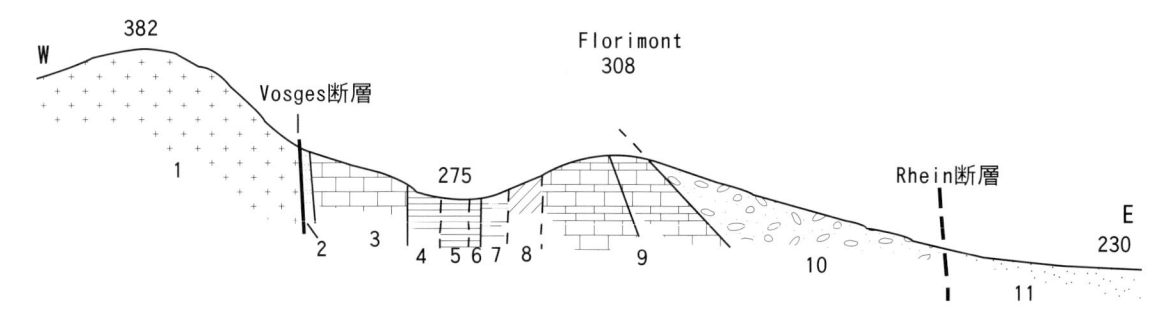

第8図 Colmar市北西方ブドウ畑地区の地質断面図
1.Turkheim花崗岩 2.ブントザントシュタイン統 3.ムッシェルカルク統 4-6.リアス統粘土質－石灰質岩（シネムーリアン階、プリンスバッキアン階、トルシアン階） 7.ドッガー統砂質岩（アーレニアン階） 8.ドッガー統泥質岩（中部バジョシアン階） 9.ドッガー統石灰質岩（中部バジョシアン階） 10.第三紀漸新世礫岩 11.古第四紀・現世沖積層。

つの逸品、ブーケのある柔らかな**シルヴァネール**と調和のとれたアロマを有するゲヴェルツトラミネールを試飲しよう。

　D1B道路に沿って右に曲がると**ジゴルスハイム**村（軍の共同墓地から村の北方によい眺めが広がる）、**キーンツハイム**村（Confériè Saint-Étienneのシャトーとアルザス・ワイン博物館）、**カイサーベルグ**村（荒廃したシャトーとシュバイツアー博士生誕地）を通過する。この道はRiveauvillé割れ目帯の南4分の1を覆うWeiss沖積錐の広い扇状地を登ることになる。**アンマーシュヴィア**村とともにこれらの村は、第二次大戦の災害地であるが、12以上の有名な地区を持つアルザス・ワインのメッカとして残った。この**アンマーシュヴィア**村のクリュは、事実上、特定な1つの土壌に由来するものでもなく、また特定なブドウから作られたものでもない。ワインの原料であるブドウは、ピノ、リースリング、ミュスカあるいはゲヴェルツトラミネールなどである。細かいことはほとんどラベルには書かれていない。ともかくこのKaefferkopfワインを飲んで楽しもう。

　カイサーベルグ村と**ジゴルスハイム**村の間の種々の型の地質帯を比較すれば、**キーンツハイム**村㉕産ゲヴェルツトラミネール・ワインの特徴ある性質と土壌との関係を読みとることができる（第8図）。

○花崗岩地質帯：Bixkoepfel地区側に分布、**キーンツハイム**村と**カイサーベルグ**村の間はほとんど崩積土質、砂質、シルト質の浅く栄養に富んだ土壌で保水容量が小さい。この酸性土壌で栽培されたゲヴェルツトラミネールは成熟が極めて遅い。そのワインは生き生きとして、ある種の繊細さを有するが、'こく'に欠ける。平均して、日照が少ない年、従って乾燥度が弱い年に、ワインの質が良い（Schlossbergグラン・クリュ）。

○沖積層地質帯：Weiss谷に分布、砂と花崗岩礫の上に形成される粘土質、砂質で進化度の低い土壌である。中程度の栄養素を含有し、保水容量が高い。この土壌は前述のものと同様に酸性でゲヴェルツトラミネールに適している。しかし、このゲヴェルツト

ラミネールは、早熟で軽くフルーティーであって、そのワインはあまり熟成させずに飲むのがよい。
○石灰岩・泥灰岩地質帯：Mont de Sigolsheim 山の南に分布、多様の地質帯が合併したもので、その主なものはムッシェルカルク統、リアス統、ドッガー統の泥灰岩である。これらの上を覆う土壌は均質になっている。この土壌生成には、漸新世礫岩も一役買っているので結果としてマグネサイト質石灰岩土壌になっている。このブドウ畑は、とくに当たり年には高品質のゲヴェルツトラミネールを生産している。このワインの熟成は早くないが、時とともに'こく'、果実性、アロマ、とくに寿命において前述のクリュを追い越してしまう。

アンマーシュヴィア村からテュルクアイム（Turckheim）村まで：Rebeauvillé 割れ目帯南端

　D415 道路から西へ Katzenthal 村および Niedermorschwihr 村に向かってゆっくり進むと、一連の断層によって山地から分離した丘を通過する。この Fluorimont と Letzenberg の丘にはジュラ紀魚卵状石灰岩（いくつかの採石場あり）とそれを覆う第三紀礫岩の間の不整合露頭が点在し、これを**テュルクアイム**村のワインの道で見ることができる。

　Ingersheim 村から Letzenberg の丘の頂上（視界 360°の崇高な景観）へ行く小さな道がある。丘を降りて Niedermorschwihr 村（Sommerberg グラン・クリュ）を過ぎ花崗岩の山を越え**テュルクアイム**村に着く。古い町のバイパス道路を東へ行き、更に新しい建物に向かって北東へ進むと Letzenberg の丘の麓に着く㉖。

　50m 以上の高さの崖が、我々に早期漸新世の海の端に沿って堆積した第三紀礫岩を見せてくれる。この礫岩層は白い魚卵状石灰岩（中部ジュラ紀）、灰色石灰岩（ムッシェルカルク統）、オーカー色の石灰質砂岩（下部ジュラ紀）の良く円磨された中礫からなる。礫が溶解した後の形（礫痕）によって礫の覆瓦構造を注意して観察すること。頂上に向かうと海成（有孔虫、ムール貝）の赤色泥灰岩層が認められ、その年代はラットルフ期（下部漸新世）である。

　テュルクアイム村と**ヴィンツェンハイム**（Wintzenheim）村地区産リースリング・ワインの比較を強く推奨する。

　アルザス・ワインの王様は、その品質のすべてを実現するためには、ブドウを完全に熟させることが必要な晩熟ブドウから作られる。従って、秋の終に土壌が暖まっていることが、絶対的な基本条件になる。この区域㉗には次のような地質帯がある。
○花崗岩地質帯：**テュルクアイム**村北部に分布（Brand グラン・クリュ）、崩積土質、酸性、褐色、砂質、シルト質土壌で、中程度の栄養素（燐酸に富むがカリウム、マグネシウムに欠ける）を有する。乾燥した年には、この区域のブドウのできが悪くなり、その結果これから作られるリースリング・ワインは非常に上品かつ繊細で非常に果実性に富むが、活き活きとした酸味と'こく'に欠け、かつては早く消費することで Brand de Turckheim の評価を保っていた。普通の年あるいは雨の多い年には、ここのリースリ

○石灰質地質帯：Brand Schneckelsbourg 地区の東側に分布、ムッシェルカルク統石灰岩が花崗岩質土壌に覆われている。土壌組織は花崗岩地質帯に非常によく似ているが、事実上礫が少なく、土壌は石灰質反応を有し、保水力が良好である。この地質帯で生産されたリースリングはより生き生きとしているが花崗岩地質帯のものと比較すると強い果実性に欠ける。ワインを良く熟成し、たぐい稀なボディーを得るには 3 ないし 4 年が必要である。

○石灰岩・泥灰岩地質帯：Letzenberg の丘の南西側 Heimbourg 地区に分布、ジュラ紀魚卵状石灰岩の上を漸新世の石灰質礫岩と泥灰岩が覆う。マグネサイト質石灰岩土壌（レンジナ）が発達し、礫が多いが緩やかな透水性を有する。この石灰岩土壌からは典型的な素晴らしいリースリングが収穫され、このブドウから最初の年には活き活きとした酸味と柔らかな味わいを有し、数年間植物、花、果実のアロマを保つワインが作られる。かくして前述の土壌から生産されるリースリングの強敵が生まれる。

○沖積層地質帯：Fecht 谷に分布、石灰岩を欠く粘土質砂質沖積錐が発達し、その土壌はあまり進化しておらず、珪質で、それほど栄養素に富まないが、速やかに暖まる。ここでのリースリングは軽いが表情に富み、始めから十分な果実性を持つが、'こく'に欠ける。とくに当たり年（乾燥年）の場合は、ワインは 2 年目か 3 年目に消費すべきである。場所によっては、沖積層は黄土とシルトの薄層に覆われ、そのような土壌は暖まりにくいが、当たり年のリースリング・ワインは他の沖積層産に比べて活き活きした酸味とブーケにに富む。

コルマール（Colmar）市－アルザス・ワイン生産地の数世紀にわたる中心都市

広域アルザス・ワイン祭：8 月 15 日を含む 1 週間。ザワークラウトと地方産物展示祭：8 月の最後の週末および 9 月最初の週末。

コルマール市については何も言うことがない－すなわちここで旅は中断して通過する。市の北西にあたる Fecht 沖積錐の砂、粘土、礫からなる平地にあるブドウ畑 Hardt のクリュを試飲すること。その付近には、アルザス・ワイン会館－ Mason du vin d'Alsace －（12, avenue de la Foire-aux-Vins）、アルザス・ワイン専門家間委員会―Comité interprofessionnel du vin d'Alsace―（CIVA）本部、ワイン及びブランディー用ブドウ原産地名称国立研究所アルザス支部－ Institute National des appellations d'origine des vins et eaux-de-vie －（INAO Alsace and east）がある。

AOC ブドウ畑区域が Wihr-au-Val 地区を越えて Fecht 谷の上に伸び、結晶質岩山塊東面の Osouth の斜面底部でブドウ栽培に成功していることは重要な事実である。

ヴィンツェンハイム村からゲーバーシュヴィア（Gueberschwihr）村まで：Rouffach-Guebwiller 割れ目帯

ヴィンツェンハイム村の南では、Vosges 断層に接して第三紀礫岩が、Rothenberg の丘を覆って分布している。Wettolosheim 村に向かって下って行くこの斜面は、有名な Hengst グラン・クリュ地区を形成している。バーベナとシトロネラの香がするオセール・ワインあるいは芳醇で魅惑的なブーケがあり、当たり年には、麝香、燻煙、薔薇、オレンジの香が混じり合ったゲヴェルツトラミネールを試飲することによって、この土壌の優秀さを確信するだろう。

エーグイスハイム（Egquisheim）村を見逃すことのないように D83 道路から入って行く。**エーグイスハイム**村は同心円的配置を有する典型的なアルザスの村である。ここで、1002 年に Hugues4 世伯爵の館で後の Léon9 世法王が生まれた。ここにも断層系が現れ、大きな Rouffach-Guebwiller 割れ目帯を形成し、下部三畳紀砂岩帯がモザイク状に切り分けられている。Riveauvillé 割れ目帯と同じように、ブドウ畑はこの割れ目帯から大きく離れて広がることはない。ブドウ畑はしばしば 500m を超す標高を示し、森に包まれている。東側の比較的直線状の斜面をなす主断層の麓、斜面の"がれ"の下に、ジュラ紀石灰岩（稀にムッシェルカルク石灰岩）が現れるが、それは東へ行くと第三紀礫岩層の広い周辺部によって再び覆われる。ブドウ畑（Eichberg グラン・クリュ）が作られているこの地質帯は、しばしば第四紀黄土が混合したり、これに覆われたりする。

ユスラン（Husseren）村では、城に行くための道路が Wintzenheim 黒雲母花崗岩の上の Vosges 砂岩を切っている。March 肺結核療養所から Chalet 農園の近くの高さ 576m の丘に登ることができる。ここには、**コルマール**市の真向かい Baden 地域の Kaiserstuhl 火山岩地塊と同様な火山成チムニーをなす第三紀中新世 Voegtlinshofen 玄武岩の露頭がある。

ゲーバシュヴィア村まで行き、Saint-Marc 地区に向かって右に曲がると、道路は魚卵状石灰岩（Golder グラン・クリュ）を横切る。このブドウ畑の西端には、大きな断層が認められる。この標高 342m 地点で右の道を森に入って行くと、珪化した Vosges 砂岩の採石場㉘に達する。ここではかつて歩道の敷石材を採取していた。高さ 30m の採石場の断面には砂岩の上に主礫岩が乗っているのが見える。

プファッヘンハイム（Pfaffenheim）村と石灰岩土層上の表層帯を通るワインの道

斜面表層と森に覆われた砂岩の"がれ"の基底部、割れ目帯の主断層の麓にある村の間に、300ha のブドウ畑がある（第 9 図）。可視および推定の多数の断層の影響は、表層あるいは第四紀層の上 80% 以上を占めて横たわっている土壌の形態に表現されているが、**プファッヘンハイム**村周辺のすべての大きな古い採石場㉙での観察から、中上部ジュラ紀石灰岩の土層がそれほど遠くへは移動していないことが判る。Vosges 砂岩の上の漸新世礫岩は黄土によって覆われている。

プファッヘンハイム村ブドウ畑の土壌はすべて褐色石灰質型であってレンジナあるいは溶脱土壌は稀である。ここの条件はゲヴェルツトラミネール種のブドウに適しており、このブドウが最大の栽培面積を占めている。このブドウから作ったワイン、とくに

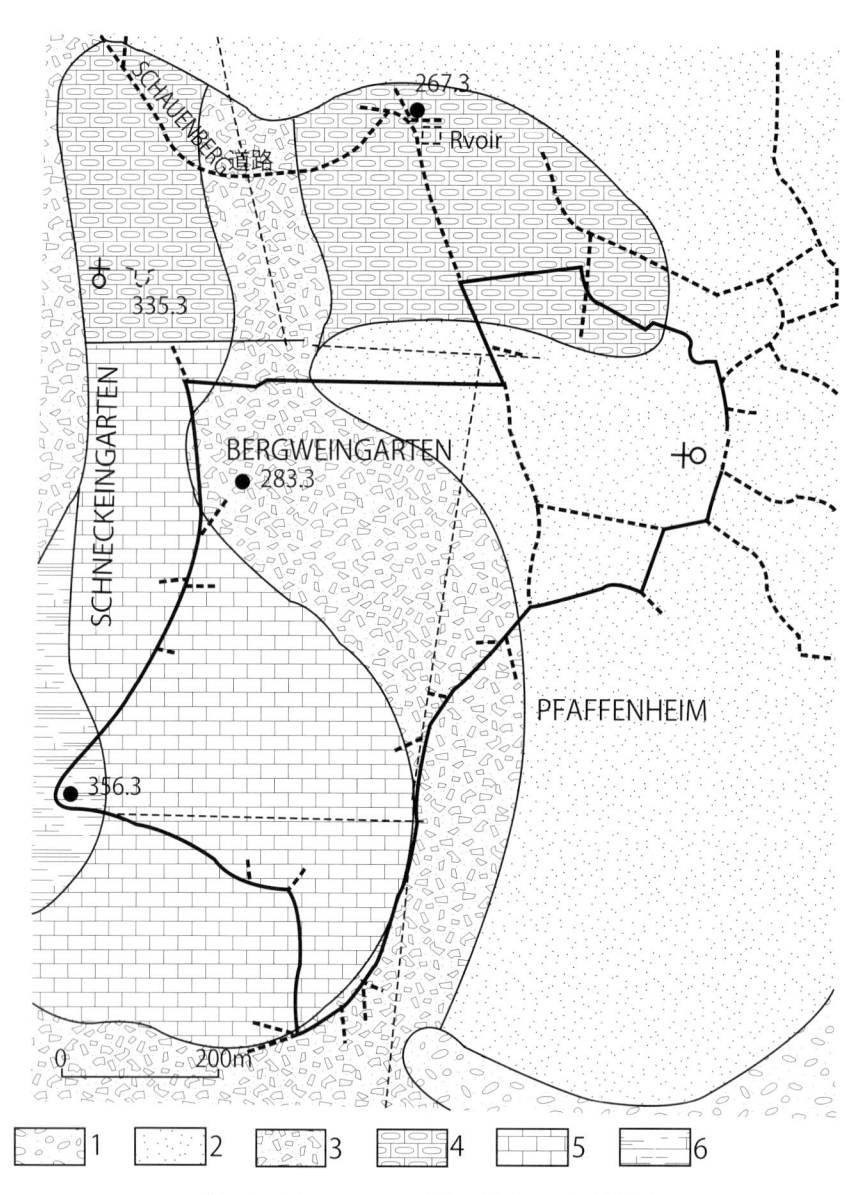

第9図　ファッヘンハイム・ワインの道地質図
（5万分の一地質図 No.378 Neuf-Blisach-Obersassheim による）
1. 崩積土　2. 黄土　3. "がれ"　4. 礫岩・泥灰岩（ラットルフ階）　5. 巨大魚眼状 "Grande Oolithe" 石灰岩（上部バジョシアン階）　6. 粘土質泥灰岩・石灰岩（上部バジョシアン階）

Schneckenberg 地区産の円やかさは試飲する若い女性を喜ばせる。しかし、この土壌はピノおよびシルヴァネールにも同じように適しており、麝香の感触で潤色された甘口のワインがある。ピノ・ブランから特別に作られた Crémant という銘柄の気の弱そうな外見に注意しよう。

ロウファッハ（Rouffach）村からゲブヴィレー（Guebwiller）村まで：割れ目帯区間

　ロウファッハ村への道を取り、その北西側の入り口で車に適した道を選び、d'Issembourg城の近くを通過し、ブドウ畑を通ってStrangenberg山㉚の頂上の下にあるRouffach砂岩の採石場に着く。

　ここで我々は漸新世礫岩層中にこれと互層するオーカー－黄色の美しい石灰質砂岩の試料を見つけた。海成相のこの砂岩は赤色粘土の層準を含み、これはラットルフ期（前期漸新世）の化石帯に一致する。ライン川上流部の歴史記念碑のいくつかは（Colmar聖Martin教会、Thann大学教会）、Rauffach第三紀砂岩を用いて作られている。

　ウエスタルタン（Westhalten）村およびSoultzmatt村（鉱水）は、Vosges砂岩ホルスト中の上昇部に当たる割れ目帯の中心部を横切る小さな谷に位置する。道路はムッシェルカルク統とコイパー統中の非常に美しい内部グラーベン中にあるWintzfelden地区とOsenbach地区に向かって続く。これらは、AOCブドウ畑に属している。

　Soultzmatt村から**オルシュヴィア**（Orschwihr）－Bergholtzzell村への道が続く。最後の直線道路は主要断層を横切る小さな谷に沿っている。ここでは沈降ということがより重要な意味を持つが、我々はVosges砂岩の断崖を作った断層の落差に感嘆した。この断層によってムッシェルカルク統と第三紀礫岩とが分断されている。この両方の地質帯は地域のワイン生産者に繁栄をもたらしている。ここのコミューンは、かの有名なワイン生産地区名としてStragenberg、Bollenberg、Zinnkoepfleを決定した。**ウエスタルタン**村では、貴方自身が納得するために、燻煙ブーケが特徴のシルヴァネールとオセール、また優れたCrémantロゼワインを他のワインと一緒に飲んでみると良い。**オルシュヴィア**村地域では、新鮮で生気に満ちたリースリングあるいは新鮮でブドウに似た果実性のあるミュスカを試飲すること。

　道路は**ベルクホルツ**（Bergholtz）村を経て**ゲブヴィレー**町のValleé de la Lauch広場に達する。この町はまた七つの有名な地方名のクリュにまつわる偉大なワイン生産の歴史を有する。割れ目帯の南端に当たるこの地質帯では、断層によって石炭紀のグレーワッケ、凝灰岩、溶岩など深部岩石の土壌が谷の側面に現れている。

　暗色で礫が多く重い土壌は、リースリング・、トケー・、ゲヴェルツトラミネールなどのワインの富裕さを増すことに影響を及ぼしている。しかし、谷の出口では土壌はより明色で砂質になり、Kitterleグラン・クリュとKesslerグラン・クリュで有名なWanneワインのようにナッツ風味が特徴になる。北（SpiegelおよびSaeringグラン・クリュ）の**ベルクホルツ**村への道にある泥灰質石灰岩土壌と、南のSoultz村と**ヴエンハイム**（Wuenheim）村へ行く道の割れ目帯の端（Ollwillerグラン・クリュ）も観察しなければならない。

　Guebewiller町：古い聖ドミニック宗派修道院において昇天節にワイン祭りがある。

Hartmannswiller村からタン村まで：Thann割れ目帯

　平野部には竪坑と堆積場を持ったアルザス・カリウム鉱床田が左に伸びているが、ワイ

ンの道は礫岩、アルザス・モラッセ、黄土の土層上に斑点状に分布する境界のあるブドウ畑地帯に入って行く。Wattwiller 村に向かって右に曲がると第三紀の大規模な断層破砕帯が見られる。この破砕帯は、珪化し、浸食によって移動し、厚さ 30 から 50m の岩塊をなしている（Wattwiller 村の西 1km の道路の側、右手"家族の家"の方向に Hirtzenstein の遺跡がある）㉛。

　Cemai 村の西に向かう道路はブドウ畑が点在する丘を巻くように走り、**タン**村に達している。ここはブドウ畑地域の終端であるが、ここで生産されるワインについては素晴らしい終端であるといえる。事実、要するにその終端のブドウ畑は、数世紀にわたって尊敬されてきた有名な Rangen グラン・クリュである。その日照、その急な斜面、とくに古い（石炭紀）火山岩由来のその土壌によって、この地域で最高のワインは、ここで作られているということになっている。これら Culm 層の物質－グレーワッケ（火山性物質を伴う細粒砂岩）、凝灰岩、溶岩－は、変成作用によって固化し、礫の多い栄養に富んだ土壌を形成し、ここでは乾燥気候になり過ぎるとブドウは病気にかかる。ここのワインは豊かで、ブドウの種類によっては刺激的といっても良いほどである。例えば、リースリングの場合非常にボディーに富み、麝香風味を有する。これは Guebwiller 町および Andlau 谷産のリースリングに類似しており、疑いもなく土壌下の地層の反映である。

　谷を登って Bitschwiller 村㉜の"石化した森（Petrified Forest）"採石場を訪ね、この地質帯の地質学的研究を終わることにする。戦争記念碑の所で Thur 川を横切り左に曲がると巨大な操業中の採石場があり（頁岩、溶岩、角礫岩、断層）、右に曲がると垂直な地層中に 3 億年以上前（ビゼーアン期）の化石化した木の枝と幹の痕跡が見つかる。

1.7　食べ物と飲み物の道：アルザス・ワインと地域料理との調和

　Vosges 山麓の丘陵を歩き回って、もし貴方が少し時間をとり、その起源に関する完全な知識をもってワインを試飲することができれば、貴方はこの地域、人々と彼らの労働の果実－ここで作られる多くの種類のワインを評価できると思う。これらのワインと地方料理が結婚すれば、疑いもなく貴方は、良い旅館と"Winstubs（アルザス独特のワイン・バー）"に事欠かないアルザスに魅惑されるだろう。しかし、これら食通の組み合わせは、個人の味覚の問題である一方、料理の伝統は軽い家庭料理においても存在している。

　料理の補完物としてではなく、まず最初にアルザス・ワインを飲む。白ワイン、とくに辛口で果実風味のあるものは、野外の食事時に飲むのに適している。宴会において貴方の客人は、いちご、こけもも、あるいはクロフサスグリの果汁とピノ・ブランまたはリースリングとのさわやかなブレンドに驚くことであろう。軽いゲヴェルツトラミネールまたはミュスカは、"クグロフ（Koughopf）"（アルザス名物の菓子パン）の理想的な伝統的補完物である。プレッツェルか他の塩味のビスケットも食前酒に合う。これらは胃に負担をかけずに食欲を解放するために第 1 級のミュスカと一緒に供せられる。

　一日のどのような時にも、Winstubs ではほとんど特別料理を提供することはない。こ

こでは、一度オニオン・タルト、幾切れかのハム、ホースラディッシュ付き燻製の肩肉、"ワイン生産者のパイ（tourte vigneronne）"、"Munster 谷のパイ"、グリュイェール・チーズまたはサビロイ・ソーセージサラダを、シルヴァネールあるいは芳醇で上品なピノ・ブランと一緒に喉へ流し込めば、真心のこもったムードに長い間驚いてばかりはいられない。アルザスの蝸牛あるいは"炎のタルト（tarte flambée）"とともに、さわやかなリースリングを試み、肉、ジャガイモ、タマネギの入った"ベックホーフ（Baeckeoffe）"という名の素晴らしいシチューを食べながらピノ・ノアールあるいはトケー－ピノ・グリを続けよう。また、Winstubs にしばしば素晴らしいものが置いてあるエーデルツヴィッカーも忘れないようにしよう。

　野外の食事時間を味わうために最後に推奨される特別な名案は、一般には赤ワインを用いてこれを強化するためとされている"Warmer-vin chaud-Win（暖めたワイン）"という飲み方である。ここで提案するレシピは、ピノ・ノアール、あるいはピノでも、またはトケー－ピノ・グリのような白ワインでこの飲み方をするのである。粉砂糖をまぶした"アルザス生姜指パン（gingerbread fingers）"を添えると最高である。

　それから我々は、料理の準備に重要な貢献をするアルザス・ワインを手に入れる。家庭料理でも高級料理でも、アルザス・ワインのアロマ成分とその辛口さは、ソース、魚ソース、マリナード、パテ、シチュー、そのほか多くの地方料理に奇跡を起こす。適度に熟成したリースリングはその植物のブーケとその基本的酸味を最も良く伝える。一般的に言って、アルザス・ワインは多くの料理の典型的な風味を出すのに良く応えることができる。従って、他の食道楽地域の同じ料理のレシピとは非常に異なっている。

　終わりに、ワインと地方料理との良く調和した結婚がある。その時の心持ちによるかあるいは料理長の助言によるかは、貴方の選択次第である。

　アルザス風調理肉あるいは塩漬け牛肉に付け合わせのサラダとホースラディッシュソースを盛ったアントレーもしくはオードブルと一緒に飲むワインは、シルヴァネール、ピノ・ブラン、あるいはエーデルツヴィッカー・ブレンドのような軽く新鮮なものがよい。一方、アルザス風フォアグラの場合は、伝統的には値段の張った年代物アルザス・ワインということになるが、食事の始めに出された時は、トケー－ピノ・グリのような芳醇すぎない引き締まったワインでも良い。もしフォアグラをそれだけ食べるとか食事の後に出された時は、富裕なゲヴェルツトラミネールの方が合うと思われる。

　すべての魚料理、とくに鱒、淡水すずき、川カマスまたは鮭はソースで煮るか、焼くか、茹でるかするが、これには例外なくリースリングが一緒に供せられる。塩味ソース付きのシーフード料理は、新鮮なリースリングによって引き立たせられるが、より穏やかなシルヴァネールもまた適している。アメリカンソース付きのロブスターには、"こく"のある、しかし過ぎることのないゲヴェルツトラミネールのような強い風味のワインが適している。

　もし食事の中心料理がザウアークラウトならば、リースリングかシルヴァネールが適し

ている。鶏、アヒル、七面鳥、ガチョウの肉や仔牛・豚肉が付いているときは異なる意見が存在する。リースリングを激賞する人も、ピノ類、ピノ・ブランあるいはオセールを選ぶ人もあり、できれば柔軟な方がよい。もし際だった調和を求めるならばトケー―ピノ・グリが、もし独自性を欲するならばピノ・ノアールが良い。子羊と狩猟獣肉（アルザス名物鹿肉・猪肉）を含む赤肉は、伝統的には良い赤ワインを要求するが、良い果実風味と美しい色のピノ・ノアールや良く引き締まって活気あふれるトケーのようなアルザス・ワインに換えても良いかもしれない。ハム（炒めるかあるいは他の場合でも）とサラダにも最後の2つのワインが推奨される。

　チーズの場合、貴方は他の地方の赤ワインにしたいかもしれないが、白い柔らかいチーズと薄く塗るチーズには、ピノ・ブランやエーデルツヴィッカーが調和する。強い味のチーズまたアルザスの"Munster"チーズでもフルーティーで力強いゲヴェルツトラミネールが完璧に調和する。

　お終は、デザートあるいはコース最後の食べ物である。我々は食道楽の楽しみに欠かせないワインのアロマの特徴を通してこの章を書き続けて終わりに到達した。ゲヴェルツトラミネールの円味と味の良さが、滑らかで柔らかい生菓子、ダムソン・タルト、キルシュ・スフレなどに最も良く調和し、伝統的に飲まれている。当たり年の富裕なトケー―ピノ・グリもまた非常に適している。しかし冷たいデザートやシャーベットの時には、アルザス産ミュスカを支持する人がある。貴方に"tarte au fromage blanc"（チーズケーキの一種）がサービスされたら、好みによってピノ・ブラン―オセールまたはリースリングを選ぶと良い。

　さて、貴方はコーヒーと一緒に何か必要ではないですか。このことを真面目に考えよう。アルザス地方はホワイトブランディーの産地で、あらゆる種類の柑橘類と森のベリーが蒸留されており、貴方は無制限の選択権を与えられる。しかし、"marc de Gewurztraminer"という名のブランディーをお忘れなく。これについては Alfled de Vigny が"アルザスの土の精神"を探るものとして記述している。

　アルザス地方は Kientzheim 城にある聖 Étienne 団（Confrérie Saint-Étienne―フランス最古のワイン・食物協会―）とともに素晴らしい研究フィールドを提供し、そこへの入場許可を貴方に与え、法律遵守のもとに貴方を初心者の地位から一人前の職人や親方の地位まで引き上げようとしている。良い生活、良い食べ物、アルザスのワインに愛を。

参考文献

地質学

Guide geologique: VosgesAlsace, by J. P. von Eller et coll. (2nd edition, 1984), published by Masson — see in particular itinaries 1, 4, 6, 7, 20, 25, 26.

Sittler, C. (1969): Le Fossé rhénan en Alsace. Aspect structural et histoire géologique. Rev. Géogr. Phys. Gêol. Dynam. (2), 11, 5, pp. 465-494.

Sittler, C. et. al. (1982-1986): In Encyclopédie de l'Alsace, published by Publitotal, Strausbourg — See headings: hills, Rhine Graben, Geology, Vineyards.

ワイン醸造学

Derfolge, A. (1978): 151 Winstab et taverns pittoresques d'Alsace…..(et les restaurants alsaciens de Paris etb d'alleurs). Published by Alsatia, Colmar 263p.

Marocke, R., Balthazard, J., and Huglin, P. (1977): Données concernant les exportations en elements fertilisants de la vigne et un essal de fumure. Les vins d'Alsace, 5, pp.3-7. Published by Alsatia, Colmar.

Renvoisé, G. (1983): Le guide des vins d'Alsace. Published by Solar. Coll.Solarama, Paris, 64p.

Schwartz, J., Marocke, R., Courturner, A. and Ochsenbein, G. (1978): Kientzheim. Esquisse géologique, etude des sols, de la vegetation, de la fauneentomologique et des caractéres viti-oenologiques de son terroir. Bull. Soc. Hist. nat. Colmar, 55, pp.127-149.

Sittler, C. and Morocke, R. (1981): Géologique et oenologie en Alsace: sols et terrois géologiques, cépages et spécificité des vins. Bull Sci. geol., 34 (3), pp.147-182.

Sittler, C. (1983): Le grande cru du Rangen de Thann. Fondements historique et géologique. Bull. Soc. ind. Mulhause, 790. pp. 61-70.

Sittler, L. (1969): La route du vin d'Alsace. SAEP pub., Colmar-Ingersheim, 171p.

La gastronomie alsacienne (1969): Coll. "Connaissance de l'Alsace", Saisons d'Alsace. Published by Istra. Strasbourg, 341p.

Le vin d'Alsace (1978): Published by Montalbe. Diff. Vilo. Paris. 216p.

Le vin d'Alsace (1981): Bull. Soc. ind. Mulhause, 780, pp.33-100.

1b　ロレーヌ地方　*Lorraine*

　ロレーヌ地方のブドウ畑は、モーゼル川地方のブドウ畑と同意語であり、この川はかつてローマ帝国の国境であった。詩人でありワイン製造者であったAusoniusは、遙か昔紀元前4世紀に繁茂するブドウの木で覆われた丘の斜面を賞賛した。これによって、この地方のブドウ畑はローマ時代に最も有名になった。この地方のワインは、ライン川（この川はカロリング王朝時代まで水路として使われなかった）よりずっと安全なモーゼル川によって北に運ばれた。ロレーヌ地方のモーゼル渓谷は、川の両岸（Plombiéres 町と Sierck-les-Bains 町の間）にある多数の温泉町ばかりでなく、大きな植民中心（**トゥール**－ Toul －市、**メス**－ Metz －市、Triers 市）を結ぶローマ人の重要な通路であり、また、その時代、今の Triers 市と Koblenz 市の間の地域のような小さなワイン製造天国であった。

1b.1　ブドウ畑と人々の歴史
興隆、衰退そして再興

　ロレーヌ地方が修道会の重要な中心となったのは、ローマと主教団に原因がある。女子修道院と教会は主教区において4世紀までに既に確立しており、その地位はアイルランドの修道士が東部の開拓地にキリスト教をもたらした時に設立された多くの大寺院によって向上した。とりわけこの地方では、付近の大寺院とその広大なブドウ畑は、最も有望な場所のブドウ畑を確立し保持するために重要な刺激剤になった。

　Metz 市はケルト族の首都であったが、後にカロリング王朝の所在地になった。Metz 市周辺のブドウ畑は12世紀および13世紀の大聖堂、大繁栄、繁忙な商業時代に極めて有名になり、Metz 市の南東郊外の Laquenexy 村ではオーセロワ種のブドウが盛んに栽培された。

　塩泉は食塩製造業を盛んにし、地下浅所の鉄鉱石の発見と鉄工所の導入がこれに続いた。これらの資源は長い間非農業活動の宝庫となり、新しい雇用を生じて13世紀の初めから17世紀にはロレーヌ公国の人口の増加と、その"3主教区"に繁栄をもたらした。逆に、産業の進展は、最初に町の周辺、それから最適地のブドウ畑の衰退を招くことになった。労働人口は長い間ワイン製造小作農と肉体労働者の間を揺れ動いたが、19世紀の科学・産業革命に至って、最終的には、ますます給料の上がる産業の仕事を選ぶことになった。

　この時点で減少してきたブドウ畑は完全に消滅したかに見えたが、ロレーヌ地方のワイン生産地は、他の地域からの安価なワインの鉄道による供給、ネアブラムシの遅れた発生、過度の湿潤気候のような強力な敵があったにも拘わらず持ちこたえた。現在は、かつて存在したブドウ畑の影にしか過ぎないが、それは活力の手本であり、再興の始まりを意味しているように思われる。これら分散して失われた天国の遺物は1951年にVDQSの資格を

獲得した。さらに 1980 年には Toul 市の西側の "Côte-de-Toul" および Sierck-les-Bains 町、Metz 市、Vic-sur-Seille 町地域の "Vin de Moselle" という 2 つの原産地が決定された。これらは古い大寺院の近くにある。

1b.2　ブドウと土壌

地形、露光、地質

　丘陵斜面にあるブドウ畑は、モーゼル渓谷が深く南へ北へと曲がりくねっているため東あるいは南東に面している。Vosges 地塊を後背地とし Paris ベーズンに向かって傾斜する三畳系およびジュラ系は石灰質および粘土質の地層をなす。これらは 1 億年にわたって浸食と大陸性の温度差の激しい気候に曝されて、石灰岩は高地あるいは台地を形成し、その間には粘土質の低い平野が発達した。引き続く同心円状の地形配列作用により、Côtes de Moselle、Côtes de Meuse、Côtes de Bars、Côtes de Champagne などの一連の高地を形成した。

　このようにして、かなり乾燥した石灰質の上部斜面は、ブドウ畑と果樹畑に適した条件を与える保護的気候を享受し、一方高原あるいは低地は穀物あるいは牧草地に適する条件となった。

　しかし、**メス**市の南側では、地層の整然たる配列は、北東方向の構造運動によって多少擾乱し、最初にムルト川地域、ついでモーゼル川地域に早期の向斜褶曲と背斜褶曲が形成された。川は丘陵の端に沿って流れず、丘陵の長手方向に切り込みを入れ、Nancy 市と**メス**市の間に独立した外座層を形成している。

　ロレーヌ地方のブドウ畑の下に横たわる地層は、北から南に向かって累進的に若くなるように見える。ブドウ畑は、Sierck 町では、ドロマイト質のムッシェルカルク統（三畳系中部統）とコイパー統（三畳系上部統）上に、**メス**市ではドッガー統（ジュラ系中部統）上に、**トゥール**市上ではマルム統（ジュラ系上部統）上に分布する。ブドウ畑の地学旅行では早期三畳系から後期ジュラ系までの完全な断面を見ることができる。

気候

　ロレーヌ地方は Vosges 地塊の端に当たり、また Paris ベーズンの東端を代表している。その気候は大陸性と海洋性が混合したものであり、顕著な温度差を引き起こしている。その結果、年間を通して雨が降り、年平均降雨量は、南から北へ変化するが、720mm ないし 770mm である。南西部で雨が優勢であるが、Côtes de Meuse 高地および Côtes de Moselle 高地によって部分的に和らげられ、ブドウ畑は雨の影に位置している。

　年間平均気温は、主として長く寒い冬（1 月の平均気温 1.4℃）のため 9.6℃である。降霜日は 7 日以上あるが、連続することは余りない。夏の気温はアルザス地方より平均 2℃低い（7 月の平均気温 18.1℃）。

　日照時間は、しばしば起こる曇天により極端に低下する。19 日の晴天に対して、太陽

のない日が71日ある。平均日照時間は年間1,500時間から1,600時間の間を変化し、4月から9月の間は平均1,100時間である。ロレーヌ地方の気候の更なる特性として、夏の相対湿度が72％、冬の相対湿度は90％あり、毎年6日以上霧が発生するので、一見ブドウ畑よりも牧草地に適しているように思われる。

ブドウ品種

　ロレーヌ・ワイン生産地方はアルザス地方あるいはドイツのRheinland地域産のブドウ品種を用いている。まだ直接混合法をとる生産者がいるが、彼らはVDQSの資格を与えられないので、ほとんど消滅したと思われる。Vin de MoselleワインおよびCôte-de-Toulワインは、少量のリースリング種、シルヴァネール種とともにピノ・ブラン種、ピノ・ノアール種、オセール・ブラン種から、ごくときたまオセール・グリ種（地域的にロレーヌ地方原産という意味でauxerrois de Laquenexy種と呼ばれる）のブドウから作られる。

　アルザス地方以外産の品種としては、ムニエ・グリ（meunier gris）種のブドウが用いられているが、これはシャンパーニュ地方でも用いられている。このブドウからは、新鮮で淡赤色、ピノ種のブドウから作られたワインほどではないが、アルコール濃度の高いワインが作られる。ガメイ種は、もう1つの高く推奨されている品種である。これは白または淡色の果汁を有する黒色のブドウで、非常に生産性が高いが、早期に熟すので霜に対して敏感である。このブドウからは深く粘土質の土壌に適し、若い中に飲まれる心地よいフルーティーな灰色または赤ワインができる。ピノ・ノアール種のブドウが用いられた場合は、そのワインはより豊潤である。

　Vin de Moselle VDQSワインでは、ミュラー・トゥルガウ（Muller-thurgau）種のブドウも許可されている。この品種は1882年にH. Muller（スイスThurgau州出身）により開発されたリースリング種とシルヴァネール種の交配種である。このブドウは生き生きとして通常多産で早熟であり、そのワインは僅かに酸味に欠けるが、ロレーヌ地方においてはこのブドウから良く均衡の取れたとくにフルーティーなワインが生産されている。

　エルブリング（elbling）種（またはBerger blanc種）は、ローヌ川産のグアイスブラン（gouais blanc）種とほぼ同じものである。この品種は1870年より後にドイツから導入されたが、原産地名ワイン用としては禁止された。Luxembourg市における"vin ordinaire（日常のワイン）"の出版者がフランスの彼らの農園にこの品種のブドウを植えたことがある。エルブリング種のブドウはかつてドイツにおいてTriers市のワイン商人によってシャンパンを作るために販売され、1908年と1911年に通過した法律によって禁止される前にシャンパーニュ地方にも送られた。

　ロレーヌ地方の特産ワインとして"ヴァン・グリ－vin gris－（灰色ワイン）"がある。これは赤ワイン品種のブドウから白ワインと同じように発酵前に（果汁を放置することなく）圧搾してから醸造される極めて淡色のロゼワインである。

1b.3　旅行案内

1893年にはCôtes de Moselle高地のブドウ畑は6,200haの面積を有していたが、現在僅か200haのみがブドウ畑として使われている。また、これらのブドウ畑は不揃いに分割されている。実際、887haのブドウ畑が18の村に分割されVDQSの資格を得て来たが、現在10ha以下の畑がこの原産地名を要求している。この地区のブドウ畑からはオセール種、ピノ種、ミュラー・トゥルガウ種のブドウからワインを生産し、その産額は公式に60～90hl/haに制限されている。その他多くの混成および単独品種のブドウが栽培されている。

Moselle地区

Haute-Kontz村、Contz-les-Bains村、Sierck町の間を流れるモーゼル川付近のブドウ畑は活力があり多忙である（238haのブドウ畑がVDQSの資格があり、そのうち60haが生産中である）。大部分のブドウ畑をLuxembourg市のワイン生産者が所有しているが、彼らはVDQSのワインを生産することに興味がなく、通常のワインを大量生産するエルブリング種を栽培しており、これはLuxembourg市の協同組合ワイン醸造所で処理される。ロレーヌ地方の小規模な生産者は独自のエルブリング種のブドウのVDQS資格を要求していないが、現在ミュラー・トゥルガウ種のブドウ栽培が許可されている。このブドウはドイツでは一般的であり、ロレーヌ地方の土壌と天候に適している。

地区の中心およびSierck町の南方ではMontenach川が、古いRhinland地塊の基盤すなわちデボン紀のTannus珪岩とヘルシア期の高地を浸食し、残留山地は後期ブントザントシュタイン期（三畳紀前期）の砂岩層に覆われている。このVoltzia（植物化石名）に富む雲母質赤色砂岩は、モーゼル川の河床を形成している。

"La colline du Stromberg（Stromberg山）"がSierck町の北に聳えている。ブドウ畑は、その山の南斜面の貝殻に富み、泥灰質－ドロマイト質の下部ムッシェルカルク（三畳系中部統）砂岩上に分布する。その長い生命は、多くはSierck町カルトジオ修道会に、そしてContz村の温泉街に負っている。**コン＝レ＝バン**（Contz-les-Bains）村およびHaute-Kontz村からのコースは、最初コイパー期（三畳系後期）の割れ目帯を横切り、それから、ドロマイトを伴う後期コイパー期まだら状泥灰岩およびレーティアン期粘土質砂岩の上に分布するSchliewerbergブドウ畑に達する。

シェルク（Sierck）町周辺のブドウ畑では石灰質砂岩相が優勢となる。ピノ種、オセール種、ミュラー・トゥルガウ種のブドウから生産された白ワインはフルーティーで軽い。後者の品種は非常用である。ピノ・ノアール種はこの地域の土壌に非常に適している。

メス市地域は、Côtes de Moselle高地の典型的地域である。この地域にはかつて最も広大なブドウ畑が存在したが、現在では550haの畑がVDQSに認可されている。しかし、かつて高く評価されたワインを生産した幾つかの村は共にワイン生産を放棄している。この地域は"Clairets de la Moselle"と呼ばれる軽いロゼワインと、余り有名でない赤ワイン

を生産している。

　メス市地域のブドウ畑はモーゼル川の左岸に広がり、渓谷の産業化によって小さな町に転化した多くの村を見渡せる丘陵の上部斜面に分布する。

　東方にはモーゼル川に切り開かれた粘土質のリアス世平野が広がり牧草地と畑を保持している。トアルシアン階の泥灰質地層およびプリンスバッキアン階の粘土質砂岩が渓谷底に産する。西方の高地はドッガー統からなる。最初の数mは、アーレニアン階の地層で、それから鉄に富むウーライトを濃集する泥灰質石灰岩が現れる。これは、かつて丘の斜面からの坑道堀によって採掘されたことがある。現在ロレーヌ鉄鉱山は森に覆われたHaye高地に縦坑を掘り操業している。この高地の端は早期〜中期バジョシアン期の石灰質ケスタを形成している。この石灰岩は劈開に富み、珊瑚質、貝殻質、魚卵状で、崩壊して"がれ"斜面を形成しトアルシアン階泥灰岩を覆っている。これから生じた土壌が、ほとんど例外なく**メス**市地域のブドウ畑を形成している。東および南東に面したブドウ畑は、破砕された石灰岩の礫質土壌による利益とともに、保水性のある粘土質土層の利益をも享受している。

　メス市の北北西約10kmのMarange-Silvange町には、この地域で最後までとどまっているブドウ畑がある。その場所は完全に上述の地形学的・地質学的範疇に一致している。Malancourt村に至る道はケスタを登って行く。1km程で化石に富んだバジョシアン期石灰岩の採石場に着く。Roncourt村の東方でも石灰岩の採掘が一般的に行われている。

　メス市の真西にあり、南東に面する広大なMontvaux盲谷には、Châtel-Saint-Germain村、Lessy村、Scy-Chazelles村、Sainte-Ruffine村、Jussy村、Vaux村などワインを生産する1群の村々がある。更に南へ5km行くとAncy村、Dormot村、Novéant村があり、名の知られた赤ワインを産するAncy村は、シルトの混ざった"がれ"上にある。

　Corny村でモーゼル川を渡ると、地域の南東部に入る。そこのブドウ畑はCôte de Faye高地の東斜面に分布する。ここでは川が石灰岩台地を長手方向に切り開いている。Côtes de Moselle高地は川の東にある。ワイン生産地はFey村、Marieulles-Vezon村、Lorry-Mardigny村からなる。地質的特徴はここも同様であるが、多数のリアス世泥灰岩の採石場の他、Fey村の西600mにあるプリンスバッキアン期粘土質層を採掘する採石場、同じ地層と中部リアス統砂岩およびトアルシアン期頁岩を採掘するJouy-aux-Arches村の北のJouy-Tuilière社などが見出される。

　メス市の南東8kmのLaquenexy村まで足を伸ばすのも価値があると思われる。ここでは、Lotharingian（リアス統下部）石灰岩および泥灰岩上のブドウ畑が古いまま残っている。ブドウ栽培研究センターが1902年にここに建てられた。この研究センターは一時一般の果物の研究をしたが直ぐに元の目的に戻った。

　Château-Salines村付近の塩泉の存在は、新石器時代以後、とくにガロ・ローマ時代Vic-sur-Selle町地域を人間努力の一場面にした。中世には塩が大寺院をこの地域に引っ張り込み、**メス**市の司教とロレーヌ公爵の間の対立を助長した。岩塩は最初真っ先にVicsur-Selle 町付近で 19 世紀に採掘され、この活動は長期間ブドウ畑の生産を確実に支持した。Vic-sur-Selle 町付近で生産された '灰色ワイン' は有名になった。この地域では現在 16ha のブドウ畑の中 3ha が VDQS ワイン用として使われているが、今までに 100ha 以上が VDQS 畑として指定されてきた。これはかつてブドウ畑が町の重要な収入源であったことを意味する。

　Haute-Kontz 村では、ブドウ畑は後期コイパー期のドロマイト質泥灰岩およびこれを覆うレーティアン期粘土質砂岩上に分布する。これらの地層を含む赤色泥灰岩層は、Quatre Rupt 川に切られている Vic-sur-Selle 町の北の丘で容易に見ることができる。Haute-Borne 山および Nontre-Montagne 山と呼ばれる孤立丘の斜面には、ピノ種、オセール種、ガメイ種のブドウ畑が広がる。

　Marsal 村の塩博物館（Musé du Sel）では、歴史の夜明けにおいて、素焼きの鉢を用いて塩が団塊にされたことを展示している。

コート・ド・トゥール（Côtes de Toul）地区

　4 世紀の**トゥール**市の周辺で地域のブドウ畑を確立したのは確かに司教達であった。市の西方の 8 ヶ村は 1951 年に認可された VDQS 原産地名を採用し、1983 年に法令により確定した。これは 800ha の畑に再びガメイ・ノアール種、ピノ・ノアール種、オセール・ブラン種のブドウを植えることができたことを意味するが、現在は僅かに 64ha のブドウ畑から取れたブドウによって 4,000hl のヴァン・グリ、赤、白ワインを生産するに過ぎない。

　トゥール市はモーゼル川の環状の水路に接して位置している。またこの地点でモーゼル川のコースは支流である Meursthe 川に捕獲されたことを示している。事実モーゼル川は、バジョシアン期石灰岩台地および Woëvre 粘土層に交わった時、いったんはマルム統石灰岩経由で Pagny 村において Meuse 川と結合した。この後者の部分は、種々の地形的・構造地質的理由で第四紀の間に放棄され、現在では Val de l'Ane の名で知られる枯れ谷となっている。

　ブドウ畑は Côtes du Toulois 台地あるいは Côtes de Meuse 台地の麓に位置し、Woëvre 粘土層上部層上に分布する。その上のカロビアン－オクスフォーディアン期泥灰岩層は、珪化石灰岩と葉片状支脈に富む砂質泥灰岩からなるオクスフォーディアン期フリント層に覆われ、更にアルゴビアン期およびローラシアン期珊瑚礁を伴う魚卵状石灰岩に覆われる。これらの石灰岩とフリント層は崩壊して "がれ" を形成し下位の泥灰岩によって固定化される。

　ワインを生産する村は実際上同じ経線上に並んでいる。Lagney 村産のワインは記録に留まっているのみである。Lucey 村と Bruley 村は、それぞれ指定された 100ha 以上ののブドウ畑を有し、**トゥール**市周辺のブドウ畑の 4/5 を占めている。これらのブドウ畑は斜面上に美しく分布し、村々は壁を廻らしている。我々は、Pagney の森へ向かう道の途中、Pagney-Derrière-Barine 村の北 800m の所にあるフリント層採石場を訪問することを

奨める。ここでは、ときに頁岩質泥灰岩を挟む非常に堅い珪化石灰岩が見られる。また、Ecrouves 村の北東 500m の古い採石場では珊瑚に富む魚卵状石灰岩を見ることができる。

トゥール市地域のブドウ畑は毎年少しづつ拡張され、1962 年**トゥール**市に設立された'Confrérie des Compagnons de la Capucine（Capucine 同朋団）'によって促進されている。原産地名 Côtes de Toul の VDQS ワインは、若い間のフルーティーさによって評価されているが、ピノ・ノアール種のブドウによって作られた赤ワインだけは、優美に熟成する。

1b.4　ロレーヌ地方のワインと料理

現在、再出現したロレーヌ地方のワインは、主としてワイン生産地の北と南の端にあるブドウ畑から生産されている。その品質は常に改良され、ロレーヌ・ソーセージ料理あるいはロレーヌ・キッシュのようなアントレおよび第 2 コースとともに提供されることが好まれている。

貴方の食事を締めくくるために、ロレーヌ地方は貴方に消化剤として Mirabelle と呼ばれる爽やかなスピリッツを提供することができる。他所ではこのようなフルーティーなスピリッツは見つけられない。

参考文献
地質学
Guide géologique'Lorraine-Champagne'(1979)（ロレーヌ－シャンパーニュ地方地質案内）by J. Hilly, B. Haguenauer et al., Masson, Paris.

02 シャンパーニュ地方 *Champagne*

　シャンパーニュ地方のブドウ畑はブドウ栽培の最北限に位置する。その結果、最大の利益は日照によって得られ、これがブドウ畑を良い露光斜面に設定している理由である。

　この地方のブドウ畑は、全フランス・ブドウ畑の僅か2.5％を占めるに過ぎないが、その範囲はマルヌ、エーヌ、オーブの各県にわたり、一部のコミューンがオート＝マルヌ県とセーヌ＝エ＝マルヌ県に存在する。

　シャンパーニュ地方では3品種のブドウが認可されている。そのうち2つは黒いブドウ、ムニエ（meunier）種とピノ・ノアール種、他の1つは白いブドウ、シャルドネ種である。シャンパン "Blanc de blancs"（白いブドウから作られた白ワイン）を除いて、3種のブドウから作られたワインを種々の割合でブレンドして、"混合ワイン（cuvée）" が作られている。Dom Pérignonが発見したように、異なったクリュのワインをブレンドすると個々の成分によって作られたワインより優れた最終産物が得られるのである。

　ブドウ畑の土壌は、数世紀にわたって人により再編成され、それぞれの典型的性状が失われてしまっているが、通常の土壌進化ならば崩積層の上には褐色土壌、白亜の上にはレンジナが生成される。白亜層上のブドウは白亜中に深く根を張ることにより植物への水の供給が確保される。

2.1　ブドウと土壌

ブドウの植樹

　シャンパーニュ地方においては、ブドウが好む媒体は白亜である。最良のクリュはモンターニュ・ドゥ・ランス（Montage de Rims）地区の斜面とCôte des Blancs地区にあり、前者にはピノ・ノアール種とシャルドネ種が、後者には基本的にシャルドネ種が植えられている。

　この地方のパリ・ベーズンは、一般に地層が西傾斜であるため、マルヌ川とVesle川の谷斜面は事実上第三紀層地質帯から成っている。ここで植えられているブドウの種類は地層の変化に対応してピノ・ノアール種とシャルドネ種からムニエ種へ次第に変化する。

　同様にSézanne町周辺でもブドウの選択は、地層条件によって支配され、北部ではムニエ種が、南部ではピノ・ノアール種とシャルドネ種が優勢である。

　白亜上にあるVirty-le François町とMontqueux（Troyes）村のブドウ畑は、最近要求に応えるために再建されたが、ピノ・ノアール種とシャルドネ種が植えられている。

　キンメリッジアン期の泥灰岩上に設営されたオーブ県のブドウ畑は、暖かい気候に恵まれており、ブドウ虫の被害による衰退の後急速に復活膨張しつつある。ここでは、法律上の要求によってガメイ種のブドウが、認可されたシャンパン用ブドウであるピノ・ノアー

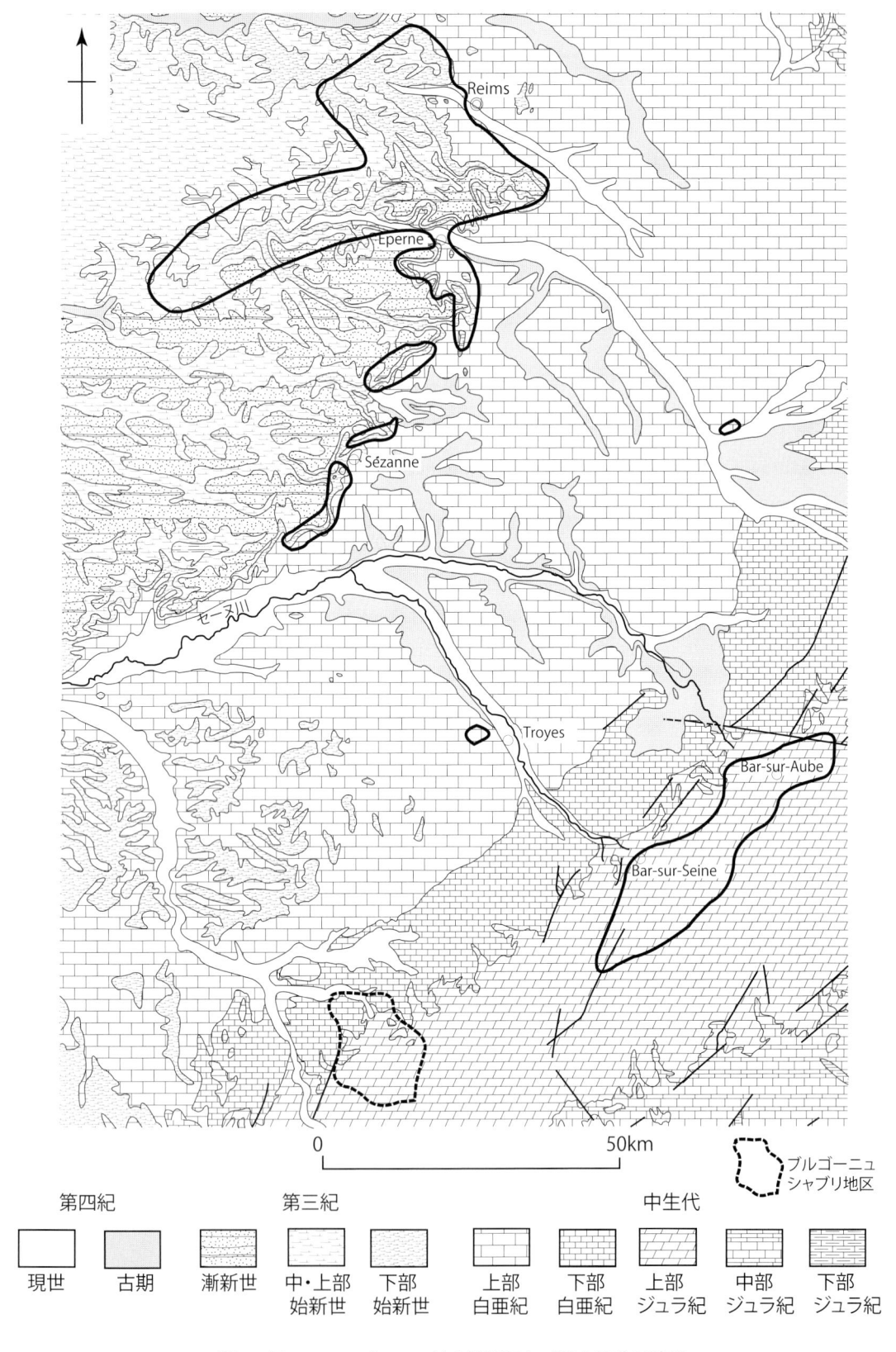

第10図　シャンパーニュ地方地質図とブドウ畑地区境界

ル種に置き換えられている。

　これらのブドウ畑はマルヌ県のブドウ畑とはかなり異なったワインを作って、気候および土壌関連の条件に適応することができている。シャルドネ種のブドウは、混合ワインに適合性や軽さを与える一方、ピノ・ノアール種はボディーとブーケを、ムニエ種は必要な新鮮さを与える。

気候

　シャンパーニュ地方は大西洋気候を示しているが、大陸の影響もなくはない。年間の平均気候は10℃前後であるが、オーブ県は他に比べて僅かに日照が良く、夏期の温度も1℃高い。年間の霜の降りる日数は60日から80日と変化する。春には平地で霜のために新芽が駄目になってしまうような大変恐ろしい日がやってくることがある。雨への体制は平地でも高原でも理想的であるが（雨は、夏と秋にやや多いが年間を通じてほぼ平均して降る）、雨量は、シャンパーニュ平野（600mm）より高原および谷間（700mm）の方がやや多い。夏期の嵐は時に激しいことがあるが、その時の"あられ"がとくに恐れられている。

ブドウ栽培

　"Chabris"、"cordon de Royal"、"Guyot"、"vallée de la Marne"等の教材は、生産を制限し成熟を助けることを目的とした認可された訓練法に過ぎず基礎が不足し、程度が低い。

　接ぎ木をする株の種類は、ネアブラムシと葉緑素生成機能損傷による葉の黄色化を引き起こす第2鉄変色病に対する抵抗力に基づいて選ばれる。実際、石灰質土壌中の鉄の沈殿物はブドウの生産を妨げる。白亜上の土壌に植えられたブドウが第2鉄変色病になりやすくこれと戦う基本的方法は、スパルナス階（暁新統最上部）の亜炭をブドウ畑に撒くことである。この方法は1789年革命の少し後に始まった。亜炭は、本来Reims山地から採取されており、地域的には灰または黒山土と呼ばれ、大きな採掘場が稼働している。このSoisson町の亜炭中の黄鉄鉱は酸化してブドウに必要な鉄を供給し、さらに亜炭に伴う砂と粘土は土壌組織を改善する。

　この作業は、家庭ゴミから作られたある種の肥料を撒くのと一緒に行われ、殺菌効果と土壌に有機物を供給する効果がある。

ワイン醸造法

　ブドウ汁は最初に搾り取られた後桶に入れられ、そこで2週間第1次発酵が行われる。白ワインは、なおそのまま置かれ、自然または人工的低温の状態に保たれる。2月から3月の間に瓶詰めの段階となる－ワインは樽から抜き取られ、瓶という閉鎖された環境で第2次発酵が行われ、ワイン中に生じた二酸化炭素はそのまま閉じこめられる。この第2次発酵は、サトウキビから作られた砂糖と酵母菌が加えられて促進され泡が作られる。瓶は

ワイン貯蔵庫の棚に水平に静かに1年かそれ以上置かれる。形成された"おり"は、優しい動作によって徐々に瓶の首に向けて落とされる（棚の上の瓶は熟練した手によって回転し首の方向に傾けられる）。この集団垂直保管に続いて、"おり"は瓶から容易に引き抜かれ、最終熟成の段階に入る。少量のワインを古いコニャックまたはシャンペン・リキュールと置き換え、要求された品質（最も辛口、辛口、半辛口）に応じた量の砂糖が加えられる。以上のようなワイン醸造過程は、一定の温度と湿度に保たれたワイン貯蔵庫の中で行われる。**ランス**（Rims）市およびÉpernay市周辺ではこの安定な条件は白亜中に掘られた巨大な地下坑道網によって確保されており、大シャンパーニュ議会が公共のために喜んで解放している。

2.2 歴史

シャンパーニュ地方には、Sézanne産サネット階トラバーチン中のブドウの葉の印象によって証明されたように6,000万年前からブドウが存在していたが、これは現在栽培されているブドウより形態的にVirginia産蔓植物種に類似している。

ローマ人の征服の前に、モンターニュ・ドゥ・ランス地区にブドウ畑が存在していたことは、かなり確実であるが、西暦92年以後ローマ皇帝Domitianによってブドウ栽培そのものが禁止された。2世紀後、低起伏地域でブドウを再び植えることがProbus皇帝によって認可され、**ランス**市のPorte Mars記念アーチはこれを祝って建設された。

引き続いて地中海地域のブドウ栽培は生き残ることができた。9世紀以後、ブドウは低い柱と針金の格子棚によって支えられてきており、今でもこれが標準的方法である。この方法によってブドウは最も良く暖められ、品質を確保するための生産量制限ができる。

ブドウ畑が白亜質のシャンパーニュ平野にあまりにも大きく広がったので、18世紀初めには生産過剰がワイン生産者に窮乏をもたらした。その後作られるワインは、赤ワインとなり、ブドウ汁の不完全発酵が原因の発泡性ワインとなる傾向を生じた。

18世紀の終わりに、Hautvilers大修道院の修道士Dom Pérignonが春の発酵時に瓶の中に二酸化炭素を閉じこめる方法で発泡ワインを作る実験を行った。針金または口輪によってストッパーが瓶の首に固く固定された。

このワインは間もなくルイ15世の宮廷で素晴らしい料理とともに供されて評価され、この地域での最初の商社がÉpernay市と**ランス**市に建てられた。しかし、今日知られているような完全に透明なワインが得られたのは1800年代になってからであった。

発泡白ワインの生産は、19世紀の間に赤ワイン生産に取って代わった。しかし今日、なお少数のコミューンが強く求められて非発泡性の赤ワイン（Bouzy, Ambonnay, Ay, Damery）またはロゼワイン（Les Riceys）を生産している。

全フランスのブドウ畑地域と同様、シャンパーニュ地方は1891年にMarne渓谷に発生したネアブラムシ侵入の被害をこうむり、生産量の著しい減少の原因となった。1950年までに約11,000haのブドウ畑が復活安定化し、その後拡張を続け1985年には

25,000haに達した。現在なお、とくにオーブ県およびMarne渓谷で発展を続けている。

　この有名なワイン地域シャンパーニュ地方は、いつも途中下車する場所であったが、戦争によって耐え難い打撃を受けた。古いシャンパーニュ地方の方言は多くの伝統的慣習と同様に消えてしまった。これら伝統的慣習の中で生き残っているのは"聖ヨハネの火(Feux de la Saint-Jean)"（とくにMarne渓谷）と収穫の終わりに行われる"若雄鶏の祭(Féte du cocholet)"である。コミューンや団体が伝統を活発に続けていれば、他の祝いの催しも復活したり始まったりする（ワインの貯蔵樽廻し競技やそれぞれの村で毎年行われるシャンパン祭）。

2.3　旅行案内
モンターニュ・ドゥ・ランス地区

　モンターニュ・ドゥ・ランス地区は、パリ・ベーズン第三紀層分布域の東部に位置し、180mを超す顕著な高低差を示す地域で、シャンパーニュ平野を眼下に見下ろしている。マルヌ県の北部に孤立したこの小さなシャンパーニュ州は第三紀地質帯からなり、Ile-de-Franceケスタに属し、その最東部を形成している。地質学的にこの地域は、北西に位置する地帯とは海成層準を欠如するということで区別され、南西方の地区とはすべての段階を示す堆積系の存在によって区別されるという顕著な特性を有する。

　モンターニュ・ドゥ・ランス地区のブドウ畑地区は、地域的な第三紀砕屑物が白亜上に集積した地層からなる斜面上にほとんどすべて設定されている。低地部ではブドウ畑は白亜の上にあり、高地部ではサネティアン階（暁新世上部）の砂質石灰岩上にある。

　モンターニュ・ドゥ・ランス地区は構造的な台地である。その表面は、第四紀風成シルトに覆われているが、その下のサンノア階（漸新世下部）の巨礫層が、補強剤として働いているように見える（第11図）。

　ケスタの端は漸新統および始新統からなり、重く水分に富んだ地質帯を形成し、台地のシルト層と同様木と森に覆われている。シャンパーニュ平野との接続部である崖錐の底部には暁新統とChampagne白亜（白亜系）の露頭が認められる。これらの土層は石灰質であり、その良好な排水性と緩やかな斜面は高品質のブドウ畑の発達を促している。

　シャンパーニュ平野は、全地域白亜からなるが、多少ともレンジナ、礫、ロームによって覆われており、穀物と砂糖大根の大規模な栽培地である。その中の起伏の大きな地域の所々でブドウを栽培している。

　モンターニュ・ドゥ・ランス地区の東Trépail村ⓐへ行く（第12図）。丘陵に接するスポーツグランドの斜面には白いChampagne白亜が15m以上の高さにわたって露出する。そこにははっきりと見えるが近づきがたい２つの露頭断面があり、１つは白亜の上に灰色のレンジナがのるもので、他の１つは粘土質の崩積層の上に褐色の土壌が重なっている。前者の断面の中間部に僅かに黄色味を帯びたほぼ垂直な白亜の縞が認められ、これに沿った小さな断層を特徴づける破砕された白亜と粘土質の條線によって白亜層は分断されて

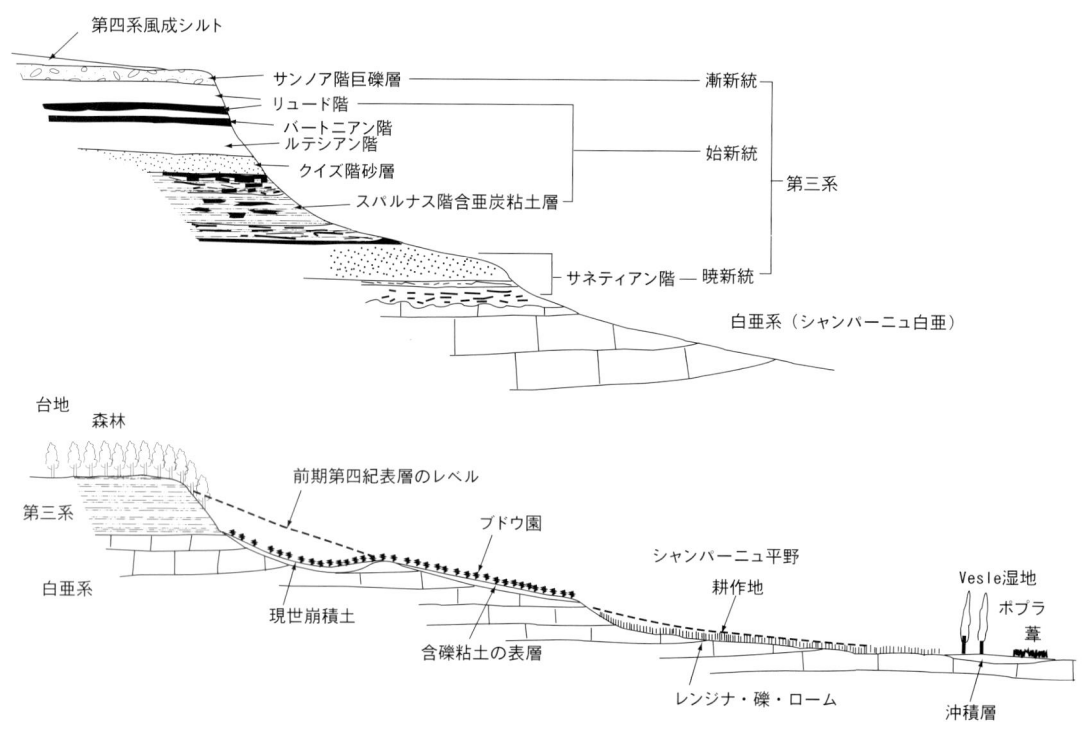

第11図　モンターニュ・ドゥ・ランス地区地質断面図とモンターニュ・ドゥ・ランス地区
－Vesle 湿地間地形断面図・土壌利用図－

いる。この白亜層は極めて白く純粋であり、微化石（Pycnodonts, Spondyls, Chlamys, Sea Urchins, 生痕、魚片を含む糞石等）に富んでいる。これらの露頭は、岩片が地表に近づくほど小さくなる地表砕屑作用と、岩石の膨張による水平に近い割れ目の発達を示している。これらの破壊作用は第四紀氷期中の氷結作用に起因する。

　左の方に道を登って行きブドウ畑と森を通過すると、シルトの乗った崩積層と白亜のソリフラクションからなる地表層のきれいな断面を見ることができる。道が行きどまる少し前の右手の斜面は、白色の白亜からなる白亜紀層から厚さ 1m ないし 2m の黄色の固化した白亜の角張った岩片からなる第三紀層基底部へ、さらに最初白く均質で次第に灰色で不均質となるマトリックスと、上位に向かって次第に増加する石灰質細礫からなる暗灰色の硬質石灰岩に移り変わり、最終的には水平で不規則な板状岩に覆われる。このような断面は、高温で著しく乾燥した気候において生ずる石灰岩外皮の土壌断面に直接対比することができる。

　道路のあちらこちらで Microcodium 組織を示す砂層が 15m 前後の厚さで露出する。小さい危険な地下採石場で最も固化した層準がかつて採取された。この砂層は石灰質の細礫からなり、固化した白亜、古土壌外皮、分離した Microcodium 組織細胞の風化産物に由来する。これらの空気で運ばれる分類学上不確かな属性の有機物は、石灰岩を食い荒らすのである。砂層中には基底面に斜行する層理をなして、石灰質成分と軟弱礫に富む縞を含

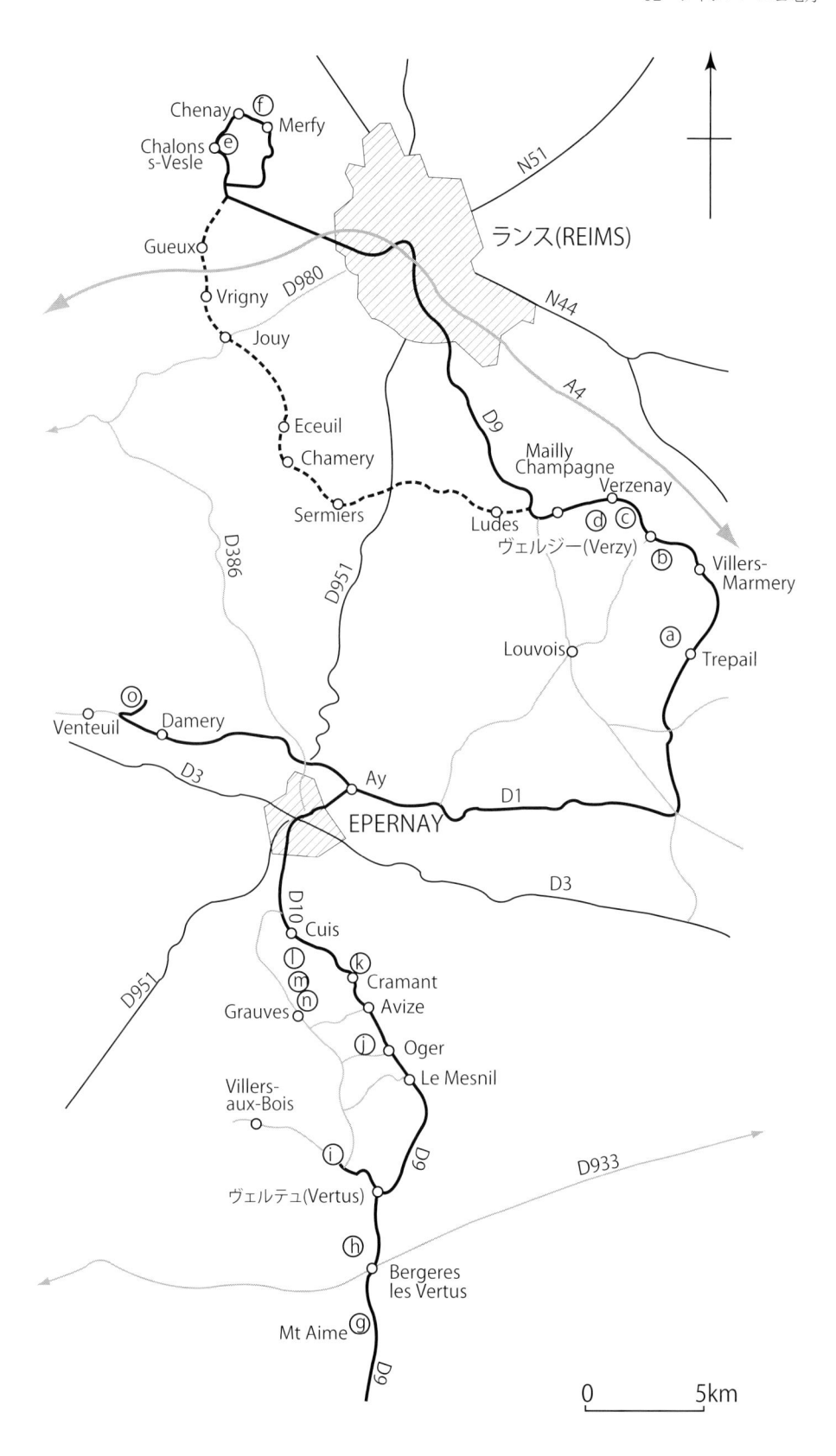

第12図　シャンパーニュ地方旅行案内図（1）
モンターニュ・ドゥ・ランス地区と Côte des Blancs 地区・Marne 渓谷

む礫岩層が挟在する。

　今まで述べたTrépail村の断面は、砂層中の大採石場でも亜炭の條線を伴って連続し、スパルナス階（始新世最下部）の粘土質亜炭層に続いている。その上部1ないし3mは、クイジアン階（始新世初期）に属する白色ときに赤色化した砂層になっている。この上は中部および上部始新統の痕跡なしに直接ミルストンを伴う粘土層に覆われている。

　Trépail村からVillers-Marmery村を経て**ヴェルジー**（Verzy）町に至る。モンターニュ・ドゥ・ランス地区の北側斜面に、非対称の際だった谷が見える。これは第四紀の周氷河気候によって形成されたものである（より露光条件の良い斜面は早く氷が溶け浸食期間が長くなる）。東面する斜面にシルトを堆積させる風は、この堆積課程と同一の方法によって小川、川、水路を東へ動かし、西面する斜面のより高度な浸食を引き起こす。

　平野からケスタ頂上へ向かって高まる高地は、基本的にミルストンを伴う粘土からなるソリフラクション物質によって覆われている。それは台地からVesle谷につながる古代表土の一部を代表したものである（第11図）。ブドウが植えられているこの崩積土からなる土壌を観察すること。

　ヴェルジー町からはLouvois道路によって台地につながっている。Louvois道路を丘の頂上で左に曲がるとFaux-de-Verzy ⓑ（ウイルスに冒されたような曲がりくねったブナの木の名所）に到達する。赤十字病院の背後のこの珍しい愉快な場所には、スタンピアン階（漸新世中部）のミルストンと赤色化した粘土質砂層を産する古い採石場がある。地表を覆う沖積層は地表において脱方解石化作用、溶脱作用を受け、しばしば浸水しており、外皮岩屑と含鉄ピソライトに富む。右に行くとSanaí山展望台ⓒの下に、大規模地滑りによって分離した表面がリュード階（始新世最上部）中部・上部の珪化した美しい地質断面を提供している。そこでは、2～3mの高さの錆色の條線を伴う褐緑色泥灰岩の上にミルストン岩塊を含む褐赤色粘土と灰色粘土が乗っている。

　Verzenay村を経て、Mailly-Chanpagne村の方向へ右側の風車（美しい風景）を見ながら行く。森の出口で道を左に曲がり交差点まで行くと、左側にChampagne白亜の露頭が見える。2つの道があって、それぞれ"灰"採石場と"黒土"採石場に通じている。これらの採石場はブドウ畑ⓓを富化するために操業している。含亜炭砂と粘土が有機物と鉄分とともに供給され、白亜上の土壌に植えられたブドウがなりやすい第2鉄変色病と闘っている。右側の道には、白亜紀－第三紀の境界およびMicrocodium砂層の露頭がある。

　採石場の基底部にはスパルナス階の沼沢堆積物が露出し、時に海の影響を受けた流路によって切られている。この堆積物は水平および垂直方向の顕著な相変化が特徴である。

　採石場の基底部の黒色粘土層には海棲化石（*Cyrena, Corbula, Tympanotous, Melanopsis*）が散点する。黒色粘土層は、多少粗粒の赤褐色および灰色の砂層に覆われ、これは水平方向に細かい葉理を示し白色の砂と褐色および灰色の粘土からなる堆積物に移り変わる。スパルナス階は木と葉の印象を伴い、亜炭を含む非常に黒い粘土で終わる。木と葉の印象には含鉄物質の集積が認められる。スパルナス階の可視最大層厚は15m前後である。

クイジアン階は白色および帯灰色の砂からなり、厚さ 4 ないし 5m、灰色粘土の薄層と乾燥外皮の集積を含む。その上部は炭酸塩に富む。

ルテシアン階は泥灰質粘土層からなり、ベージュ色、灰色、緑色、錆色、赤色などに強く着色している。緑色、赤色、錆色の粘土層の組み合わせと、一部の層における方解石コンクリーションの存在は湿潤条件での土壌進化を示唆している。

これら粘土層の上には、バートン階（始新世中部）を示す種々の石灰岩層が泥灰質層と互層をなしている（1.5〜2m）。石灰岩層は白色、灰色、帯黄色を示し、無数の曲がりくねったチューブに貫かれている。これは沼沢堆積物であることを示唆し、動物相(Limnaea, Planorbs, Cyclostomes, Bythina)および植物相（しゃじくも科の茎）によって裏付けられる。

バートン階最上部の地層は厚さ 0.3m、モノアラガイ（Limnaea）に富み、不規則な表面を示し、所々で黄色の不規則に砕けた細粒石灰岩に貫かれている（指交関係？）。この石灰岩は場所によって非常に化石に富み、種々の塩濃度の海に棲む動物相（牡蠣、Pholadomia, Turritella, Cyrena, Venus, *Cordium* 等）を含む。リュード海進を示すこの層準は不連続で厚さが変化する。リュード階は大陸成あるいは潟成の軟質泥灰質石灰岩、デシメートルの厚さの泥灰岩および粘土の地層として連続する。その最上部、ミルストン礫を伴う褐色粘土の露頭は、ソリフラクションおよびクリオターベイションの影響を受けている。

Vesle 渓谷および丘陵のブドウ畑の地質をモンターニュ・ドゥ・ランス地区の地質と比較するために、**ランス**市を経由するか、ケスタの麓に沿って Châlons-sur-Vesle 村に行く。Châlons-sur-Vesle 村から Mâco 村へ向かう道路に厚さ約 15m の帯緑あるいは帯黄白色の砂層を採掘する大きな採石場ⓔがある。この海浜堆積物は多数の化石に富む地層によって強調される斜行層理を示す。非常に種類に富む動物相は不幸にも脱方解石化され脆くなっている。堆積作用はほとんどモンターニュ・ドゥ・ランス地区の白亜の風化と同時である。

Châlons-sur-Vesle 村から Chenay 村へ行く。ブドウ畑は Châlons-sur-Vesle 砂層およびスパルナス階、クイジアン階を覆う石灰質砂層の上に設営されている。Merfy 村へ向かう Chenay 村の出口で、戦争記念碑（**ランス**市全体の良い眺め）と反対の左に道をとると台地へ上がって行く。耕作地を通って行くと道はルテシアン階海成石灰岩層中の採石場ⓕに取り囲まれるようになる。地層は不規則で層内層の石灰質砂層によって分離されており、印象または内部雌型の形で保存された種々の大量の動物相を含む。

Côte des Blancs 地区と Marne 渓谷

Côte des Blancs 地区では第三紀層は厚さを大きく減らし斜面の最上部に露出するに過ぎない。ブドウは丘の斜面の上部（100 から 200m 以上）に植えられているが、ほとんど例外なく白亜紀層上である。Marne 渓谷では始新統が厚くなり西に傾斜しており、斜面での白亜の部分は急速に減少し、ブドウは第三紀層由来の重い土壌上で栽培されている。

Côte des Blancs 地区の南部にある Aimé 山ⓖは地質的、地理的、歴史的意味のある場所

である。ここでは Montian 石灰岩層中にある素晴らしい採石場を見ることができる。南に向かって行くと、上の遊歩道からつながる多数の道に導かれる。突きだした採石場の壁の頂上からは、栄養不足の Saint-Gond 沼から流れ出ている Petit Morin 川に損害を与えながら、Soude 川が Somme 川を争奪している素晴らしい眺めが見える。採石場には、高さ 20m の斜行層理を示す白色石灰岩の露頭がある。その基底はやや砂質であるのに対して、上部は溶解による洞穴が多くなっている。

この地層は Bergères-lès-Vertus 町から**ヴェルテュ**（Vertus）村に向かう道路の上の Faloises の崖ⓗに良く露出している。ブドウ畑を横切って地下採掘をしている採石場に到着することができる。ここの石材によって 19 世紀に**ランス**市の教会の修復が行われた。

ヴェルテュ村の上、Villers-aux-Bois 村に向かう道路の右側のゴミ捨て場から降りた所に大きな採石場ⓘがある。この採石場も同じように近づきやすい高さに露頭がある。

ヴェルテュ村に戻り（Champagne 白亜の平野の美しい眺め）、Côte des Blancs 地区のブドウ畑を横切る道路に沿って Oger 村に向かう。D38 道路に沿って更に高原を行き、最初の道路を右に曲がり 500m 進むと、左側に上部始新統を露出する採石場ⓙがある。この上部始新統は、塊状で厚い層理をなし、時に角礫化あるいは再結晶した石灰岩からなる。その上部は強く珪化し、玉随で覆われた無数の晶洞を産する。

Cremant 村を過ぎて、D19 道路へ真っ直ぐに下りる小さな道路を行くと村の出口の急傾斜の土地に囲まれた十字路ⓚの所に白亜の垂直な壁がある。この白亜は Champagne 白亜の上部に相当し、Magas pumillus 帯に属する。ここでは小さな腕足類の試料を容易に採取できる。

Cremant 村に戻り、D10 道路を Cuis 村へ向かう。一度教会と同じ高さに下り、右に曲がる小さな道に入り平地をブドウ畑に向かって進む。1km 行き雑木林を過ぎると、道は小区画のブドウ畑に沿って登って行く。この斜面には、スパルナス階の Tympanotonus と Cyrena を伴う粘土および粘土質灰泥が露出するⓛ。斜面を上がって行くと、頂上に上部クイジアン階の Unios および Teredine 砂層の露頭があるⓜ。粗粒、赤褐色、僅かに粘土質の砂層中には、地層の河川起源を示す爬虫類（亀とクロコダイル）、魚類（Lepidosteus）、哺乳類の骨屑が認められる。

Grauves 村に向かって進むと、左側に塊状白色の石灰岩からなる大きな崖ⓝが現れる。その基底には緑色および白色の條線を有する粘土が露出する。この崖は以前の大規模地滑りの跡を記録しており、とくに大区画のブドウ畑（一部に Potamides lapidum － 巻き貝の一種 － を産する）中に存在することによって明らかになっている。1988 年には、小さな谷で再び地滑りが起こり道路やブドウ畑が移動している。

Épernay 町と Marne 渓谷を通過して Cumières 村と Damery 村に向かう。Fleury 村から Venteuil 村への道路に沿う Damery 村の上に小さな採石場ⓞがある。ここでは石灰質砂層が採掘され化石が豊富である（この採石場は石灰岩の割れ目と不注意な素人によって掘られた無数の発掘跡のため危険で注意が必要である）。沿岸および外沿岸環境を示す動物相

が豊富で種類に富んでおり、際だって保存がよい。この古代の海浜は、パリ・ベーズンにおける海成ルテシアン階のほぼ最南東端に位置している。Marne 渓谷の北側および南側間の水平岩相変化はとくに大きく急速であって、採石場上部の白色および緑色の泥灰岩は、Grauves 村の石灰岩に対比される。

オーブ県のブドウ畑

マルヌ県からオーブ県のブドウ畑を旅行するコースとして、多くの例を挙げることが可能であるが、最も時間がかかるが最も楽しいコースは、Côte des Blancs 地区、Saint-Gond 湿地のブドウ畑、Sézanne 町周辺、Villenauxe 村を通って、オーブ県の最初のブドウ畑である Troyes 市の西方 Montgueux 村の丘を訪れるコースである。

コニアシアン階と上部チューロニアン階白亜の上にある Montgueux 村のブドウ畑では、ピノ・ノアール種が栽培されている。D141 道路に沿った給水塔背後の露頭には、白く、乾いた、僅かに反響する、極めて割れ目の多い白亜を産し、化石（イノセラムスを含む弁鰓類および腕足類）が認められる。丘の頂上からは、シャンパーニュ地方の乾燥地と湿地を含む美しい眺めを見ることができる。

バール＝シュル＝オーブ（Bar-sur-Aube）町と**バール＝シュル＝セーヌ**（Bar-sur-Seine）町周辺のブドウ畑は標高 200m から 300m の間にあり、南東に面する丘の急な斜面上にある。伝統的ワイン生産の結果、ブドウ畑はほとんど例外なく上部キンメリッジアン階の露頭上に位置している。僅かな例外として、バランギニアン階上の Trannes 村のブドウ畑、上部オックスフォーディアン階上の Mussy-sur-Seine 村のブドウ畑がある。

バール＝シュル＝オーブ町と**バール＝シュル＝セーヌ**町のブドウ畑は Côte des Bars 丘陵の麓に位置し地質的に単純な地域である。地層の傾斜はパリ・ベーズンの中心に向かっているので、斜面に露出する地層は、南東に行くほど古くなる。周辺の地形は非常にはっきりしており、直接地質構造に関係している（第 13 図）。その外形は泥灰質層および泥灰質石灰岩層（上部および中部キンメリッジアン階）と石灰岩層（ポートランディアン階）からなる層群の層序によるものである。硬い石灰岩はその配列と浸食に対する抵抗力の特性により頂部に露出して残り、広い台地の構造的表面を形成している。泥灰質岩のグルー

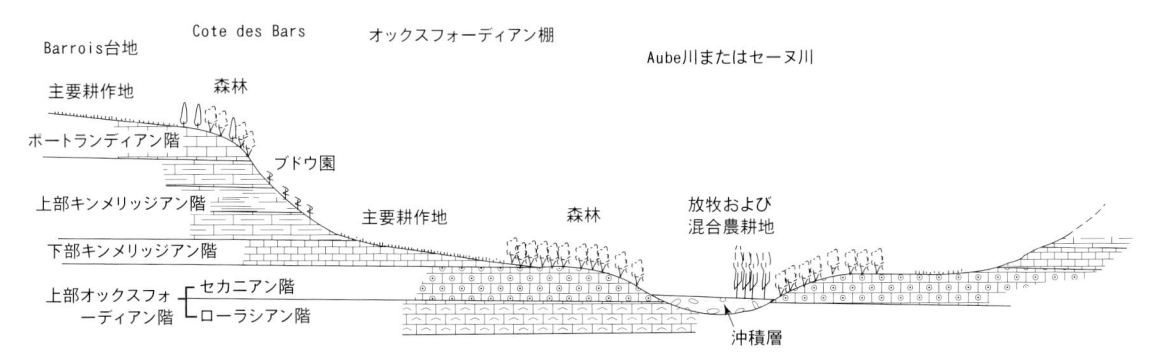

第 13 図　バール＝シュル＝オーブ町およびバール＝シュル＝セーヌ町地域の地形断面図

プは、石灰岩帽岩の消失により裸にされた所では激しく浸食され、地形的に相当高低差のある急な斜面を形成する。

　岩石、斜面、水の供給は種々の地形をなす土地の農業利用を支配する。多少沖積層により覆われている石灰岩台地は、主要穀物耕作地が並の品質の森林に置き換わっている。傾斜の急な斜面上部は、ブドウ畑の特権的な区画を構成しているが、キンメリッジアン階のより石灰質な部分に相当する斜面下部は混合農業が行われている。

　谷が深い所では（**バール＝シュル＝オーブ**町より上流）、谷はキンメリッジアン階の泥灰岩および泥灰質石灰岩より下位の抵抗力の強い層準に切り込んでいる。この層準は上部オックスフォーディアン階に属し、地形的な影響を与えられて極めて明瞭な陸棚を形成し、その棚と斜面は森に覆われている。

バール＝シュル＝セーヌ町周辺地域

　D17 道路を Mussy-sur-Seine 村から Receys 村へ向かうと（第 14 図）、村の出口から間もない所の産業建築物の背後に大きな採石場①がある。更に約 1km 行くと小さな露頭②があり、崩壊した石灰岩中に多くの上部オックスフォーディアン階動物相を含む。採石場の壁は、洞穴のある石灰岩層とより泥灰質な層との互層からなり、その配列は非常に明瞭であるが、見分けるのはそれほど容易ではない。動物相は種々の弁鰓類（*Pinna, Lima*）、ウミユリ類、アンモナイト類、腕足類の印象からなる。この層は Mussy "消化石灰岩" と呼ばれセメント用に採掘され Mussy-sur-Seine 村の小さなブドウ畑を支えた。Plaine-Saint-Lange 村と Courteron 村の間には、危険な駐車場の反対側に大きな露頭③があり、露頭の基底部に泥灰質層を挟む一連の灰色石灰岩層が連続して露出する。断面の中央部には２つの厚い地層を産する。肉眼的大きさの動物相はここでは採取できなかった。これらの地層は、Mussy "消化石灰岩" と La Bellerée 石灰岩の境界部に当たる。

　Courteron 村に向かって進むと、多数の稼働していない採石場④があり、一部は崩壊により隠されている。Courteron 村のはずれより少し手前の最後の採石場は、右側へ近づくことができる。この層準は、道路用舗装材料および建設目的のために稼働しており、La Bellerée 石灰岩（上部オックスフォーディアン階または "セカニアン" 階）の部分である。これらの採石場は、非常に多種の生物砕屑（biodetrital）相および生物砕片（bioclastic）相を示す。すなわち礫質または魚卵状石灰岩、やや粗粒の石灰砂岩、ウミユリ石灰岩ばかりでなく白亜質および緻密石灰岩なども認められる。この深い良くかき混ぜられた環境には、小さなエクソギラの層（*Nanogira nana*）、弁鰓類－*Pectinids, "Ostréidés"* (*Lopha*) および *Trigonias* －および腹足類（とくにネリネア）、ウニ、ウミユリなどの種々の印象あるいは実験によって証明されるように、生命の繁栄する世界が存在した。

　D671 道路に沿って進み、Gyé-sur-Seine 村から D103 道路に入り Loches-sur-Oure 村に向かう。最初道路は森によって縁どられた小さな谷に沿って行き、やがて草原と畑地帯に入る。好ましい露光条件を利用して、この谷の斜面の底部には、ピノ・ノアール種が栽培

a バール＝シュル＝オーブ町周辺

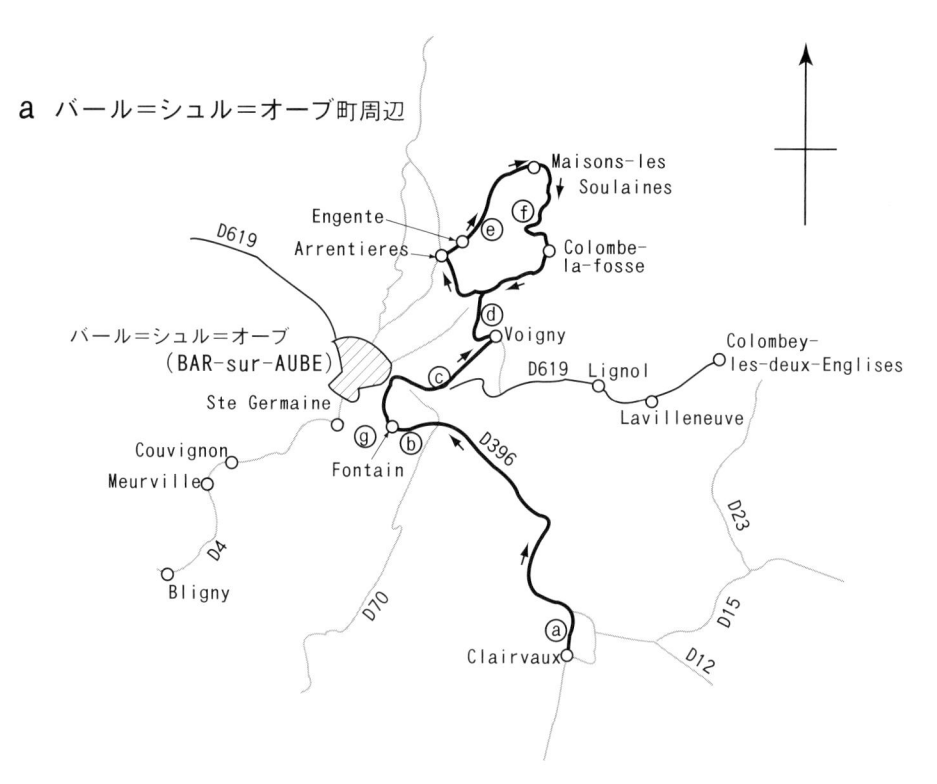

b バール＝シュル＝セーヌ町周辺

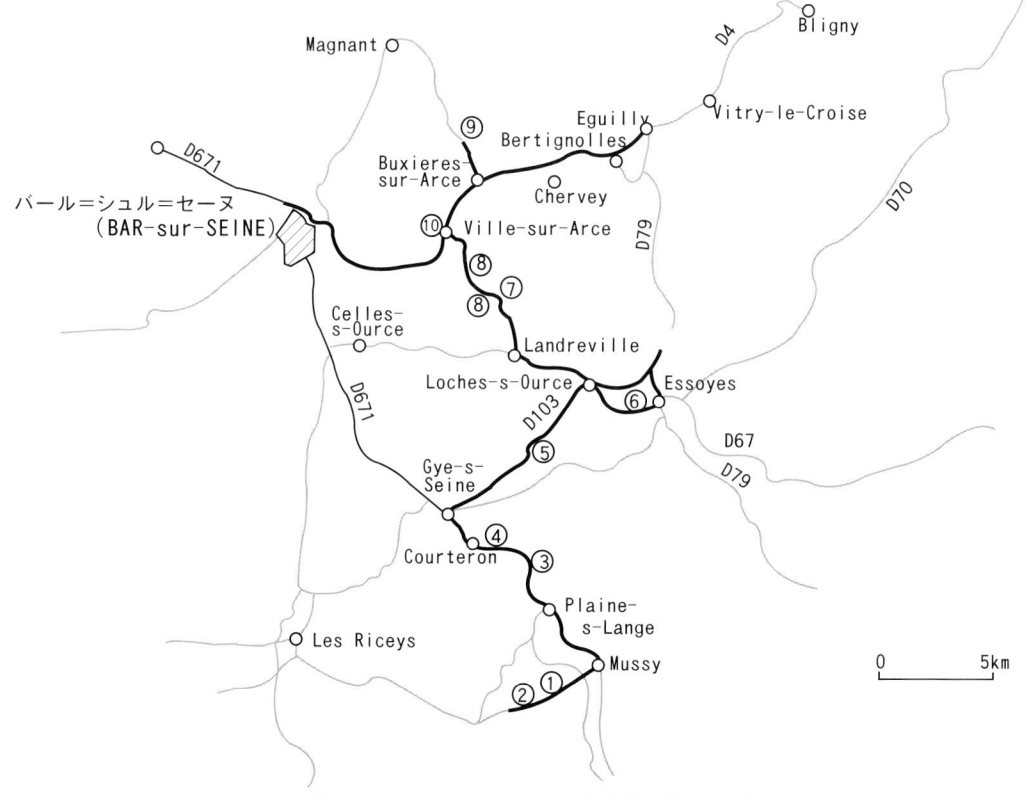

第14図　シャンパーニュ地方旅行案内図（2）
バール＝シュル＝オーブ町周辺とバール＝シュル＝セーヌ町周辺

されている。一対の曲がり道の後、道路の右側に昔の採石場に相当する壁が一部崩壊した凹地⑤が現れる。そこでは、灰色の泥灰岩中に数 10cm の厚さの灰色の泥灰質石灰岩層が互層している。この組み合わせは上部キンメリッジアン階に対比され、そこでは全動物相が残ったまま *Exojgra virgula* が激増している。それほど一般的でないが、Pholadomyas とトリゴニアなどの多数の他の弁鰓類、腹足類およびアンモナイト類（*Aulacostephanus, Aspidoceras*）が採取できる。これらは実験によってエクソギラおよび Serpulas であると判ることがある。

ルノアールの最高に特別な楽しい魅力を残している Essoyes 村周辺には、かつて操業した多数の採石場があり、下部キンメリッジアン階の Oisellemont 石灰岩が露出する。これらの採石場の１つは良く保存され、Loches-sur-Oure 村と Essoyes 村の間の D67 道路から、丁度 Ource 川を渡る橋の手前で、左に向かう小道に沿って近づくことができる⑥。

この大きな採石場の壁は、底部の白亜質石灰岩の厚い層と、頂部に塊状および板状をなして産する硬質石灰岩からなり、白亜質石灰岩の方が化石に富んでいる（*Lopha* を含む"Ostréidés"、トリゴニア、Pholadomyas、Pinna、ネリネア、Pteroceres、テレブラチュラ、Rhynchonella、独立または群生のウミユリ、紅藻類など）。

Landreville 村から Ville-sur-Arce 村へ向かう道路は、ゆっくりした上り坂になっている。最初普通の畑を通り、それから広いブドウ畑があり、山道の高さにあるポートランディアン階石灰岩上のまばらな森によって中断される。山道から離れると直ぐ右に入る小道を行くと上部キンメリッジアン階の上位の露頭⑦がある。Ville-sur-Arce 村に向かって下りて行くと、ブドウ畑の間に多数の化石に富んだ露頭⑧が現れる。谷底を離れると、ブドウ畑の低い側の境界で道路がキンメリッジアン階の層序的下位の地層に切れ込んでいる。この地層は石灰岩に富む層準であり、ブドウ栽培にはあまり好都合でない。

Ville-sur-Arce 村から Buxières 村を経て Magnant 村に向かって進む。小さな谷の底部、"La Bergerie" 農園と同じ標高の２つの小さな谷の合流点にある小さな採石場⑨が下部ポートランディアン階石灰岩相を示している。この石灰岩は Barrois 石灰岩と呼ばれ、小さな層が挟まり 0.10 から 0.25 m の厚さで堆積している。その表面は不規則でせん孔、穴、すじ跡などの生痕を伴う。石灰岩は淡いベージュ色で、亜石版石石灰岩の外観を示し、割れて角張った岩塊となっている。一部の層は弁鰓類の印象を含み、Exojgra virgula の表殻を有する。

バール＝シュル＝セーヌ町に向かって戻り Ville-sur-Arce 村まで来ると右側に立派な採石場⑩がある。そこでは"がれ"が充填用および道路舗装材として採取されている。この材料は氷期に起こった氷結作用によって形成され、斜面底部に集まったもので、大部分ポートランディアン階石灰岩からなる。多くの場合この"がれ"はブドウが栽培されている地域を覆っており、良好な地表排水の原因となっている。一方、深く伸びた根がキンメリッジアン階泥灰岩まで届くことによって必要な貯水槽を見出している。

バール＝シュル＝オーブ町周辺地域

　Clairvaux 村の少し北、D396 道路に沿った Le Four à Chaux 地区⑪には、建物の裏に大きな採石場がある。帯灰ベージュ色のやや粘土質の石灰岩は多数の褐鉄鉱微斑点を示し、細粒泥灰質の挟みによって分離した数 10cm の厚さの地層群を形成し、高く非常に危険な壁を作っている。崩壊した岩塊中に多種の動物相を産する：Pholadomyas、トリゴニア、*Gervilla*、"*Ostréidés*"、*Pinna*。この組み合わせは上部オックスフォーディアン階を示す。

　D70 道路と D396 道路の交差点で D13 道路に入り Fontaine 村へ向かう。数 100m 行くとセカニアン階石灰岩を露出する採石場⑫がある。この石灰岩はベージュ色で連続的な地層をなし、多数のスタイロライト要素を示す。マクロ動物相として、トリゴニアを含む種々の弁鰓類、腹足類（ネリネア）、独立ウミユリ、Solenopores が認められる。地層の上面および底面はせん孔、すじ跡などの生痕を示す。

　バール＝シュル＝オーブ町から D619 道路に入り Chaumont 城の方向に向かう。Baralbin シャンペン試飲の家を少し過ぎた所で Voigny 村へ向かう道路に入る。最初のカーブを左に曲がると道路の切り通し⑬は、キンメリッジアン階基底部の魚卵状および礫状石灰岩の素晴らしい露頭を示す。ここは化石（弁鰓類、ネリネアなど）が豊富である。

　Voigny 村から Colombé-la-Fosse 村へ向かうと、道路はブドウ畑の中を通り、やがて森に覆われたポートランディアン階の孤立丘に向かって登る。左に曲がった所で右手の小道に入り、数 10m ブドウ畑を登ると、地質、地形、土壌利用の間の関係を描く素晴らしい風景⑭が展開する。

　Arrentières 村を経て Engente 村に入る。この村の出口にポートランディアン階台地の端を占める森の境界があり、道の右側の斜面はブドウ畑⑮、道の左側は非常に細粒の化石に富む上部キンメリッジアン階中に切れ込んでいる。

　D74 道路に入る。Maison-lès-Soulaines 村と Colombè-la-Fosse 村の間、Colombè-la-Fosse 村の上の急な曲がりの所に、高速道路局の供給基地となっている大きな採石場⑯があり、ポートランディアン階の基底部に設定されている。ここでは淡色、亜石版石石灰岩様の Barrois 石灰岩が小規模の連続層を形成している。

　採石場の壁上部は、浸食によって地層が乱され、凍結擾乱作用により岩片の再配置が行われている。石灰岩はとくに化石が豊富とはいえないが、挟在層は Exojgra virgula の表殻、すじ跡、穴などの生痕を有する。採石場の崩壊した岩塊には、せん孔された地層と生物擾乱角礫層準の間に仲介成分がすべて明瞭に見える。

　バール＝シュル＝オーブ町に戻り、Sainte-Germaine 村⑰に行く。**バール＝シュル＝セーヌ**町へ通ずる道路に沿って行くと、ブドウ畑に覆われた丘の斜面の美しい風景が見える。その斜面は急で、ブドウ畑の境界がキンメリッジアン階とポートランディアン階の接触部に沿っている。

　Sainte-Germaine 教会に向かって行くと、道路は木が植えられた古い堤防に沿って続き、農地にぶつかると、植物が生い茂った 5 つの斜面を縫うように走る。ローマ人の駐屯

地（Roman Camp）と呼ばれる平地は、実際には閉鎖された突起部になっている。閉鎖をしている堤は適当な防御作用をなし、ポートランディアン階ケスタの端に相当する自然の防御体となっている。これらの堤の東端部からは、田園地帯と**バール＝シュル＝オーブ**町のブドウ畑から Colombey-les-Deux-Églises 村までに渡る美しい風景を見ることができる。この場所の発展は鉄器時代までさかのぼる。

2.4 シャンパーニュ地方の料理とワイン

シャンパーニュ地方はワインによって非常に有名であるが、その料理はあまり知られていない。それにもかかわらず、ここの料理は一定の独創性を示し、シャンパンに伴う料理に限られていない。

シャンパーニュ地方が帰依した宗教は、自身の地質的、人間的、農業的独自性とともに際だって異なった料理の伝統を育ててきた。ワイン生産地区の料理は、しばしば、仕事をしている間一日中ストーブの上に置かれている料理と同じように簡単であった。伝統的食べ物には、パンを付けて出される簡単なホットポット（羊肉・ジャガイモ・タマネギのシチュー）からとった薄いスープからシャンパーニュのオニオンスープ、シャンパーニュのグラタン料理、Dom Pérignon ホットポットなどの手の込んだ料理まである。

シャンパーニュ地方の豚肉料理（"charcuterie"）は、地域によって変化し、次のような有名な特別料理もある：Sainte-Menehold の豚足料理、"Troyes の andouillettes"（小腸で作った小型ソーセージ）、"Rethel の boudin blanc"（白いプディング）、Ardeness のハムとツグミのペースト、ランスのハムとペースト。これらの豚肉料理はシャンパーニュ・ホットポットの主要構成要素の１つであり、その多様な変化は常に脂っこいベーコン、豚の腹肉、ハム、塩漬け豚肉、時には煮込んだソーセージをインゲン豆、人参、蕪、セロリの根（celeriac）、ジャガイモ、緑色キャベツと一緒にとろ火でとろとろと煮ることから生じている。

肉料理はしばしばシャンパンあるいは地域のワイン、スピリッツの中で料理され、シャンパーニュの赤ワイン（Buzy, Ambonnay, Les Riceys など）で料理しても大変良い結果が得られる。フランスには子羊と猟鳥を中心に置く料理の伝統があり、シャンパーニュ地方は長い間その料理を盛んに作ってきた。猟鳥料理にはウズラ肉料理、シャンパン中で料理される山ウズラの蒸し焼き鍋料理、雉の蒸し焼き鍋料理、兎と野兎の "à la champenoise" などがある。

チーズを灰処理（篩にかけた木灰中に保存）するのは、Chalons-sur-Marne 町、Baye 村、Les Riceys 村などの特別な伝統である。その中で国民的名声を得た製品として "marolles"、"langres"、"Brie de Meaux"、"chaurce" があり、見つけるのが困難な非常に地方的なチーズとして、"trappiste d'lgny"、"délices"、"carrés de Saint-Cyr"、"éclance" などがある。

ブドウ畑地区の特産品は "tarte aux raisins（ブドウ入りタルト）" である。ランス市は特産ビスケット（" 薔薇のビスケット "、" シャンパンビスケット "、"croquignolles"、 "nonettes" "massepains") とケーキ ("paves de Reims"、"délices de Reims"、"flan au champagne"、"rabotte champenoise"、"sabayon au champagne" と Saint Rami's Day にだけ作られる darioles) で有名になった。

　お祝いの食事の付き物として、シャンパンは氷の上で冷やすべきで、冷蔵庫で冷やしてはいけない (9ないし10℃)。シャンパンは伝統的にはデザートと一緒にテーブルに乗せられるけれども、シャンパーニュ人はシャンパンを食前酒 (おそらく良いシャンパンを本当に評価するには最善の時) としてか、あるいは時折まさに食事を通して楽しそうに飲む。

　食事のいろいろな段階で、食前酒としてラタフィア (白ブランディーと混ぜた甘いワイン)、献立によって選ばれる白、ロゼあるいは赤の "Coteaux champenois" (スパークリングでないシャンパーニュのワイン)、シャンパンまたはグラン・クリュ赤ワインなどの広範囲の飲み物が出される。デザートにはリキュール・ブランディーに続いてシャンパンとコーヒーあるいはシャンパン・ブランディーが一緒に出される。

参考文献

地質学
Guide geologique: Basin de Paris, by Ch. Pomerol and L. Feugueur (srd edition, 1986), published by Masson — See in particular itinerary 12, from Province to Reims.
Guide geologique: Lorriane-Champagne, by J. Hilly, B. Hagenauer et coll. (1979), published by Masson — See in particular itinerary 15, 16 and 17 relative to Champagne.

ワイン醸造学
Bonal, F. (1984): Champagne. Published by Grand-Pont, Lausanne.
Dovaz, M. (1984): L'encyclopédie des vins de Champagne, published by Julliard.
Comité interprofessionnel du vin de Campagne (1968): Champagne, vin de France. Published by Lallemand.
Chambre de commerce et d'industrie de Reims(1982): Le vin de Champagne.
Etudes champenoises (1988): Vignerous et vins de Champagne et d'ailleurs XVIIe-XXe siéle — Published by Centre d'Etudes Champenoises, Department d'Histoire d L'Université de Reims.

03 ブルゴーニュ―ボージョレー地方
Bourgogne-Beaujolais

　ブルゴーニュ地方に最初のブドウ畑が現れたのは、G. Roupnel（1932）によって支持されているように多分ゴール―ローマ時代に遡ると思われる。**ニュイ＝サン＝ジョルジュ**（Nuits-Saint-Georges）町周辺の Bolards 遺跡で発見されたゴール―ローマ遺跡の解析によってこのことが確かめられている。

　初期世紀の未開人の侵入、ローマ人植民地開拓者によって課せられた栽培制限、ブドウが被った病気などを含む種々の歴史的大変動の後、Cluny 教会と Cîteaux 教会の修道士によって与えられた刺激によってブルゴーニュのブドウ畑は 12 世紀に向かっての新しいブームに沸いた。

　コート・ドール地区のワインは、ゴール―ローマ時代に匹敵する名声を得たが、ワインは贅沢の競争であり、この時代は輸送が困難で費用が嵩むのにかかわらず生産地域外へ輸出される傾向があった。

　栽培されているブドウの品種は、重要な赤および白ワインのためのピノ・ノアール種とシャルドネ種、グラン・オルディネール（"grand ordinaire"）のためのガメイ種とアリゴテ（aligoté）種で、議論の余地ある結論ではあるが、これらブドウのすべては、多少の説明付きで、ブルゴーニュ原産であると思われる。14 世紀におけるガメイ種の拡張、石灰岩地質帯における低品質ブドウの多量生産、全く傷つけられた**コート・ドール**地区赤ワインの名声、しかし 1395 年のフィリップ 2 世（剛胆公）の有名な布告により公表された "不忠実な作物" と品質を犠牲にして多量生産する不道徳な栽培を追放するための厳格な区画測定によって、**ボーヌ**（Beaune）市のワイン愛好者の信頼は、徐々に取り戻された。

3.1　ブドウと土壌

地形、露光、地質

　ブルゴーニュ地方では日照と関係した露光は、根本的に重要である。まずそのような露光を設定して後、その構造（断層地形）効果により、あるいは浸食に対する不均質な抵抗力（地形学的な意味の丘あるいは斜面の形）により地質が介入することになる。それから川によってもたらされる地形の形成が、例えば、東に向いている断層面またはケスタ正面に南向きの斜面を作ることによって行われる。もちろん、ブルゴーニュのブドウ畑を理解するのに、ヘルシニア期基盤の花崗岩、粘土質岩および石灰岩などの堆積岩、第三紀および第四紀の礫、砂、粘土堆積物など地質帯の性質を考慮することは重要である。

　これら種々の要素とそれらの地理的分布を考えると、ブルゴーニュ地方のブドウ畑地区は 2 つの大きなグループに分けることができる。すなわち、ボージョレー地区から Côte

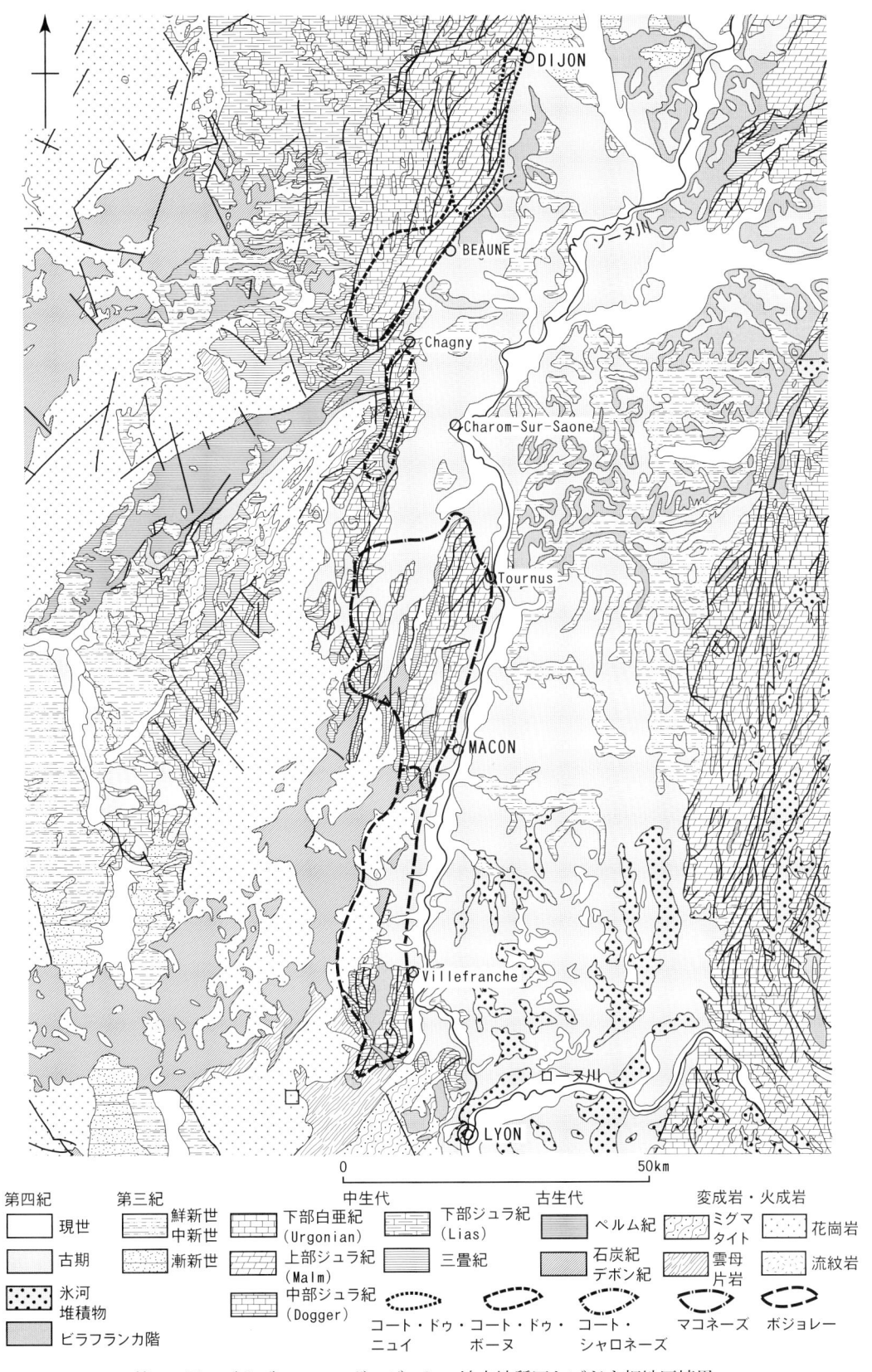

03 ブルゴーニュ―ボージョレー地方　73

第15図　ブルゴーニュ―ボージョレー地方地質図とブドウ畑地区境界

de Nuits 地区までほぼ一直線に並んでいる東正面断層帯、中央地塊高地、ブルゴーニュ石灰岩台地と、低ブルゴーニュ地域の上部ジュラ系帯（Sancerrois 地域のブドウ畑に極めて近い**シャブリ**− Chablis −地区および Poulilly-sur-Loir 村のブドウ畑）である。

中央地塊およびブルゴーニュ台地

　リヨン市とその郊外から Dijon 市の周辺まで、その距離はおよそ 200km、中央地塊あるいはその境界の台地の東面に沿って配列したブドウ畑がほとんど切れることなく分布している。その面は地質構造起源の面であって、第三紀に沈降したソーヌ・リフト・バレー（Breese グラーベン）に沿う断層系によるもので、今日でもソーヌ川に流れ込む河川による浸食と開析によって形成されつつある。

　しかし、西側の花崗岩または石灰岩からなる高地と東側の Breese グラーベンを堆積物によって満たした平地の間のこの構造的でかつ急激な接触部は、南から北に向かって変化し、標高変化率の差として現れる。

　ボージョレー地区では、結晶質基盤岩と堆積物との接触面は平地として見出される。

　マコネー（Mâconnais）地区は、ソーヌ川に向かって傾斜する一連の平行地塊に分割され、それぞれ三畳紀およびジュラ紀の堆積層によって覆われている。これによって、一連の石灰岩山頂と、極めてぎざぎざした傾斜部分を生じ、これらが Pouilly-Fussé 村から Tournus 町の北まで 50 数 km にわたって平行に配列している。

　あまり厳しくは組織化されていないコート・シャロネーズ（Côte Chalonnaise）地区は、同様にジュラ紀の石灰岩のパネルからなっている。その南部は西に向かってプランジし、Grosne 谷の反対側の Mâconnais 二次山脈は反対方向にプランジしている。一方、北部は平地に向かって傾斜し、Mont-Saint-Vincent 結晶質ホルストの北東端は、ほぼペリクリナル状に取り囲む構造を示している。

　コート（・ドール）地区（Côte de Beaune 地区および Côte de Nuits 地区）には、さいの目のように真っ直ぐに走る断層崖が発達している。その断層は石灰岩台地（中部および上部ジュラ系）と Breese グラーベンの間の主断層である。

低ブルゴーニュ地域の南東に面するケスタ

　パリ・ベーズン東部の Côte de Bars 地域，Côte du Chablisois 地域および de l'Auxerrois 地域の名で知られている延長部は、パリ・ベーズン中心部に向かう北西方向への地質帯の僅かな傾斜と、2 つの際だった地層、すなわちキンメリッジアン期 Exogyra virgula 泥灰岩および泥灰質石灰岩層とポートランディアン期（ジュラ紀最後期）Barrois 石灰岩層の重複の結果形成された。石灰岩は最上部にあって高地の抵抗部を形成し、一方、泥灰岩は低い傾斜部を形成している。この NE-SW 方向に伸びる高い起伏を示す地域では、ヨンヌ川とその支流はパリに向かって北西方向に流れ、大きな V 字型をえぐり出して、いろいろな外観を作り出すとともにブドウ栽培斜面の表面積をかなり増加させている。

Châtillonnais 地域 Massingy 村のブドウ畑は全体的に同じような条件で設定されているが、より古い層準、オックスフォーディアン期の泥灰岩と泥灰質石灰岩上にある。これらはオックスフォーディアン－キンメリッジアン期の Tonnerrois 石灰岩に覆われている。

気候
　気候的要素は、他の環境条件にかかわらずブドウの生長と最終的成熟にとって基本的に重要である。

降雨量と湿度
　コート地区における年間平均降雨量は 700mm で、約 450mm から 950mm まで変化する。最大降水は一般に 5 月から 6 月にわたり、最小降雨は 2 月から 3 月と秋（9 月－10 月）、7 月と 8 月は予測できない期間である。
　2 月と 3 月の低い降雨量は、土壌浸水の危険を最小化し、春に暖まるのを助け、氷結の危険を減少させる。
　6 月の高雨量は、植物の生長に有益であるが、良好な開花には不利益であるかもしれない（'不結実' として知られる条件）し、非常に特別な例であるが、氷結の危険を伴う温度低下をもたらすかもしれない。また、とくに丘の急斜面に設定されたブドウ畑の浸食の原因になるかもしれない。
　9 月と 10 月の低雨量は、ブドウの成熟と腐敗防止にとって良い効果があり、時に 8 月収穫という危険を防ぐことができる。
　コート・ドール地区は、ある程度の危険はあるものの、南南西からの暴風雨を受けやすい南の地区（シャロネーズ、マコネー、ボージョレー）に比べて比較的安全である。

気温と日照
　10 年間の年平均日照時間は、2,000 時間であり、このおおよそ 3/4（その最大幅は 1,200 ないし 1,750 時間）が 4 月から 9 月の間に集中している。したがって、平均日照時間は理論値 4,476 時間の半分よりやや少ない 45.6% であり、最も日照時間が長い年で 50 ないし 60% である。日照時間は、東南東に面するブドウ栽培地の気温を支配する主要要素である。

ブドウの品種
赤ワイン種のブドウ
　コート地区の偉大な赤ワインは、ピノ・ノアール種（"ノワリアン" とも言う）から作られる。このブドウは、柔らかく薄い青黒色の皮を持ち、白い果肉汁を含んだ、僅かに卵形をした粒からなる短い円筒状の房によって区別できる。
　このブドウ品種は、ブルゴーニュのような穏やかな気候と良く排水された丘陵斜面の

石灰岩土壌を非常に好み、良いブーケの、美味で、'こく'があり、美しいルビー色と精妙な豊かさを有する最良のワインを作る。標高380mから425mの浅い土壌の場合には、場所によっては、ピノ・ノアール種は薄い色の完全に熟成しないワインを作り、反対に山麓と平地の境界部の深く湿ったシルト質粘土の土壌では、ワインはよりボディーがあるが、ブーケと精妙さに欠けるものになる。

生産性は低く、1/24ヘクタール当たり228l以下である。これらは保存用のワインであり、10年から20年保存でき、ブドウに適した土壌で当たり年の場合は、最長の保存期間が得られる。

ボージョレーの花崗岩土壌では、ガメイ種のブドウが栽培され、これから11月半ばに早くも新ワインとして飲まれ世界的な人気のある赤ワインが生産されている。

マコネー、シャロネーズ、**コート**、オー・コート地区の石灰岩土壌でも、ブドウ畑によってはこのガメイ種のブドウから、"グラン・オルディネール"あるいは"パストゥグラン"級のヴァン・ド・ターブルとして大変人気のあるワインが、ピノ・ノアール種とブレンドして生産されている。

ガメイ種のブドウは、白色の果汁を含み、卵形で深黒色の粒からなる平均的な大きさの房が特徴である。早生で霜の後にまた実を付けるが春の霜には弱い。ガメイ種のブドウには、色のある果汁を含み"teinturies"と呼ばれるいくつかの変種があるが、これらはとくに一般的ではない。**コート・ドール**地区には、粘土質の、時に脱炭酸塩化した深い土壌を有しガメイ種のブドウにとって、最も良い条件を備えている所がある。この土壌は、平地に接する丘陵の麓に沿って分布し、ピノ・ノアール種よりガメイ種のブドウに適している。

ガメイ種のブドウから作られたワインは、軽く心地よい果実風味を持っている。ボージョレー地区の**モルゴン**（Morgon）村、**ムーラン＝ア＝ヴァン**（Moulin-á-Vent）村などのブドウ畑で栽培されたブドウからは、時に保存に適した素晴らしいワインが作られる。

白ワイン種のブドウ

シャルドネ種は標準的な優れたブルゴーニュ産白ワイン種のブドウである。このブドウは、ピノ・ノアール種のブドウよりも緩やかに集合した金色の粒からなる小さな房を作る。ピノ・ノアール種よりも晩熟であり、一般に数日後に収穫され、より腐敗しにくく、季節末の雨にも持ちこたえることができる。

シャルドネ種のブドウが好む地質帯の型は石灰質であって、丘陵斜面で泥灰質の、時に非常に粘土質の土壌を好む。すなわち、**シャブリ**地区のブドウ畑のキンメリッジアン期の泥灰岩、Corton-Charlemangeのブドウ畑、**ムルソー**（Meursault）村、プュリニー（Puliguny）村、Chassagne村のブドウ畑のオックスフォーディアン期の泥灰岩がその例である。これらのワイン生産者は彼らのシャルドネ種白ワインを'世界最高'と称しており、それは疑いもなく真実である。

アリゴテ種のブドウは、平均した品質のワインを作り、白く活気があり一定した収穫

量が得られる品種で、"ブルゴーニュ・アリゴテ種"と称せられている。その房は豊かであるが小さく、球形の小さい粒からなり、完全に熟すと日に照らされて帯灰ピンク色の陰を生ずる。このブドウは灰色カビ病と春の霜の影響を受けやすく、斜面の底部より頂部、あるいは台地上で栽培するほうが良い。またこのブドウは、非常にフルーティーな白ワインを作り、その特徴的なさわやかさを早く失うので若い中に飲まれる。

3.2 旅行案内
3.2.1 ボージョレー地区

ボージョレー地区は次のような地質的特徴を有する。

ボージョレー地区は、中央地塊の最東端を形成し、後背地は1,000mの高さを示すのに対して、ソーヌ川は標高170mに過ぎない。そのヘルシニア期基盤岩は石炭紀の酸性岩（花崗岩、微花崗岩、流紋岩、凝灰岩）と結晶片岩からなる。風化作用によってこれらの岩石の多くは砂となり深い土層に変化し、起伏の激しい地域を埋め、ソーヌ川に流れ込む小さい川と流れに供給され、平野との接触部に集積している。高地は、平野の沖積層から次第に立ち上がる中高の斜面を伴った臀部を形成しているように見える。

堆積岩は2つに分類される。1つは、古期堆積岩地質帯（三畳系、下部および中部ジュラ系）を形成する海成の粘土ないし石灰質岩で、中生代に基盤岩を覆って堆積した。石灰質岩はボージョレー下流部（Villefranche-sur-Saône町の西および南方）の結晶質岩高地の麓に分布し、断層系によって擾乱されている。他の堆積岩地質帯は、一部ヘルシニア期基盤岩の浸食により生成された鮮新世および古期第四紀の砂および礫からなり、斜面底部に結晶質岩地質帯から流れ下り長い臀部を切り分けている川の沖積層として集積している。

この旅行案内図（第16図）を完全に理解するためには、旅行の間にそのワインが具合良く変化するというボージョレーのブドウ畑の特徴を思い出さなければならない。まず第1に、ここで栽培されるブドウはガメイ（・ノアール）種だけで、その白い果汁は発酵によって美しい赤色となることである。この同じガメイ種のブドウはまた、基本的にはブドウ畑の地層により異なったワインを作る。我々の旅行はまずボージョレー下流部（'中生代石灰岩－粘土質堆積岩のボージョレー'）から始めよう。ここでのワインはアルコール分が少なくて酸味が強く、例えば、若く軽い優れたテーブル・ワインあるいはバー・ワインとしてリヨン市で460mlポットに入れて供される[1]。

これらのワインは、今日、時には恥ずかしいような非常に'こく'のあるワインに対する好みからしばしば飲まれている。また、9銘柄のボージョレー・グラン・クリュが、それぞれ風化した花崗岩または結晶片岩上で栽培された同じガメイ種のブドウから作られ、

---

[1] ボージョレー・ワイン生産量（500,000 hl）の約半分は、東京からロサンゼルスまで世界中に輸出され消費される（発売日11月第3木曜日）。"ボージョレー・ヌーボー新入荷"という素晴らしい宣伝効果に感謝。

より新鮮でより'こく'があり、例えば Morgon ワインあるいは Moulin-à-Vent ワインのように 10 年以上も保存される傾向がある。これらは年を経るとともに 'morgonner' と呼ばれ、特定のアロマを有し、Côte de Beaune 産のワインのようにシェリー酒に似た味になる。我々は、旅行案内の終わりにこれらのグラン・クリュのブドウ畑に行く予定である。

ここでボージョレー地区の AOC 規制について述べることにし、以下に要約した。

高品質保持のために、第 1 にガメイ種のブドウと花崗岩質および結晶片岩質の地層という条件で 9 つの "クリュまたは命名コミューン" が存在する。次いでワインにボージョレーの名と村の名称を付ける権利（ただし単純化のために一般にはボージョレー村 — Beaujolais-Villages — と呼ばれる）を有する 'ボージョレー村' の規定がある。この 'ボージョレー村' には、ガメイ種のブドウと花崗岩質および結晶片岩質の地層という条件に規定されたクリュとして同じ生産環境を有する 40 の村が含まれ、すべてボージョレー地区北部に位置する。これらの村はブドウが軽い土壌で栽培された場合若い中に飲むのに適したワイン、引き締まった土壌で栽培された場合保存に適した中間品質のワインを生産する。最後に、"ボージョレー（単）— Beaujolais simples —" または "ボージョレーボージョレー" の規定がある。これに属するブドウ畑は非常に広く分布し、とくにボージョレー南部に多く、堆積層地質帯で栽培されるがブドウはガメイ種に限定される。

Villefranche-sur-Saône 市を離れ D38 道路を行くと D116 道路を経て Liergues 村に着く。こ

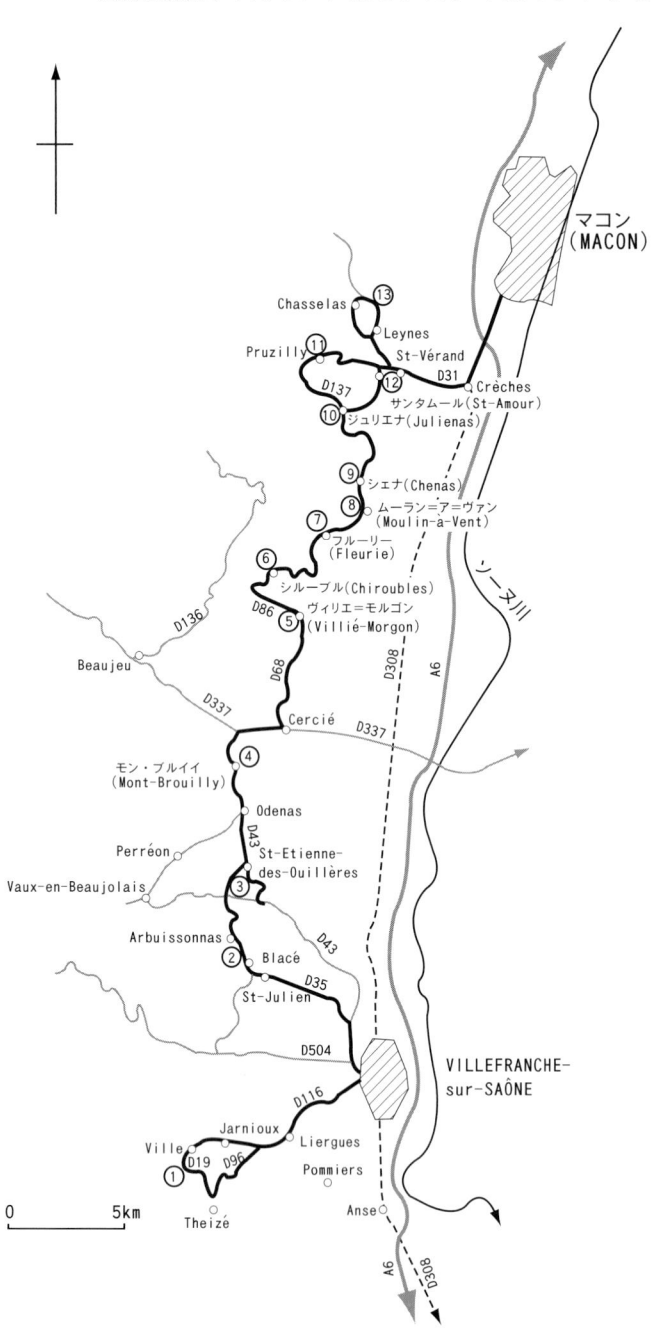

第 16 図　ブルゴーニュ地方旅行案内図（1）ボージョレー地区

こから Villefranche-sur-Saône 市南西方から l'Azergues 渓谷にわたる堆積層ボージョレー（あるいはボージョレー下流部）の旅が始まる。ソーヌ川の沖積層の上に作られた Villefranche-sur-Saône 市（標高 179m）から南西方向に Theizé 村（45om）に向かって徐々に登って行く。結晶片岩質の基盤を覆う堆積層序（三畳系、リアス統、ドッガー統）の上には、厚い陸成岩屑性の上部鮮新統すなわち Frontenas-Alix 礫層（礫質は地域の結晶質岩あるいは結晶片岩起源の粗粒石英－長石質岩）がのる。Villefranche-sur-Saône 市から Liergues 村にかけて右側のドッガー統石灰岩で防護工事をされた小さな丘に沿って進む。その後側、東方に Pommiers 村東部の高地が見え、底部に基盤の変成岩の（高さ約 200m）露頭がある。Les Esards 村に着くまで鮮新統の上をドライブすることになる。

　Jamioux 村から Ville-sur-Jamioux 村を過ぎた後、Theizé 村に向かう D19 道路に沿った Cruiz 採石場①に着く。この採石場でボージョレー下流部が何故"金の石地区"といわれるか？　ということに対する説明が得られる。実際、ここに立派な露頭がある Aalenian 層石灰岩は、淡黄褐色の優れた石材で、斜行層理を示すウミユリ石灰岩である。

　Cruiz 採石場の断面では、ウミユリ石灰岩崩壊の素晴らしい例が見られ、眺望されるボージョレー下流部のすべての岩石が観察できる。この地域の土壌は新鮮でしばしば非常に深く発達する。ここのブドウ畑は真の"ボージョレー・リオネーズ"と同質の軽く、口当たりの良い、サクランボ色をした、僅かに酸味のある、冷やして飲むのに適した、喉の乾きをいやすワインを作る。

　Villefranche-sur-Saône 市郊外に戻った後、この旅行案内は所謂ボージョレー・ワインの道に入り D43 と D35 を通って Saint-Julien 村に向かう。Villefranche 市と Saint-Julien 村の間はソーヌ川の西岸を埋める更新世沖積層の上を行く。この充填物は重なり合った河岸段丘系（Villefranche 市の 18～20m 段丘、Quilly 町から La Rigodière 村までの 55～60m 段丘、Saint-Julien 村の 90～100m 段丘）を形成している。

　Saint-Julien 村と Blacé 村の間で Bresse グラーベンの主要境界断層を横切る。この断層（グラーベンの左側斜面、Saint-Julien 村を少し過ぎた所）を介して上部漸新統礫岩および赤色泥灰岩と、基盤の変成岩またはこれを覆う最初の堆積岩（三畳系または Sinemurian 層）が直接接する。Sinemurian 層は Blacé 村の基盤をなしている。断層の落差は、ここでは、250m 以上である。

　我々は、ここで堆積層地質帯をほぼ離れ、ボージョレーの結晶質岩および変成岩地区に入ったことになり、これらの岩石がしばしば風化していることを考慮しながら露頭を観察する。この地域では、花崗岩質および片麻岩質の砂を'ゴール（gore）'、風化した結晶片岩と安山岩を'モルゴン（morgon）'と呼んでいる。

　Blacé 村の先にある Salles-Arbuissonnas-en-Beaujolais 村観察点②からは、ブドウに覆われた起伏の多い丘の真ん中の小さな Salles 村が見える。そこには非常に特徴のあるボージョレー建築、クリュニ修道院の修道僧によって 10 世紀に建てられ、保存された小修道院の建物がある。

ここでまた、直ぐ西に隣接する Vaux-en-Beaujolais 村について述べなければならない。この村は、小説家 G. Chevallier に、その著作 "Clochemerle" のために霊感を与えたことで有名である。彼はそこで、ボージョレーという名のワインとともに過ごした、色彩に満ち、古風な田園生活を大きなユーモアをもって描いている。

　Pont-Mathivet 橋③付近の採石場には Odenas 花崗岩の露頭がある。この花崗岩は早期石炭紀に貫入し、Monts du Lyonnaise 変成岩（片麻岩）および Brévenne 変成岩（結晶片岩）を切り、火山－堆積岩類に接触変成作用を与えている。

　Pont-Mathivet 橋から道路は Odenas 花崗岩中を走る。Saint-Étienne-des-Quillères 村から**モン・ブルイイ**（Mont Brouilly）村まで、D43 道路は、なお花崗岩中にある。この地区のグラン・クリュ "Broully" という銘柄のワインは、柔らかく、酔いやすい、陽気なワインで、愛のワインと呼ばれる。地層は、花崗岩か片状岩である。

　右に曲がって小さな道を Mont Brouilly 山に登る。この山の麓にボージョレー・グラン・クリュの 1 つが栽培されている。この地区は Odenas 花崗岩によって変成された下部ビゼーアン階（石炭紀）安山岩が分布する。Mont Brouilly 山（500m）④から眺めると、平均標高 700 ～ 800m のボージョレー高地が西方に広がる。この高地は下部デボン－石炭紀の岩石からなり、前景は花崗岩地質帯である。また晴れた日には、東方にモン・ブラン山塊を背景として Bresse 平野の壮大な風景が見られる。ずっと近く、Mont Brouilly 山の東 1.5km には主断層を介してビゼーアン階と、上部オックスフォーディアン階石灰岩を覆う上部漸新統が接する。この地点で沈降量は 400m 以上と推定される。

　モン・ブルイイ村ブドウ畑で生産される "Côte de Brouilly" という銘柄のワインは、繊細、優雅、豊かで独特の風味のあるブドウの味を持ったワインという評価を得ている。

　我々は今ボージョレー地区のグラン・クリュのブドウ畑を横切っている。右に曲がって北に向かう D43 道路に戻り、さらに D337 道路に入る。ここで右に曲がると東へ向かうことになる。これはソーヌ川の支流 Vallée de l'Ardières 渓谷に沿う道路で、地区とブドウ畑の名称の元になった Beaujeu という小さな町が管理する重要な東西連絡道路である。

　Cercié 村に入ったら左へ曲がり、D68 道路を**ヴィリエ＝モルゴン**（Villié-Morgon）村へ向かう。**モルゴン**村のグラン・クリュ地帯へ進む前に、ソーヌ平野の古期の礫およびシルトが堆積した河岸段丘に徐々に移り変わる斜面底部の崩積土壌に設定されたブドウ畑を通過する。これらの土壌はしばしば溶脱し、時に浸水状態になり、'コミューンの' あるいは '地区の' という名称の着いたブドウ畑として指定されている。

　D68 道路に沿って行き、ボージョレーで最初に小さなワイン貯蔵所が設置された**ヴィリエ＝モルゴン**村⑤に到着する。この貯蔵所は教会の反対側の 17 世紀に建てられたシャトーの中にあり、ここでパンフレットやワインのサンプルがもらえる。""Morgon" という銘柄のワインは結晶片岩の風化した "モルゴン" と呼ばれる土壌（'腐った土' とも呼ばれる）に設定されたブドウ畑に由来する。このワインは濃い色を持ち、豊かで、新鮮、強健で、シェリー酒の味がする。またこのワインは当たり年でも保存が必要で、保存によって

良いワインができる。

　ヴィリエ＝モルゴン村から D86 道路に入り、フランスで最も美しい風景の１つである自然の段丘上の**シルーブル**（Chiroubles）村⑥まで行く。そこには真のワイン愛好家のために、'こく'、果実風味、顔つき、柔らかさ、どれも一流のワインを実現したボージョレーで最も古いクリュがある。地質は花崗岩質、ブドウは最高標高で栽培されている。Chiroubles ワインは女性愛好者の間で最も好まれていると評価されている。そしてまた、女性を楽しませるのは、それを飲む男性でなければならないとも言われている。

　D119 道路を経て、D68 道路に入り花崗岩質砂土壌上のブドウ畑を有する**フルーリー**（Fleurie）村⑦につく。ここもフルーティーで、軽く、良い香の優れたワインを産する領域である。

　更に D68 道路に沿って進み Poncier の丘の上の**ムーラン＝ア＝ヴァン**村⑧につき、花崗岩の露頭上に建設された製粉場を訪れる。ここのブドウ畑は、浅く、砕けやすい、ピンク色の花崗岩質砂（典型的な"ゴール"）の上に設営されている。製粉場からは、Bresse グラーベンの主断層（マンガン鉱化作用を伴う）によって形成された地形とともに Bresse 地域の風景が開ける。Romanèche-Thorins 村の下には古い鉱山がある。**ムーラン＝ア＝ヴァン**村の土壌にはマンガンの影響があると言われているが、これを証明したり否定したりすることは、困難である。それにもかかわらず、若い中は柔らかく、発展期には新鮮で、熟成するとともに優雅で育ちの良い非常に'こく'のあるクリュの、ブルゴーニュ・ワインに匹敵する**ムーラン＝ア＝ヴァン**村のワインの生産において、これが一部の役割を果たしていると考えられる。

　北西側に隣接する**シェナ**（Chenas）村⑨のブドウ畑は、花崗岩質砂の上に置かれている。そこはかつて古い樫の木の森であった。村の名はこれに由来する（chene は樫の意味）。シェナ村のクリュは、'こく'のある豊かなワインであって、シャクヤクのアロマを持った優れたボトルを生産している。

　D68 道路を更に行くと**ジュリエナ**（Juliénas）村⑩に到達する。ここではブドウは花崗岩と結晶片岩の上で栽培され、フルーティーで、良く構成された、5 年保存可能のこくのあるクリュを生産している。

　ここから D137 道路を通って Pruzilly 村⑪に行く。ここにはまた硬岩を露出する採石場があり、この地区の地質断面に現れる種々の岩型（微花崗岩および流紋岩）が見られる。

　さて、我々は D469 道路上の**サンタムール**（Saint-Amour）村⑫にやってきて、再びグラン・クリュに巡り会えることになる。この名前は、かつてこのブドウ畑が Saint-Vincent of Macon 教会支部の規範に属していたという事実から来ていると思われる。これは封建的特権の中で"初夜権"（ブドウ畑の若い女性に与えられたある性的特権）を有するということである。このクリュは花崗岩質土壌上で栽培されたブドウから作られ、発泡性のルビー色に包まれたボディー、その適応性、優雅さによって評価されている。このワインは、若い中に飲んでも口中の香が芳醇で、非常に楽しませてくれ、3、4 年保存した後も良い

バランスを保ち、競争力と特色、とくにその特徴あるルビー色を獲得し、ワイン愛好者の中に大きな信奉者を持っている。

　ボージョレー地区最後のグラン・クリュ・ブドウ畑を観察し、Saint-Vérand 村を経て Leynes 村の北の出口⑬まで来ると、我々の旅行案内の最終地点として最も適切な結論を得るべき場所に到着する。道路は下部バジョシアン階石灰岩上にあるが、左側では古生代基盤岩と三畳系およびリアス統との接触部を見ることができ、Arlois 谷はリアス統の泥灰岩を刻んでいる。従って、これによって地質学的に南のボージョレー地区と北のマコネー地区の境界が定められる。

　Saint-Vérand 村に戻り、Crèches-sur-Saône 村から N6 道路に入り、北に 16km 行くと**マコン**（Mâcon）市に着く。かわりに、Lynes 村からマコネー旅行案内の出発点に真っ直ぐに入ることができる。何故かというとボージョレー地区旅行案内の⑬地点はマコネー地区旅行案内の①地点だからである。ここを貴方はボージョレー地区の終わりか、マコネー地区の始めにすることができる。

3.2.2　マコネー地区

　平行断層に支配された一定の方向 NNE-SSW を示す二次的山脈群とほぼ 20°東へ傾斜する地質帯によって、際だったマコネー山地の景観が形成されている。マコネー山地は、ソーヌ川と Grosne 川という 2 つの谷（2 つのグラーベン）によって東側と西側にはっきり分離しているが、北側の Sennecey-le-Grand 村付近で Bresse 第三紀層の下に消滅し、また南は Pouilly-Fuissé 村のブドウ畑までで、ここでは上を覆っていたジュラ系地質帯は完全に取り除かれボージョレー花崗岩が露出している。山地は南北約 50km、幅 15km の規模を有する。

　ソーヌ川に向かう一般傾斜に対して反対の傾斜を示す断層によって西から東へ地質帯が再出現している。その場合次の 3 つの抵抗要素が交替で峰を形成し地形を支配している（Guide Géologique Bourgogne 参照）。

○結晶質基盤岩（Mont Saint-Romain 山、signal de la Mére Boitier 山）、時に三畳紀砂岩によって補強される。
○中部ジュラ系石灰岩、リアス統泥灰岩の斜面の上に突出部を形成する（Brancion 村、Vergisson 村、Soultré 村の岩石）。
○上部ジュラ系石灰岩、鋭さが少ない、Callovo-オックスフォーディアン階泥灰岩の上。

　浸食によってリアス統およびオックスフォーディアン階泥灰岩が取り去られたことにより、Cruzille 村から Verzé 村までの間に最も良く発達した長い単斜非対称凹地（東に面する流れ磐、西に面する受け磐）が形成された。この非対称凹地は、連続した岩棚や谷川による低い部分を作りながら大局的に東へ下降して行き、山脈を横断する力強い谷を開削し、例えば Bissy－Lugny－Montbellet 線（そこには Saint-Oyen 川が流れる）、また例えば Mauge 川を伴う Aze－Saint Maourice-de-Satonnay－Latzé 線のような南面する斜面を

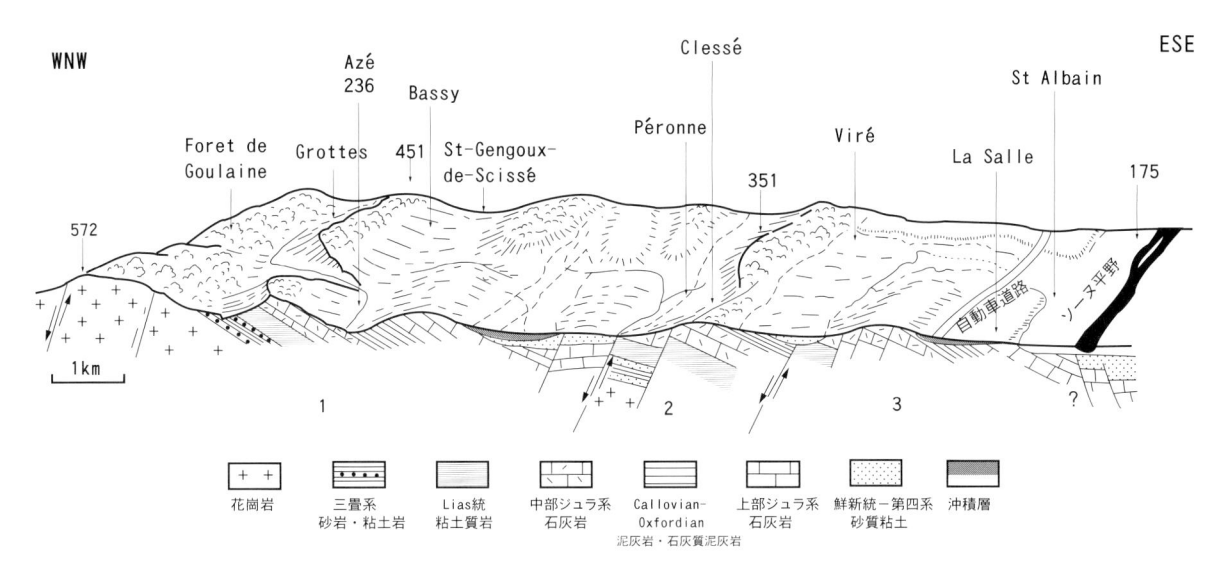

第17図 マコネー・ブドウ畑地区の地形と地質構造
断層で境され、東に傾斜する地塊の繰り返し（1、2、3）によって、ほとんどすべて森に覆われ、険しい地形の二次山脈と、ブドウが栽培されている長く保護された凹地との交互システムが生成される。

形成する（第17図）。

　三畳系およびジュラ系は、多色粘土岩、砂岩、硬石灰岩、泥灰質石灰岩、泥灰岩、粘土岩からなり、Vergisson 村または Soultré 村の場合のように硬石灰岩に覆われた西に面する斜面であろうと、あるいは東面斜面、南東面斜面であろうと、これらの岩石が事実上土壌の型を決定する。

　マコネー地区には、2つの型の地質帯が存在する。

○石灰岩または方解石質地質帯（レンジナ、石灰質褐色土壌、方解石質褐色土壌）。pH7以上で、ここでは白ワイン種のブドウ、シャルドネ種（露光と標高が適当であるならば）が栽培され、保存熟成に適した AOC 白ワインに対して個性と品質を与えている。

○珪質、粘土質、砂質地質帯。しばしば板状珪化砂岩または"火打ち石"を伴い、中程度の酸性 pH（5～6）を示す。この地質帯は若い白ワインの産地に一致するか、あるいはガメイ種のような"グラン・オルディネール"級赤ワイン種のブドウ畑に指定されている。

　この旅行案内を南の境**マコン**市から始め、市の出口で D308 道路からはずれて、Loché 村、Vinzelles 村から Saint-Vérand 村（第18図）へ向かうこともできるし、ボージョレーのコースが終わった後、2つの旅行案内の接続点 Saint-Vérand 村から出発しても良い。

　Saint-Vérand 村から Leynes 村へ行くと、我々は石炭紀の結晶片岩（ビゼーアン階）を離れ、中生界に入ったことになる。北の出口から Leynes 村を離れると最初の停止点①に到着するが、これはボージョレー旅行案内の⑬と同じである。その理由はボージョレー旅行案内を参照。

　次は Chasselas 村まで行って見る、ここで、上部バジョシアン—バトニアン階の東に傾

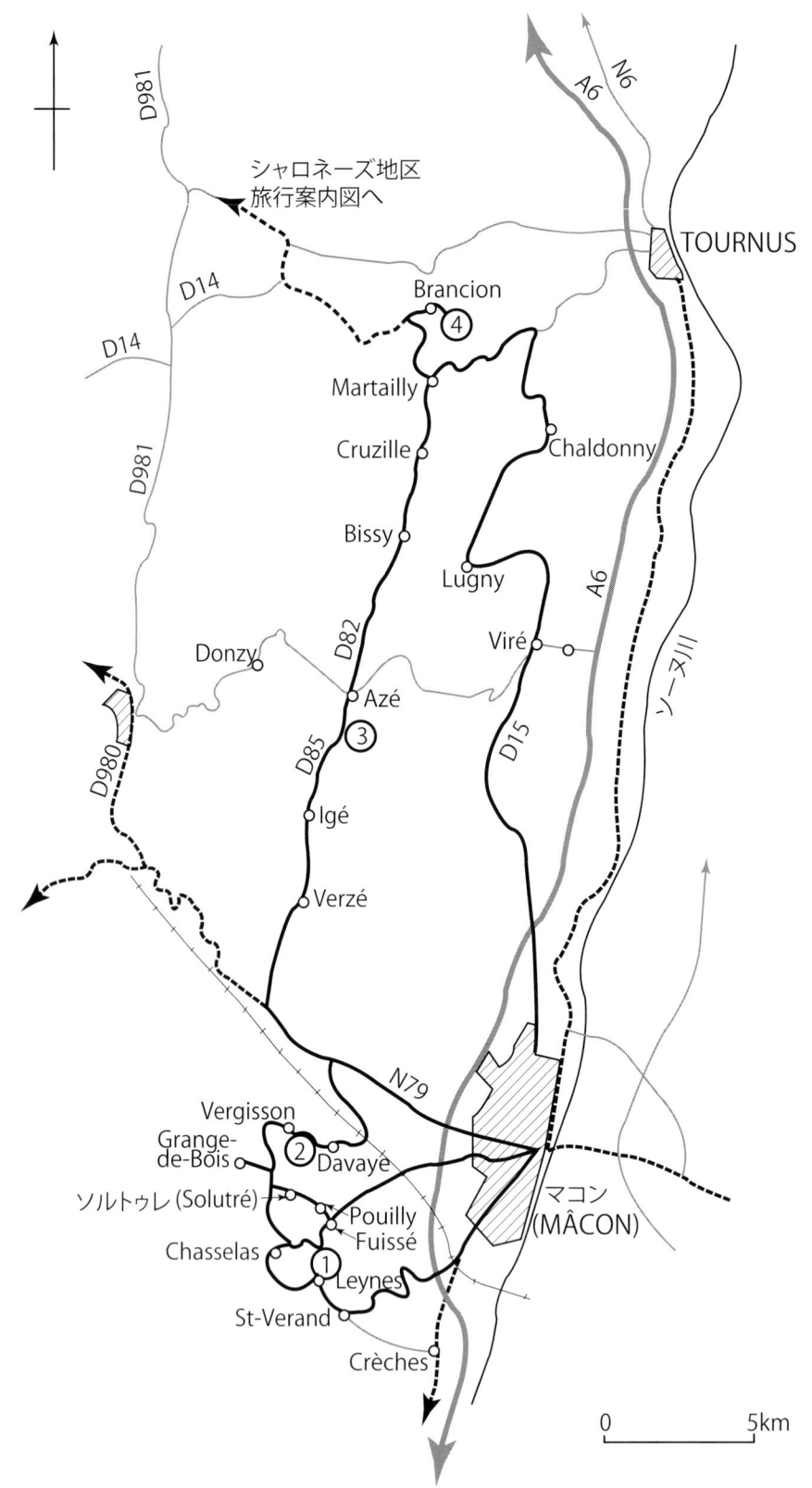

第18図　ブルゴーニュ地方旅行案内図（2）マコネー地区

斜する石灰岩と泥灰質石灰岩の層準に入る。更に Fuissé 村に行き下りて行くと、海進性三畳紀砂岩に覆われた古生代の花崗岩および凝灰岩からなる東側の Saint-Léger の丘と、ドッガー統およびオックスフォーディアン階の石灰岩および泥灰質堆積層によって充填された Fuissé-Pouilly 堆積盆との非常に明瞭な違いを観察できる。小さな流れが目立つ、でこぼこした土地の区域がこれら2つの対照的地域を分割している。

　我々は、ここでマコネー地区の大部分のブドウ畑が、堆積層地質帯でシャルドネ種のブドウによって白ワインを生産していることを思い出さなければならない。褐色石灰岩および方解石質土壌が、多くの有名なクリュ－とくに Fuissé-Pouilly という良く保存できるワインを生産している。そのブドウは、Pouilly 村、**ソルトゥレ**（Solutré）村、Vergisson 村の丘の露光の良い、日照に非常に富んだ斜面で栽培されている。その他の銘柄として、Saint-Verdan ワインが、Leynes 村、Chasselas 村、Créches 村、Davaye 村、Prissé 村で作られている。標高の低いブドウ畑は、露光がそれほど良くなく'火打ち石'を伴いシルトを多く含む土壌上にあるが、Mâcon-Village ワインまたは "AOC レジオナーレ" ワインを

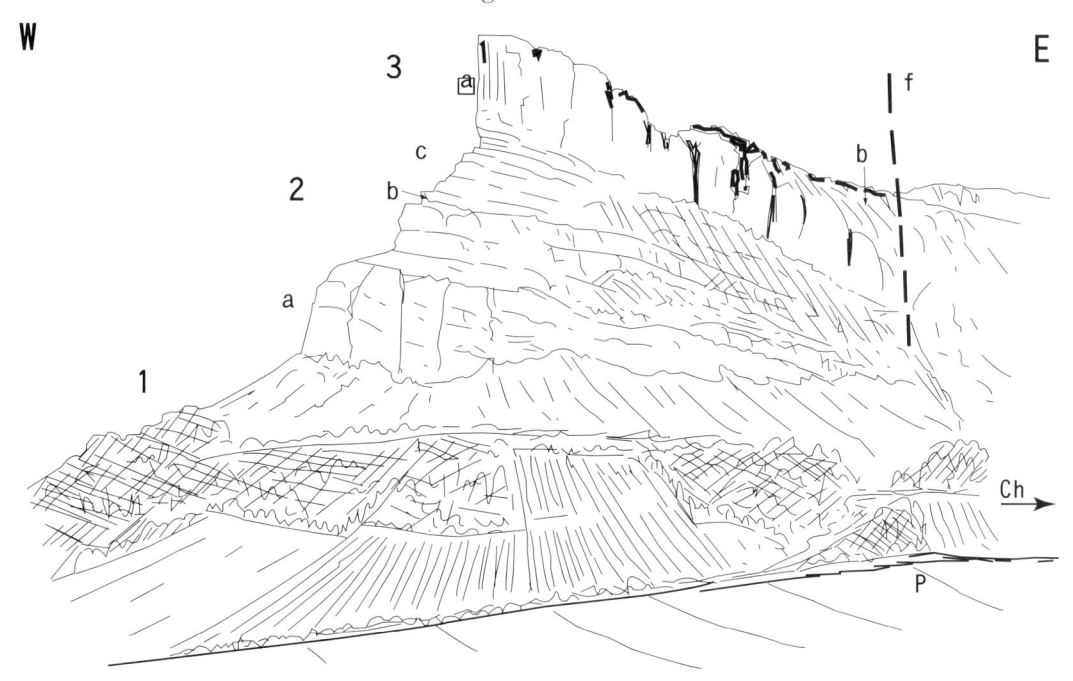

第19図　Soultré の岩とブドウ畑スケッチ
1. リアス統泥灰岩の基盤。風化し、種々の程度の滑動を起こす。石灰岩の'がれ'で覆われる。ブドウ畑が分布。Crot du Chamier (Ch) と呼ばれる先史時代堆積物が、図の右側の、堆積物により変形した泥灰岩上の'がれ'層中にある。2. 浅海環境でのとくにウミユリなどの底棲生物砕屑物集積作用により形成された石灰岩シーケンス。a. 生砕物（弁鰓類、腕足類、ウミユリなどの殻砕屑物、有孔虫類などの皮殻）岩屑を集積した流れの存在を示す斜行層理がしばしば認められる。最上部には穏やかな環境を示す薄層（海綿の骨、粘土條線）がある。これにはアーレニアン階を示すアンモナイト（Graphoceras）を含む。b. 角礫化層準。帯紫青色粘土質－ミクライト質脈石と多数の化石（苔虫類、弁鰓類、腹足類、腕足類、海綿の骨、リンコネラ等）を含む。c. ウミユリ石灰岩。緻密なウミユリ集合体が破砕されてできた粗粒岩屑の膠結産物。3. 崖の頂上を形成し、珊瑚からなる緻密、白色、等粒塊状岩。この珊瑚レンズ（バイオハーム、小珊瑚礁）はウミユリ集合体中に挟まれて産し、東に向かって厚さを減じ、また、珊瑚とウミユリを含む灰色の層状石灰岩（3b）に覆われるか一部交代される。時代はバジョシアン期。f. 断層。P. 駐車場。

生産している。

　Pouilly 村から**ソルトゥレ**村へは直接行くか、Grange-du-Boire および Solutré の遺跡を訪ねてから行っても良い。

　La roche de Solutré（Solutré の岩）②は、上部リアス統泥灰岩の上に横たわり石灰岩の'がれ'に覆われたバジョシアン階（アーレニアン階から中部バジョシアン階まで）の崖という有名な断面を形成している。この崖は、非常に抵抗力のある珊瑚石灰岩の存在によって見事に突き出た形になっている（第 19 図）。また、フリントが非常に細かく埋め込まれた月桂樹の葉ばかりでなく、崖の'がれ'上にある厚さ 1m 以上の層中に馬の骨の集積を含むほぼ 1ha の納骨場（約 1,000 個の人骨）を産出する有名な先史時代堆積物の存在によって、石器時代のある期間に Solutréan 時代（B.C.1,500 年～ 12,000 年）という村の名前が付けられている。ここには、新石器時代、青銅時代の人骨、陶磁器を展示する博物館もある。Vergisson 村（D177 道路）と D89 道路上の Davayé 村を通過し、D79 道路を Roche-Vineuse 村まで行く。これらと**マコン**市の間には、連続的な二次山脈の輪郭を形成する中生代の東傾斜地層の Grosne 背斜軸が通り、長手方向の断層によって切られている。

　道路は、Roche-Vineuse 村から Brancion 村まで、これら山脈の最も重要な所、石灰岩ケスタの脇の右側（東側）で優勢な泥灰岩中に作られた溝に沿って走ることになる。

　Azé 村③は、先史時代の堆積物（Bear および Rheinceros 遺跡、石細工）を含む洞窟と重なった地下道で知られている。

　この地区を通じて、ブドウ畑は分散しており、また土壌、斜面、露光が適していれば、放牧地、野菜畑、森のどこでも設営されている。またこの地区は**コート・ドール**地区よりも日照に恵まれている。村々はカトリック教会とワインの地下貯蔵庫を持ったバルコニー・スタイルの家々からなる典型的ものばかりである。これらの村をゆっくりと過ぎて行けば、貴方は何か美しい物を発見することができる。

　ガメイ種とピノ（pinot）種はフルーティーな新しい中に飲むのに適したワインを作り、アリゴテ種とシャルドネ種から作られた白ワインは'こく'があって素朴であり、ぱりぱりの新鮮な中に飲むべきである。Lugny 村と Viré 村の白ワインが最も一般的に知られている。

　Bissy 村、Cruzille 村、Martilly 村を過ぎて Brancion 村に着く。ここは古い封建時代の小さな町で、そのカトリック教会は黄色のアーレニアン−バジョシアン階火打ち石石灰岩で構築され、バジョシアン階珊瑚石灰岩の基盤の上に建てられている。村は泥灰質石灰岩（上部バジョシアン階）の岩石棚を形成している最も柔らかい層準の上に置かれ、上位のバジョシアン階魚卵状石灰岩および生砕物質石灰岩が城を支えている。ケスタの脇から西に向かってリアス統の崖錐を、また La Chapelle-sous-Brancion 礼拝堂を支える三畳紀基底の砂岩を見ることができる。視界は、Grosne グラーベンと結晶質岩を基盤とするジュラ系二次山脈に向かって開けている。

　狭い小道と古めかしい家が立ち並んだ街の Brancion 村④は、現在復旧のさなかにある。

そこにはまた、10世紀の初めに建てられ、14世紀に Phillipe le Hardi 公（フィリップ２世剛胆公）によって改築された、ブルゴーニュ公の住居を含む壮大な城の遺跡、15世紀の市場、蹲っているように見える12世紀の四角い塔を持った教会がある。

Brancion 村からは D14、D15 道路を通って、**マコン**市に帰ることができる。途中には、シャルドネ種の原産地と思われる Chardonnay 村と、白ワインのサンプルを勧められる Lugny 村がある（Viré 村と Clessé 村も同様）。

反対に、Brancion 村から道を D981 道路に取り、D146 道路と D215 道路を経てシャロネーズ地区の旅行案内に合流することもできる。

3.2.3　コート・シャロネーズ地区

コート・シャロネーズ地区は、とくに Mercurey, Rully, Givry, Montagny 等のワインで知られ、南は Saint-Genoux-le-National 村から北は Dheune 川の谷まで伸び、この川は Chagny 町の北端を巻いて流れている。コート・シャロネーズ地区はマコネー山地のような規則的な地質構造を示さない。

本地区は、西方 Saint-Vincent 山ドーム付近の Charolais 結晶岩を基盤とする三畳系およびジュラ系地質帯からなる。古生界の地質構造は、中生界被覆層の堆積後若返り、被覆層は基盤岩の断層区画に適合している。

シャロネーズ地区ブドウ畑の土壌は、基本的に石灰岩または石灰岩粘土、ときにドロマイト粘土層からの産物であり、褐色および褐色酸性土壌は先験的に排除している。溶脱土壌は、'火打ち石'シルト上、三畳紀砂岩および Buxy 村の北の Bissey 村の花崗岩上でも形成される可能性がある。花崗岩および砂岩は、このブドウ栽培地区で極めて明瞭な特徴を生み出している。

Montagny や Rully 等の白ワインの原料であるシャルドネ種のブドウ栽培のための良質な土壌の研究は、東部、南東部、南部の標高 220～350m に良く露出する粘土質石灰岩が優勢な地質帯で行われている。

赤ワイン種のブドウであるピノ種は、プレミエ・クリュを産する**ルリー**（Rully）村、**メルキュレ**（Mercurey）村、Givrey 村などと、ブルゴーニュ原産 AOC ワインを産する他のコミューンにおいて、多少粘土質の褐色石灰岩または方解石質土壌上で栽培されている。三畳系およびリアス統の粘土質土壌は、コート・シャロネーズ地区北部には Saint-Désert 村および Moroges 村を除いて事実上存在しない。

メルキュレ村および Givrey 村で、淡泊で'こく'があり、ブーケの高い赤ワインを生産する一方、**ルリー**村では非常に洗練された白ワインがとくに評判が良い。また Montagny 村のワインは Cluny 教会の修道僧に好まれ、口が爽やかになり頭が明瞭になると言われた。

マコン市から A6 自動車道路あるいは N6 道路を通って Tournus 町まで来て、D215 道路に入り Mancey 村、Sercy 村、Santilly 村、Saint-Boil 村などを通過する。Sercy 村の少し前、Grosne 川を越えた所でマコネー山地からシャロネーズ地区に入る（第20図）。

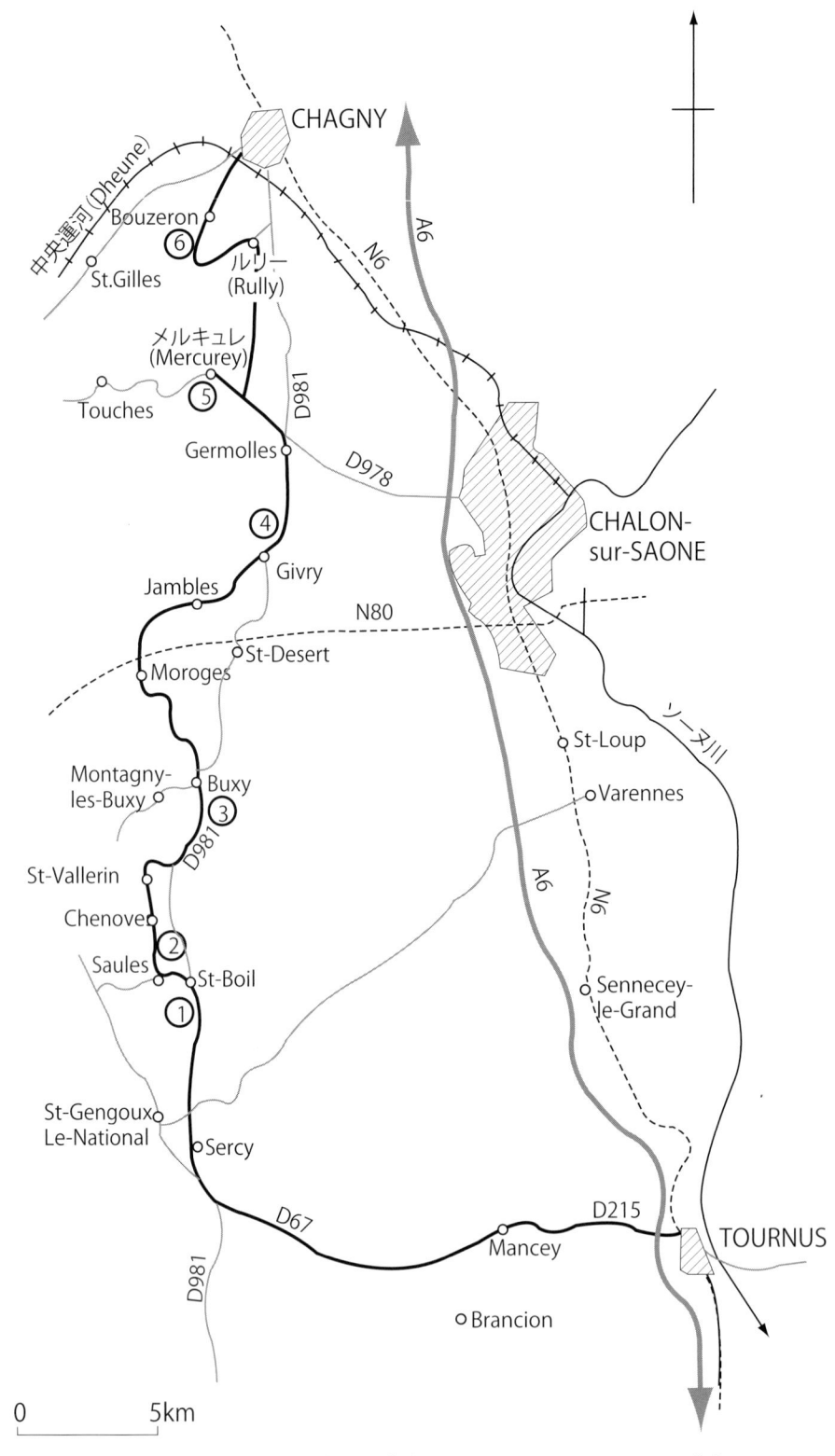

第20図　ブルゴーニュ地方旅行案内図（3）コート・シャロネーズ地区

コート・シャロネーズ地区は南北に延び、Saint-Gengouxle-National － Rully 道路がこれを貫いている。本地区のブドウ畑は三畳紀およびジュラ紀の岩石からなり、南は Saint-Boil 村周辺に広がり、有名な Montagny Blanc ワインの原産地である Montagny － Buxy － Saint-Vallerin 地区では、より集中した形になる。また、とくに**メルキュレ**村と**ルリー**村などでは、赤ワインと白ワイン両方に出会うことができる。

Saint-Boil 村では、左側の小道を入った所にあるゴール・ローマ時代の採石場①を訪ねよう。ここでは、キンメリッジアン階の魚卵状軟石灰岩またはチョーク相を伴う所謂"サンゴ・ウーライト"が露出する。

Saint-Boil 村に帰り村の真北へ D981 道路を進むと、Les Filetières 村②に着く。ここには Pthe 道路の左側に切り通しがあり、火打ち石を伴う赤色粘土の美しい断面が見られる。この赤色粘土は、上部オックスフォーディアン階またはキンメリッジアン階石灰岩の上を覆い、一部白亜系に由来する残留層で、一般に火打ち石を伴う赤色の粘土と砂からなる。

再び Saint-Boil 村に戻り、最もブドウ畑が集中する Saules 村、Chenoves 村、Saint Vallerin 村を経て、再び D981 道路に入り Buxy ③村に達する。ここでは、下部三畳紀砂岩の露頭が見られ、400m の落差を持つ断層を隔てて上部キンメリッジアン階石灰岩と接している。ここで Buxy ワイン貯蔵庫を訪ねて素晴らしい Montagny Blanc ワインを試飲すること。

Buxy 村から北に進み、Bissey 村を左に見て、N80 道路と交差する前に右側の Moroges 村を通過し、Jambles 村（D170 道路）に達する。N80 道路は、コート・シャロネーズ地区を切る走向 N70°E の大規模断層に沿っている。

Jambles 村を過ぎて D170 道路沿いに Givry 村まで来る。石灰岩土壌の上で栽培されているここのワインは、村人によるとヘンリー 4 世王に愛飲され、彼の所有するブドウ畑があったということである。

Givry 村を離れ D981 道路に沿って行くと赤色石灰岩の大きな採石場④がある。後期オックスフォーディアン階のこの石灰岩は魚卵状および生物砕屑性を示し、オンコライトおよび石灰岩礫を含む粗粒の層準を伴い、ベージュ色の石版石灰岩の淡い斑点や縞が点在する。この地層は水平層の基底を伴って良く成層し、ときに粘土質の節理によって分離した地層を伴い、上部では斜行層理が認められる。

D981 道路に沿って北上を続け、Germolles 村まで来ると、割れ目に沿って流れる Orbise 川を渡る。その後 D981 道路から Touches 村に向かって左に曲がる。Merucurey 村の直ぐ南にあるこの小さな村からは、Val d'Or ブドウ畑⑤越しに北に開けた壮大な景色が見られる。ブドウ畑は、主として泥灰岩とオックスフォーディアン階泥灰質石灰岩からなる栽培に適した地質帯すべてを占めている。谷の反対側の、反対方向と右（東側）の斜面上に認められる泥灰岩の上に重なる樹木に覆われた石灰岩によって、全く単純な単斜断層構造が考えられる。左側には、異なった層準のジュラ紀シーケンスが重なっている。

Touch 村からは**メルキュレ**村と**ルリー**村のブドウ畑を続いて訪れることができる。この

2つのブドウ畑では、Côte de Beaune のワインに似たブーケを持つ赤ワインと白ワインが生産されているが、地層が似ているので地質家を驚かしはしない。

　ルリー村を後にして、西に位置する高所に向かって小さい道を登ると Bouzeron 村に到着する。ここでは評判のアリゴテ種から作られたワインを楽しむことができる。頂上⑥から北の方に Dheune の抜け穴（la trouée de la Dheune）を見ることができる。これは Blamzy グラーベンの北側構造端の延長にあたる主断層である。これは所々で現れる単斜構造からの急激な転移によって認められ、我々は主断層を 120km（ボージョレーマコネー－シャロネーズ）に渡って追跡することができる。シャロネーズから Dijon 市まで約 50km は（あるいはその先まで）水平構造となる。

　次の Chagny 町まででシャロネーズ地区の旅行案内は終わり、**ボーヌ**市から**コート**の旅行案内が始まる。

3.2.4　コート・ドール地区

　コート地区または**コート・ドール**地区は、Côte de Beaune 地区と Côte de Nuits 地区のブドウ畑を含み、南から北へ Dheune 谷から Ouche 谷まで、Santenay 村からニュイ町までは SSW-NNE 方向、ニュイ町から Dijon 市まではほぼ S-N 方向に伸び、ブルゴーニュ高原の東端を占めている。

コート地区の土壌

　コート地区の地質構造と地形は次の2つの主要な理由でマコネー地区あるいはシャロネーズ地区と異なる（第 21 図）。
○ここまで単斜構造であったジュラ紀層が水平になる。
○これらジュラ紀層の Bresse グラーベン第三紀層との境界は、なお断層であるが落差が大きい（600 から 1100m）。古期沖積層の下に規則的に突っ込んでいた単斜構造は、ほぼ垂直な断層面を伴う階段構造に置き換えられる。急傾斜の断層を伴うコート地区には、常に 150 から 200m の Breese グラーベン平地が発達する。

　この地形によってどこにブドウ畑が位置すべきかが決定される。すなわちブドウ畑はコート地区のとくに東、南東、南に面する標高 225 ないし 300m の斜面と山麓地帯に限られる。一方マコネー地区とシャロネーズ地区のブドウ畑はより分散しており、ときに南西および西に面し、しばしば不連続になる。

　コート地区の西にある高原は、Dijon 市から Chagny 町にわたって2つの階段を形成している。西側の最も高い段は'山'地区（500 から 600m）と呼ばれ、層序的に Morvan 山地の古生界および Auxois 市周辺のリアス統凹地より低位にある。ここは標高が高いことと厳しい気候のためブドウ畑を支えることができない。

　一方その東側の l'arriére-côte（背後の斜面）地区は、標高 300 から 500m、'山'地区より低く Hautes Côtes de Nuits および Hautes Côtes de Beaune として知られるブドウ畑

第21図 コート地区の地質帯、地質構造、ブドウ畑の分布

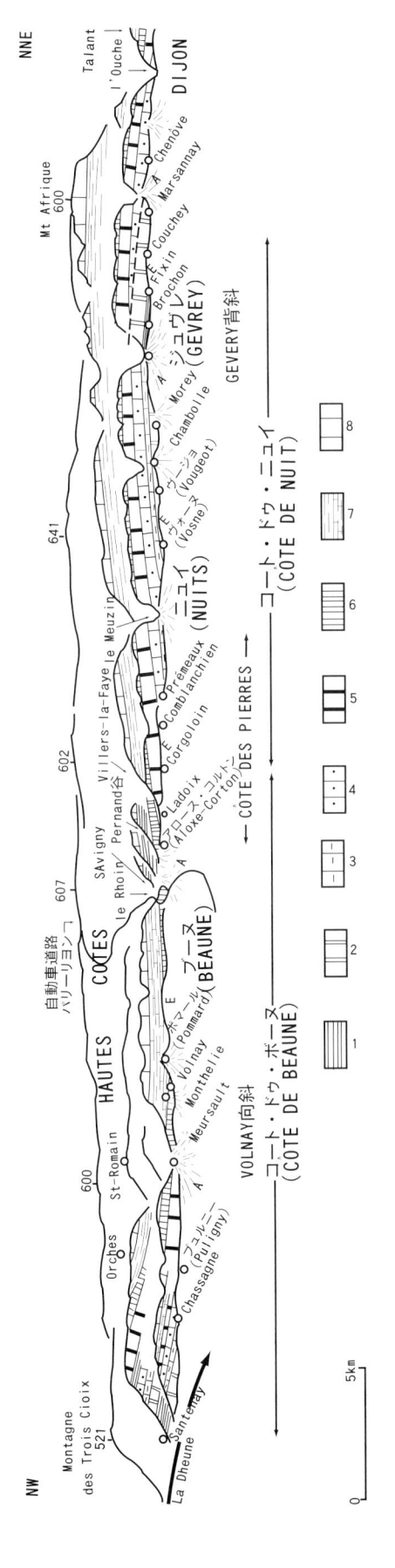

コート地区においては、コート地区の横断面は、2つの横断波曲（Gevery背斜とVolnay向斜）によって作られたS字型を示す。斜面底部は多少石灰岩の岩屑に覆われ、流出により滑動したりあるいは散布されている（E）。険しい谷の出口には沖積錐が発達してその主要なものが（A）に示されている。中間部には、Hautes Côtes地区のビュートと石灰岩（オックスフォーディアン階）のメサがある。最後部には、高さ約600m、中部ジュラ系石灰岩からなる山地部分の輪郭が示されている。コート地区においては標高約280mで採掘されているComblanchien石灰岩頂部。リアス統泥灰岩頂部、Gevrey褶曲の中心部とVolnay向斜の南側の上昇によりSantenay村付近に露出する。2. ウミュリ石灰岩（Brockon石より古い；バジョシアン階）。3. Prémeaux石（下部バトニアン階）ピンク色石灰岩）。4. 白色ウーライト（中部バトニアン階）。5. Comblanchien石灰岩、南部で泥灰質層の挟みを含む（中部バトニアン階）。6. 魚卵状および生砕質石灰岩、通常 'Dalle nacrée' と呼ばれる（上部バトニアン-カロビアン階）。7m.（左）石灰質泥岩、Argovian相（Afrique山斜面、Cortonビュート）。7m.（右）板状石灰岩（ボーヌ村付近）。8. ビュートの頂部を形成する石灰岩またはドロマイト。

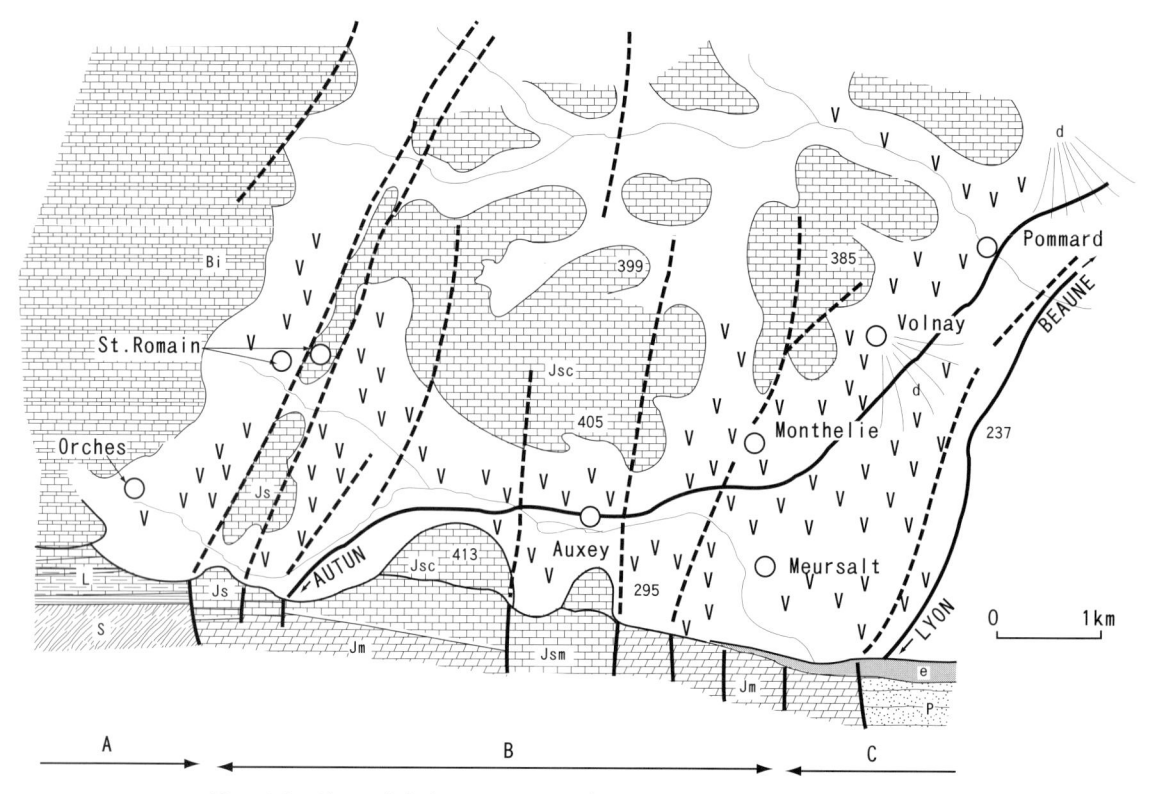

第 22 図　ボーヌ市南方のコートおよびオー・コート地区の地質・地形環境

S: ヘルシニア期基盤岩、L: 三畳紀およびジュラ紀リアス階－主として泥灰質層－（Saint-Romain トラフ）、Bj: ジュラ紀バジョシアン階ウミユリ石灰岩（Saint-Romain および Orches の崖）、Jm: 中部ジュラ紀石灰岩（Comblanchien 石灰岩および魚卵状石灰岩 "Dalle nacrée 真珠の板"）、Js: 上部ジュラ紀泥灰岩および石灰岩（m: Pommard および Auxey 泥灰岩、r: Saint-Romain 泥灰岩、c: 石灰岩および泥灰岩）、P: 鮮新－更新世泥灰－粘土層（Bresse グラーベン）、e: 主沖積錐を伴う斜面底部富化層、d: 主沖積錐

　が、南および南東に面し標高 300 から 425m の斜面に分布している。この地形的な位置はブドウの成熟に気候的な制約を与え、Hautes Côtes のブドウの成熟はコートよりも 8 日から 15 日遅れる。

　その他、**コート**地区に関係している非常に重要な構造的問題がある（第 22 図）。コート地区は実際上 2 つの横断波曲を示している。1 つは向斜褶曲（所謂 Volnay 向斜）で、Côtes de Beaune 地区において上部ジュラ系を Breese グラーベンの水準まで下げている。ここでは、とくにカロビアン階、中部および上部オックスフォーディアン階の上にグラン・クリュのブドウ畑が設定されている。他の 1 つは、背斜褶曲で中部ジュラ系を持ち上げ Côtes de Nuits 地区の**ジュヴレ＝シャンベルタン**（Gevery-Chambertan）町の北では上部リアス統が露出している。ここでは、品質の良いブドウ畑の大部分は中部ジュラ系の上に開かれている。（バジョシアン階ウミユリ石灰岩および牡蠣を含む泥灰岩）

　Côte de Beaune 地区と比較して、地層のこのような異なった方向、層位、岩石組織は、

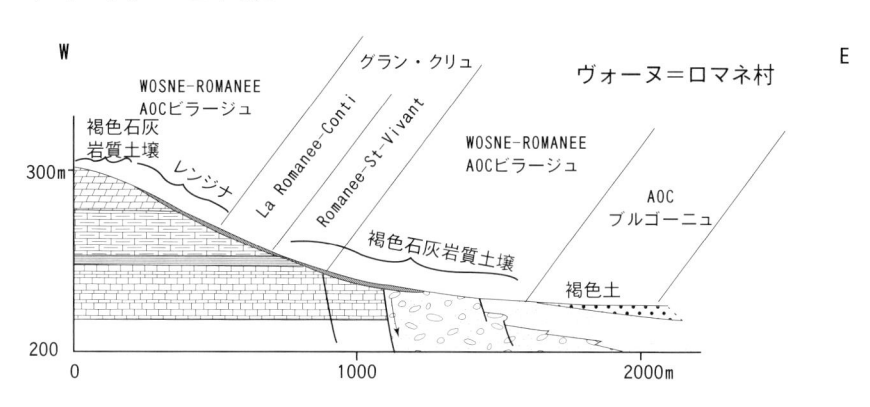

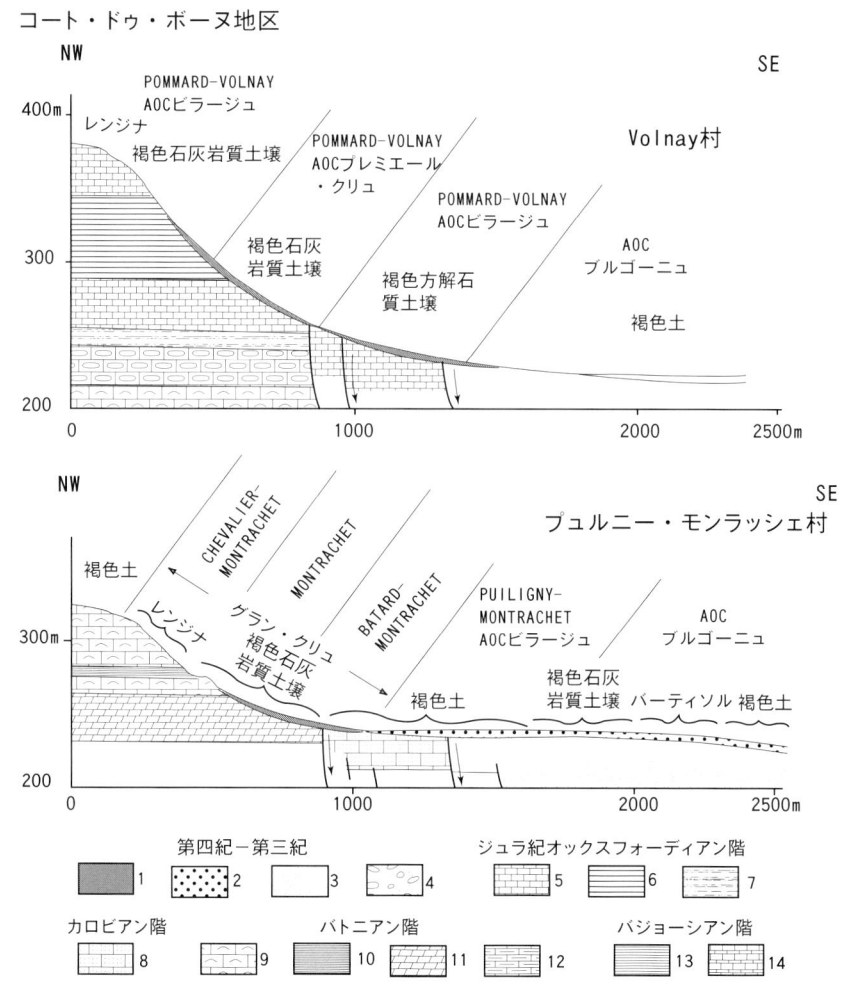

第23図 コート地域AOCブドウ畑の地層と土壌型との関係（Méritaux et al., 1981-Bull Sci. Bourgogne）
1. 崩積層、石灰岩"がれ"、2. 沖積層、3. 泥灰層、砂、礫（鮮新－更新世）、4. 礫岩、石灰岩、粘土（漸新世）、5. Nantoux石灰岩（上部オックスフォーディアン階）、6. Pommard泥灰岩（上部オックスフォーディアン階）、7. 石灰岩質泥灰岩（中部オックスフォーディアン階）、8. "Dalle nacrée 真珠の板"（カロビアン階）、9. Comblanchen石灰岩－Puiligny-Montrachet村－、Pholadomia bellona 泥灰岩－Volnay村－（中部バトニアン階）、10. 泥灰質岩（中部バトニアン階）、11. 白色ウーライト、魚卵状および生砕質石灰岩（中部バトニアン階）、12. Prémeaux石（下部バトニアン階ピンク色石灰岩）、13. Ostrea acuminata 泥灰岩（上部バジョシアン階）14. ウミユリ石灰岩（バジョシアン階）

Côte de Nuits 地区のクリュ原産地に影響を与えずにはおかない。

　Comblanchien 村、Prémeaux 村、Corgolon 村などに対しては特別の言及がなされるべきである。ここでは 'Comblanchien'（バトニアン階）と呼ばれる大理石が露天採掘されている。この採掘によって、コートの風景を乱す堂々とした騎士を作り上げているように見える。ここは Côte de Nuits 地区と Côte de Beaune 地区の中間にあたり、この地域の地質に親しんでいる人々から Côte des Pierres という名称を得ている。

　バジョシアン階泥灰質石灰岩は、同時階の硬質のウミユリ石灰岩を覆い Côte de Nuits 地区グラン・クリュ・ブドウ畑の土壌下地層を形成しているが、この地層上の褐色方解石質あるいは石灰岩質土壌は、上部丘陵斜面から導かれたバトニアン階石灰岩の礫状 'がれ' によって擾乱されている。

　中期および後期オックスフォーディアン階（Argovian 相）の泥灰質石灰岩および泥灰岩は、カロビアン−オックスフォーディアン階鉄質ウーライトおよび硬質石灰岩（"Dalle nacrée 真珠の板"）の上を覆い Côte de Beaune 地区ブドウ畑の土壌下地層を形成している。その土壌は同様な褐色方解石質あるいは石灰岩質土壌であり、その中、粗い組織のものは、上部オックスフォーディアン階（Rauracian 相）の硬質の珊瑚、魚卵状、生物砕屑性石灰岩から導かれた 'がれ' あるいは礫質の崩積層によって乱されたものである。この上部オックスフォーディアン階石灰岩は地形を支配し、一般に広葉樹または針葉樹に覆われている。

　コート地区の小渓谷から誘導された、数 m の厚さの礫質沖積錐が、丘陵の麓に沿って分布する。これらの新旧礫質沖積錐は排水が良く AOC 村落ブドウ畑として耕作され、山麓の下部から Dijon −リヨン鉄道線の境界まで広がっている。

コート地区の環境と " 原産地名（appellations d'origine）" の特性

　高品質のワインを獲得する理想的環境（土壌と微気候）は、ブドウの累進的成熟のための最良の物理的条件の１つである。環境はワインのボディーを構成し、かつブーケの原因となる物質を保存するワイン中の要素のバランスを保証する。しかし、例えば、カリウムあるいはマグネシウム、マンガンなど特定の環境的化学元素の役割に関して種々の仮説が述べられてきたが、ブドウの生理学的発展とその生産性への影響（ただしワインの型あるいは品質に対する効果については証拠がない）に関する以外これらは全く実証されていない。

　それにもかかわらず、高い所は、ブドウ栽培丘陵斜面の上部、しばしば森林限界から、低い所は、穀物栽培に適した湿った平野までの間で AOC 品質ワイン用のブドウ全体、すなわち AOC グラン・クリュ、AOC プレミエール・クリュ、AOC ビラージュ、AOC レジオナーレ・ブルゴーニュなどのワインを作るピノ・ノアール種およびシャルドネ種のブドウ、AOC ブルゴーニュ・グラン・オリジネール赤ワイン用のガメイ種のブドウ、ブルゴーニュで唯一の地理的名称を使わない例であるブルゴーニュ・アリゴテワイン用のアリゴ

テ種ブドウが栽培されている。

　コート地区の村々の土壌において、いくつかの物理的特性（傾斜、"含礫率"、全石灰岩および粘土の含有量）が分析され品質水準と関係づけられている。

　これらの特性の値はAOCグラン・クリュとAOCプレミエール・クリュでは常に一定水準に集中し、一方AOCビラージュとAOCレジオナーレ・ブルゴーニュでは分散した値をとる。

　AOCブルゴーニュのブドウ畑は、一般に山麓地質帯に位置し、通常、傾斜は2%以下であるのに対し、AOCビラージュおよびクリュのブドウ畑は傾斜3から5%の間で、Cortonグラン・クリュの例のように20%以上のときもある。

　"含礫率"は非常に重要であるが、AOCビラージュおよび各クリュの土壌では5から40%の間を変動し、一方AOCブルゴーニュの土壌では通常5%以下である。"含礫率"は、土壌中の水を支配する、すなわち排水を促進し水の過剰な保持を制限する役割を有するため、ワイン品質の水準を決定する場合の基本的な要素である。粘土含有率（2mm以下の土壌中における%で表した2μm以下の粒子の割合）については、すべてのブドウ畑地質帯の最適値は石灰質土壌（calcimorphic soils）において、礫質土壌あるいは非礫質土壌にかかわらず30から45%の範囲と考えられる。

　すべてのブドウ畑の全石灰岩含有率は、細粒土壌において0から50%まで変化するが、10%以下の低い値を示すのは低地のAOCレジオナーレのブドウ畑が最も多く、そこでは硬質の締まった土壌が時に現れ、上部層準で全体的に脱炭酸塩化されている。

　すべてのこれらの要素、傾斜、"含礫率"、粘土および石灰岩含有率は、土壌の排水ポテンシャルに、それぞれが関係するため選ばれている。これら要素の測定値の分布は、素晴らしいワインを作る土壌は、最適な気候状況において、土壌内部排水を促進し、ブドウの生長期とブドウの実の成熟期に過剰の水を排出する最良の性質を持たねばならないことを確実に示している。

Hautes Côtes 地区

　コート地区の西側には、お互いに接近した広々とした谷の中に、例えば、Meuzin谷、Dheune川上流の小さなClous谷（Saint-Roman村－Auxey村）、Dheune川の谷のように、その方向が好ましい南、南東、南西である場合に、ブドウ畑が不規則に広がっている。ブドウ畑はまた露光の良い、標高が最高425mに達する高原を横切って広がっている。

　これらの場所は、春霜および秋の成熟の遅れなど、Côte de Beaune地区とCôte de Nuits地区より困難な微気候条件であることを当然意味している。

　これらのブドウ畑の大部分は、ジュラ紀層上の土壌を占有しているが、シャロネーズ地区あるいはマコネー地区より多様な地層を伴っている。

コート地区および Hautes Côtes 地区の旅行案内

既述の旅行案内では結晶質岩および結晶片岩上のボージョレー・クリュから堆積岩（通常ジュラ紀層）上のマコネーおよびシャロネーズの土壌について述べてきた。マコネー地区における多くの断層と変位による複雑な地形の後、シャロネーズではより単純になっているが、その北部メルキュレ村付近の地質条件は、**コート**地区あるいは**コート・ドール**地区と全く同じである。かくて連続性を追求するため、我々は旅行案内を上に述べたDheune川の谷を越えた直後の地区南端から始める。

　しかし、この段階で**コート**地区だけを研究したいというのであれば、我々は、残りのブルゴーニュ・ブドウ畑を後回しにして、同じように実際的な接近方法であり、地質と地形に関して最も単純な場所からより複雑な場所へ行くという利点のある接近方法を指摘することができる。すなわち、**ボーヌ**市から出発して直ぐに北へ向かい停止点⑦に行き、Cortonの丘を観察する。**コート**地区のブドウ栽培の基本的要素を構成する、この偉大なバッカス信仰の単純さを持った古典的例から**プュルニー・モンラッシェ**（Puligny-Montrachet）村に戻り停止点①に行く方法である（第24図）。

　さて**ボーヌ**市から**プュルニー・モンラッシェ**村の西出口の停止点①に行き、南の方、コート・シャロネーズ地区からCôte de Beaune地区への転換点、Dhenue川の谷のレベルに生じている地質構造的変化を観察しよう。

　我々の足の下には、**プュルニー**村とその高い部分の間を通る**コート**地区山麓の断層複合体を形成する断層の1つがある。Chassagne村では、この断層によってバトニアン階の基底がアルゴビアン亜階泥灰岩の頂部と接している（落差約80m）。

　プュルニー・モンラッシェ村はブルゴーニュ地域で最も良い白ワインを作るコミューンを形成している。その丘陵斜面は上部バトニアン階魚卵相が優勢で、その下の中部バトニアン階泥灰岩層準は、付近の石灰岩に由来するシルトと粘土が混ざったほとんど注意を引かない腎臓の形をした不純でない角張った物質からなる'がれ'によって大部分覆われている。丘陵斜面の麓には、古期沖積層が広がりBressan盆地の鮮新統または第四紀層を覆っている。

　この停止点には、**コート**地区ブドウ畑の土壌生成分類学に関係するいくつかの基本的事実を見出すのに適した機会が用意されている。良い露光条件の斜面上にある石灰質、礫質、石質の'がれ'および石灰岩礫に富む泥灰岩は、素晴らしいグラン・クリュおよびプレミエール・クリュのワインを作る土壌となる。

　石灰質または非石灰質の、時に著しく保水質の、より粘土質で礫の少ない深い土壌は、単一コミューンの原産地名から地域レベルのものまでのブドウ畑を特徴付けている。。

　プュルニー・モンラッシェ村からD33道路に沿ってLa Rochepot村へ行く。我々はここで背後の斜面地区（l'arriére-côte）を横切っていることになる。この高原は標高500mに達し、北部はマルム統（中部ないし上部オックスフォーディアン階の泥灰岩質および石灰岩相）、南部はドッガー統（バトニアン階およびカロビアン階石灰岩）からなる。これら2つの部分は、Dhenue川（道路がこれに沿って走る）にほぼ平行な撓曲によって分離

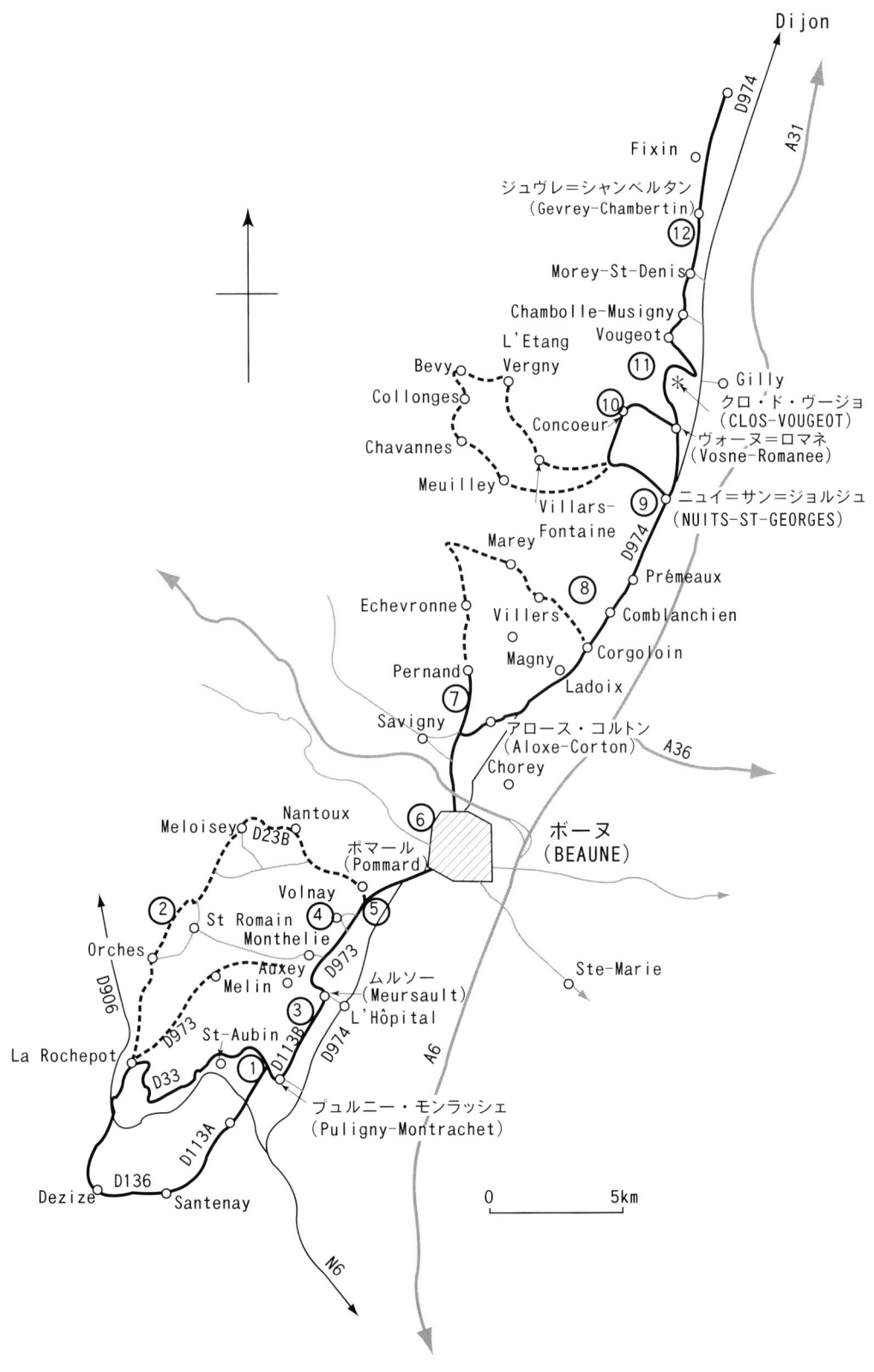

第24図　ブルゴーニュ地方旅行案内図（4）コート・ドール地区

されている。

　La Rochepot 村の少し手前の D33 道路上で、我々は割れ目帯を横切る。これを越えると風景は完全に変わり、'山'地区に近づく。

　La Rochepot 村では、その起源を 11 世紀に遡り、19 世紀に大統領 Sadi Carnot によって改造され再建された古城を訪ねることができる。また、やや重要度の低いブルゴーニュ・ブドウの名前の元になった絵のような Gamay 村を訪問することができる。このガメイ種のブドウは、フィリップ 2 世（剛胆公）によって 1395 年に'人間にとって非常に有害'と書かれて侮辱されたが、現在ボージョレー地区で広く普及している。また、良く熟成し、アーモンドと苺の香りがする味の良い赤ワインを産し、最も南のブドウ栽培地である Santenay 村を訪れても良い。

　La Rochepot 村から道を D171 道路にとり、Saint-Romain 村の上、D17 道路と交差する少し手前で止まる。道をたどるに従い、東の方に、**コート**地区後背部のオックスフォーディアン階石灰岩を切る Saint-Romain 断層の向こうに広がるリアス統小トラフ（山地部の基盤岩）の美しい景色が見える。ここでの断層落差は 300m 程度である。この険しい谷を過ぎ Évelle H 村（溶岩の教会塔に注意）まで来て、Orches 村のドッガー統の崖（バジョシアン階赤褐色石灰岩の傾斜層）を登る。

　道路②の右側の崖の端に来ると、我々はバジョシアン階岩石（右側にウミユリ石灰岩の傾斜層が見える）の上にいることが判る。高原は、上部バジョシアン階の *Liostrea acumuinata* を含む泥灰岩層準であるために耕されている。高原の直下はリアス統トラフの'がれ'を生じ、その下にドメーリアン階およびシネムーリアン階石灰岩が露出する。

　断層の上盤側は**コート**地区後背部の高原で、抵抗力のある主として石灰岩からなる地層（上部オックスフォーディアン階）で補強され、次の 3 つの要素からなる。
○頂部の抵抗力ある石灰岩
○優れた白ワインを作る所謂 Saint-Romain 泥灰岩
○基底部の魚眼状泥灰質石灰岩

　Saint-Romain 村は上部石灰岩上にあるが、その背後には人間によって決定された土地利用により示される異なった層準が見える。

　地質構造および地形的に見て、山地部（平均標高 550m）は**コート**地区後背部より高く（西から東へ 450m から 380m へ変化）、2 つの段を分けている落差が数 100m であることに注目したい。また、リアス統トラフが地形的に凹地にあり、構造地質的に隆起部に属することが判った。

　Hautes Côtes 地区のブドウ畑に到着し、Saint-Romain 村から Meloisey 町と Nantoux 村を経て**ポマール**（Pommard）村へ行く。そこには、**ボーヌ**市へ南から近づく道路上に Hautes Côtes 地区協同作業場がある。

　アルゴビアン亜階泥灰岩を削り、下底に沖積ー崩積層を堆積した Sant-Romain 川の谷を経てコート地区へ戻る。Auxey 村では、ドッガー統石灰岩が断層によって上昇してきて

いる。

　道の途中で、熟したブドウのアロマと木の実の風味があり、辛口でおいしい白ワインを産する**ムルソー**村③を訪れる。その醸造所は立派で教会も美しい。Volnay 村④の赤ワインは、洗練さ、軽さ、香のすべてがあるのでワイン愛好家の中に大きな支持者を有している。

　ビクトル・ユーゴーは、**ポマール**村⑤の Clos de Épenots というブドウ畑を贔屓にした。このブドウ畑は力が強く香の高い赤ワインをガメイ種のブドウから作っている。

　ボーヌ市⑥では、ホスピス、ノートルダム寺院、"Cluny の娘（fille de Cluny）"の他に、元ブルゴーニュ公爵邸跡のブルゴーニュ・ワイン博物館を訪れることを推奨する。この建物は 15 世紀および 16 世紀に建てられ、大きなワイン圧縮機と樽のある 14 世紀のワイン貯蔵所が付属している。ここでは、ブドウ畑とブドウ栽培の歴史が上品かつ上手に示されている。14 世紀建立の聖ニコラス教会は、ワイン栽培者の教会である。そこにはローマ塔、美しい尖塔、15 世紀のタイル屋根のポーチ、12 世紀の門がある。教会の反対側の Savigny-lè-Beaune 道路から D18 道路に入り、Pernand-Vergelesses 村の南およびその付近まで行く。ここは、許される最高級の観察ができる最も重要な停止点⑦となっている。

　アロース・コルトン（Aloxe-Corton）村の丘の水準で、Côte de Beaune 地区の標準的地質断面⑦は頂部から下底へ次のようである：

○ Rauracian 相の魚卵状および生砕屑質石灰岩と点在する褐色の方解石質土壌。この土壌はしばしば Corton の丘の頂上と同様に樹木に覆われている。

○ レンジナ型土壌に覆われた Argovian 相の泥灰岩斜面。この土壌は非常に石灰質であり、有名な白ワイン（Corton-Charlemagne）を作るシャルドネ種のブドウ栽培に適している。

○ 地形的な盛り上がりあるいは単純な斜面の急な変化により示される抵抗性のあるアルゴビアン相（中部オックスフォーディアン階）基底の石灰岩、10cm 程度の厚さの灰色泥灰質石灰岩を伴う。その下に厚さ 1m 程度の鉄質ウーライトと多数のアンモナイト（中部オックスフォーディアン階）を含むノデュール質黄色ないし赤色石灰岩薄層があり、黄色のカロビアン階および中部バトニアン階の石灰岩を覆っている。

　斜面の中間部および下底部を占めるこれらの石灰岩層準は、粘土質－礫質の'がれ'によって一部覆われている。この'がれ'はその深さによりレジナあるいは褐色石灰岩土壌に進化し、部分的な流出をもたらす浸食作用に繋がっている。これらの土壌は、**アロース・コルトン**村の最も有名な赤ワイン（丘の南および南東斜面のグラン・クリュ、プレミエール・クリュ畑）を作る担い手である。

　Pernand 村の枯れ谷から続く谷線の底では、粗粒の石灰岩質沖積層および崩積土から、時に石灰岩質粘土質シルトを伴う深い土壌が形成される。ジュラ紀層（バトニアン階）が付近にあり、褐色石灰岩土壌が AOC コミュナーレ（**アロース・コルトン**村）のブドウを保持している。更に下って Beaune － Dijon 道路付近では同じ谷線は、より深い粘土質シルトを示し、一部では脱炭酸塩化して石灰岩礫を含まない。一部アルゴビアン階石灰岩層準起源の珪化コンクリーションから導かれた岩屑が、Corton の丘の南東山麓地帯に見ら

れる。

　読者は希望すれば、これらの土壌上で栽培されているブドウ畑を巡る良く計画されたワインの試飲巡検などに参加することができる。この巡検は、Côte de Beaune 地区で最も力強く最も'こく'のあるワインを産する**アロース・コルトン**村で始まる。Pernand-Vergelesses 村のワインはこれに似ているが、やや'こく'が少なく、ラズベリーあるいは'さくらんぼ'の風味がある。Savigny-Vergelesses 村のワインは、もっとはっきりした'さくらんぼ'の風味で始まる。これが Savigny 村のワインの著しい特徴である。読者はかって停止点⑦から、斜面底部の**アロース・コルトン**村ブドウ畑とそれから斜面底部の同じ高さで右（ENE 方向）と左（WSW 方向）に伸びる Pernand-Vergelesses 村、Savigny-Vergelesses 村、最後に Savigny 村のブドウ畑風景を賞賛した。ブドウ畑は NE-SW 方向に続き、D974 道路の向こう側には、北東部で最も力強く、南西部で'さくらんぼ'の風味がある原産地名 Chorey-lés-Beaune というワインがある。以上のことは地質と土壌の間の関係を良く説明できる例で、高地から浸食された成分が丘の下で作られたワインの香と風味を決定する役割を演じている。

　中部オックスフォーディアン階の柔らかい泥灰質石灰岩（アルゴビアン相）の露頭を有する Côte de Beaune 地区の地形は、抵抗性のあるバトニアン階の石灰岩（Comblanchien 相）によって頂部を補強され、とくに険しい谷の崖の所でこれが突出している Côte de Nuits 地区の地形に比べて語られることが少ない。

　Hautes Côtes 地区に興味のある場合は、Pernand 村から D18 道路に沿って Échevronne 村、Chagney 村、Marey 村、Villars-la-Faye 村を経て**コート**地区の Colgoloin 村まで行くと良い。ここで Côte de Beaune 地区を離れ Côte de Nuits 地区の旅行記を開始する前に、我々は Côte des Pierres 地区に来たことになり、その中心は Comblanchien 村⑧である。

　ここは数 100 人の従業員が働く現役採石場の中心である。ここで採石されている中部バトニアン層はそれほど厚くない。その開発は、第二帝国まで遡るが、石灰岩をやや薄い葉層あるいはスラブまで小さく切ることができるという事実と関係がある。Comblanchien 石灰岩は非常に緻密で空隙率は 0.2 ないし 0.9%、比重は 2.65 で方解石の値（2.71）に近い。その色は一般にベージュ色でピンク色の條線（ドロマイト）を伴う。最近の研究によると、その生成環境は潮間帯における浅海保護水である。この岩石の非常に滑らかで固い品質は床材として大いに評価され、フランスおよび海外で多くの建物に用いられている。

　次の Prémeaux 村へ行くと、コンクリーションを含む層準を伴うピンク色の石灰岩（下部バトニアン階）が坑道採掘されている。更に次の**ニュイ＝サン＝ジョルジュ**町には停止点⑨がある。この町のワインは、Nuits および Romanée のワインを治療薬として処方した主治医 Fagon によってルイ 14 世に推薦されている。このようにして、宮廷中で少なくとも 1,000 年続いてきたブドウ畑のワインが飲まれることになった。

　ニュイ＝サン＝ジョルジュ町から Hautes Côtes 地区を貫く D25 道路に入り、Meuilley、

Chevanes、Collonges、Bévy、L' Étang-Vergy、Villars-Fontain の村々を通過する。D25 道路に戻ったら道を左に Concoeur 村に向かって取ると、道路は石灰岩を登って行く。その一部は西部で採石されている。

南の高原に上がる少し前に小さな採石場⑩があり、オックスフォーディアン階（アルゴビアン相）が、葉理泥灰質石灰岩と互層する厚さ数 10cm の細粒石灰岩層として露出している。ここからあまり離れていない所に、'Dalle nacrée'（真珠光沢スラブ）石灰岩（カロビアン階）と鉄質ウーライトらしいものが見える。

カロビアン階の抵抗力のある石灰岩を刻んだ険しい峡谷を通って、**ヴォーヌ＝ロマネ**（Vosne-Romanée）村へ下りてくる。バトニアン階を通る谷は狭いが、ブドウ畑に出ると視野が開けて Bressan 平野の素晴らしい景色が見える。我々は今や**ジュヴレ＝シャンベルタン**町まで続く Côte de Beaune 地区よりずっと力強い地形の Côte de Nuits 地区に再び戻っている。Bressan 平野に繋がる斜面は短く、これはブドウ畑の拡張がここでは制限されることを意味する。これらの互いに関係する様々な特性は、ケスタが抵抗力のある Comblanchien 石灰岩の全厚さにわたって形成された結果である。斜面には全バトニアン階が露出するばかりでなく、'がれ' が散在する低地部でバジョシアン階も露出している。

読者には、**クロ・ド・ヴージョ**（Clos de Vougeot）のシャトー⑪を訪問することを推奨する。12 世紀からフランス革命まで Citeaux 教会に属していた大農園**クロ・ド・ヴージョ**（約 50ha）は、Côte de Nuits 地区の最も有名なブドウ畑の 1 つである。今日そのブドウ畑は多くの栽培者に属している。1860 年の最初のブルゴーニュ・ブドウ畑の地理的階級制定時には、見かけは同一で、明白な評判を有している所有物を分割することは不可能であるし、生産されたワインはすべて均質であり褒めるに足る。そんなことをしては大農園がばらばらになる。言い換えれば、ブドウ栽培法とワイン醸造法が規則決定の主役を演じていると言われた。しかし、**クロ・ド・ヴージョ**農園の場合、これを容認することは正当性を欠き、土層と土壌があらゆる場合重要であることを示した。何故ならば 50ha が 50 人の所有者によって分割されているにもかかわらず、'こく' がありトリュフとすみれのアロマを持つ Clos de Vougeot ワインは、一貫して素晴らしく、高地であるほどより繊細で、低地であるほどより重厚であることに変わりがなかったのである。

このシャトーは 12 世紀創建のワイン貯蔵所、修道僧によって据え付けられた 4 つの巨大プレスを有する 13 世紀創建の醸造所、ルネッサンス様式の建物から構成され、1944 年以来 Tastevin 騎士団（Confrérie des chevaliers du Testivan）が所有している。この団体は、毎年多くの集会を組織し 500 人以上のゲストが晩餐会に出席する。そこでは新任のナイトが主座につけられその料理およびワイン愛好家としての特質が順番に任命される大評議会によって認知される。

クロ・ド・ヴージョブドウ畑の上には、**ヴォーヌ＝ロマネ**村と Vougeot 村における偉大な銘柄、グラン・クリュのブドウ畑が多く分布している。すなわち南から北に向かって、1ha 以下の面積で年間生産量 25hl の Romanée と 2 ha 以下の面積で年間生産量 50hl の

Romanée-Conti がある。これらのワインは完璧に調和がとれ、例外なく良質に保たれている。この名称は Conti 王子に由来するもので、彼は 1760 年に 'la Pompadour' のコンペにおいて高額の値段でこの農園を買い取った。さらに北には、Richebourg、Échezeaux、Musigny などのブドウ畑がある。

　Vougeot 村から Chambole-Musigny 村、更に Bonnes mares のグラン・クリュに賛辞を呈しながら Morey-Saint-Denis 村へ向かい、Morey 村と**ジュヴレ＝シャンベルタン**村⑫の間で停止する。ここには道路の左側に旧採石場（現在はブドウ畑）があり、下部バジョシアン階が切り開かれ、**ジュヴレ＝シャンベルタン**グラン・クリュブドウ畑（clos de Béze-Chambertin）の岩石質の地層が露出している。この地層は特徴的なウミユリ石灰岩で通常単斜層理を示す。

　土壌はしばしば浅く、ときに岩石の露頭を伴うが、大部分のブドウ畑は、斜面の 1/3、2/3 あるいは全体を覆う'がれ'の上に分布している。

　ここ**シャンベルタン**村のグラン・クリュ・ワイン、例えば Roupnel ワインは、優美さとともに力強さ、堅さとともに強靭さ、精巧さとともに優雅さを兼ね備え、独自の寛大さと完全な美徳の素晴らしい統合が授けられている。

　Côte de Nuits 地区ブドウ畑は、中部ジュラ紀層最上部および上部ジュラ紀層下底部の Côte de Beaune 地区ブドウ畑とは異なった古い地質時代の地質帯に見出される。泥灰質石灰岩の環境はお互いに良く類似しているが、ほんの僅かな差によって Nuits 地区は Beaune 地区よりもより'こく'があり、より完全なワインを作り出している。

3.2.5　シャブリ地区

　シャブリ地区のブドウ畑はブルゴーニュ地域の北端に位置し、Tonnerois 地域、Avallonnais 地域、Joigny 村、Les Licays 村とともに、ヨーヌ川およびセーヌ川による運搬の利便性からとくに首都パリへ赤およびロゼワインを供給するワイン生産地としてかつては重要な位置を占めていた（**シャブリ**地区の位置は第 10 図参照）。

　19 世紀の末、石灰岩－粘土型地質帯と良好な露光が、'素晴らしいワインの作り手'（le beaunois）と呼ばれてきたシャルドネ種のブドウ栽培に適したコート・ドウ・シャブリのブドウ畑を例外として、上記ブドウ畑の大部分は悲惨なブドウ虫病により破壊された。"シャブリは透明で、良い香の、快活で、軽い白ワインである。その名はフランス国外で偉大な辛口白ワインと同義語となった"。(Poupon and Forgeot, 1969)

　シャブリ地区のブドウ畑からは場所と露光に応じて、高原産のワイン（その最も代表的な銘柄は Lignorelles）パティ・シャブリ（Petit Chablis）から、**シャブリ**町とその外周の Beine 村、Maligny 村、Fleys 村、Chichée 村などのコミューンに渡って広がる良い露光の丘陵斜面から産出するワイン Chablis、更に**シャブリ**町周辺に集中する最良の土壌に限定される Chablis グラン・クリュとプレミエール・クリュまでの一連の品質の白ワインが提供されている。

Auxerrois 地区の Irancy 村、Saint-Bris-Vineux 村、Vincelottes 村などのコミューンで生き続けてきた赤ワインを産する小規模なブドウ畑もある。そこではピノ・ノアール種のブドウが栽培されているが、またシャルドネ種およびアリゴテ種のブドウも栽培されブルゴーニュ AOC ワイン増産のために用いられている。

　地質的には、これらすべてのブドウ畑はパリ・ベーズンの南東縁を形成しており、上部ジュラ系（キンメリッジアン階およびポートランディアン階）の周辺と、多分白亜系（オーテリビアン階）の基底に位置している。

　ジュラ系の地層はパリ・ベーズンの中心部へ向かう単斜構造をなし、走向南北で緩やかな傾斜を示した地層面、あるいは時に急傾斜ケスタをなして露出する。その露頭は南部、南東部、南西部で、とくに**シャブリ**地区の Serein 谷の標高 100 ～ 150m で良く見られる。

　ブドウ畑は、Serein 谷あるいは狭い支流の谷の露光の良い斜面に分布する。斜面は急傾斜（15 ～ 20%）の場合と緩傾斜の場合とがあり、標高 200 ～ 250m の高原にブドウ畑が見られることもある。

　シャブリ地区の岩系は底部から頂部へ向かって次のようである（第 25 図）。

○早期キンメリッジアン階の白亜質 Tonnerrois 石灰岩および細粒の Astartes 石灰岩。これらは**シャブリ**町の基盤から Serein 谷の下底に渡って分布し、Chemilly 村および Viviers 村のブドウ畑を支えている。

○中期および後期キンメリッジアン階の Exogyra virgila を伴う石灰岩および泥灰岩、泥灰質石灰岩と貝殻層（約 1/3）を伴う厚い灰色粘土質泥灰岩層または薄い（数 m）暗青色粘土質泥灰岩層との互層（厚さ約 80m）からなる。この地層はとくに**シャブリ**地区の最も有名なブドウ畑すべてを支持している。

○高原を形成するポートランディアン階の Barrois 石灰岩。若い下部白亜紀石灰岩に覆わ

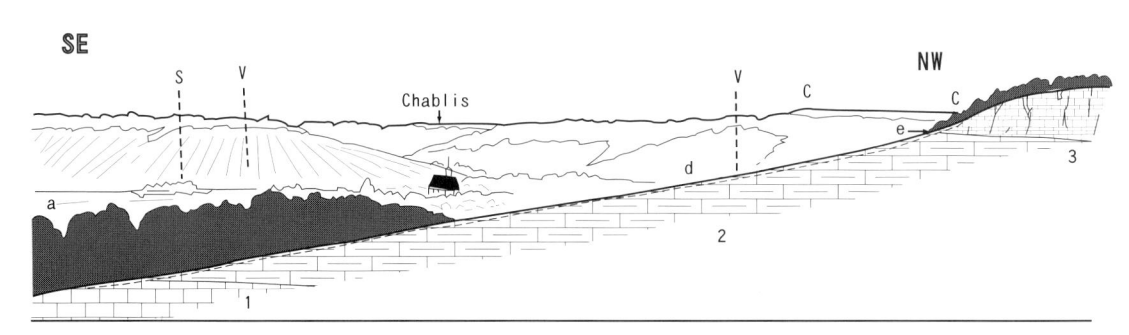

第 25 図　シャブリ地区ブドウ畑の地質と地形
1.Astartes 石灰岩、2. 主なブドウ畑を支持する泥灰岩－石灰岩互層（Exogyra virgila を伴う）、3. Barris 石灰岩基底部（表面は割れ目とカルスト地形が発達、乾燥している）。
C. Côte des Bars（ケスタ）、地質帯の NW 方向への傾斜と石灰岩と泥灰岩の浸食に対する抵抗力の違いによって形成された。V. ブドウ畑の規則的かつ極めて平坦な斜面（斜面 d を滑り降りた石灰岩岩屑に覆われている．。第四紀周氷河時代に形成されたと考えられる。）S. Serein 谷と沖積層 a、ケスタを削り取った結果極めて広い漏斗状の穴 e が形成され、良好な露光の斜面の広範な発展を引き起こした。

れることがある。

　ポートランディアン階は、緻密で細粒の亜石版石石灰岩からなり、その下底部とくにAOC Chablis のブドウ畑では、多数の粘土岩および泥灰岩の挟みが認められ、上部キンメリッジアン階との遷移帯を形成している。この基底部の岩石組み合わせは、ポートランディアン階の典型的石灰岩が現れる手前の高さ6～7mの崖に露出している。礫粘土質崩積土の上に乗る複雑な石灰質土壌が、ブドウを栽培する斜面の大部分を覆っているが、その斜面の地形はケスタ頂部のポートランディアン階石灰岩層と斜面のキンメリッジアン階泥灰質岩層によって条件付けられている。

　高原上および高原の縁に沿って水平層をなす硬質石灰岩（ポートランディアン階亜石版石石灰岩相とオーテリビアン階 Spatangue 石灰岩）が極めて浅い土壌（0.3m以下）－あるいは"小綺麗な土（petite terrese）"と呼ばれる－の下にある。浸食によって崩積土が無くなり表土が薄くなっていると考えられる。森により覆われた土壌は、脱炭酸塩化し"petite aubues" と呼ばれている。耕作された土壌は再び炭酸塩化する。この地質帯の大部分は Petite Chablis 銘柄の領域になっている。

　上部および中部キンメリッジアン階の泥灰質相およびポートランディアン階の泥灰質基底部上、とくに Exogyra virgila を伴う泥灰質の貝殻層上に形成された土壌は、グラン・クリュとプレミエール・クリュの特権的な領域を構成する。これらの土壌は厚く直接泥灰質の地層を覆うか、しばしばポートランディアン階起源の礫を含む種々の厚さの（0.4～2m）ほとんど連続的な崩積被覆土の形をとる。

　Chablis グラン・クリュは、町の北東に位置する斜面の Exogyra virgila を伴う石灰岩と泥灰岩上に限られる。

3.3　ワインと料理

　ブルゴーニュは、ヨーロッパの十字路に位置するという地理的利点を有している。自然と人間がこの利点を享受した結果、そのワインは料理とともに世界的に有名になり、我々に比類のない、そして引き続き更新される喜びをもたらしている。

　ブルゴーニュ産のワインは第1に食卓の周辺を楽しくさせ、それに伴ってすべての料理を引き立たせるが、次のような3つの例外がある。Auxonne 町産のタマネギをベースにした"ブルゴーニュのポタージュ－ potage bourguignon －"、ワイン生産者の素晴らしいサラダと酢を使ったすべての得意料理、最後にデザートである。しかし、これらの料理に対しても一部のワイン通は優れた Cremant de Bourgogne method champenoise（シャンパーニュ法で作られた高品質の発泡酒）ならばいけると言っている。

　テーブルに着く前に、一般的には"kir"（色彩豊かな大聖堂参事会員、Dijon 市長、コート・ドール議員であった Kir にちなんだ名称）として知られている"vin blanc casis"（白ワインとカシス）を試みることを忘れてはいけない。カシスは Hautes Côtes 地区から持ってこられ、素敵な辛口白ワインは例外なく Hautes Côtes 地区またはマコン市産のブルゴー

ニュ・アリゴテ種から作られたものである。白ワインに貴方の好みによって多少のカシス・クリーム（19アルコール標準度）を加える。また、小さい新鮮な"gougéres"（チーズとキャベツのパイ）を試みると良い。これは貴方の味覚を完全に満足させ、食欲を刺激する。

　それから、'jambon persillé bourguignon' あるいは 'dijonnais'（刻みパセリを振りかけたブルゴーニュまたはディジョン・ハム）、またあるいはブルゴーニュ蝸牛を選び、これに良くあった Rully（コート・シャロネーズ地区産白ワイン）または Pouilly-Fuissé（マコネー地区産白ワイン）を飲むことになる。

　実際、これらすべての楽しみを経験するためには数多い機会が必要である。静かな夏の夜ソーヌ河畔に留まり、川鱒、鯉、鰻を具合良く組み合わせたソーヌの魚フライ料理または魚をポーチした料理を注文し、Montigny ワインを楽しむのが良いかもしれない。

　さもなければ、白ワインで煮込んだ "truite de l'abbaye de Fontenay à la Bristole"（トラウト料理）、あるいはシャブリワインで調理した "écrevisses à la marinière"（ざり蟹料理）も良いだろう。どちらの料理にも当然良い辛口のシャブリワインが合う。

　ブルゴーニュ地方は、立派で堅実な常識に満ちた田舎の人々の健康的な地域であり、最早生活をじっくり味合う時間がとれない人々のための今日的速成料理とは両立し得ない料理を創造してきた。ブルゴーニュの料理は、準備にも食べるのにも時間を必要とする。そこで休みの日には、赤ワインソースでポーチした卵にベーコンと少しニンニク味のしたクルトンを付け合わせた "oeufs en meurtte" を楽しもうではないか。

　Fixin 村産のワインは、"poulet Gaston Gérard"（素晴らしいディジョン芥子によって基本的な風味が微妙に引き出され、一変させる鶏料理）への完全な導入の役を果たすと思われる。Savigny-lés-Beaune ワインまたは Volnay ワインがこの料理に合い完全な満足が与えられる。

　ブドウの収穫時に、たまたま我々の地方を訪れることになったら、'calle aux baies de casis'（カシス添えウズラ肉料理）を食べ損なうことのないように。ウズラは木に成っているブドウをつついてこれを常食とし、これによってその肉に顕著な風味を与える。この場合、香が良く優美な Chambolle-Musigny ワインが、妥協のない味覚を楽しませてくれる。

　ブルゴーニュの Charolais 地区産牛肉は、地域の多くの代表的料理例えば "boeuf à la mode ─牛肉の脂炒め─" に不可欠である。その料理は、そのマリーネ料理 'filet de boeuf marine'（牛フィレ肉のマリーネ）あるいは独特の風味と非常に際だった新鮮なブドウの味を持つ Brouilly ワイン（ボージョレー地区産）中で調理される鹿肉料理に含まれるワインと同じ白ワインとともに提供される。

　もちろん、ここで "boef bourguignon ─ブルゴーニュ風牛肉の赤ワイン煮─" について述べなければ恥ずべきことになる。しかし、この牛肉料理はフランス中どこでもお目にかかれるし、あまりにもしばしば間違って用いられている言葉である。注意深く貴方の泊まるホテルを選んで、素晴らしい Nuit-Saint-Georges ワインと一緒に召し上がるように。

　狩猟シーズンの真最中には、あらゆる猟の獲物料理（野兎、猪、鹿）が調理され、これ

は Corton ワイン（Côte de Beaune 地区産）の栄光の時となる。このワインの品質はこの種の猟の獲物料理とともに飲むとき最も良く表現される。

　ブルゴーニュ・ワインはその産地名称全部に渡って監視されており、誤った表示について告発することはできない。そこで、我々は鶏肉を Chambertan ワイン中にマリネートすることはないので（我々は食通ではあるが馬鹿ではない）、"coq au Chambertin － Chanbertin 風鶏肉料理－" は、むしろもっと'こく'のある赤ワインを用いるという意味で "coq au vin de Bourgogne" または "coq à la bourguignonne" と命名し直すことにする。しかし、貴方の食事に一瓶の Gevery-Chambertin ワイン（出来れば鶏肉より古い）を付き添わせて、貴方の友人に「はい、私は正に "coq au Chambertin" を食べました」ということはできる。

　この地方で一般に美食家の間では、"チーズなしの食事は、目が1つしかない美人のようなものだ" と言われている。貴方が選んだこの地域のチーズが全部ここにあるとしても、食事の始め（食事の前の方がより良い）に注意深く選んだワインを無視したようなあまりクセの強いチーズは避けた方がよい。

　貴方が沢山の好みを持っていて、貴方のお皿が牛乳で作られた "soumaintrain"、山羊の乳で作られた "charolais"、"bouton de culotte"、"trouser button"（これがチーズの名前！）そして最後に－少なくともではない－、現在ソーヌ平野でだけ作られている "cancoillotte" を含む組み合わせのチーズで充たされていたとしても、"Le citeaux"（同じ名前の修道僧によって作られた）と "l'époisse" が我々の第1の選択である。

　おいしくて新鮮なパン "aux noix"（ナッツ入りのパン）が貴方の食事に大きな楽しみを与え、Vosne-Romanée、Morey-Saint-Denis、Beaune などあらゆる範疇のワインが貴方を恍惚とさせる！

　何故、貴方の食事を、人に嫉妬させるような、おいしい、優美な、だんだん見つけることが難しくなってきた "pêches de vigne"（灌木桃）または "crème à la feuille de pêcher"（桃の葉クリーム・デザート）で終わらせないのか！　貴方がもっと古典的なデザートが欲しくて、同じようにわくわくしたければ、ワインとカシスで調理した西洋梨で作ったタルト "tarte aux poires" はいかがか？　コーヒーの後で一杯の "prunelle"（スモモのジン）あるいは素晴らしいシャンペン、marc de Bourgogne（ブランデー）で貴方の精神を高めよう。

参考文献
地質学
Guide géologique Bourgogne-Morvan (1984), by P. Rat et coll., 2nd edition, published by Masson, Paris (see in particular the introduction and itineraries 4, 5 and 11).
Guide géologique Lyonnaise-Vallée (1973), by G. Demarcq et coll., published by Masson, Paris (see in particular itinerary 2: Beaujolais).
Leneuf N. and Gélard J. P. (1980), Géologie des vins de France, Excursion no. 210C, XXVle Cong. Geol.. inter., Paris. Published by BRGM< Orléans.
La terre et ala vigne. A. la découverte du vignoble Beaujolais. Brochure, 40 p., CCST, place

Saint-Laurent, Grenoble.

ワイン醸造学

Bréjoux P. (1978), Les vins de Bourgogne. Revue des vins de France. Coll. Atlas de la France viticole; published by L, Larmat., 275 p.

Gadille R. (1957), Le vignoble de la Côte bourguignonne. Fondements physiques et humains d'une viticulture de haute qualité. Thèse doct., 688 p., published by Les Belles letters, 35, boulevard Raspail, Paris.

Lavelle J. (1855), Histoire et statisque des grands vins de la Côte d'Or. Paris, second edition Fondation Geisweiller, 1972.

Poupon P. and Forgeot P. (1969), Les vins de Bourgogne. PUF, Paris, 5th edition.

04 ジュラ地方 *Jura*

　ジュラ地方のブドウ畑は、中央部と南部に分けられる。中央部には**アルボア**（Arbois）町と Lons-le-Saunier 市の間にコート・デュ・ジュラ（Côte du Jura）地区があり、南部にはビュジェ（Bugey）地区がある。

4.1　コート・デュ・ジュラ地区

　ローヌ－ソーヌ地溝の東側境界ではジュラ系高原の最初の斜面がコート・デュ・ジュラ地区のブドウ畑になっている。その最も広く有名なものは、Lons-le-Saunier 市の北の**アルボア町**と**シャトー＝シャロン**（Château-Chalon）村にある。

4.1.1　ワイン産地とその土壌

　一見した所では、コート・デュ・ジュラ地区は、ローヌ－ソーヌ地溝の反対側にある**コート・ドール**地区の鏡像のように見える。しかし実際にはその地質構造と岩石は、その結果である地形と同様全く異なっている。

　コート・デュ・ジュラ地区のワイン産地はジュラ系外側褶曲帯（Ledonian 帯）および、Ledonian 帯外側褶曲部とジュラ系卓状地間の断層接触部である高原縁辺部に位置している。また**コート・ドール**地区の岩石が中部および上部ジュラ系の石灰岩と泥灰質石灰岩から成っているのに対して、こちらのコート・デュ・ジュラ地区の岩石は、主として三畳系およびジュラ系リアス統の粘土質岩であり、高原縁辺部の斜面頂部に中部ジュラ系石灰岩を伴っている。コート・デュ・ジュラ地区は、構造帯に位置しており断層が形成された高原縁辺部は、好適な外観を持った斜面を形成しているが、西方に面した斜面である。**コート・ドール**地区とのもう 1 つの相違点は、三畳系およびジュラ系リアス統の粘土質岩がなだらかな丘を形成し、ブドウ畑が高原縁辺部の前に押し出されていることである。

ブドウ品種

　伝統的なブドウ品種は、ソーヴィニオン・ブラン（savagnin blanc）種、プールサール（poulsard）種、トルソー（trousseau）種であるが、これらに 2 つのブルゴーニュの品種ピノ・ノアール種とシャルドネ種を加えなければならない。

　ソーヴィニオン・ブラン種は、小さなブドウ粒の密な房を持った非常に生産性の低い品種である。収穫期が遅く、最初に霜が降りる頃であるが、ブーケの良いワインを作り、良く熟成させると、ナッツの味がする名高いアンバー・ワインができる。

　プールサール種（Arbois ブドウとも言う）は、赤ワインの品種である。隙間が多い房を作り、白い果汁を有する濃い紫色ないしピンク色のブドウ粒である。コート・デュ・ジ

04 ジュラ地方　109

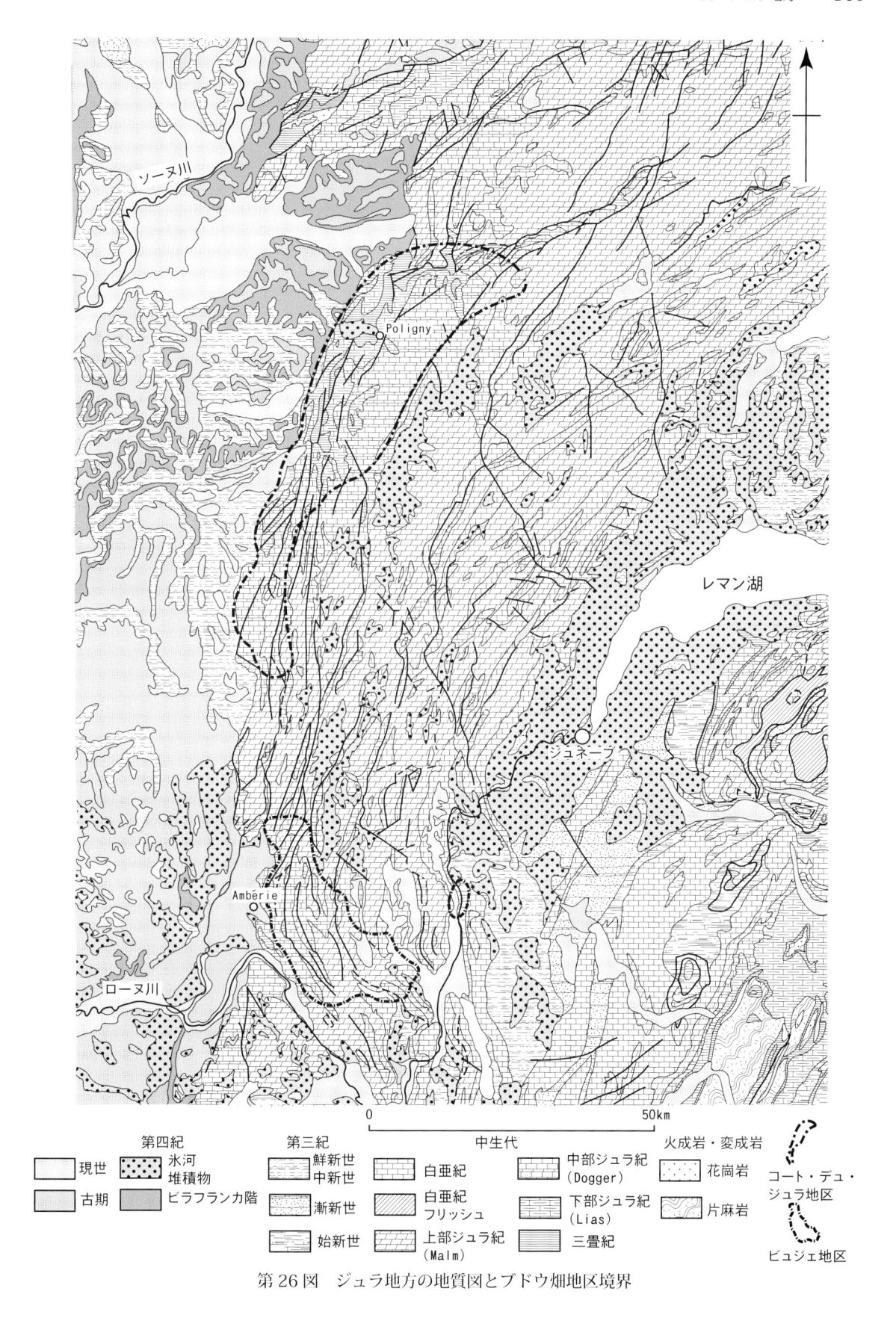

第26図　ジュラ地方の地質図とブドウ畑地区境界

ュラ地区の赤ワイン品種の 80% を占める。発芽が早いため春の霜に敏感である。ワインの色が薄く赤ワインよりも新鮮で、ブーケのあるロゼワインもこれから作られる。

トルソー種は、小さく緻密な房を持った強健で生産性の高い赤ワイン品種である。保存が利き良く色づくが、渋みが多く品質に欠けるワインを作る。

土壌

Montchauvrot 村の三畳－リアス系がコート・デュ・ジュラ地区と**アルボア**町のブドウ畑の地質を最も良く代表していると考えられる。

この三畳－リアス系はかつて正式に"黒色ジュラ系"の名を与えられたほどで、その色は暗い。この系は底部から頂部へ、泥灰岩、稍真珠光沢のあるワイン色および帯緑色のドロマイト質粘土岩、ドロマイトからなる上部コイパー統、暗色粘土岩、*Avicula contorta* の貝殻堆を伴う泥灰質石灰岩、砂岩からなるレーチアン階、グリフェアおよびアンモナイトを伴う石灰岩からなるヘッタンギアン階およびシネムーリアン階、最後に泥灰質岩からなる中部および上部リアス統から構成される。

Seille の谷をほとんど占める**シャトー＝シャロン**村は、2 つの断層の間に転落したバジョシアン階石灰岩のクラッグ上にある。それは、Ledonian 高原の西側にある褶曲帯との構造境界をなす高原縁辺においてノッチを形成している。高原は、中部および上部リアス統泥灰質岩を覆うアーレニアン階およびバジョシアン階の帯赤色ないし帯褐色石灰岩からなる。斜面の上半断面には上部ドメーリアン階が認められる。

シャトー＝シャロン村の高所からは、コート・デュ・ジュラ地区のワイン・ラベルが張られる地域の一部 Ménétru-Vignoble 村、Voiteur 村、Seille の谷、とくに**シャトー＝シャロン**村の中が一望に眺められる。

コート・デュ・ジュラ地区のワイン産地に認められる 4 つの主要な堆積物組み合わせが、丘の側面に露出している。

○最下位の三畳系は**アルボア**町付近で最も良く露出している。この地層は粘土岩と真珠光沢泥灰岩からなり、ドロマイト質石灰岩の薄層を挟む。これらの岩石は重い粘土質土壌を形成し、地表において脱炭酸塩化および一部脱石灰化されている。この土壌の構造は、高い鉄含有量とブドウに充分な水を常に補給できる含水量により安定している。この土壌は黒色またはワイン赤色のプールサール種のブドウには完全に適合している。

○リアス統泥灰質石灰岩は、とくにブドウ栽培に適した土壌地帯を提供している。露頭で変質していない泥灰岩から形成される灰色の土壌は、西または西南に向く品質の高いブドウ畑を形成していることが多い。

○中部ジュラ系（バジョシアン階）硬質石灰岩の高原はワイン産地において'がれ'を形成している。霜の作用で粉砕された石灰岩岩片、赤色脱石灰化粘土、フリント質シルトが、しばしば混ざり合って上部リアス統またはトアルシアン階の露頭を覆っている。この'がれ'は一般に薄層をなし、時にソリフラクションを起こす。これらは褐色ない

し暗褐色の土壌を作り、適当なアルコール含有量のワインを生成するブドウ栽培に好適な場所を形成する。しかし、この土壌は、最も有名な Château-Chalon ラベルのワインを作るブドウ畑に必ずしも含まれていない。何故ならこのワインはリアス統灰色泥灰岩により多く特化しているからである。

○斜面の基底部および Seille の谷には、沖積層が融水流アウトウオッシュ扇状地としてしばしば産する。この地層の適合性は、地下水面の深さによって変化すると考えられ、排水が必要になる。

コート・デュ・ジュラ地区におけるブドウ栽培の条件は、三畳系分布地域が最も良く、その他は取り分けリアス統の南西向きの丘陵斜面が良いと考えられる。しばしばリアス統泥灰岩に、星形の珪化ウミユリ切片（L'Étoile ブドウ畑）と混合して、表層'がれ'として伴うバジョシアン階およびアーレニアン階フリントは、ジュラ地方の白ワインに特徴的な琥珀味の原因であると考えられてきた。また"この味は、クルミとハシバミの味の後に来るブラックベリー開花期の良い香を伴うガンフリント味と混合することがある"（Dumay, 1967）と報告されている。しかし、これらのことは、まだ土壌化学によって証明されていない。

原産地名称

　コート・デュ・ジュラの名称は、**アルボア**町の北から Saint-Amour-Cuiseaux 町まで、良い方向を向いた急傾斜の斜面および山麓地帯の斜面にある特別のブドウ畑に保証されている。

　より制限された名称規制は、次のようなワインを産する最良のブドウ畑に与えられている。

○ Arbois ワインおよび Arbois-Pupillin ワイン：非常に素晴らしい赤、白、黄桃色ワインで良く熟成する。

○ L'Étoile ワイン：白ワイン、アンバー・ワイン（amber wine）、ストロー・ワイン（straw wine）のラベルが知られている。後者はシャルドネ種およびソーヴィニオン・ブラン種のブドウを麦わらマットの上で乾燥してから冬の初めにワインが作られる。ストロー・ワインは高アルコール濃度（17〜22°）を有し、リキュールに似ておりブーケがある。

○ Château-Chalon ワイン：最初に霜が降りる時期に収穫されたソーヴィニオン・ブラン種のブドウから広い地域でアンバー・ワインが作られる。このワインは少なくとも6年間貯蔵樽の中に目減りが無いように密閉されて保存され、特別な酵母の薄膜効果によってアンバー・ワインに発展させるのである。Château-Chalon ワインは、**シャトー＝シャロン**村、Méétru-Vignoble 村、Nevy 村、Domblance 村の特定面積の畑から採れたブドウだけから作られる。

4.1.2 旅行案内
Dole 村からアルボア町へ

　Dole 村から D475 道路経由で Sellières 村へ行く（第 27 図）、ここで貴方はコート・デュ・ジュラ地区の地質を理解し始めることができる。この地区に分布する岩石は三畳－リアス系（黒色ジュラ）に属し、Montchauvrot 村①において道路沿いに見ることができる。

　N83 道路に沿って Plainoiseau 村まで 10km 程走り右に曲がると**レトワール**（L'Etoile）村に着く。ここではブドウ畑が、丘陵斜面②に張り付くように分布し、700 年以上の間ピノーシャルドネ種、プールサール種、ソーヴィニオン・ブラン種のブドウから白ワイン

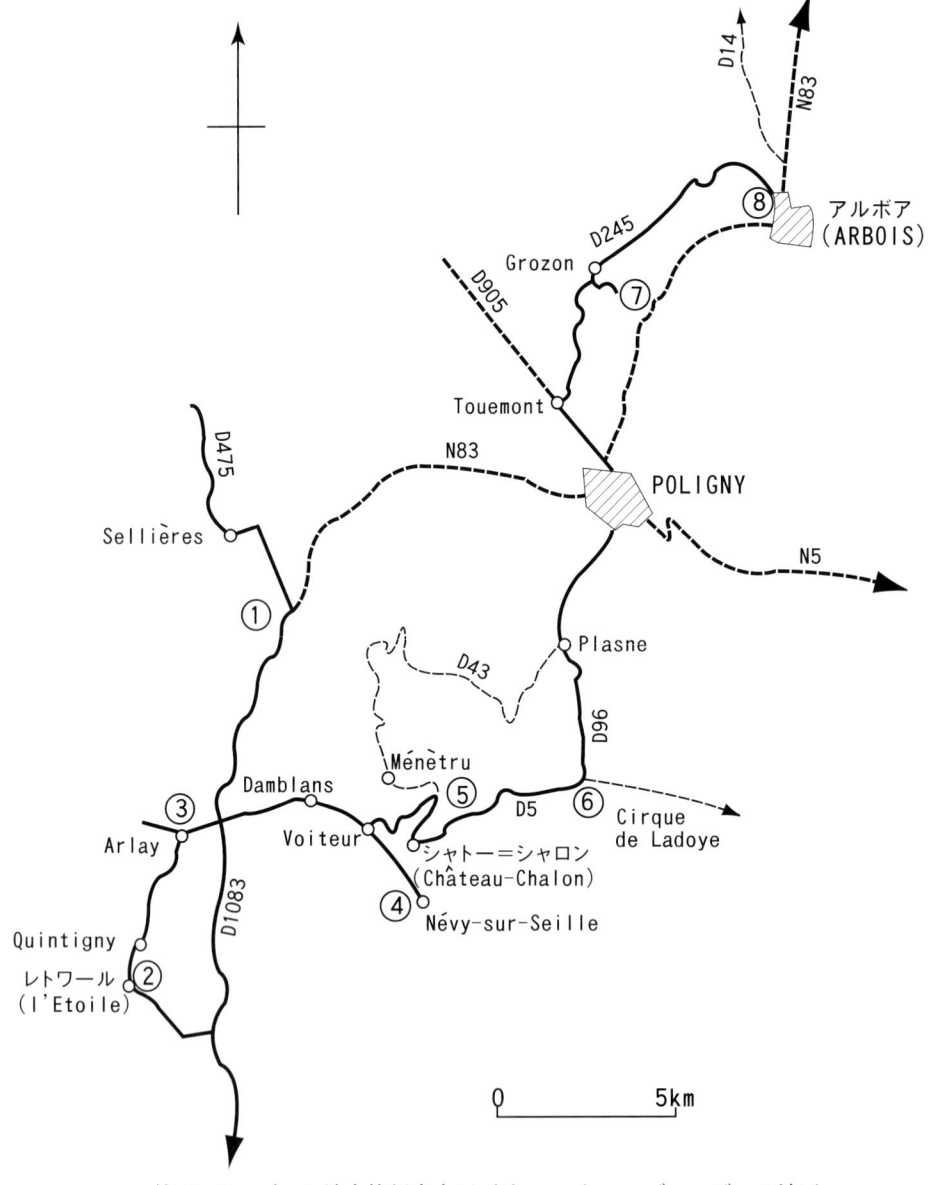

第 27 図　ジュラ地方旅行案内図（1）コート－・デュ・ジュラ地区

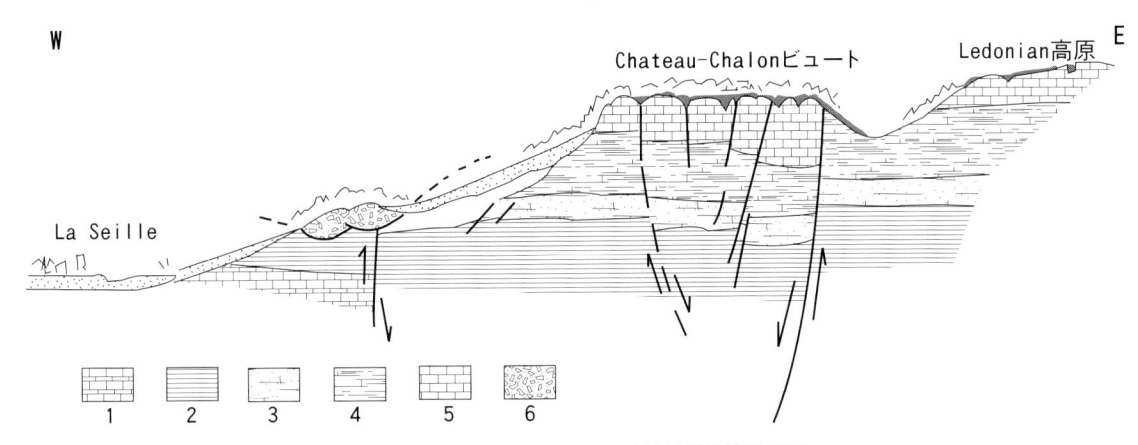

第28図　シャトー＝シャロン村付近地質断面図
1 Gryphaeaを含む石灰岩（下部リアス統）、2 含雲母粘土岩（中部リアス統）、3 "Rock Bench" 石灰質砂岩（中部リアス統最上部）；4 石灰岩礫を含む泥灰岩（上部リアス統）；5 Château-Chalonビュートと Ledonian 高原を覆い抵抗性帽岩を形成するウミユリ石灰岩（アーレニアン階－バジョシアン階）

を作ってきた。ジュラ地区の一部のアンバー・ワインと最高のスパークリング・ワインはここで作られる。

　北に方向を転じ Saint-Germain 村を経て Arlay 村のシャトーとブドウ畑③を訪れる。ここは Chalon Arlay 伯爵の領地である。正に代表的で繊細な白、赤、アンバー、ロゼワインが、シャルドネ種を含む通常品種のブドウから作られている。シャルドネ種は 1000 年以上も前に他所から持ち込まれたもので、地域によっては melon d'Arlay または gamay blanc の名で知られている。

　D120 道路を通って Saint-Germain 村、Domblans 村、Voiteur 村、そして更に D70 道路④に入り Nevy-sur-Seille 村へ行く。ここ Seille 川の堤から**シャトー＝シャロン**村のブドウ畑を眺めることができるし、その源流である Baume-les-Messieus 村の洞穴や修道院も遠くはない（第28図）。

　Voiteur 村に戻り**シャトー＝シャロン**村⑤に登る。ここの土壌において、非常に遅い時期に収穫されたソーヴィニオン種のブドウから作られたワインは少なくとも6年間貯蔵樽に保存され、真に最高のアンバー・ワインとなる。特別な酵母の薄膜がワインの表面に作られ、岩石中に掘った貯蔵庫の中で保存される。アンバー・ワインは、このようにして稍暗い琥珀色になって行くのである。そのアルコール度は 12 ないし 15°、ブーケと風味はクルミとプラムを偲ばせる。アンバー・ワインは 620ml の瓶詰めにされ clavelins と称して販売されている。その風味は突き通るような特殊なもので、他のワインの良い所を消してしまうので他のワインと一緒に飲むべきではない。誰もが評価するわけではないが、このワインだけで食事をし、アンバー・ワインでメイン・ディッシュを料理してみるのも試す価値はある。

　ついでに言えば、ストロー・ワインをアンバー・ワインと混同してはいけない。ストロー・

ワインは凍ったブドウ汁から作るもので、11 月に収穫したブドウを麦わらの上で暖かく保ち 2 月にワインにするのである。このワインは小さな樫の貯蔵樽に 10 ないし 20 年貯蔵し、半 clavelin 瓶に詰めて売られるが、市場で見つけるのは非常に困難である。

シャトー＝シャロン村からは、コート・デュ・ジュラ地区の典型的な Ménétru 村、Voiteur 村、Seille の谷のリアス統とバジョシアン階岩石の'がれ'からなるブドウ畑全体の素晴らしい眺望が見られる（第 28 図）。

道を東に向かう D5 道路に取って Granges-de-Ladoye 村まで行き、更に少し行くと D96 道路との交差点⑥の右側に眺望が広がる。有名な Baume-les-Messieus 村の地下谷から分かれた支流が流れるこの Cirque-de-Ladoye 村からは、バジョシアン階石灰岩とリアス統泥灰岩を切る深い谷を眺望することができる。その東側の直線的な岸壁は断層に支配されていることを示唆している。

D96 道路を北に向かい Plasne 村まで行くと、道路に沿っていくつかの明瞭な陥没地形が見られる。これらは、石灰岩の溶解の結果できたドリーネ（カルスト地形）である。

Poligny 町まで降りて行き、更に D905 道路に沿って西方にむかって町から離れて行く。Tourmont 村で右に曲がって D245 道路に入り Grozen 村（素晴らしい Franche-Comté 風家屋）まで行く。ここから南東 500m の所に石膏の採掘場⑦がある。石膏は水平な坑道によって採掘されている。ここにコイパー統頂部（石膏縞と"2m ドロマイト"を伴う）と *Auicula contorta*（イガイに似た小さな弁鰓類）を含むレーチアン階の断面の良い露頭がある。

Grozen 村に戻りアルボア町まで行く。**アルボア**町の地質的位置は**シャトー＝シャロン**村に似ており、岩盤は、コイパー統およびリアス統の粘土質泥灰岩からなるが、その土壌は斜面底部においてバジョシアン階石灰岩の'がれ'と混合している。

4.1.3　コート・デュ・ジュラ地区のワインと料理

コート・デュ・ジュラ地区のワインには、赤、白、スパークリング、ロゼばかりでなくアンバー・ワインおよびヴァン・グリ（灰色ワイン）もある。ワインは朝早くから貴方の口の中を虹色にする。アンバー・ワインを選ぶのを躊躇した後、太った Morteau ソーセージを Arbois 白ワインのシャルドネで洗い流したいという誘惑をもたらす。それで、その日はすべて良しとなる。

ジュラ地区の白ワインの著しい特徴は地域の典型的なソーヴィニオン種のブドウによるものである。この白ワインはあらゆる範囲の料理に適合する。この白ワインはほとんど知られていないが、それは極めて不当である。Arbois 白ワインは、その縞模様によって誰にでも知られている Morbier チーズと極めて良く調和する。

ジュラ地区の赤ワインとロゼワインにはある種の混同があると思われる。事実ジュラの赤ワインを作るには、薄いピンク色の皮を持ったプールサール種が用いられている。ピノ種のブドウと混合すると'こく'が増し、網焼き肉料理あるいはロースト肉料理にも驚

くようにマッチする。ロゼワインの場合は、塩をまぶして上手にローストされた良質のBresse 産鶏肉料理あるいは白身の肉料理に非常に良く合う。

コート・デュ・ジュラ地区、とくに**シャトー＝シャロン**村を訪問する人は、他に誰も作ることができない、独特の香と風味を持つ有名なアンバー・ワインにお目にかからないということがあってはならない。これがアンバー・ワインについて言われてきたことだ！好意ある1つの助言をすれば、フォアグラと一緒に飲んではならないということで、これはあまりにも多い誤りである。冷たくして飲むのは避けた方がよい。アンバー・ワインはマッシュルームあるいはアルモリア・ソース料理と良く調和する。アンバー・ワインはとくにロブスターと海棲および淡水棲のザリガニの味を生かす。また、その並々ならぬ料理との適合性、とくに"鶏のヴァン・ジョーヌ煮（coq au vin jaune）"との相性についても述べなければならない。

もし貴方が秋にローヌ河畔を訪れることがあるならば、クルミを拾い、1年熟成のComté チーズを買うという単純だが大きな楽しみをエンジョイすること。それは完全な幸福というものである。

取り分け、ジュラの不老長寿の薬、ハーフ・ボトルのストロー・ワインを飲まずに**アルボア**町と周辺地域を離れるという法はない。Sauternes ワイン（ボルドー）と同様、これは食前酒と同じように良く冷やして、あるいはロックフォール・チーズもしくはデザートと一緒に飲むべきである。また、貴方は食前酒としてジュラのラタフィア酒—macvin—を選んでも良い。それは、食事の始めに冷たいメロンと一緒に飲むと素晴らしい。

4.2 ビュジェ地区
4.2.1 地域と土壌

ビュジェ地区はジュラ地方南部からなる自然地理的な単位である。この地区は、西側をMeximieux 村から Poncin 村までアン川に、南側を Lagnieu 村から急峻な側壁を持つローヌ川の谷、東側を**セイセル**（Seyssel）町までローヌ川上流の谷に境され（第29図）、ジュラ地方の南部およびジュラ県の南東部を形成している。ブドウ畑は、丘陵の麓の最良の側面に定められた区画に散在している。ビュジェ地区には上部ジュラ系の石灰岩からなる最高峰、Raie 山（1,217m）があるので、地区内で1,000m以上の高さの山に容易に登ることができる。丘陵は主としてリアス統からチトニアン階までのジュラ系泥灰岩、泥灰質石灰岩、石灰岩からなり、中央部でNW-SE 方向、北部でほぼN-S 方向の褶曲構造を示す。とくに東部では、これらジュラ系とともに沖積段丘とモラッセ層の縁辺部が存在する。

ビュジェ地区のワインは、下に横たわる地質ばかりでなく、ブドウの使用法、方位、ワイン製造法、土壌の性質（本来の場所の土壌、スランプ土壌、スリップ土壌、均質性、不均質性、透水性など）、傾斜、そして最後に進化した土壌の広がりなどにおいて互いにかなり異なった土地から産出している。これに加えて、ブドウ畑が極めて散在しており、最終的な解析において、1ダース弱のコミューンすべてを回る特定なルートを見出すのが困

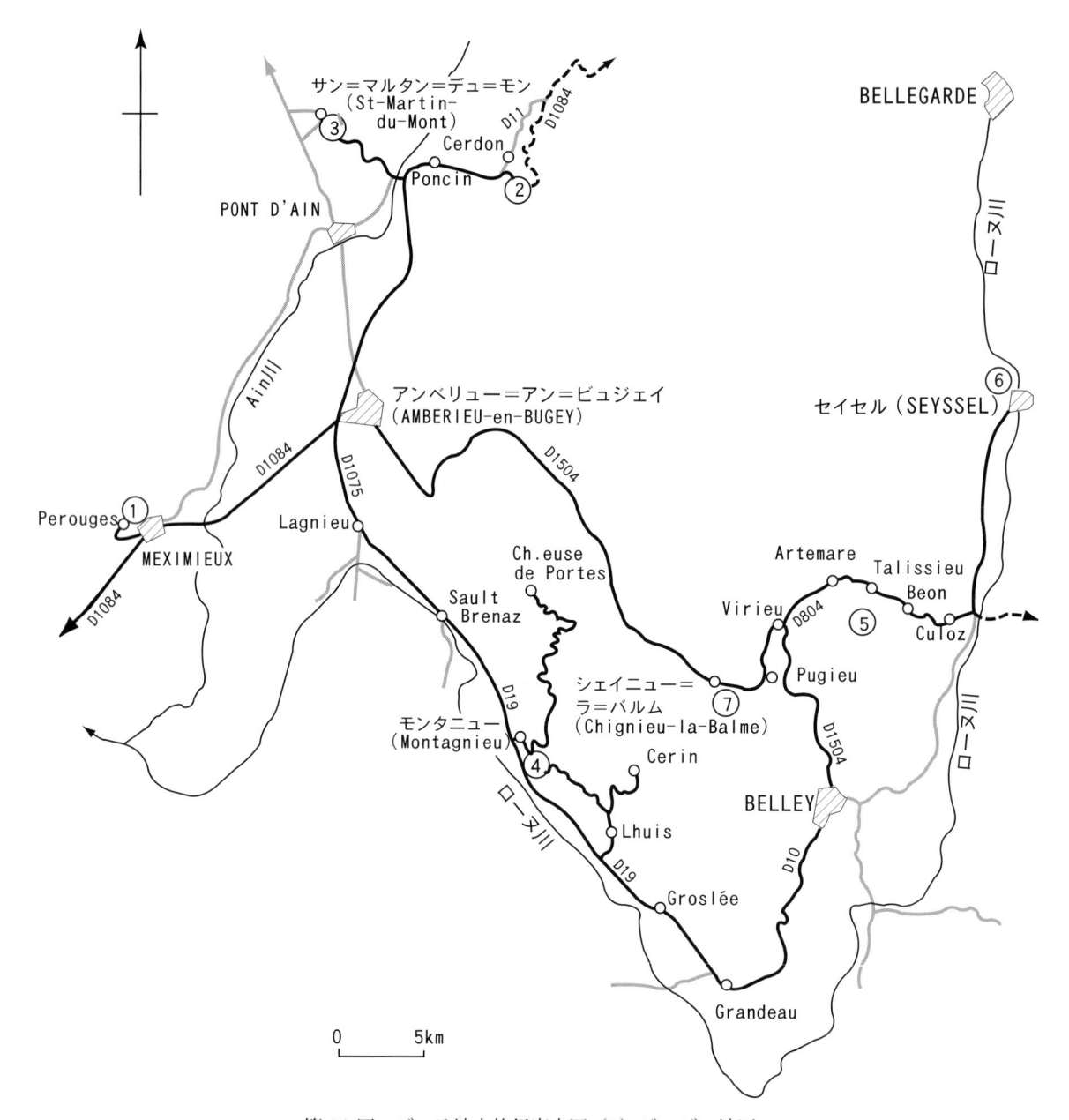

第29図　ジュラ地方旅行案内図（2）ビュジェ地区

難である。

　これらのワインにはガメイ種、一部モンドーズ（mondeuse）種のブドウから作られ、9.5°、一部10°の強さの赤ワイン（一部にビラージュ・ラベルがある）があり、Valromey谷産トリュフ添えチキン料理に良く合う。また、プールサール種、ガメイ種、モンドーズ種のブドウから作られる軽いロゼワインもあり、ビラージュ・ラベル（Virieu-le-Grand, Montagnieu, Manicle, Machuraz, Cerdon）がある。最も良く知られているのは、非常に良く熟したブドウから作られる**セイセル**町の素直な辛口白ワイン "Roussette du

Bugey" あるいは "Cerdon" のようなスパークリング・ワインである。これは、ルーセット（roussette）種のブドウと、すみれの花の香りの原因となる土壌が用いられる。

4.2.2 旅行案内

　この地区を訪れるには、リヨン市から Geneva 道路（D1084 道路）を通り、Meximieux 町まで（30km）来ればよい（第 29 図）。そこから中世風の古い Pérouges 村①の近くまで登るのを忘れないこと。ビュジェ地区のワインはここの Saint-Vincent 貯蔵庫で試飲できる。しかしワイン生産地に入るにはアン川を渡って**アンベリュー＝アン＝ビュジェイ**（Ambérieu-en-Bugey）町（13km）まで行く必要がある。ここでは付近のコミューンと一緒に典型的なワイン、取り分け赤ワインを作っている。

　我々は北へ回り道をして Cerdon 村（20km）へ行ってから再び Geneva 道路を南下することになる。Cerdon 村はジュラ地方に来たときに落ち着いて居られる所である。ここの付近には、抵抗運動をした人々の記念碑まで登るヘヤ・ピン道路上に素晴らしい見晴台②がある。主要道路から離れた段丘ブドウ畑中を通る D11 道路の脇に Cerdon 村がある。複数の種のブドウが栽培されているが、主要なものはメクル（mécle）種である。ワインは白ワインであるが、心地よいスパークリング気味のロゼワインも作られており、これらは冷やして飲まれる。これらのワインはリヨン市で非常に評価されているが、広く知られているとはいえない。

　Poncin 村に戻り一寸過ぎてから主要道路から離れ、Neuville-su-ain 村を経て**サン＝マルタン＝デュ＝モン**（Saint-Martin-du-Mont）村③につく。"Gravel" の名で知られるスパークリング・白ワインがこのジュラ丘陵の西山麓にあるこのコミューンで作られている。

　更に Saint-Jean-de-Paris 交差点にある**アンベリュー**町に戻り、そこから道を Grenoble 道路（D1075 道路）、Sault-Brénaz からは D19 道路にとる。この美しいルートは、ローヌ川とビュジェ丘陵の間の切り立った崖に沿って走る。**モンタニュー**（Montagnieu）村④では、軽く辛口の白ワイン（一部スパークリング・ワイン）が、傾斜面に分散する地点のビュジェ赤ワインとともに作られている。**モンタニュー**村を離れ反対側の道路に沿ってビュジェ丘陵の西側面を登ると、林や森を通り Chartruse-de-Portes 村に着く。あるいは地質的に反対側の道路を行くとジュラ系の褶曲した地形を横切って Lhuis 村および Cerin 村に着く。Cerin 村には、Solenhofen 石灰岩が分布し、リヨン市の地球科学課によって採掘されている（後期ジュラ紀の動物化石を産するが、見学には許可が必要）。

　Grandieu 村（**アンベリュー**町から 41km）で Belly 町に向かって D10 道路を行き、さらに Puigieu 村および Virteu-le-Grand 村まで走る。それから、D1504 道路に沿って行くと Talissieu 村、Artemare 村、Culoz 村に着く。この地域⑤は、Valromey の谷の麓に南向きの斜面がある。この斜面には他の作物の間にブドウ畑が散在し、ルーセット（roussette）種、ピノ種、シャルドネ種のブドウから軽く辛口の白ワイン "Bugey blanc" を、またルーセット種とアルテス（altesse）種のブドウからロゼワイン "Rossette du Bugey" を産する。

赤ワインも作られ、そのためのブドウ畑はこの地域のコミューンの間ばかりでなくビュジェ地区の他の多くのコミューンにまたがって散在している。赤ワイン "Vins du Bugey" はガメイ種の、あるいは稀にモンドーズ種のブドウから作られる。これらは陽気で軽いワインで、色が薄く、その風味は、あるボルドー産のワインの風味と常に比較されたが、微妙さに欠ける。現在では、あるボージョレー・ワインに似ていると言われている。

　Culoz 村から 13km の**セイセル**町⑥に進む。ここではルーセット種のブドウから評判のいい "Roussette" ワインが作られている。このブドウは融氷流水堆積沖積層の褐色土壌に良く適している。ジュラ地方の高所（Valromey の谷、Grand Colombier 背斜の東翼）の上にのる第三紀モラッセ層の砂質斜面は、シャスラ種の一部（ファンダン－ fendant －種あるいはボン・ブラン－ bon blanc －種）とともに品種の範囲を完成するモレ（molette）種のブドウに適する（サヴォア地方の旅行案内記参照）。

　Virieu-le-Grand 村まで戻り、そこから D1504 道路に沿って行く。**シェイニュー＝ラ＝バルム**（Cheignieu-la-Balme）村⑦のブドウは、今まで見たブドウの中では、とくに有名である。何故ならここは Brillat-Savarin（有名な法律家・政治家、美食家でもある）の故郷であるからである。その日当たりの良いブドウ畑は、**シェイニュー＝ラ＝バルム**村の、Manicle-en-Valromey という小さな集落の上に横たわっている。その農場主は、古いガメイ種、シャルドネ種、ピノ種のブドウを用い、赤、白、ロゼ全範囲のスパークリング・ワインを作っている。Manicle のワインは "Martial and Pliny" によって賞賛された。ローマの金持ちの貴族が Manicle のワインを壺に入れローマ人居住者を通して送ったとして知られている。Valromey とはローマ人の谷という意味である。美食家の親方 Brillat-Savarin は、9 月に家族の家で彼の友人を " 牛フィレ肉のパン皮包み黒トリュフ添え（fillet de boeuf croûte de truffles noires）" にすみれのブーケを持つ Manicle 赤または白ワインを振りかけて持てなしたのである。

　道路は**アンベリュー＝アン＝ビュジェイ**町（33km）まで Hôpitaux 峡谷に沿って続いている。

4.2.3　ワインと料理

　ビュジェ地区は、美食家 Brillat-Savarin の故郷である。彼は、" 人は飲むワインを変えるべきではないというのは異端の説であると思う。三杯目の後では舌は飽和し、最良のワインでさえ鈍い感覚を引き起こす "（ビュジェ地区シンジケートの出版物）と書いている。ビュジェ地区の白ワインは活気があり香が良く、食事の始めに、あるいはワインだけ冷やして飲まれている。純粋なシャルドネ種のブドウは甘口の Roussette ワインを作るためにアルテス種のブドウとしばしば混ぜられ、いつも喜ばれている。Cerdon 村およびモンタニュー村の一部で産するスパークリング・ワインは、とくに宴会および公式行事において、食事後より前に飲むのが最も良いとされている。ガメイ種のブドウから作られたワインは、フルーティーで軽く少し冷やして、あらゆる場合に飲まれる。ピノ種から作られるワイン

は素晴らしく、フルボディーで、良く熟成される。

　Coteaux du Lyonnais 地区、ビュジェ地区およびこの地方の他の産地のガメイ種のブドウから作られたワインは、既に述べたことの他に、ボージョレー地区のワインと同じように用いられ、また同じ理由でソーセージあるいは肉を、広く普及しているレシピおよびノートに従ってすべて自分が好きなように"リヨン風に"（à la lyonnaise）料理するために用いられる。

参考文献
地質学
Guide géologique Jura(1975), by P. Chauve et coll., Mason edition, Paris (see in particular the introduction and routes 2, 3 and 9).
Caire, A. (1978), Bajocian flints and the wines of the Jura. ASAC, 4, p.32-35.

ワイン醸造学
Callot G. et Labau G. (1977), Geological study of the Revermont winegrowing district, Poligny-Arbois sector (Jura). Inst. Nat. Rech. Agr. Serv. Sols. Montpellier, 57 pp. appendices and maps.

05 サヴォア地方 *Savoie*

　ローマ時代以来 Allobrogia 地方のブドウとワインは、ローマにおいて評価され、とくに中世以来ブドウ畑はサヴォア地方の農地風景の一部となった。これらのブドウ畑は、日当たりが良く、良く保護された低および中高度の斜面に発達している。

　ここで我々は、1973 年以降に AOC によって認められた "サヴォア・ワイン（Van de Savoie）" および "Rossette du Savoie" の栽培地のみに限って考慮することにする。これらは主として辛口の白ワインで、早くからその分類が受け入れられた Seyssel ワインと Crépy ワインである。これらのラベルは、サヴォア県およびオー・サヴォア県とアン県およびイゼール県の周縁部にわたって分布している（第 30 図）。

　これらのワイン産地はレマン湖からイゼール渓谷にわたって次のような "島" あるいは "細長い島" を形成している。

○南部 Chablais 地区ワイン産地 — **リパイユ**（Ripalle）村、Sciez 村**マリニャン**（Marignan）集落、**クレピ**（Crépy）村 —
○ Arve 谷地区ワイン産地 — Bonneville 村、**アイズ**（Ayze）村 —
○アルプス前地（またはローヌ川地区）ワイン産地 — Frangy 村、**セイセル**（Seyssel）村、**ショターニュ**（Chautagne）地区、Marestel 村、Monthoux 村等 —
○ Chambéry 峡谷 — Savoie 小峡谷 — 北 Grésivaudan 地区ワイン産地 — **アプルモン**（Apremont）村、Monterminod 村、Chigin 村、Arbin 村、**クリュエ**（Cruet）村、Sainte-Marie-d'Allox 村 —

　これらの他に、Tarentaise 渓谷および Maurienne 渓谷を登った所のブドウ畑は、斜面上で露光の釣り合いがとれ、小さなワイン産地を形成し、その固有の品質よりもそれらの示す伝統に対してより多くの評価を得ている。

　このことは、氷河砂州の南斜面に張り付いた Cevins 村を含む南部 Tarentaise 地域のワイン産地に対しても、また谷のフッ化物公害のため、土地の砂漠化が進行してブドウ畑が消滅しつつある融氷流水堆積物扇状地の 'がれ' に位置する中央 Maurienne 地域、Arc 川河畔の Saint-Avre 村、Châtel d'Hemillon 村、Pontamafrey 村、Saint-Julien 村、Orlle 村などのワイン産地にも適用される。

5.1 ブドウ畑と土壌

主要な地質単位とその地形

　サヴォア地方のワイン産地はアルプス山脈を囲むように分布している。地質図上では次のような地質単位を区別することができる。

○アルプス前地 — 背斜を伴う第三紀モラッセ（主として漸新世の陸成 "赤色モラッセ" と

05 サヴォア地方　121

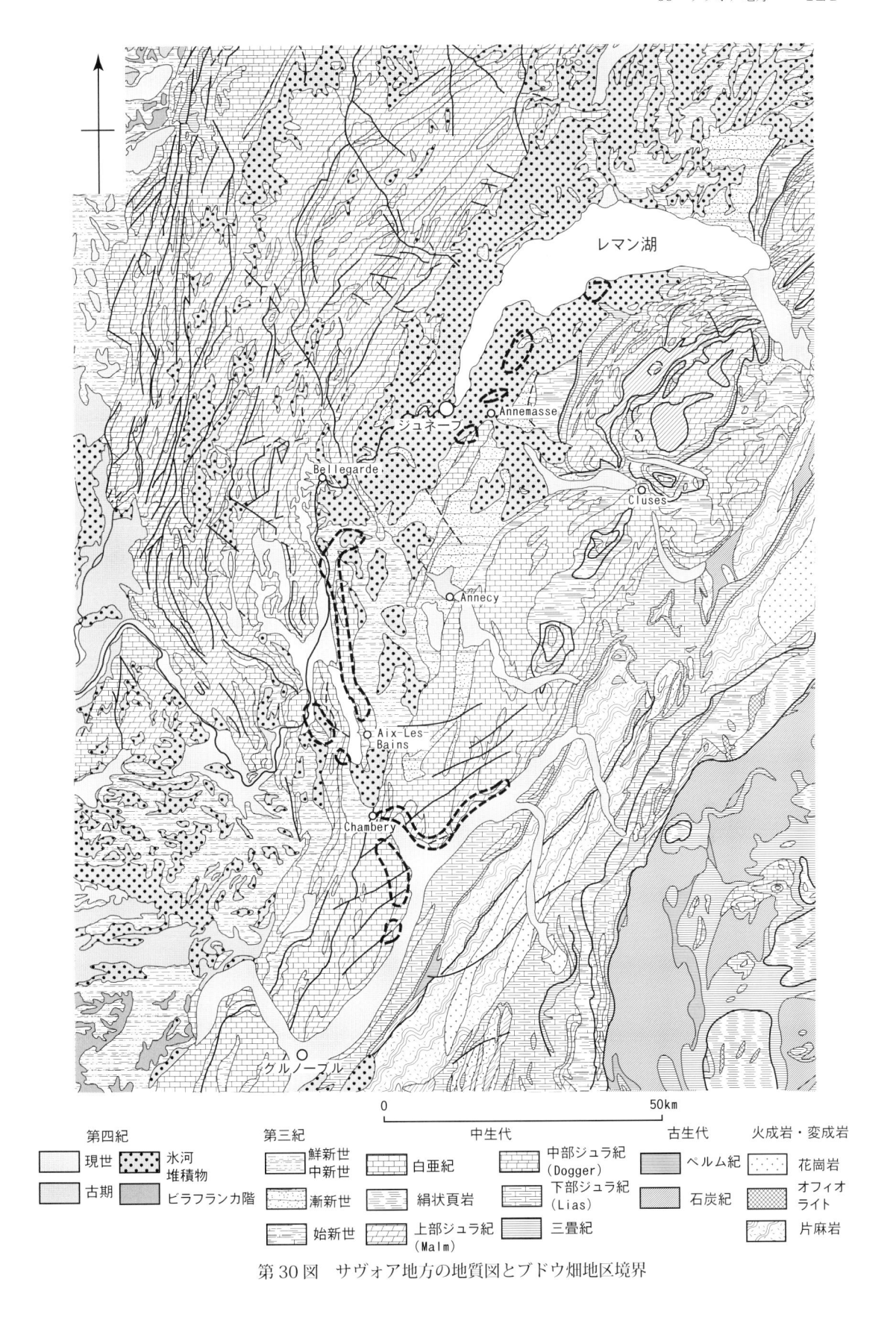

第四紀	第三紀	中生代	古生代	火成岩・変成岩
現世	鮮新世中新世	白亜紀	中部ジュラ紀(Dogger)	ペルム紀	花崗岩
古期 氷河堆積物 ビラフランカ階	漸新世	絹状頁岩	下部ジュラ紀(Lias)	石炭紀	オフィオライト
	始新世	上部ジュラ紀(Malm)	三畳紀		片麻岩

第30図　サヴォア地方の地質図とブドウ畑地区境界

中部および上部中新世の海成礫岩－砂岩質モラッセ）の巨大な向斜によって分断されたジュラ紀および白亜紀石灰岩（Saléves 山、Mandallaz 山、Montagne d'Age 山、Vuache 山、Gros Foug 山、Mont du Chat 山等）の背斜山脈からなる。

○サブ・アルプス帯－アルプス前地上に衝上した北から南へ Haut-Guffre、Bornes、Bauges、Chartreuse の各地塊からなり、Dauphiné-Helvetic 層群と同層準である。

○Chablais プレアルプス帯－内部ナップが積み上げられた結果形成された。

地形は岩石と地質構造共に関係している。アルプス前地は初生地形を示す。すなわち上部ジュラ系および下部白亜系の調和的な石灰岩は、特徴的な背斜褶曲アーチ、またしばしば箱形褶曲（Gros Foug 山、Chat 山）を形成し、モラッセ向斜による緩やかな波を打つ地域を支配している。サブ・アルプス帯地塊においては、西部ではネオコミアン世の泥灰質石灰岩があまり発達せず、初生地形である。それに対して東部では、泥灰質石灰岩が厚く発達し、高所向斜褶曲による逆転地形を示す。その例としてサヴォア渓谷の縁、Belledone-Grand Arc 結晶質地塊前面の穏やかな下部〜中部ジュラ系中にそびえ立つ Dent d'Arclusaz 山および Granier 山がある。

氷河は、主要な谷（ローヌ川、Arve 川、イゼール川、Arc 川）を開き、急峻な横谷（Cambéry 川、Annecy 川）を開削し、湖盆（レマン湖、Annecy 湖、Bourget 湖、Aiguebelette 湖）をより深めるなど強い痕跡を残している。これらの浸食作用は堆積現象を伴っており、主要な第四紀堆積物を形成し、地形および土壌の性質に影響を与えている。

ワイン生産地は主として石灰岩に富む第四紀層の軽く、排水の良い土壌の上に発達している。これらは主として間氷期（Frangy 村）から後氷期（Riapaille 村）の河成沖積層、溶脱氷礫土（**クレピ村**、**セイセル村**）、石灰岩ないし泥灰質石灰岩の'がれ'（Combe de Savoie、Chat 地塊の山麓）、風化したモラッセ砂（**セイセル**村、**ショターニュ地区**、**アイズ村**）などである。多くの場合斜面の土層は表層の混合物を伴い不均質である。

カルシウムはとくにジャケール（jacquére）種のブドウに適合し、アルテス（altesse）種および赤モンドーズ（mondeuse）種のブドウから作られるワインの品質を保つ。

5.2　気候と日射

サヴォア地方は強い海洋の影響を伴う大陸性気候を有している。降水量は豊富でとくに西部の高地では年間 1,200 〜 2,200mm の降雨量を示し、夏はインド風の酷暑を伴うが、平均気温は低く、標高の増加とともに気候は厳しくなる。これらの条件は基本的にブドウの成熟に適さず、我々はブドウを栽培することができる限界の地域にいる。

それはともかく、降水に対する遮蔽物を形成する前地山脈によって、幾つかの谷は斜面が最適太陽露光を提供する方向を示し、また主要な湖の熱調節と河川の凍結によって過剰な雲の遮蔽を防ぎ、標高 250 から 500m の間に雨量 1,100mm 以下、年間日照 1,600 時間程度の地域が存在している。ここに、とくに朝から日光が到達する良い状況の斜面に選択的にワイン生産地が発達している。南および南東方向が最良であるが、山脚の西に面す

る斜面でも一部で Bourget 湖西岸の**ショターニュ**村のようにかなりのワインを生産している。

5.3 ブドウ、ブドウ畑、ワイン

現在ワイン生産地は、8,600ha を占め、450,000hl のワインを生産している。その内、AOC サヴォア・ワイン生産地は、1,200ha（**セイセル**村 70ha、**クレピ**村 85ha）で、73,000hl のワインを生産している。

ブドウの品種

赤ワイン品種

○モンドーズ赤品種－現在なおサヴォアのブドウとして知られ、おそらく Allobrogia 地方原産と考えられる。このブドウは強健な品種で、石灰岩'がれ'上でも良く生長する。
○ガメイ・ノアール種－白い果汁である。ボージョレー原産で、主として**ショターニュ**地区においてフルボディーのワインを作るのに用いられる。
○エリール（Étraire）種－イゼール県 Saint-Ismir 町産。強健な品種。現在なお Grésivaudan 村で使われている。

白ワイン品種

○ジャケール（jacquére）種－1248 年以後 Granier の岩盤地滑り帯で栽培され、現在なお Abymes de Myans のブドウと呼ばれている。これは強健で質朴な品種で、厳しい気候と低温の土壌に適している。現在まで最も広範に栽培され、なお広がりつつある。
○アルテス種－ルーセット種とも呼ばれる。これは 1432 年キプロス王の娘 Anne of Lusignan がサヴォアの Luis 公爵の所へ結婚してくるときに持ってきた tokay-furmin 種であるという伝説を持っている。アルテス種は、生産性は低いが傾斜地を好み、高アルコール度のワインが作られる。
○モンドーズ白品種－ rousette d'Ayze 種とも呼ばれる。傾斜地を好み糖分の多い果汁を作る。
○グランジェ（gringet）種－ Arve 渓谷でのみ用いられている。このブドウは traminer 族に属し、半発泡性および発泡性 Ayze ワインの主成分である。これはサヴォアの司教達がイタリアの会議から戻るときに持ち帰ったと考えられる。
○ルーサンヌ（roussanne）種－バルビン・ド・サヴォア（barbin de Savoie）種とも呼ばれる。ドローム（l'Hermitage ブドウ畑）原産の品種で高アルコール度の Bergeron de la Combe de Savoie というワインを作る。
○シャスラ種－ "fendant roux"、"vent"、"bon blanc" 種とも呼ばれる。早熟強健な品種で、レマン湖岸でフランス領およびスイス領共に使われれている。

最後に、シャルドネ種（または pette Sainte-Marie 種）、モレ種、アリゴテ種、マルヴ

ォアジー（malvoisie）種（または velteliner rosé 種）、ピノ・ノアール種、カベルネ（cabernets）種、ペルサン（persan）種（または prinsens 種または beccu 種）などが小さい区域で用いられていることを付け加えねばならない。

ワイン産地：その歴史、土壌、ワインと料理

南部 Chablais 地区ワイン産地（標高：390～550m）

13 世紀以降、Sciez 村に近い Notre-Dame-de-Filly 修道院の修道士が Crépy 山の上でブドウを栽培しワインを作った。また、あまり当てにならない言い伝えによれば、隠遁者であり反ローマ教皇（Felix V 世）派であったサヴォアの公爵 Amadeo VIII 世は、1434 年から 1439 年の間の隠遁生活の時、地域のワインをラ・フォンテーヌとヴォルテールによって用いられた"ごちそう（faire ripalle）"という表現をもって賞賛した。

ワイン産地はレマン湖の南岸に沿って Évian 村から Annermasse 町まで小さく分かれて分布し、普通の気候条件ではあるが湖の近くにあるため緩和されている。ブドウ畑はウルム高原の北西ないし西に面する中ないし急傾斜の斜面にあり、シャスラ種のブドウだけが栽培されている。土壌は礫に富む溶脱氷礫土である。このことは Gavot 高原の南西縁にある Publier 町と Marin 町、Boisy 山のモラッセ・ドームの北端、西端、南西端の Siez 村（**マリニャン集落**）、Massongy 村、Ballaison-Douvaine-Loisin 村（Crépy ワイン産地）、スイスとの国境にある Ville la Grand 村、ジュネーブ・モレーンの石灰岩'がれ'に接し Saléve 山の突出部に面する Bossey 村においても適用される。

Château Ripaille 地区に関して言うならば、この地区は湖の直ぐ近くにあり、Dranse 扇状地の厚さ 10m の礫質流水湖沼成段丘の上に位置する。

生産されるワインは白ワインである。

○ AOC Savoie ワイン（Vin de Savoie）：軽く、稍活気にあふれ、陽気で、力強い。
○ AOC Savoie Ripaille クリュワイン（Vin de Savoie, cru Ripaille）：静穏、のんびりした感じ、スイート・アーモンドの風味がある。
○ AOC Savoie Marignan クリュワイン（Vin de Savoie, cru Marignan）：辛口、果実風味ヘーゼル・ナットの味がする。
○ AOC Crépy ワイン：辛口、上品、五月の花の良い香り、ヘーゼル・ナットの味がする。

これらすべての軽く、排尿促進性のワインは、湖沼産魚類およびシーフードに全く良く合う。

Arve 谷地区ワイン産地（標高：470～700m）

中世以来ブドウ栽培が行われたこの地域は、Arve 川の右岸に位置し、Chablais プレアルプスの中心部にある。南部では、この地域は一部モラッセ上にあり、一部は排水の良い氷礫土と小さなアウトウオッシュ扇状地の上にある。

AOC ワインの産出は、Marignier 町、**アイズ**村、Bonneville 町、Côte-d'Hyot 村などに

限られ、グランジェ種（70%）およびモンドーズ白品種両者が一緒に栽培されている。

　AOC Savoie Ayze クリュワイン（Vin de Savoie, cru Ayze）用のブドウ栽培は、良い状態の低傾斜斜面に限られている。このワインは、軽く、自然な半発泡性を有し、ごく辛口の白ワインで、自発的発酵あるいは二次発酵いずれかによって得ることができ、グランジェ種のブドウは風味、新鮮さ、個性をもたらし、モンドーズ白品種のブドウは、色と多用途性をもたらす。

　これらのワインは食前酒として最高で、湖沼産の稚魚およびサヴォア風フォンデュに良く合う。

アルプス前地（またはローヌ川地区）ワイン産地
　この区域はジュラ系および Savoie モラッセ層が分布する。
Usses 谷ワイン産地（標高：350〜450m）：遙かに昔（Cluny 修道院の憲章は 1039 年と述べている）からここのワインは高く評価され、J. J. Rouseau が 1728 年 5 月 14 日に Confignon 市の司祭 M de Fonteverre を訪問したとき、彼の次のような告白によってとくに強調された。"……ジュネーブから 5.2km のサヴォアの一部……そしてその素晴らしい Frangy ワインについて、私はそのような良いもてなしをあえて制止しなかったと、思わず彼に話したように私には思われる……"。同様に 18 世紀の初め、聖 Francois de Sales は**セイセル**村における説教に対する報酬として "一樽の Desingy ワイン……" を求めた。

　ワイン産地は、1 つ 1 つの広がりは小さいけれども、非常に分散しており、Bassy 村、Challonges 村、Chaumont 村、Chassenaz 村、Clarafond 村、Desingy 村、Franclens 村、Frangy 村、Musiéges 村、Usines 村、Vanzy 村などに存在している。厚いウルム氷礫土（北部は Semine 高原、南部は Desingy 高原）が中新世のモラッセと氷河間の深い水路に保存されたリス―ウルム沖積層を覆っている。Usses 谷と近接する川の急峻な斜面は南に面し、標高 500m 以下で格付けされたブドウ畑から次のようなワインを生産している。
○ AOC Savoie-Rousette Frangy クリュワイン：ほとんど例外なく氷河間沖積層で栽培されたアルテス種のブドウから作られる。澄んだ琥珀色、ヘーゼル・ナッツ、すみれ、蜂蜜、アーモンドの混ざった顕著なアロマを遅れずに発する。
○ AOC Savoie-Rousette ワイン：良く排水された粘土の少ない氷礫土上にあるブドウ畑産のブドウから作られる。

セイセル・ワイン産地（標高：260〜400m）：修道僧の努力によって 14 世紀以来発展してきた。ワイン産地はローヌ川の両岸に伸び、AOC ワイン畑は Corbonod 村（アン県）、**セイセル**村（アン県）、**セイセル**町（オート＝サヴォア県）などにある。下に横たわる岩石は、風化した砂に覆われた中新世海成モラッセ層の Seyssel 向斜部およびローヌ川と Fier 川の現世沖積層からなる。生産されるワインは、
○ AOC Seyssel ワイン－または Seyssel-Rousette ワイン：アルテス種のブドウから作ら

れる。これはおとなしく扱いやすい優れたワインで、すみれの香りとベルガモットの味を有し、美しい麦わら黄色を示す。

○ AOC Seyssel mousseux ワイン（発泡性）：アルテス種のブドウの果汁からシャンパーニュ法によって作られる。ブドウは砂質モラッセ上で栽培されている。ワインは明るい琥珀色で、かすかなすみれの香りがある。この発泡性ワインには最高に辛口、非常に辛口、半辛口のものがある。

ショターニュ・ワイン産地（標高：250〜400m）：" サヴォア地方にはそれ自身肥沃な小さな角地がある。それがショターニュ地区である……。" と Resie 伯爵は彼の著書 "Chambéry への旅行と Aix の水、1847 年発行 " で述べている。

好適な気候に恵まれたこの地区は、Fier 川とローヌ川の合流点から Bourget 湖北東岸まで延長する（Chindrieux 村、Ruffieux 村、Motz 村、Serriéres 村等）。

この地区は中新世モラッセ層の Seyssel 向斜に衝上したマルム世および前期白亜紀の石灰岩層からなる Gros Foug 背斜の前面を形成している。ブドウ畑は、丘陵山麓の石灰岩 ' がれ '（Chindrieux 村）、モラッセ（Ruffieux 村、Serriéres 村）、ローヌ川の湖沼性沖積平野上の水平モレーン（Motz 村、Serriéres 村）、あるいは Fier 川の沖積層上に発達する。斜面の方向はすべて西方である。これらは AOC Savoie ワイン Chautagne クリュ（Vin de Savoie, cru Chautagne）に規格された赤ワイン産地である。主たるブドウはガメイ種で、豊かな帯紫ルビー色を示す、フルボディー、実質さと優しさ、花のブーケと果物の風味を伴ったワインが作られる。このワインは肉類、猟獣肉、地域のチーズに完全に合う。

Chat 山突出部西側ワイン産地－サヴォア地方と Bugey 地方の境界内側（標高：250〜500m）：Lucey 村付近のワイン産地は 14 世紀および 15 世紀以来有名であった。サヴォア伯爵の宗主権に属し、Pierre-Châtel（Cluse d'Yenne）城主によって管理されたこの素晴らしい地域は、君主のテーブルに例外なく置かれるワインを生産した。そのために、そのワインの広く知られた名前は、キプロスからもたらされた品種の名称をとって " 殿下のアルテス白ワイン（Highnesses' altesses white wine）" となった。

ブドウ畑は、Saint-Jean-de-Chevelu 村、Billiéme 村、Jongieux 村、Lucey 村、Yenne 町などに見出される。これらの地域は、断層で切られたジュラ紀層核部を伴うジュラ紀層が Landard 山－ Charve 山－ Chat 山背斜の西側翼部を形成し、中新世モラッセ層の Yenne-Novalaise モラッセ向斜に倒立衝上する。この構造は、斜面の上部はドッガー統およびマルム統の ' がれ ' によって、斜面の下部はウルム氷礫土により一部隠されている。斜面の方向は主として西方で、主たるブドウの品種はアルテス種である。生産されるワインは、

○ AOC Savoie-Rousette Marstel クリュワインおよび Monthoux クリュワイン：ブドウ畑は石灰岩 ' がれ ' に覆われた急斜面に限られ、アルテス種のブドウが栽培されている。その生産性は極めて低く（25hl/ha）、自然アルコール濃度 11〜13°、貴族的で豊かな、調和のとれた、年とともに発達するヘーゼルナッツ、すみれ、蜂蜜、胡桃の風味を有する特徴あるワインが生産される。

○ AOC Savoie-Rousette ワインおよび Savoie ワイン：ブドウ畑は良く排水された'がれ'および礫に富む氷礫土上にある。ワインはアルテス種、モンドーズ白品種、シャルドネ種（最大 50%）のブドウから生産される白ワインまたはガメイ種およびモンドーズ赤品種のブドウから生産される赤ワインである。

アルテスワインは、淡水魚（鱒、いわな、湖沼稚魚など）料理に良く合う。

Chambéry 峡谷－ Savoie 小峡谷－北 Grésivaudan ワイン産地

Granier 岩盤地滑り帯に伴うワイン産地（標高：290 ～ 500m）：1248 年 11 月 24 日の夜、Granier 山の北側側面、東 Chartreuse 向斜の北縁が崩壊し、この大災害によって、15 の村と集落を含む 5 つの教区が飲み込まれ、5,000 人以上の人々が死亡した。

巨大な崩壊が起こり、ウルゴニアン期石灰岩の崖、オーテリビアン期泥灰岩、バランギニアン期石灰岩すべてを、下に横たわる水で飽和したバランギニアン期泥灰岩の広大な地滑りによって運び去った。その結果 12km^2 の泥流が氷堆丘（Myans のウルム氷堆丘）の前で Chambéry 峡谷の軸に沿って滞留した。この混沌とした堆積物－ Abymes de Myans －は、あらゆる大きさの石灰岩岩塊を泥灰質石灰岩のマトリックス中に含んでおり、ネオコミアン世からマルム世の岩石、第四紀氷礫土、アウトウオッシュ扇状地からなるアルプス・トラフ縁を覆っている。

ワイン産地は地滑り帯上および隣接する周辺に分布する（**アプルモン**村、Les Marches 町、Saint-Badolph 村、Myans 村、Chapereillan 町など）。用いられる主なブドウは、ジャケール種で、非常に澄んだ、軽く、利尿性に富む早熟の辛口白ワインを作る。細かい澱物を処理すると素晴らしいワインが得られる。AOC ワインは土地の性質、方向、標高によって格付けされる。AOC ワインとしては、次のものがある。

○ AOC Savoie Abymes クリュワイン：東向きの斜面で、岩盤地滑りの最も混乱した下部で作られる。

○ AOC Savoie Aprement クリュワイン：標高が 500m 以下の東および南東向きの斜面、地滑りの上部に相当する急斜面、およびこれらに隣接するネオコミアン世のほとんど移動していない地層上で作られる。

○ AOC Savoie ワイン：主として良く排水される氷礫土上で適当な方向を有する残りの地域から成るワイン産地で作られる。

Savoie 小峡谷および Chambéry 峡谷北斜面ワイン産地（標高：290 ～ 500m）：Chambéry 峡谷はフランス・イタリー間交通の常に好まれたルートであり、ローマ時代以来ブドウが栽培された。Monterminod（Mons esmeraldi）ブドウ畑については、11 世紀の憲章において、Cluny 大修道院の Odilo 師に与えられた土地に対して、その修道院の良き修道士に"慰安と満足を与えている"と述べられている。

同様に、Mons amelioratus（Montmélian）ブドウ畑について 1180 年に、Savoy 伯爵は、Cornavin と呼ばれる場所の城の麓に、ブドウ畑を所有し、中世以後そこからワインを得

ていると記載されている。

　今日のワイン産地は、東北部のFréterive村から南西部のSaint-Alban-Leysee村まで伸び、Bauges山地の南端を取り巻いている。ワイン産地は良く排水された急峻な丘陵の南向き斜面の底部にあり、下に横たわる岩石は、斜面の比較的上部ではマルム世岩石の崖に由来する石灰岩および泥灰質石灰岩の'がれ'からなり（例えばSavoyarde山の麓にあるChigninおよびMontméllianブドウ畑）、下部に行くに従い、'がれ'はウルム氷礫土および急流によるアウトウオッシュ扇状地に変化する（Saint-Pierre-d'Albigny、Saint-Alban-Leyseeなどのブドウ畑）。

　これらのワイン産地では、ジャケール種およびアルテス種のブドウからRoussete de Monterminodワインおよびroussanne for Bergeronワインなどの白ワイン、主としてモンドーズ赤品種のブドウから赤ワインが作られる。以下に各コミューンに相当する産地の多くのAOCワインをあげる。

○ AOC Savoie Saint-Jacoire-Priecuré、Chignin、Montméllan、Albin、Cruet、Saint-Jen-de-la-Porte各クリュワイン：これらの産地の土壌は主として'がれ'に由来する。

○ AOC Savoieワイン：すべてのコミューンに適用される。種々の方向の斜面で、土壌は氷礫土および沖積層に由来する。

○ AOC Savoie-Rousette Monterminodクリュワイン：産地はSaint-Alban-Leyseeブドウ畑の高さにあるベリアシアン期泥灰質石灰岩の上に乗る溶脱氷礫土上にある。

○ AOC Savoie Chignin-Bergeronクリュワイン、またはBergeronクリュワイン：産地は、**シナン**（Chignin）村、Francin村、Montméllan村などで、非常に急峻な南向きの斜面と石灰岩'がれ'に由来する土壌に限られる。

これらのワインのあるものは非常によく知られており、次にその例を挙げる。

○ Chigninワイン：辛口の白ウィン、輝く透明な琥珀色で、ヘーゼルナッツの風味があり、軽く素直。ためらわずに飲むべきである。澱物を処理すると素晴らしい。

○ Bergeronワイン（またはRoussanne白ワイン）：辛口で、豊か。高い天然アルコール濃度（11〜13°）を有する。繊細なブーケがある。偉大なフランスワインとして際だった価値がある。

○ Mondeuse赤ワイン：このワインの最良産地は、Arbin村およびSaint-Jen-de-la-Porte村で、石灰岩の多い'がれ'上にある。紫色のMondeuseワインは、年代とともに苺、キイチゴ、すみれの混ざった特別な香を持つようになる。

　その多様性の結果、Savoie峡谷産ワインは、あらゆる料理に合わせることができる。ジャケール種のブドウから作られた辛口の白ワインは、食前酒として供せられ、次にシーフード、魚、サヴォア風フォンデュー、"diot"（サヴォア・ソーセージ）とともに飲まれる。Mondeuse赤ワインは肉、猟獣肉、チーズ、とくにTome（サヴォア産チーズ）、Beaufort（シチュー料理）、Reblochon（オー・サヴォア産チーズ）に良く合う。最後にBergeronワインは食事の始めにも、デザートにも同じように良く合うと評価されている。

5.4 旅行案内

　サヴォアのワインとそれを生み出した土壌を見るためのいくつかのルートを示す。複雑な地質学的背景と多数の独立した区域を考慮して3つの旅行案内を準備した。ルート1とルート3は既に出版された「Dauphinéアルプスおよびサヴォア・アルプス地域地質案内」、また発行予定の「ドイツ語圏スイスとChablais案内」において推薦されるものに類似する。是に加えて、サヴォアには"ワインのルート（Route des Vins）"の名のルートがあり、ブドウ畑を旅行するのに用いることができる。ルート2と3はできるだけこれに近づけようと試みた。

ルート1：アヌシー（Annecy）市からトノン＝レ＝バン（Thonon -les-Bains）市まで：Arve谷とChablais低地のブドウ畑（第31図）

　A410自動車道路をジュネーブの方向に行くか、あるいはD1203道路をBonneville村に向かう。道路は、西部のMandallaz山とSaléve山のジュラ紀層突出部と東部のBornesサブアルパス地塊の衝上帯の間のモラッセ地域に沿って走る。このモラッセ地域はParmelan山の前面盛り上がりとSous-Dine高原が目印となる。一部礫質粘土によって隠されているが、陸成の漸新世泥灰質砂岩モラッセを斜面に沿って見ることができる。これらはすべて不安定であるので、多数の排水工事が行われている。

　Col d'Evires村（標高810m）を過ぎるとArve谷とChablaisプレ・アルプスの眺望が広がる①。La Roche-sur-Foron町からD27道路に入るとSt. Laurent村に至りモレーンの地形が広がる。坂道をSaint-Pierre-en-Faucigny村に向かって下り、最初の大きなヘアピンカーブ②で止まると北方に**アイズ**村ワイン産地を含む景色が見える。

　森に覆われたフリッシュ層からなるVoironsの峰と、無秩序な崖（白亜紀およびジュラ紀）を形成する巨大なシュッペンを含むウルトラヘルベティア・フリッシュからなるFaucigny丘陵とともに、西から東へ低アルプスの前面を見ることができる。また、Bonneville村、中央プレ・アルプスに相当するMôre地塊（とくにジュラ紀の複雑な褶曲）も見渡すことができる。これらすべては、地形の基底を形成し、多少'がれ'と氷礫土に隠されたサブ・アルプス、漸新世灰色モラッセ（Bonnevilleグリット）、赤色モラッセの上に衝上している。ワイン産地は東のGiffreアウトウオッシュ扇状地まで伸びている。この方向にLa Bréchナップの向斜を背景中に見ることができる。

　Bonneville村で道をD19に取り、Marignier村まで行き、D6道路に沿って西へ戻り**アイズ**③村に着く。原地性モラッセ上の台地にある多数の小さなブドウ畑を観察し、持ち主の家でRoussette d'Ayzeワインを試飲した後、D1205道路を通ってFindrol村まで戻る。

　Bonne村を経由して**トノン＝レ＝バン**市の方向へ進む。その途中で、ローヌ氷河に由来するウルム・モレーンに覆われたより低いChablais高原に達する。La Bergue村の一寸後から道路は融水によって切られた後、ウルムCarnves-Sales水路に沿って走る。

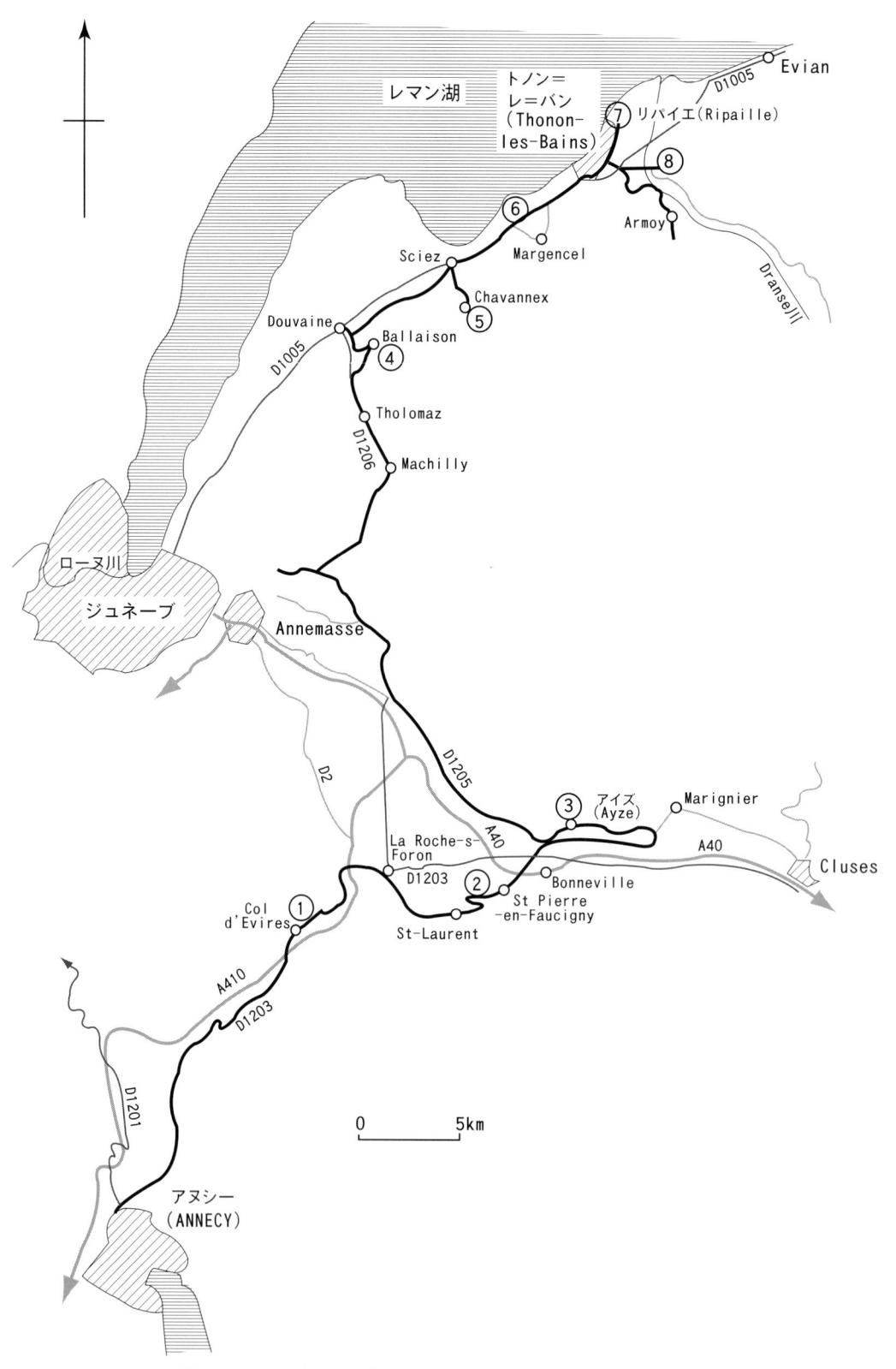

第31図　サヴォア地方旅行案内図（1）アヌシー市からトノン市まで

D1206 および D150 道路は、Annemasse 市の東側の郊外にあり、Machilly 村に向かう第 2 水路の入り口に位置する Ville-la-Grand 村に通じている。Juvigny 村に向かう D15 道路は、スイスとの国境に沿っており、1816 年以来の国境石によって印付けられている。この道路は、水路の北岸に分布する礫に富む氷礫土上のワイン産地を横切るのに使うことができる。D1206 道路を Tholomaz 村まで行き、次いで D225 道路に沿って Ballaison 村に達する。我々は、ここから Crépy ワイン産地④に入ることになる。飛び抜けて大きい岩塊が散在する礫に富む氷礫土が Boisy 山の南西端を覆っている。Douvaine 村に降りる。Grande Cave de Crépy の大農園を訪れ、Crépy Goutte d'Or ワインを試飲する前に、北から北西方向には高ジュラ山脈および湖を含むスイス・モラッセ平野、西から南西方向にはジュネーブ市と遙か彼方 Vuache 丘陵と Crét-d'Eau 山の間のローヌ峡谷、南から南東方向には Saléve 山、Bornes モラッセ高原、サブ・アルプス先端、東方向には Vorons 山嶺の素晴らしい景色を眺めよう。

　Boisy 山の麓の Chilly 村、Massongy 村、Sciez 村の方向に行き、**マリニャン**村においてワイン生産者の家でワインを試飲する。D1 道路を Chavannex 村に向かって 1km 進むと、最初の曲がり角で粗粒砂質モラッセの露頭⑤を観察できる。

　Sciez 村に戻り D1005 道路を行く。Cing-Chemins 採石場の端には、氷河再前進による小氷礫土チャンネルによって乱された斜交層理を示す Thonnnon 段丘沖積層が見える（作業場の入り口で氷河によって運ばれた結晶質岩塊を見ることができる）。

　Margencel 村への交差点⑥では、Voirons 山の東端にある Allinges ドームを Mont Hermone 褶曲とともに眺めることができる。また、遠くには Dent d'Orche 山と Pic de Mémise 山が見える。

　トノン市に入るには、Corsent 大通りを左に曲がり港に向かう。道は 30m 段丘の上を通った後、港に下って反対側の 10m 段丘⑦上にある Ripaille シャトー（Château de Ripaille）に着く。このシャトーとブドウ畑を訪問し Ripaille クリュ・ワインを試飲する。南東方には、最前部に 30m 段丘、中間部に Gavot 地方のモレーン高原、地平線には Dent d'Orche 山とともに中央プレ・アルプスの景色が見える。

　Châtel 村へ向かう D902 道路を使って Dranse 川扇状地を登り、それから Gavot 高原と Ormoy 高原の間の峡谷に入る。橋からは氷礫土の中に帽子を被った土柱の貴婦人を眺めることができる。また、リス氷期含青色粘土層の上に乗るリス－ウルム間氷期沖積層に相当する Dranse 川礫層を、**トノン**市から 6km の標石の所で見ることができる。

　トノン市のはずれに戻り、D26 道路に沿い Armoy 村に向かう。道路は、幾つかの採石場が稼働している Thonon 沖積段丘を登る。

　標高 556m の所に見晴台があり、Dranse 川扇状地と Gavot 地方の溶脱氷礫土上に位置する Marin et Publier ブドウ畑が眺められる⑧。

　Allinges ドームの背後を回り Bons 村と Findrol 村を経由して**アヌシー**市に戻る。

ルート２：アヌシー市からシャンベリ（Chambéry）市へ：アルプス前地のブドウ畑（Frangy村、セイセル村、ショターニュ地区、Marestel村）（第32図）

　アヌシー市を離れD1508道路沿いにBellegarde市の方に向かう。陸成のモラッセ中を流れるFier川を横切った後、晩氷期のMeyset平野に到着する。

　道路は、Vuache主走向断層によって左横ずれ変位した、北はMandallaz山の突出部と南はd'Age山の突出部の間に入って行く。Petites et Grandes Ussesの谷に沿ってFrangy村に向かって行く。Sallenôves採石場では、モラッセをウルム氷礫土が覆っているのが見られる。Frangy村で、D310道路に入りPlanaz村まで行く。そこでは、リス－ウルム間氷期礫層上で栽培されたブドウを原料としたRoussete de Frangyワインを試飲できる①。

　DesingyとClementを経由してD310道路およびD31道路を進み、Rumillyモラッセ向斜（中新世海成粗粒砂岩モラッセ）の西翼を行くと、Saint-André-Val-de-Vier村でGros Foug背斜に切れ込んだ峡谷に着く。D14道路沿いの断面は、伸ばされた地層を持つ垂直傾斜の西翼と、オックスフォーディアン期からウルゴニアン期までの層序をなす箱形構造を示す②。EDF道路の入り口で駐車して、その西端部を素早く調べることができる。ここには、西から東にわたって次のような露頭が見られる。

○最初の突出壁：バレミアン－アプティアン期のウルゴニアン相亜礁成石灰岩（最初のトンネル）
○最初の凹み：オーテリビアン期のフリントを含む石灰岩、ときに大礫を含む海緑石質および泥灰質石灰岩
○２番目の突出壁：バランギニアン期 Alectryonia sp. を含む帯赤色生砕質石灰岩（２番目のトンネル）
○２番目の凹み：海成沿岸堆積物または潟－湖沼堆積物に相当する泥灰岩を含む上部ベリアシアン期（Vions層）の層理を示す粘土質石灰岩および重複褶曲石炭層
○西方の大採石場と隣接する３番目の突出壁："疑大理石"相の美しい石灰岩（中部ベリアシアン期）
○３番目の凹み（採石場の壁面に沿って東へ進む）：赤色および緑色の泥灰岩薄層を挟み、割れ目が発達したパーベッキアン階に属する（ここでは下部ベリアシアン期）淡色の石灰岩。海成、汽水成、湖沼成層準によって記録された海退相を示す。
○４番目の塊状突出壁：後期キンメリッジアン期のドロマイト質石灰岩。
○峡谷の拡大部：アンモナイトを含む早期キンメリッジアン期およびオックスフォーディアン期の層状、亜石版質、重複褶曲石灰岩。

　峡谷の西の出口に戻る。ウルゴニアン相の崖は'がれ'帯が優勢で小さな露頭を隠しているが、EDF道路の右側で見ることができる。露頭はリムネア石灰岩からなり、周期的石灰岩を伴う帯赤色および帯緑色砂岩および泥灰岩に移化する。これらの層は直立するか西に傾斜し、遙か北の方でウルゴニアン相に整合的に乗る漸新世の陸成モラッセの基盤となっている。

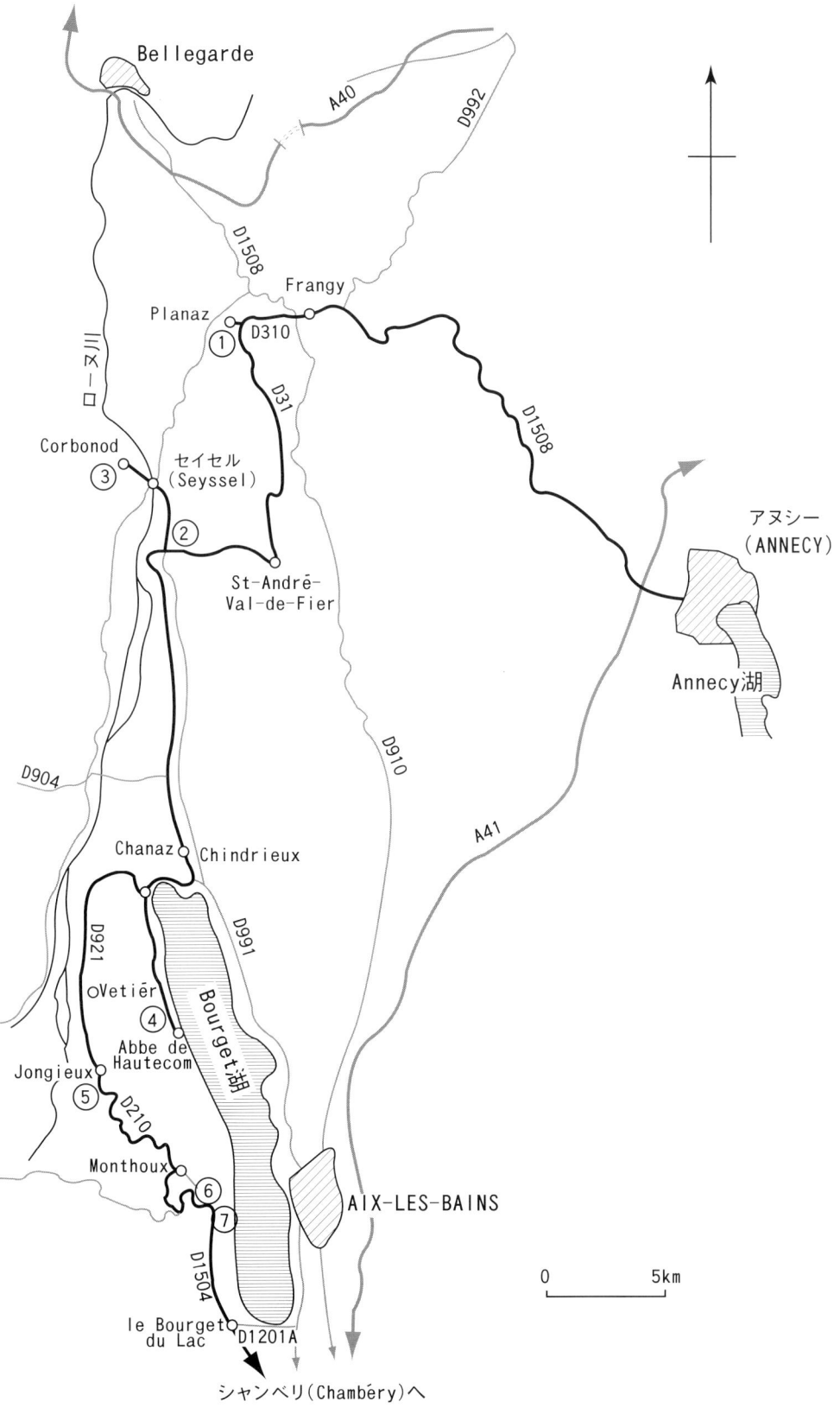

第32図　サヴォア地方旅行案内図（2）アヌシー市からシャンベリ市まで

更に西へ行くと、続いている壁には 100m にわたって露頭が見えないが、その後小さな礫を伴った海緑石質砂岩が住宅地に現れる。これは海成の中新世バーディガリアン階で、西に向かって堆の厚さが増し粒度を増すとともに傾斜が減少する。

Fier 川とローヌ川の合流点を後にして Gros Foug 背斜に衝上されている Seussel 背斜の軸に沿って行くと、西部では、塊状の Grand Colombier 石灰岩が優勢となる。北の方**セイセル**村および Corbonod 村に向かって行き、モラッセおよび氷礫土上のブドウ畑を訪問して、ワイン生産者の家③で Roussettes ワインおよび Mousseux ワインを試飲する。

D991 道路を南に向かい、ローヌ川の左岸に沿って行くと Gros Foug 山の前面に横たわる**ショターニュ**地区に入る。密集したブドウが斜面（'がれ'、モラッセ、氷礫土）に栽培されている。Ruffieux 村（Saumont 交差点）の Chautagne 協同組合地下貯蔵室では、ガメイ種のブドウから作ったワインを始め地区のワインの試飲が行われている。

Chindrieux 村の南の出口から、D914 道路は Bouget 湖の北岸に沿って走っている。Chautagne 沼地の中央部にある岩石の多い Châtillon 島には、ネオコミアン世の単斜構造をなす露頭がある。湖から流れ出る Saviéres 運河を横切った後、Portou 村に入りここで我々は Mont du Chat 山脈の東側に到着する。湖の端に沿った南方への突出部に沿って行くと、1139 年に創建され 19 世紀に復活された Hautecombe の Cistercian 修道院に至る。この修道院は Solesmes のベネディクト会に属しており、湖の方向に傾斜するバーディガリアン期モラッセ層の上に建てられている④。

Portou 村に戻り、山脈の北側から西側に回る（D18 および D921 道路）。この道路は単斜構造をなし、ローヌ川に沿って Lucey 村まで長く分布するドッガー世石灰岩および泥灰質石灰岩からウルゴニアン相までの Mont Linard 層各部層全部を切っている。

D210 道路を南に Billiéme 村の方向に進む。道路は Mont Lierre 山脈の過褶曲構造西側翼を登る。Jongieux 村で我々はワイン生産地にはいる。ここでは、斜面上部では石灰岩'がれ'上に、斜面下部では礫質氷礫土上にブドウが栽培されている。Jongieux 村の上のヘアピン・カーブでは、ワイン産地と Saint-Pierre-de-Curille 村のマルム統および中期ベリアシアン階の走向急斜面によって強調された Mont Lierre 単斜構造の景観が眺められ、ライン川の上の地平線には Grand Colomber 山脈が見える⑤。

Jongieux 村、Billiéme 村、Monthoux 村、Saint-Pierre-de-Curille 村のワイン産地では、ワインの試飲ができる。

こうして我々は Mont du Chat 山脈の前面、Chat トンネルの入り口に到着する。ここでは、ネオコミアン世石灰岩の直立した西翼上に張り付いたバーディガリアン期海成モラッセ層が見られる。

Chat 峠から道を D914A 道路にとる。直立したベリアシアン期石灰岩の西翼上の De La Source レストランへ行く道路との交差点で止まり、更に 100m 先の 2 番目の道路を行くと、走向断層に相当するマイロナイト帯を横切る。それから層理を示すアーレニアン期石灰岩層背斜の東翼部に到着する⑥。

Chat 峠（638m）から Conjux 交差点まで道路は東傾斜のドッガー統およびマルム統を切って走り、それから Bourget 湖へ向かって降り始める。道路は湖方向に急傾斜するオーテリビアン期泥灰質石灰岩とウルゴニアン期石灰岩を数回切って行く。大きなヘアピン・カーブでは、小さな柵の側でアルプスの最も雄大な景観の1つが開ける⑦。

　道路はネオコミアン世石灰岩を切りながら D1504 道路へ降りて行く。道路は左に Bourdeau 村を見ながら、湖畔に沿った Bourget-du-lac 村に着く。Bourdeau 村を過ぎた所で、ウルゴニアン層上のバーディガリアン期モラッセ層の海進基底礫岩層を見ることができる。この岩石は、海緑石質粗粒砂質マトリックス中に piddocks によりせん孔された多数の円礫を含んだものである。さらに面白いことには、礫の大きさが累進的に変化し、道路下ではイタヤガイと鮫の歯を含む粗粒砂質モラッセとなっている。

　道は Leysee 平野を経て**シャンベリ**市に向かう。西方には Charpignat ワイン産地を有する Servorex 沖積段丘が遙か北にある。

ルート3：シャンベリ市から Pont Royal 橋へ：Savoie 峡谷と Granier 岩盤地滑り帯ワイン産地（第33図）

　ルートは読者に紹介した "Guide gélogique des Alpes de Savoie"（24～28頁）に示したものにほとんど一致する。

　シャンベリ市から Bassens 村まで D991 道路を行く。ここでは、北方にスーパーマーケット駐車場から Nivolet 地塊にわたる良い景色が眺められる①。ここからは西から東にわたって Vere-Pragondran 背斜谷を形成するチトニアン期の二重のコーニス（雪庇状突出部）越しに次のものを見ることができる。

○氷河堆積物の表土上でブドウが生長している Saint-Alban 山および Monterminod 山の斜面に露出するベリアシアン期 Montbasin 石灰岩の層準
○バランギニアン期の Lovettaz コーニス
○Nivolet 山および Peney 山のウルゴニアン相崖に覆われたオーテリビアン期の層準

　La Tousse 交差点から Saint-Badlph 町の D201 道路への接続点まで行き、この道路に従ってモレーンによって乱された Chambéry 峡谷沿いの Appremont 村に達する。南西方向に最初のブドウ畑が、Charreuse 要塞のあるベリアシアン期石灰岩および泥灰質石灰岩の上に出現する。

　アプルモン村で道路は Grannier 岩盤地滑り帯に入る。ここでは1,248箇所の崩落が明らかにされているが、最近、少数の岩石崩落が目立っている。無秩序帯の中心部を通る斜面下部と斜面上部の道、両方の小さな道が、Abymes 村および**アプルモン**村のワイン産地をはっきり示している。ここでジャケール種のブドウから作ったワインの試飲を楽しむことができる。この土壌には膨大な量のウルゴニアン相の岩塊が含まれていることに注意しよう②。

　les Marches 村の傍にある Myans 村とそこのドラムリン（氷堆丘）は、大災害地の端に

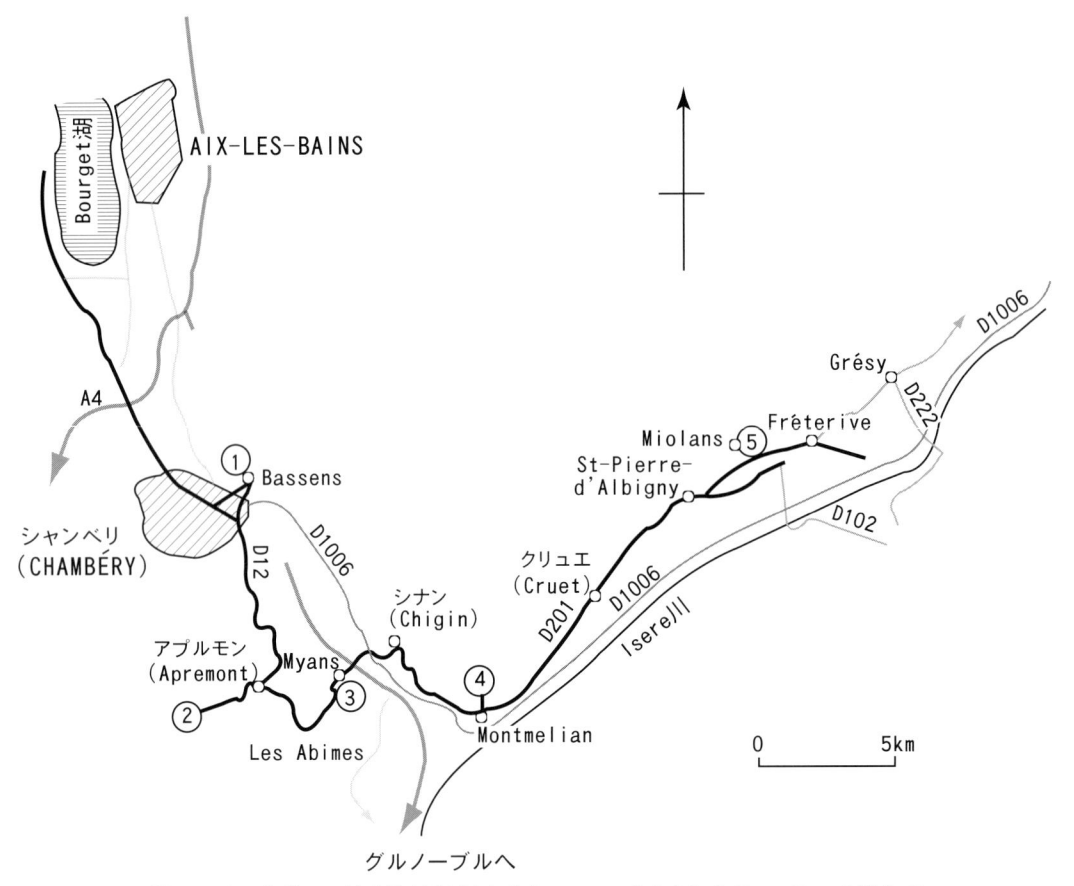

第33図　サヴォア地方旅行案内図（3）シャンベリ市から Point Royal 橋まで

当たり、金色のマリア像が頂上に立ち敬意を払われている。その聖域あるいは共同墓地からは③、北の方角に Saint-Jeoire-Prieuré 村—**シナン**村地区の景色が眺められる。

　シナン村へ行き Bergeron ワインなどを試飲する。

　D1006 道路に沿って Montméllan 村へ行き、古い要塞の台地がある岩盤（上部キンメリッジアン期石灰岩）を登る。ここでは、Savoie 峡谷、Grésivaudan 谷北部、Chambéry 峡谷、Chartreuse 山北部の全景が見渡せる④。北方には Savoyard 地方の岩石露頭が町を見下ろすのが見え、北東には、遠くの Dent d'Arclusaz 山向斜構造が目印となっているサブ・アルプス帯縁辺部高地山麓の'がれ'および氷礫土上に位置する Arbin 村、**クリュエ**村などのワイン産地を見ることができる。我々に向かって延長している Grand Arc 地塊とともに、イゼール川の軸に沿う地平線を切って Mont Blanc 山がそびえている。Montméllan 村の協同組合地下貯蔵室を訪問した後、背斜谷の北縁に沿う'ワインの道'（Route des Vin）D201 道路を行く。**クリュエ**村のワイン生産者の家あるいは協同組合貯蔵庫でワイン、とくに Mondeuse 赤ワインの試飲時間をとる。

　Saint-Prieuré-d'Albigny 村のアウトウオッシュ扇状地を過ぎ、チトニアン階の崖の上にある Miolans 城⑤（1773年 Marquis de Sade が投獄された）を訪問した後、Dent d'

Arclusaz 山の下の Fréterive 村に着く。

イゼール川と峡谷の主要通路であるD1006道路を通って**シャンベリ**市に戻る。

参考文献

地質学
Mason 社出版の地質案内書
Alpes (Savoie et Daupphené) (1970), by J. Debelmas et al.（とくに Chalais 地区）

Alpes de Savoie (1982), by J. Debelmas et al.

Alpes du Daupphené (1983), by J. Debelmas et al.

Debelmas, J. (1979) Découverte géologique des Alpes du Nord. (Geological exploration of the northern Alps). BRGM publications.

Delaunay, G. and Ramponoux J. P. (1981), Deformation of the fronts of the Bornes and Bauges massifs. Analysis of the fracture tec tonics of the Savoyard foreland. Bull. Soc. géol. Fr. 7. 23, (2) p.203-212.

Gidon, P. (1963), Géologique chambérinenne (The geology of Chambéry). Ann. C. E. Sup. Chambéry, Individial memoir, 176pp.

Geoquel, J. and Pachoud, A. (1972), Geology of the Mont Granier rock slide in the Chartreuse massif in 1248. Bull BRGM Fr. Sect. III, no.1, p.29-38.

ワイン醸造学
ワイン生産地の性質、ブドウの品種、ワインの試飲と嗅覚的性質に関する多くの情報が下記の報告書から採用された：

Connaissance des vins de Savoie (A study of the wines of Savoie) (1981), by G. Culas, a technical adviser to the insitut technique du vin.

Vin de Savoie en AOC, (AOC wines of Savoie), published by the Syndicat régional des Vins de Savoie.

1982 report of commission responsible for the boundaries of the AOC Vin de Savoie and Roussette de Savoie, written by J. Caillet, J. Germian, G. Nicoud and R. Rivoire.

06 コート・デュ・ローヌおよびデュオワ地方
Côtes du Rhône et Diois

6.1 北コート・デュ・ローヌ地区

　ブドウの葉の痕跡およびブドウの実の茎から得られた中新世末（約700万年前）という年代などが、例えば**サン＝ペレ**（Saint-Péray）村の南西30kmのCoirons岩石崩壊地、また、Pérouges村における早期鮮新世（500万年前）のMeximieux凝灰岩などについて多くの研究者による報告がなされている。この地域の先史時代の第四紀層中には、ブドウの実の茎が多数発見された。しかし、ブドウは集められたが、必ずしもワインを作ったか、あるいは発酵させたりしたとは限らないとされている。

　その後のローマ時代には、ブドウとワインについて述べた多くの報告がある。それらを特徴付ける記念物の中で、我々は、ブドウを搾る光景を示しているLugdunum市の劇場の舞台とリヨン市の古代文明博物館のモザイク画について述べたい。ガリア・ナルボネンシスを越えたブドウ栽培の拡大は、ローマ時代から始まった。ローヌ川流域とLyonnais州で、Vienne-la-Vineuse種のブドウから得られたallobrogica種のブドウの栽培が行われるのに、それほど時間は掛からなかった。

　Lyonnais州においては、ブドウ畑は極めてまばらな斑点状に作られていった。その最古の設立は、**コテ＝ロティ**（Côte-Rôtie）ワイン産地だろうと思われ、紀元前2世紀に遡る。何人かのラテン詩人は、紀元1世紀に"Vienneのワイン"と賞賛している。

　ブドウの栽培は2世紀にMarcus Aurelius皇帝お気に入りの町リヨン市に到達したが、この時ボージョレーではまだ行われていなかった。1573年にNicolas de Nicolaÿは、Lyonnais州において77教区のブドウ栽培地を数え上げたが、ボージョレーでは8教区に過ぎなかった。Bugey地区のワイン産地は、既にローマ時代にブドウの栽培が行われていたと考えられるが、中世に修道僧によって拡張された。ワイン産地は、とくにVienne市とValence市の間ほとんどあらゆる所に広がっている（第34図）。

6.1.1　旅行案内

コテ・ロティおよびシャトー＝グリエ（Château-Grillet）ワイン産地

　コテ・ロティワイン産地は太陽によって焼かれているという意味でそのように呼ばれている。その2つの理由は、ローヌ川のVienne市から下流、Vernay村とSemons村の間の主たる地域は、丘が南東向きの斜面となっていることと、急峻な礫質の段丘に樹木が無く完全に露出していることである。

　この地域へは、Givors市、**コンドリュー**（Condrieu）町、Serrières村へ向かうD386道路か、あるいはA7自動車道路をVienne北またはVienne南で降り、**コンドリュー**町へ向かう道

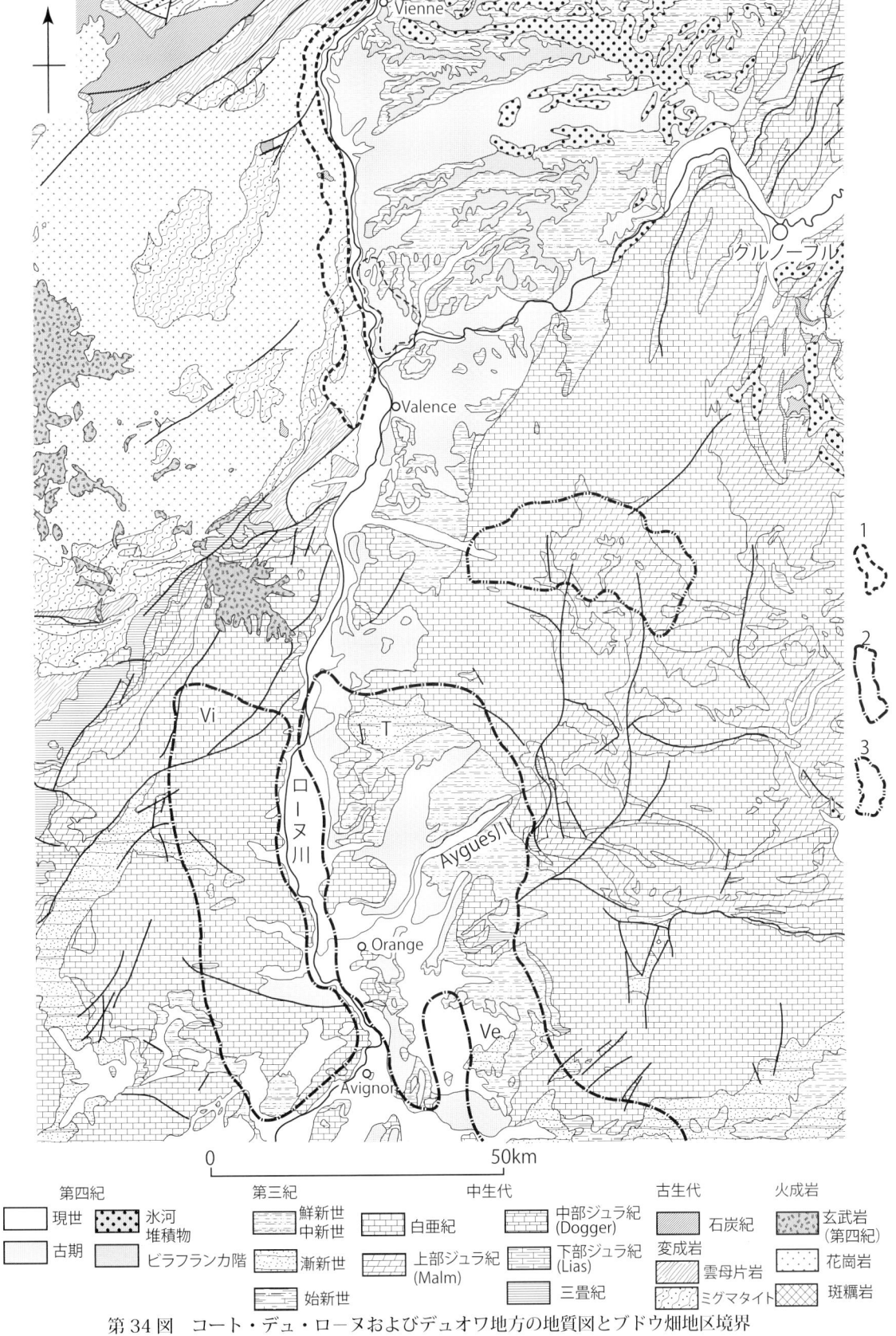

第34図 コート・デュ・ローヌおよびデュオワ地方の地質図とブドウ畑地区境界
1 北コート・デュ・ローヌ地区 2 南コート・デュ・ローヌ地区 3 デュオワ地区 Ve:Côtes du Ventoux 地区 Vi: Côtes du Vivarais 地区 T: Côtes du Tricastin 地区

路によって到達する。例えば、北から来る場合には、D386 道路は Saint-Cyr-sur-le-Rône 村を通過し Verenay 村（Ampuis 村）に至るが、そこから Lacquat 山および Muny 山の方向に高原を登る小さい道路がある。その道路は、しばしば'がれ'に覆われる雲母片岩の不規則な岩石露頭①を切って行く（第35図）。これらの岩石は中央高地－ Massif Central －（石炭紀変成作用）東突出部の最も古い地層である（Guide géologique Lyonnais-Vallé du Rône 参照）。

今度は Ampuis 村の上へ②、あるいは Le Rosier 村に向かって、あるいは Champin 村に向かって、またあるいは再び Tartara 村に向かってブドウ畑を通り斜面を登ると、非常に細かい皺のある灰褐色の両雲母片岩の露頭に直ぐに出会い、それは更に広がって行く。Ampuis 村では、2つの型の岩石が多量の礫を含む硬い酸性の土壌を形成している。この土壌には粗粒砂からなる薄い風化層を伴い、その上でブドウだけ、あるいはほとんどブドウだけを栽培することができる。**コテ＝ロティ**地区の"中心地"である Ampuis 村からは、多くの道路がブドウ畑を通って走っている。

その古びた褐色の片岩片を集めた段丘の構造は、滑動することなく斜面を保持しており、それは驚嘆すべきものである。土壌は砂質で、乾燥し、痩せ、酸性であるが、深部まで良く排水され、斜面の適切な維持をしながら注意深く耕作されている。

シリア原産とされているシラー（syrah）種のブドウが主として栽培され、その歴史は古く Vienne 市付近と同様ローマ時代に遡る。このブドウはうきうきしたフルボディーの赤ワインを作る。それにもかかわらず、このワインは繊細でブーケがあり、高貴で、上品である。より繊細で軽くするためにヴィオニエ（viognier）種のブドウを混ぜることがある。シラー種のブドウだけでワインを作るとやや粗い感じになるが、色は良い。

コテ＝ロティワイン産地は、現在栽培面積 120ha を有する。すべてが人間の仕事によると考えられるこの使い古された栽培地から、他の斜面③を眺める。鮮新世の谷を引き継いだローヌ川の深い切れ込みと北西方向に面する他の川岸の急峻な斜面を注意して見ると、対照的にそこには森があってブドウ畑はない。

Côte-Rôtie ラベルは、Saint-Cyr-sur-le-Rône 村、Ampuis 村、Tupin-Semons 村に適用される。その南には Condrieu ラベルがあり、**コンドリュー**町、Vérin 村、Chavanay 村、Saint-Pierre-de-Boef 村まで適用され、ロアール県との全境界に沿って延長している。また、アルデーシュ県の角、Limony 村も含まれる。ブドウ畑の西側は Chuyer 村および Pélussin 村の方向に地形が高まっている。

ロアール県の北角には Château-Grillet ラベルがあり Vérin 村および Saint-Michel-sur-Rhone 村にまたがっている。その面積は 3ha に過ぎないが、標高は約 165～250m である。**コンドリュー**地区は**シャトー・グリエ**地区と同様に ヴィオニエ種のブドウを栽培しており、シラー種のブドウは栽培していない。両者はいずれも白ワインを生産している。**コンドリュー**ワイン産地はローヌ川に沿って丘陵の斜面に 16km にわたって分布しており、間もなく 20ha になると予想されるが、現在その面積は 16ha に過ぎない。しかし、更

なる拡張の余地はあると思われる。ここでは繊細で軽く、高いアロマとブーケを有するフルボディーの白ワインを生産している。Château-Grillet ワインは、素晴らしい品質を有し、我々が後でお目に掛かるであろう Ermitage 白ワインよりも軽く、フランスにおける最良の白ワインの１つとしての地位を保っている。

　２つの地区は、**コテ＝ロティ**地区とは地質も異なっており、ワインも異なる。ここで、我々は花崗岩地塊に入っており、その岩相はD30 道路の Vérin 村と Chuyer 村の間④、D7 道路の Chavanay 村と Pélussin 村の間⑤、D503 道路の Malleval 峡谷⑥において観察できる。Vérin 村と Saint-Michel-sur-Rhone 村にわたる大きな面積が黒雲母花崗岩からなる。既に述べたルート沿いに、粗粒花崗岩およびとくに Malleval 峡谷における定方位花崗岩など種々の花崗岩の露頭に遭遇する。これらの岩石は、より粗い粘土と砂を生ずる Ampuis 村の雲母片岩より容易に分解し、より変化に富みより開放的な地形を形成する。同時に斜面は険しくなく、そこでは、ブドウは他の作物と交互に栽培し、雑木林を点在させ、木の生け垣や植え込みを作ることができる。土壌は粗粒砂質で、容易に溶脱し、淡灰色から帯桃色ないし赤褐色を呈する。ある程度風化した花崗岩の岩片が混じった不規則な厚さのよく発達した砂層によって排水が行われる。

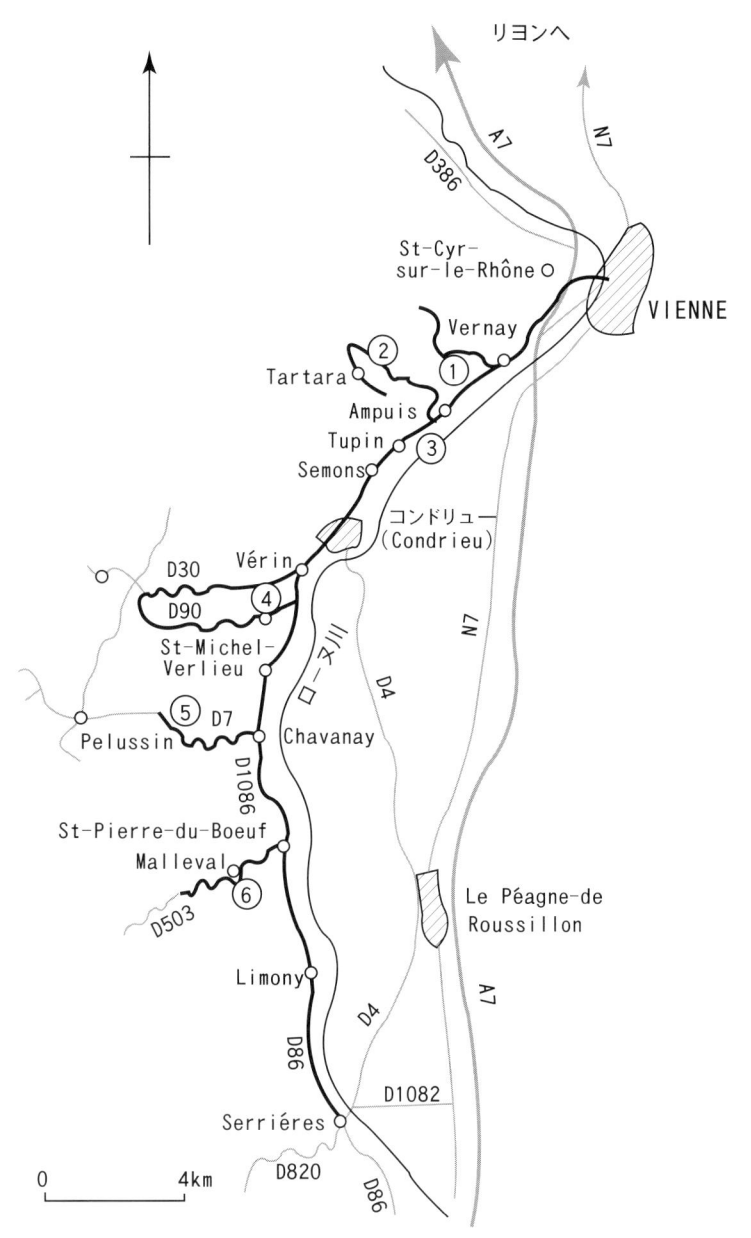

第35図　北コート・デュ・ローヌ地区旅行案内（１）
コテ・ロティおよびシャトー・グリエ・ワイン産地

トゥルノン（Tournon）町、タン＝レルミタージュ（Tain-L'Ermitage － Ermitage －）町、サン・ペ

レ村ワイン産地

　上述のワイン産地の延長がローヌ川に沿って続き、多くのブドウ畑が中央地塊の外側斜面上のSerrières村から**サン・ペレ**村までのアルデーシュ地区に散在し、また**タン＝レルミタージュ**町地区においてローヌ川の左岸にも広がっている（第36図）。

　従って、我々はD86道路を南へ今までのルートに沿ってSerrières村から**トゥルノン**町へ進むことにする。この地質帯は基本的に変成岩からなり、ミグマタイトと片麻岩、一部に球状花崗岩を産する。これらは一部黄土によって斑点状に覆われている。幾分不明瞭なNE-SW系の断層が発達し、そのあるものは相当の落差を有し、これらの岩石の境界を形成している。

　Annonay町に向かうD820道路を数km行くと最初のブドウ畑が斜面に見られ、これがSerrières村である①。そこには高原に登る小さな道路があり村や集落の便に供されている。Peyraud集落の東に、不均質な片麻岩を交える葉片状の花崗岩の露頭が、部分的に観察される。ブドウ畑は、最良の条件を求めて散在している。

　それからD82道路経由でSaint-Dèsirat村を通りAndance村へ行く回り道をする。そこでは、鮮新世泥灰岩②が充たす凹地を黄土が覆っておる。ブドウ畑は、この高地地域の斜面下部に分散している。D82道路からそれほど離れていないSaint-Dèsirat村では、協同組合の地下貯蔵室が既にSaint-Josephクリュ・ラベルのワインを公開している。これはフルボディーの、色とブーケの良い赤ワインで、その生産地はSaint-Jean-de-Muzols村および**トゥルノン**町の南のMauves村にまで及んでいる。またSaint-Joseph白ワインもあり、主として更に南で作られている。

　Saint-JosephワインはSerrières村地域、**トゥルノン**町、Annonay町地域の東部にわたるTournonワインの広大な領域の範囲内に分散している。したがって丘の斜面（例えばTalencleux村）に沿った小さな道、あるいはD86道路に沿ってSarras村③まで行くと、淡色の花崗岩からなる高地の基底、あるいは更に内側に行くと不均質な黒雲母花崗岩およびその'がれ'上にブドウが植えられている。それらはしばしば果樹園の間に散在している。

　ワイン産地は更に南へ続いているが、ここSarras村とArras村の間④は、暗色の花崗岩上に、更にArras村の南Vion村⑤までは花崗岩のシルを含む片麻岩上にブドウ畑が分布している。ブドウ畑は常に斜面の基底近くに分散している。そこには果樹園および庭園とも交代できる好適な状況が存在している。果物の木の幹に登ると、ブドウ畑が見えるという場所さえ幾つかある。Côte-Rôtieワインと同様に、ブドウの品種は基本的にシラー種であり、事実上ガメイ種は存在しない。しかし、Tournon白ワイン産地の範囲では、あまりにも分散しているため、そのことを確かめるのは困難である。

　Vion村からSaint-Jean-de-Muzols村⑥までは、他の主要断層のため岩石は再び種々の花崗岩類からなる。**トゥルノン**町からMauves村までには、Douxの谷に一致する断層があり、丘の斜面は粗粒のTournon花崗岩からなり、斜面の基底⑦にかなりの砂の集積が認められる。これらすべての岩石は、一般にその場の露頭に痩せた土壌を生成するが、'が

れ'が形成された斜面では、あまり痩せていない不均質な土壌を作る。

　今まで述べた地区には、Tournon ワイン（Vin de Tournon）という一般的なラベルの他に、2つの特別なラベルが存在する。その1つは Saint-Joseph ワインである。このラベルは、今まで見てきたように Mauves 村および Saint-Jean-de-Muzols 村のほか、Vion 村およびその北にも分布する。この Saint-Joseph 地域では赤ワイン以外に、少量のルーサンヌ種のブドウとともにマルサンヌ（marsanne）種のブドウから白ワインが作られる。これらのワインは素晴らしいもので、良い香がする。今1つのラベルは、Cornas ワインで、**トゥルノン**町の南 12km、N86 道路に沿った Cornas 村で産する。Cornas ワインは、フルボディーの、強い色の価値の高い赤ワインで、慎ましく柔らかな中にも後に述べる l'Ermitage ワインに似たブーケを有する。Châteaubourg 村から Cornas 村に至る地区⑧では、花崗岩および片麻岩からなる中央地塊の端が、断層を介して堆積岩地質帯と接している。この堆積岩は、上部ジュラ系（キンメリッジアン階）石灰岩および泥灰質石灰岩で、同様に岩石の多い土地と急峻な岩石質の斜面、薄い様々な（この場合は塩基性）土壌を形成する。ブドウはこれらの石灰岩かなる斜面下部で栽培されるが、Cornas 村の東では、花崗岩とその'がれ'上で栽培されている。

　ここから**サン・ペレ町**⑨へ行く。前述と同様な鮮新世の谷が、ジュラ紀生成の起伏である Crussol 山を貫き、Touland 村および Chames-sur-Rône 村に導く凹地を経由して現世のローヌ川の西側へ達している。**サン・ペレ町**は、この古い化石谷の入り口に位置

第36図　北コート・デュ・ローヌ地区旅行案内（2）トゥルノン町、タン＝レルミタージュ町、サン・ペレ町ワイン産地

し、花崗岩と泥灰質石灰岩の間にあり、沖積層、'がれ'、黄土によって覆われている。**サン・ペレ**町のブドウ畑は、トゥルノン・ブラン（tournon blancs）種、とくにマルサンヌ種に似たブドウから有名な白ワインを生産している。ブドウ畑は、常に穏やかな起伏の丘陵斜面上の他の農作物の畑の間に散在している。そのワインは、軽く素晴らしいもので、ブーケを有するが、非常に活気に充ち、トケー種のブドウから作ったワインと異なり関節炎と痛風に非常によい効果がある。高アルコール度で時に酔いやすい発泡性ワインおよび少量のロゼワインも生産されている。

　サン・ペレ町からは、N86 道路経由で Glun 村まで北に戻り、ローヌ川のダムサイトを通過し、La-Roche-sur-Glun 村に着いてから北方のローヌ河床にある最後期ジュラ紀の石灰岩露頭まで行く。ここで我々はドローム県に到着したことになる。ここにはローヌ川とイゼール川の合流点に広がった現世の礫質沖積層河岸段丘が大きく発達する。田舎の小道⑩を通って N7 道路にぶつかる。適当な深さまで良く排水される礫質沖積層の土壌の上で、ブドウ畑は他の作物の畑と混じり合って分布している。ここが l'Ermitage（または Hermitage）ワインの産地であり、**タン＝レルミタージュ**町を越えて北に続いている。共に提供すべき非常に優れた赤および白ワインがあり、これらの源であるブドウ畑は、見応えのある障壁をなし、正確に南に面して台地を形成する北方の Tain 花崗岩突出部を這い上がって行く⑪。このブドウ畑は黄土に覆われた斜面と山肩上を東に向かって伸び、**タン＝レルミタージュ**町と**クロズ＝エルミタージュ**（Crozes-Ermitage）村の間で地塊を貫いて、中新世のモラッセ海岸まで伸びている。その土壌は砂質であり、しばしば粗粒となり、アレナイト質で、**タン＝レルミタージュ**町では天日で焼かれた状態で**クロズ＝エルミタージュ**村に向かってさらに発達している。それは遙か遠方からも直ぐ傍からも見られ、また訪問者に対すると同様太陽にも曝されているので、**タン＝レルミタージュ**町の丘陵斜面は途切れないブドウ畑のエプロンの役を演じている。**タン＝レルミタージュ**町の赤ワインは、名声を博している。繊細であるが寛容であり、豊かな色を持ち、フルボディー、しばしば芳醇である。このワインは、新しい城を偲ばせる。多分物としてではなく、繊細さにおいて優れているからである。**タン＝レルミタージュ**町の白ワインも作られているが、**クロズ＝エルミタージュ**村の白ワインに似ている。

　クロズ＝エルミタージュ村ワイン産地⑫は実質的に上述のワイン産地の北への延長で、類似の稍軽い赤ワインを産する。また、ブーケのある非常に優れたフルボディーの辛口で繊細な白ワインが、マルサンヌ種およびルーサンヌ種のブドウから作られている。ブドウは**タン＝レルミタージュ**町と同様な地層の上で栽培されているが、より限定されている。このワイン産地は Lamage 村まで続き、そこから Saint-Vallier 村に戻り N7 道路に入る。

6.1.2　ワインと料理

　Côte-Rôtie、Tournon、Cornas、Saint-Joseph、Ermitage、Crozes-Ermitage 等の赤ワインは、多くの料理と見事な組み合わせを示し、重い料理にも合い、権威を持っている。

Condrieu、Château-Grillet、Saint-Joseph、Tournon Ermitage、Crozes-Ermitage、Saint-Péray 等の白ワインは、それだけ飲むよりも料理と一緒に飲む方がよい。これらは貝や魚料理ばかりでなく、辛口でブーケのある場合は、スウィートあるいはあっさりした肉料理にも合う。フルーティーなワインはデザートに楽しさを加える。

6.2　南コート・デュ・ローヌ地区
6.2.1　ローヌ川左岸地区

Pliny は彼の著書「自然の歴史」で、**ジゴンダス**（Gigondas）村付近のワイン産地についてのべ、また彼の生きた時代にヴォークリューズ県の多くの丘陵が優れたブドウ畑によって覆われていたことは疑う余地がないとしている。

これらブドウ畑の存在は、中世に確立されたが、幾つかの村でブドウ畑が大きく発展したのは、ローマ教皇が Avignon 市に居住した 14 世紀の事であった。その時代にカトリック教会が存在する町の影響が全ヨーロッパに普及し、交易が歩みを始め、そこでは輸出を考慮せずに大量のワインが飲まれるようになった事を記憶すべきである。Châteauneuf-de-Pape 村の現在の名声がそのお陰であることは疑いない。

Donzére 村に近い**トリカスタン**（Tricastin）ワイン産地の中心部に、ローマ時代（1世紀初頭）の最大かつ最古のワイン貯蔵庫が発見された。"800 以上のワイン樽、種々雑多の器具と物は、50ha の大農園からの収穫物を処理するのにいかなる施設が必要であったかを示している"（リヨン市歴史古代美術博物館館長 M. Lasfarques 氏私信）。

6.2.2　ブドウ畑と土壌

最も広く栽培されているブドウの品種はグラナシュ種であり、これからタンニンが多く、ボディーがあり、アルコール度が高い、風味に富んだワインが作られる。この地域で基本的な品種であるシラー種のブドウからは、典型的な香、年数による熟成、円やかさを持ったワインが作られ、サンソー（cinsault）種のブドウからは、素晴らしい、繊細で軽いワインが作られる。その他のマイナーな品種が一部の地域、とくに Châteauneuf-de-Pape 村で栽培される。

ヴォークリューズ県は、中生代の間非常に活動的であったトラフの直上にあり、この地域の地表の下には厚さ 900m の堆積物が分布している。深い海盆から出現した地塊のすべては、アンモナイト類とベレムナイト類を含む青色泥灰岩か、あるいはアンモナイトを伴う石灰岩、あるいは Ventoux 山の南に形成された非常に厚いリーフ石灰岩（ウルゴン相）のいずれかを産する。

何という対照的な土地であろう。1つの県の中で非常に多くの異なった眺望が存在する。ここには、神の川－ローヌ川－の川岸がある。今やなんと静穏な、多くの昆虫に充ち、青々とした植生、リンゴの果樹園と穀物畑。ローマ教皇の都市－ Avignon －、活き活きとして鐘の音に充ち、川の流れを見渡す、人々とこの土地の産物。さらに東と北東の Comtat

Venaissin 地域と Haut Cimtat 地域には、早生の野菜、穀物、果物が実る平野が広がる。小さな丘と小さな台地があれば、そこには豊かで控えめな割合のブドウ畑がある。

　南北に伸びる La Lance 山脈、北の冬眠中の怪物 Ventoux 山、釣り合いよく長く伸び、大きな裂け目とドリーネが点在する巨大な石灰岩台地－地域の王者－ヴォークリューズ山地、南に途切れないくっきりした線を描く Luberon 山などの山々は、結局、固体の障壁となっている。北から来る旅行者は、Grignan 村や Saint-Paul-Trois-Châteaux 村の近くで、幾つかの機会に指摘した気候境界を横切っていることに気付くべきである。

　北コート・デュ・ローヌ地区が比較的均質な土地で単一種のブドウ（シラー種、ヴィオニエ種、ルーサンヌ種、マルサンヌ種）からワインを作るのに対して、南コート・デュ・ローヌ地区では、極めて変化に富んだ土壌において多種のブドウ（コート・デュ・ローヌのラベルを持つ地区において 23 種）からワインを生産している。ローヌ川左岸（石灰岩または礫質赤色粘土土壌）の**コトー・デュ・トリカスタン**（Côteaux du Tricastin）（AOC）地区および右岸**コート・デュ・ヴィヴァレ**（Côtes du Vivarais）（VDQS）地区は北コート・デュ・ローヌ地区から南コート・デュ・ローヌ地区への中間的ワインを生産している（第 34 図）。

6.2.3　旅行案内

Grignan 村からサント＝セシル＝レ＝ヴィーニュ（Sainte-Cécile-les-Vignes）村へ

　Montélimar 市で N7 または A7 自動車道路から離れ、Grignan 村への方向、南東方向に急に進路を変える。Grignan 村の頂上には侯爵夫人 Sévigné の娘－ Chantal de Bussy-Rabtin －が所有する素晴らしい城①（第 37 図）が見出される。

　Grignan 村と Grillon 村の間の小さな鞍部を過ぎると、最大かつ最も良く研究された中新世の Valréas 海盆に入る。露出する中新統の基底部には無数の化石が見られ、弁鰓類、ウニの破片、無数の鮫の歯が取れる。Valréas 村から道を D941 にとりフルーティーな赤ワインを産する**サン＝パンタレオン＝レ＝ヴィーニュ**（Saint-Pantaléon-les-Vignes）村②まで行く。

　Valréas 村に戻り、Vinsobres 台地に登ると、ブドウ畑とラベンダー畑が混ざり合っているのが見える。それから Vinsobres 村に行くと、後述の素晴らしい地点を含む段丘を伴う Aygues 川が見える。Vinsobres 村から Travaillan 村までの約 40km の旅程の中で Aygues 川ワイン産地は、種々の異なった地層を示す。

　Vinsobres 村③の上からは、Aygues 川の向こうに遙か南東の Ventoux 山とその前景を眺めることができる。この村は泥灰岩と礫層からなる上部鮮新統の上にあり標高 280m であるが、西側は砂質泥灰岩と礫岩層からなる陸成の上部中新統と接している。Valréas 村へ向かう D190 道路上にこれらの地層を示す良い断面がある。

　Vinsobres 村の南と下には、第四紀河岸段丘が見られ、ここには我々が通過するワイン産地④の大部分が存在する。

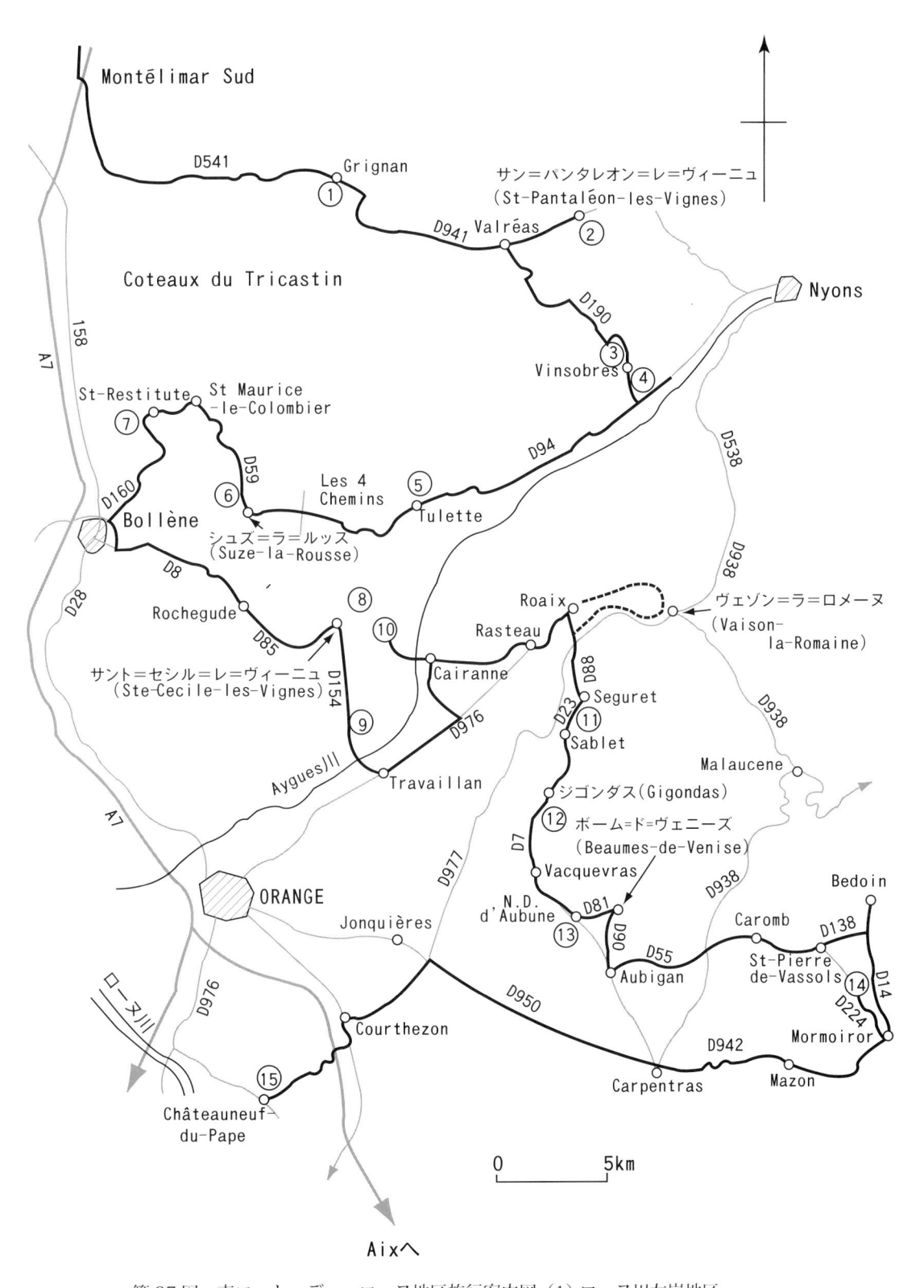

第37図　南コート・デュ・ローヌ地区旅行案内図（1）ローヌ川左岸地区

これらのAygues川右岸に分布する各段丘は、谷の示すSW-NE方向と450m以上の標高、北の中新統－鮮新統の台地からの乾燥した冷たい北風からの保護作用、太陽に対する良い露光条件によってブドウ栽培の好適地を提供する。

　D94道路経由でTulette村に行く。D20道路との交差点で、中間河岸段丘⑤の良い断面を見ることができる。

　シュズ＝ラ＝ルッス（Suze-la-Rousse）村⑥まで行くと、新しいけれど既に有名なワイン大学に属する中世の城郭建築物がある。**シュズ**村からは**トリカスタン**地区環状コースが始まる。D59道路を北に向かってSaint-Mourice-le-Colombier村を通過し、D218道路経由でSaint-Restitut丘陵⑦に行く。ここは忘れてはならない所で、一部地下の加工石材（下部中新統）の立派な採石場がワインの熟成貯蔵室を包有している。Bolléne町に行ってD8道路に入り、Rochegunde村とLagarde-Paréol村を訪れよう。とくに後者は貴方に非常に嬉しい驚きを与えるだろう。続いて行く**サント＝セシル＝レ＝ヴィーニュ**（ブドウ聖処女）村は、その名前に忠実な村である。何故ならこの村は単独でコート・デュ・ローヌAOCラベルのワインの10%を作っているからである。

　この村の北部は古期河岸段丘の上にあり、約10mの高さからAygues川の現在の流路を眺めることができる。村南部のブドウ産地の大部分は、より古い河岸段丘の上にある。2つの地層の境界は"saffre"縞（ヘルベティア階の不規則な礫を伴う黄色砂）によって認識される。

　村西北部（Charbonneaux地区）の採石場⑧には、沖積層断面を示す良い露頭がある。そこへはD576道路とD193道路を結ぶChemin vieuxと呼ばれる小さな道に沿って約2.5km行けばよい。

　この沖積層は帯灰色または帯黄色の砂質－泥灰質マトリックス中に主として石灰岩の淡灰色小礫を含む堆積物からなるが、ときに固結して白色の礫岩を形成している。幾枚かの砂質粘土縞は、疑いもなくヘルベティア階モラッセの河流による分解物起源であると考えられる。この河岸段丘はウルム氷期形成とされている。

　より古期の河岸段丘地質断面は、村の南約6km、Aygues川から800mのD154道路沿いにある砂利採掘場⑨で見ることができる。この沖積層は水の貯留槽として作用する砂質粘土のマトリックス中に前述と同様な礫を含む堆積物からなる。この段丘の種々の性質はブドウ畑のための良い条件となっている。

　Aygues川を過ぎた後、同様な段丘がTravaillan村の上に再び現れ、Plan de Dieuおよび Bois des Dames地区を形成する。Travaillan村からRasteau村までのD975道路はこの段丘上を通過する。しかしその前に北に曲がってD8道路を北のCairanne村に向かう。

サント＝セシル＝レ＝ヴィーニュ村からボーム＝ド＝ヴニーズ（Beaumes-de-Venise）村へ

　Lafare-Suzette地塊上にあるこの小さい地区は、その東部で素晴らしいワインを生産するが、岩塩ドームの隆起によって赤色の泥灰岩と石膏（Beaumes村で地表採掘されている）

をもたらすとともに極めて擾乱された地質となっている。

　Cairanne 村から**サント＝セシル＝レ＝ヴィーニュ**村の方向に戻ると、非常に化石（イタヤガイ、キリガイダマシ）に富んだ中新統の青色泥灰岩が Cairanne 村の北西 2km ⑩の Aygues 川に沿って露出している。

　Cairanne 村の非常に美しい斜面からは素晴らしいブーケのあるワインを生産している。その斜面は Raseau 村まで続き、自然の甘いワインを産出している。この 2 つのコミューンのブドウ畑は一部中新統、一部 Aygues 川と Ouvéze 川の沖積河岸段丘の上に分布する。Raseau 村の赤色粘土マトリックス古期河岸段丘は、円味を帯びた石英と石灰岩礫に非常に富んでいる。

　土壌の礫含有率および排水などの状況変化は、ワインに大きな変化をもたらし、協同組合の素晴らしい設備を持ったワイン貯蔵室、多くの個人ワイン生産者が経営するもっと居心地の良い家族向きのワイン貯蔵室どちらでもその変化を見出すことができる。Roix 村へ行き、もし回り道をして**ヴェゾン＝ラ＝ロメーヌ**（Vaison-la-Romaine）市とその遺跡を訪問するのでなければ、D88 道路の後 D7 道路を経由して南に向かう。

　ほとんど垂直な中新世の地層に、あるいは素晴らしいブドウ畑に覆われ、黄色い "saffre" 縞を産する円味を帯びた丘に張り付くように分布する美しい Créche de Séguret 村⑪、Sablet 村、Vacqueras 村に続いて魅力ある**ジゴンダス**村が現れる。ここでは、フィレンツェ・イトスギと Dentelles de Montmirail 山脈（垂直なジュラ紀石灰岩）の高い壁が、この宝石のような村⑫の忘れがたい背景を形作っている。

　さて、そのワインについて何と言おうか！これらの高く評価されたフランスワインのアロマ様の風味、数年の間に良く発達した際どい芳香を伴い、Genevoix の小説のようにほのかさと力強さを持った稀な品種が、ローヌ川のこの地区におけるすべての花のようなワインを作り出している。

　これらの喜びを自ら捨て去って、四角い鐘の塔を持った Notre-Dame-d'Abune のロマネスク様式の教会⑬を訪れてから**ボーム＝ド＝ヴニーズ**村に行く。

　ここでは高く評価されるコート・デュ・ローヌおよび Côte du Ventoux のワインが再び中新統地質帯から得られている。非常に繊細なロゼワインと充分な風味を持った赤ワインが優れたミュスカ種のブドウから作られている。自然の甘味ワインの存在は地区の農場主とワイン生産者の称賛に値する努力によるものである。

Aubignan 村から Mazan 村へ

　Ventoux 山の南側の山麓に分布する一連の村は、Caromb 村の良い性質と色を持ったワイン、Bedoin 村のより扱いやすいワイン、Mormoiron 村のときに軽いワインなどどこでも知られた優れたワインを生産している。

　砂と黄土の採掘場を訪れるのを忘れないこと。その色は非常に明るく自然物とは信じられないほどである。また、Mormoiron 村の白い丘で素晴らしい石膏の結晶（とくに

Mormoiron 村と Saint-Pierre-de-Vassols 村を結ぶ道路に沿った場所⑭の繊維状石膏）を採取するのも忘れてはならない。

Chàteauneuf-du-Pape 村⑮

極めて尊敬される強さ、その風味とボディー、その常に変わらない品種改良と品質を有する国の第1線級のこのワインの名声について、更に付け加えたいことが少しある。

収穫される大部分のブドウは、極めて特定の沖積層の土地から得られている－すなわち早期第四紀にローヌ川の激流によって形成された赤色粘土マトリックス中に非常に大きな珪岩の砕屑物を含む礫質土壌である。礫はあらゆる場所で見出され、またあらゆる場所でその礫は太陽の熱を吸収してこれを夜の間も豊かなブドウに与えている。

協同組合のワイン貯蔵室と同様に、多くの個人所有の貯蔵室も Chàteauneuf-du-Pape ワインの若いものから古いものまで試飲サービスを行っている。Chàteauneuf-du-Pape 村からローヌ川を渡って旅行を続ける。

6.2.4 ワインと料理の結婚

すべてのワイン愛好家と鑑定家に提供される経験の範囲は、非常に豊かなので、詳細に組み合わせを述べることは困難である。従って、ここでは主な指針を少し述べることにする。

Haut Comtat Venaissin 地区および隣接する Drôme 地区（Valréas 村、Visan 村、Vinsobres 村、Saint-Maurice 村、Tullete 村、トリカスタン地区の村々）のワインは一般にタンニンが少なく、匂いがあり、風味とアロマのような性質に変化がある。これらのワインは単純な料理（網焼き肉、狩猟小獣肉料理、あるいはチーズ）と良く合う。

サント＝セシル＝レ＝ヴィーニュ村のワインは Vacqueyras 村、Cairanne 村、Rasteau 村のワインと同様に地味でフルボディーであり、多くの肉料理およびソース付き肉料理に合う。Seguret 村、Sablet 村、Aubignon 村、Caromb 村、Bédoin 村、Mormoriron 村のワインは曰く言い難い所がある。

ボーム＝ド＝ヴニーズ村のワインは軽く、繊細な賛辞の道の上を歩んでいる。辛い鶏もつ付きミックス・グリーン・サラダ、アイスクリームまたはドジョウ料理がロゼワインと優雅な組み合わせを作る。大宴会では、食前酒として一杯の小さなグラスのミュスカ・ワインが供される。

Gigondas ワインについては、この場合私のペンは自制心を失うかもしれない－しかしここには充分な空間もなく、また充分に感情を呼び起こす言葉で、心に直接繋がる感じを如何にして説明することができるだろうか？

まず第一の原則：森とともにあるすべて、山鶉、鶫、雲雀、鳩、子兎、野兎の料理は、注意深く熟成した（5～10 年）一瓶の Gigondas ワインとともにあるべきである。

その他の原則：このワイン無くしてトリュフ、パイ、雉肉の料理、肉汁ソースを軽くか

けた鹿のあばら肉料理を供してはならない。

そのような喜びの後では、美しい化石を見つけ出すことさえ無意味になってくる。

Chàteauneuf-du-Pape ワイン：このワインは例えば雄豚肉、すべての丈夫な鹿肉、ソースに浸した牛肉、山羊のチーズ、"picodon" のようなすじの入ったブルーチーズなどの料理に合う。威厳のある Chàteauneuf-du-Pape ワインは常に伝統ある料理テーブルの上にその場所を見出すであろう。

6.2.5　ローヌ川右岸地区

コート・デュ・ローヌのラベルは、ローヌ川下流においてもワインの品質・特徴を保ち、例えば Avignon 市と Remolin-Pont du Gard 村の間にある Domazan 村には優れた赤ワインがある。この地区では、"garrigues" 石灰岩高地は鮮新世青色泥灰岩の下あるいはローヌ川およびその支流の沖積層の直接下に隠れているが、所々に岩石露頭が構造的に形成されている。北部の E-W 系 Roquemaure 断層、Villeneuve-lès-Avignon 峡地、Aramon シル、Beaucaire シルが現世河川三角州の下に存在する。

6.2.6　旅行案内

地区の地質学的に珍しい現象を見逃さないようにしよう：Roquemaure 断層の鏡肌①（Roquemaure 村の南 3km）、古期 Pujaut 湖の湖岸線（Villeneuve-lès-Avignon 市の北側）、Foumès 凹地（化石に富む鮮新世泥灰岩中の不思議な峡谷迷路）（第 38 図）。

偉大な名前 Tavel ワイン、"フランス最高のロゼワイン"（従って世界の ----）は、地区の他の品質の良い産物の影を薄くしている。実際、Avignon 市の北西 14km の**タヴェル**（Tavel）村を中心としたこの地域②は、このロゼワインのためだけに存在し、AOC ワインの等級を有している。上に述べた場合と異なり、ここには地質的内容を有する特別な事柄は何もない。**タヴェル**村は、"garrigues" 高地の東の限界 Roquemaure 村と Pujaut 村の間に位置する。AOC ブドウ畑は、古代の霜による粉砕作用により石灰岩から形成された礫質土壌の上に分布する。ワインは、強い色と高貴な雰囲気を有する。強いけれども飲みたいと思えば、大きく一飲みすることができる。

このワインを作るために栽培されるブドウは、グラナッシュ種が主で、サンソー種、白および赤クレレット（clairettes）種、ピクプール（picpoul）種、ブールブーラン（bourboulenc）種、カリニャン（carignan）種など多くの他種を圧倒している。しかし、例外的な赤ワインがコート・デュ・ローヌの名で作られている。

タヴェル村の北 3km の**リラック**（Lirac）村地区も、基本的に異なってはいない。ここも等しくロゼワインに専門化している。このワインは優れており、品質においても指定されたブドウの品種においても白ユニ（Ugni）種とマカベオ（Maccab）種が加えられている以外は上述のものと同様である。そのラベルには価値ある赤ワインと極めて稀な薄赤色の白ワインもある。乾いた石灰岩礫質土壌の丘陵斜面が、**タヴェル**村の北の**リラック**、

Saint-Laurent-des-Arbres、Saint-Geniès-de-Comolas、Roquemaure などの村々に分布している。

最後に、Cosières 地区が Beaucaire 町からモンペリエ市付近まで広がっている。この地

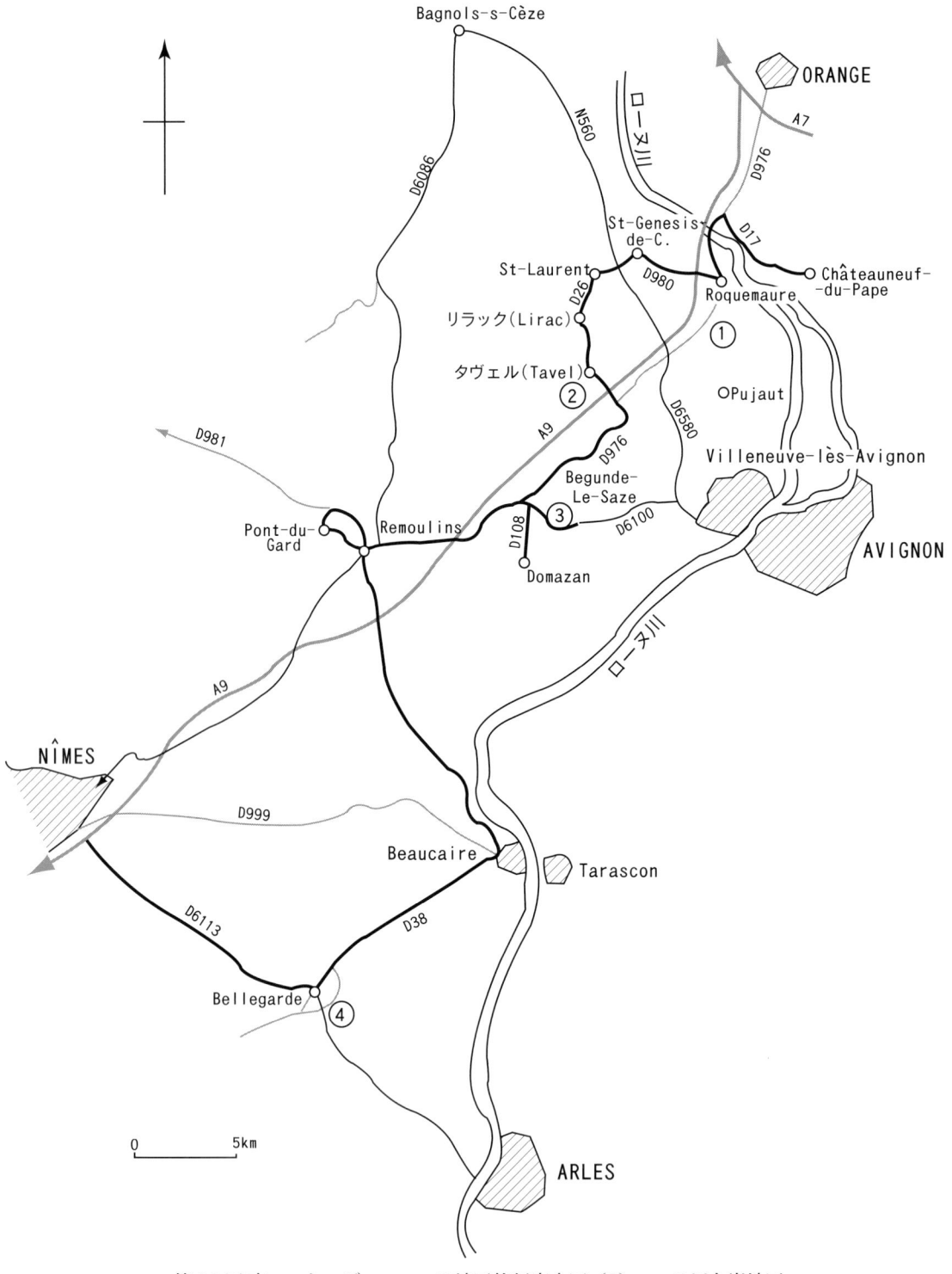

第38図 南コート・デュ・ローヌ地区旅行案内図（2）ローヌ川右岸地区

区はミディ種およびコート・デュ・ローヌ地方の古典的ブドウ品種を栽培し、AOC 指定のワインを生産している。そのラベルはガール県の 24 のコミューンおよびエロー県の 2 つのコミューンに適用され、その範囲は、基本的にローヌ川の非常に高い河岸段丘（ビラフランカ階）の上にある**コスティエール**（Costières）地区に限られている。シリカ円礫層が、炭酸塩の広範な溶脱に伴う粘土質砂および黄土マトリックスの消費により形成されたラテライト質土壌の下にある。早期第四紀の氷楔割れ目が記載されているのが注目される。この割れ目は円礫層を切り黄土により充填されている。コスティエール地区の外、Avognon 市から Nîmes 市へ向かう道路の途中にある Bégude-de-Saze 地区③まで行くと、扇状地と海成鮮新統泥灰岩の上に乗るローヌ川の河川堆積物がはっきり見える。**コスティエール**地区の北西側の境界は、現世の活断層 Vauvert 断層に沿っている。この断層は是と平行な Nîmes 断層（NE-SW）とともに Vistre グラーベンの境界を形成する。

　ワインラベルには、非常によく知られ、また非常に楽しませてくれるロゼワイン、色を出すためにブドウ品種を強化された赤ワイン、クレレット種、グラナッシュ・ブランク種、マカベオ（macabéo）種、そしてとくにマルヴォアジー種のブドウから作られる白ワインがある。生産されるワインの品質は、1968 年以来安ワインの全体的な排除と、より注意深いワインの選択により著しく改善された。Clairette de Bellegarde ワインは Arles 町と Nîmes 市の間、Cosières 地区の東端④で作られている。

6.3　デュオワ地区

　有名な著者 Pliny（「自然の歴史」第 14 巻 9 章、13 章）は、我々は始めて Clairette de Die ワインについて述べると書いた後高い賛辞を呈した。何故なら著者はこの"真に自然な甘味ワイン"と古代から実行されてきた蜂蜜、加熱したぶどう液、色々な樹脂とベリーを加え"混ぜ物をした"ワインとを対照したからである。

　彼は Voconci 地域（その首都 Dea Augusta は現在の Die 町）がどのようにして彼らの甘味ワイン "aigleucos"（その名は発泡ワインとして残っている）を獲得したかを次のように述べている。"それが発泡(発酵)することを、結局真のワインに変化することを防ぐために、大桶から抜かれたブドウ液は、冬至まで、すなわちブドウ液が固く凍るまで川の冷たい水に浸された小さな樽に入れられた…….."

　Voconci 地域のワイン生産者は、このようにして彼らの子孫が今日用いている酵母菌を除き発酵を妨げるために設計された種々の濾過法を併用しながら貯蔵庫で冷却する方法を発見することに成功した。

6.3.1　ワイン生産地およびその土壌

　Voconci 地域が、腐敗に対して非常に特徴的な感受性のあるミュスカ種のブドウをかつて有していたことは、確からしい。この遠い時代以来、ブドウの木は多くの変化を被ったが Clairette de Die ワインは、その基本的品質をミュスカ種のブドウに負っており、クレ

レット種のブドウはミュスカ種のブドウから来る風味を軽くするために用いられたと考えられる。というのは、ミュスカ種のブドウだけでワインを作った場合その風味の重さは、不愉快なほど明白であったからである。

　ワイン生産者にとって、問題はミュスカ種のブドウから、軽く性急でない繊細な香りをもったワインを作り出すことである。このようなワインが、Clairette de Die ワインの唯一の競争相手－ Asti Spumante ワイン－によってときに作られてからである。

　地質は、ブドウの選択に部分的な役割を演ずる。ジュラ紀の泥灰岩に由来する礫の少ない重い土壌（黒土）は、完全にミュスカ種のブドウに適しており、その激しさと活力はよく知られ、多くの植物がネアブラムシの大きな危機に広範に耐えることができた。

　最後に、Chatillon 村地区が非常に軽い赤ワインと発泡性でない白ワインを作るのに用いられるブドウ品種を提供していることに注意すべきである。

　ブドウ栽培を支配する要素とパラメーターの問題に歴史的に寄与してきた、乱れて複雑な地形を有するこの地域のこの地区において、もしこの問題が研究されれば、1つの明白な事実が解明されると考えられる。すなわち、デュオワ地区を通じてブドウの存在、確立、発展を支配し、依然として基本的要素である微気候の存在である。微気候は、その一部は同定が困難な多くの要素の複合の結果である。要素の例としては、方位（光あるいは日陰の見地から）、主要な水路に関係する標高（深部における結氷の危険）、日照時間（ある岩塊の遮蔽効果）、地形（峰、凹地など）、下にある岩石の性質とその水力学的性質（排水および乾燥；重い土壌の問題）などがある。

6.3.2　旅行案内

Crest 町から Die 町まで：Bas Dious 地区

　その切り立った城が堂々と見下ろす Crest 町を出発して、直接目的地に向かって行き最初の地区代表 Saillans 村①、Vercheny 村、Aure 村、Barsac 村を見出す（第39図）。

　寺院②で名を知られている古い Vercheny 村に登り、南東に面する壮麗なブドウ畑を真北に向かって貫く道を行く。そこから、大きな背斜によって強調された甲羅状の上部ジュラ系石灰岩と、狭い峡谷を切るドローム川を見ることができる。

　Aurel 村③は、有名なジュラ紀の "黒土（black earth）" を形成している暗色の泥灰岩の上まで隆起し日に照らされた岩石によって明るくなり、窪地の中に本当の意味で巣ごもりしている様に見える。Viopis 村へ向かいそこから Barsac 村へ抜ける道を躊躇無く進む。この2つの村④は、そこに残された釣り合いと内容に充ちた豊かな過去とともに、ワインの精神の中に調和的に浸されているように見える。

　中世的な Pontaix 村が通路に沿って広がっている。ここで貴方は太陽から最高の恵みを得るために存在する小さな土地－聖十字架（Saint Croix）－のもとにいる。Ponet 村および Saint-Auban 村⑤への回り道を行くと、小さな稍涼しく乾燥した谷に出会う。ここでは、ブドウが Clairette ワインの栄光のためにより良い場所を選んでいる。

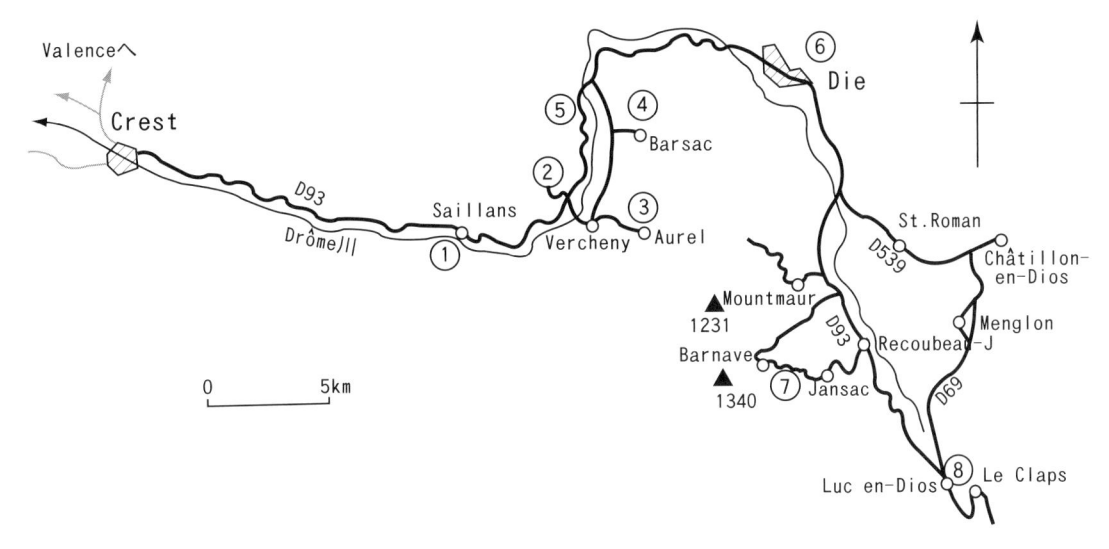

第39図　デュオワ地区旅行案内図

　Die 町は、協同組合のワイン貯蔵室⑥において貴方がたを大いに歓迎する。素晴らしい設備のあるこの貯蔵室では統一されたワインが作られ、貴方は余暇に試飲することができる。また、地区のワイン生産者が、Sailans 村とこの Clairette 地区の中心地の間のすべての村で、多くの種類のワインを提供している。

Die 町から Châtillon en Diois 村および Luc-en-Diois 村まで；Haut Diois および Châtillonnais 地区

　森と穀物畑の間に散点した非常に濃密なブドウ畑のパッチワークが、貴方を待ちかまえている。Barnave 村⑦とその隠れた丘の斜面を見逃さないこと。北方には、Serre Chauvière 山が聳え、その下の石灰岩斜面はスランピングの良い例となっている。この村はほとんど全部がブドウ栽培に従事している。

　最も衝撃的な眺望の 1 つを Serre Chauvière 山の頂上から見ることができる。そこへは Montmauer-en-Diois 村から始まる森の中の道路に沿って行けば、到着できる。

　東方には Châtillon en Diois 村の窪地があり、主としてチトニアン期石灰岩層が分布し、部分的に断層が発達し急激な褶曲を示す。ワイン産地は'がれ'の発達する斜面下部に分布する。さらに向こうには、ウルゴニアン期の石灰岩からなる巨大な Glandasse 山が聳える。その上で夏の太陽が沈むのを長い間眺めることを推奨する。すべてのブドウ畑は貴方の足下に、緑のコンストラストによるチェッカー盤のように広がる。

　3km 離れた Luc-en-Diois 村に行く。チトニアン期石灰岩（上部ジュラ紀）の基底の泥灰質縞上のスリップにより異様な地滑りが起こり、ドローム川がせき止められ Claps 村の近くで滝⑧ができている。Luc-en-Diois 村から D69 道路を経て Châtillon en Diois 村に着く。ここでは、"黒土"が Bez 川の河岸段丘に繋がる丘に露出している。

　旅行から戻る際に、Châtillon en Diois 村から Saint-Roman 村に向かう道路の両側に伸

びる小区画のブドウ畑を見て、終わりとしたい。

6.3.3　ワインとその飲み方

　Clairette de Die ワインは、食前酒として、またデザートとともに飲むことができる。10時あるいは5時前には、この時間では味覚にあまり受容力がないので友人の間で瓶を開けるのは推奨されない。私の経験では、嵌め輪の付いた半発泡ワインで食事を始め、もし料理がそれと合うならば更に続ける。すなわち、軽く塩味の付いた生温い牡蠣と白ポロネギ、続いて暖かいバター付き淡水魚、少しぱりっとした蒸し野菜（小さい蒸しジャガイモと豆）、あるいは千切り野菜スープ、あるいはレタスの上の料理された甘い小さなパイが、この組み合わせに適合する。

　山羊のチーズの風味は強く作られているが、驚いて食べるのを止めてはならない。ブドウ畑の管理をより良くする観点からコート・デュ・ローヌ地方の生産者は、フランス地質・鉱物研究所（BRGM）に Buisson 村（ヴォークリューズ県）の範囲の地図作りを要請した。既存の地形・地質データおよび現地での調査結果を用いて、1/5000縮尺の地籍的、地形的、水理的、地質的地図中に満足すべき要約が記載されたものが作られた。この問題に関心があるならば、**ヴェゾン＝ラ＝ロメーヌ市**（第37図）の北西 10km、旅行案内ルートに近い Buisson 村経由の回り道をしてブドウ栽培者組合を訪問すれば、この研究によって持ち上がった多くの重要な事実を知ることができる。報告書を準備するために用いられた基礎データはコンピュータによって処理され、近い将来補強・修正され意見が求められる予定である。また、同じ設備を用いて、これらの技術的データはブドウ畑管理の年次データと組み合わされ、ワイン生産者のコミューン組合は、容易に扱える1つの道具と、ブドウ畑を管理する際に地質学的・土壌学的事実を考慮に入れる手段などのおそらく思いもよらない資源を手に入れると考えられる。

参考文献

地質学
地域地質案内書（パリ Mason 社出版）
Lyonnais-Vallée du Rhône(1973), by G. Demarcq et al.（とくに序言と多くのルート参照）
Alpes: Savoir at Dauphiné(1983), by J. Debelmas et al.

ワイン醸造学
Bailly, R.(1978), Histoire de la vigne et des grands vins des Côtes du Rhône.（コート・デュ・ローヌ地方のワイン生産と偉大なワインの歴史）Orta Impr., Avignon.
Brunnel, G.(1981), Guide des vignobles et des caves des Côtes du Rhône.（コート・デュ・ローヌ地方のワイン生産地区とワイン貯蔵室案内）Lattés Édit., Paris.
Charnay, P.(1985), Vignobles et vins des Côtes du Rhône.（コート・デュ・ローヌ地方のワイン生産地区）Aubanal edit., Avignon.
Durand, G.(1979), Vin, vigne et vignerons en Lyonnaise et Beaujolais.（Lyonnaise 地区とボジョレー地区のワイン、ブドウ、ワイン生産者）Presses Univ. Lyon, 540pp., 58tables.

07 プロヴァンス地方　*Provence*

　R. Dumay の " ワイン案内 " の序言において P. Townsend は、ブドウ畑に対する水供給に影響を及ぼすフランスの最も有名な河川について述べた後、"---- しかし、私が最も愛する川は、プロヴァンス地方の古代の礫質川である Durance 川、Arc 川、Argens 川であり、フランスで最初にワインを作るためのブドウを受け入れたのはプロヴァンス地方の土壌である " と言っている。いずれにしても、R. Dumay は、"Cistercian 修道会の修道士がブドウを栽培した道具が Thornet 寺院で見つかった " ということを我々に気付かせてくれている。プロヴァンス地方のワイン生産地は、ローマ帝国征服の前にギリシア人による新しいブドウ品種の導入によって改良された。不思議にもこの地域の現在の評判は、ボルドー、ブルゴーニュ、シャンパーニュに比較して極めて低い。恐らくこれは二流の " 小さいプロヴァンス・ロゼワイン（little Provençal rosés）" の過剰な分布によるものであろうか？

　プロヴァンス地方へ来て、休日の興奮状態でなくそのワインと気候を味わえば、人は人生を見つめる方法を変えることになる。

7.1　ブドウと土壌

地理的事項

　プロヴァンス地方のワイン生産地は、いくつかの自然地理的地域からなる。すなわち Saint-Raphael 市を中心とする Toulon 凹地、Arc 盆地、ヴァール中央丘陵などである。しかし、これらすべての小ないし中程度の大きさの地域は、切り刻まれ乱された地形を示し、これがその特徴となっている。1 番目の Toulon 凹地は礫が多いか森に覆われ、海岸から隆起した丘稜を呈し、しばしば山火事の被害を受け、Martigues 市から Sanary 町までは石灰岩が分布し、東の Saint-Raphael 市までは砂岩および頁岩などからなる。また、Nice 市付近には Vallauris 台地、ヴァール川、海岸縁の Maritime Alps 要塞地があり、Saint-Raphael 市と Cannes 市の間では、Estérel 地塊の赤色峰および絶壁が、色鮮やかな目印となっている。

　後背地には、Maures 地塊を分離する長く伸びた平地があり、南西方向に Gapeau 川が、東方向に Argens 川が流れている。そこには、ときに低い高原や、1000m を超す高さの山脈によって変化を添えられた種々の大きさの丘陵からなる田園がある。すなわち Saint-Baume 地区、Saint-Victoir 地区などである。高地は、全体として東西方向に配列し、対照的な外観を有する多くの斜面を示す同方向の低地帯を伴っている。

　最も標高の高い地域は、マルセイユ市の北部と Durance 川沿いの Meyrargues 村を結ぶ線の東にある。その西側で低い台地（200m）と平野が始まる。すなわちローヌ川への遷移部を形成する Crau 扇状地、Camargue 三角州、Languedoc 低地などである。この地

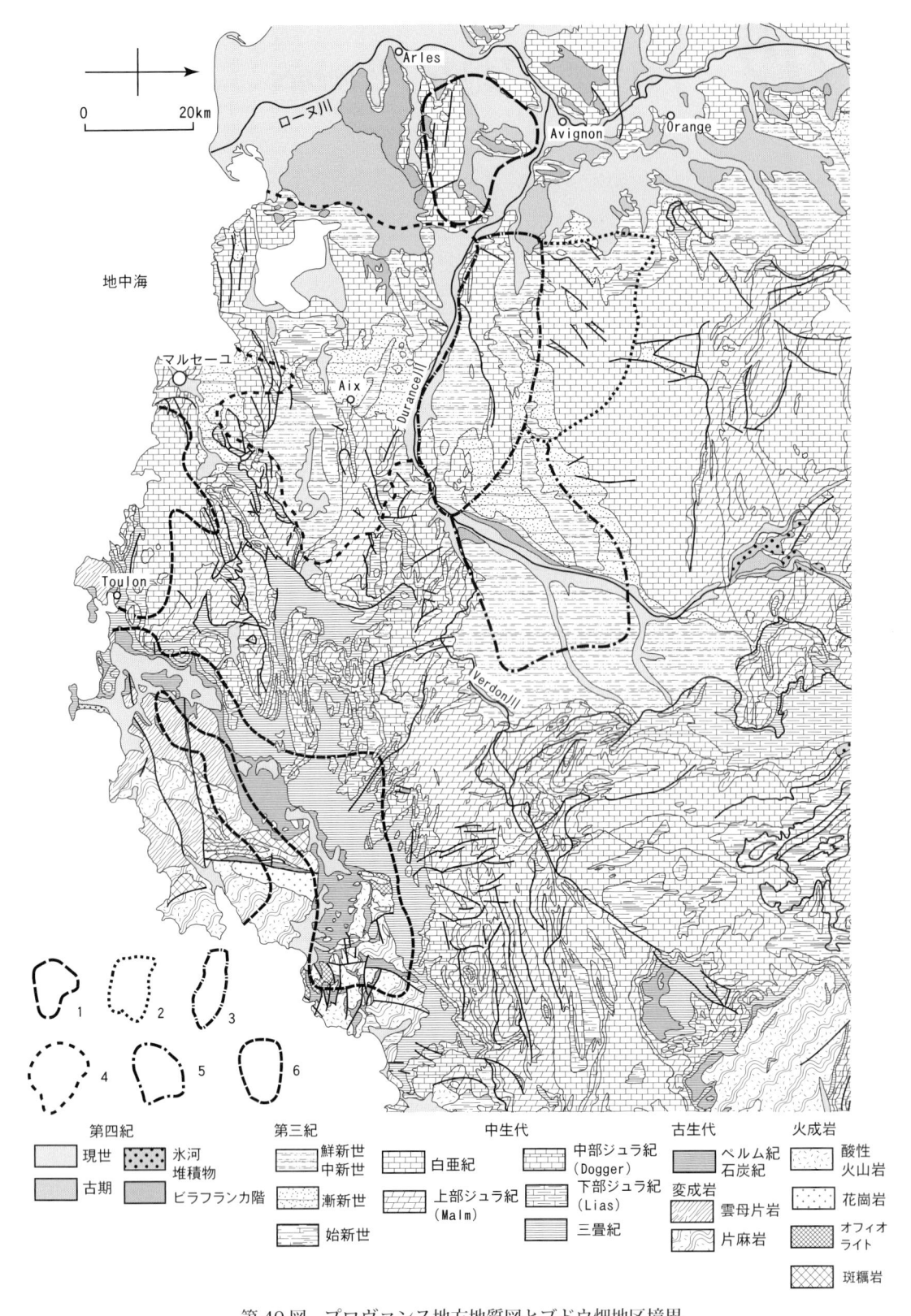

第 40 図 プロヴァンス地方地質図とブドウ畑地区境界
1 コトー・ド・ボー地区 2 コート・デュ・ヴァントー地区 3 コート・デュ・リュベロン地区 4 コトー・デザン・プロヴァンス地区 5 コトー・ド・ピエールヴェール地区 6 コート・ド・プロヴァンス地区

区の Alpilles 山だけは、Lubéron 山地の投影のように、約 500m の標高を有して Durance 川とローヌ川の間にあって、これらを分離している。

　プロヴァンス地方北西部の Grand Lubéron 山脈および Petit Lubéron 山脈は、Durance 川下流と Apt 川の間の顕著な障壁を形成しているが、その障壁は Lourmarin 峡谷により不完全に切られている。Apt および Calavon の極めて広い向斜凹地の北には Vaucluse 山地および高原があり、その北西にある Mont Ventoux 山（1902m）との間には Nesque 峡谷と Aurel トラフがある。Mont Ventoux 山と Vaucluse 山地の西縁は、ローヌ川と Carpentras 市に面する大きな円形盆地を形成している。

　北東部には、Mirabeau 峡谷において Durance 川により切られる丘陵地が発達し、またこの丘陵地は、Digne-Valensole 盆地およびマノスク丘陵を Basse-Provence 地域から分離している。そしてここは既に、高山が多く標高差が激しい Haut-Provence 地域である。**ピエールヴェール**（Pierrevert）町のブドウ畑からは、晴れた午後の暑い時に、Cheval-Blanc 山と Trois-Évechés 山の雪や Tête-de-l'Estrop 山の高いシルエットを見て驚かされる。

プロヴァンス地方の地質

　プロヴァンス地方の地質構造は細かく複雑であるが、これを3分割することができる。すなわち、ヘルシニア期基盤岩類、被覆層、アルプス期表層である。

　基盤岩類は、Toulon 市の南西の丘、とくに Maures 山塊の Hyéres 町、Tanneron 村に露出し、ほぼ南北に配列した縞状珪質結晶片岩からなる。抵抗力の低い岩石を浸食した同じ方向に並んだ谷は、主として東西方向の割れ目に沿った主浸食帯によって結合している。Maures 山塊の東および Tanneron 村では、岩石はより塊状となり、花崗岩（とくに Plan-de-la-Tour 村）および閃緑岩が片麻岩を貫いているのが見られる。

　基盤岩類中の割れ目は、変化することなく、基盤岩類を直接覆う3つの単位からなる被覆層中に延長している。被覆層の中、石炭系は、その基底において南の2つの堆積盆に縮小し、Maures 山塊中の Plan-de-la-Tour 村、Tanneron 村に、また Reyran 川および Blancon 川に沿って凹地を形成している。石炭系の岩石は砂岩および酸性または混合火山岩類からなり、稀に含石炭頁岩を伴う。ペルム系は砂岩および礫岩からなるが、その他、極めて緻密なワイン色泥質岩および赤色流紋岩質溶岩を伴う。ペルム系は、三畳系の基底である硬質グリット砂岩に覆われ、凹地の北縁に沿って Sanary 町から Muy 村まで環状に露出し、Tanneron 村の基盤岩を直接覆っている。

　アルプス期表層は組成的にも構造的にも遙かに複雑である。この地層は、ほとんど全部が相当量の炭酸塩を含む岩石類からなっている。これらの岩石類は、主として石灰岩と多少の砂を含む泥灰岩で、前者は高地の大部分を形成し、後者は凹地に露出する。また少量の炭酸塩を含む粘土質岩が、低層準（三畳系）に石膏を伴い、とくに Draguignan 市地域に分布する。同様の粘土質岩は、Bandol ベーズン（漸新世）、マルセイユ－Aubagne ベーズン（漸新世）、Aix-en-Provence ベーズン（上部白亜系－漸新統）、Manosque ベーズン、

Mormoiron ベーズンなどの中生層上部および第三系にも見出され、様々な固結度の礫層および礫岩層が常に炭酸塩成分を含み、Durance 川と Clau 川の河岸段丘および Valensole 村の第三系を形成している。ワイン生産にとって重要な'がれ'および崩積土は、一般に石灰岩岩片からなり、ペルム系からなる凹地の北縁に分布する。

広義のヘルシニア帯の外側に玄武岩質火山岩からなる 4 つの山が、Evenos 村、Toulon 市付近、Rougiers 村、**ボーリュ**（Beaulieu）村にあり、後二者にはブドウ畑が分布する。その軽く排水性の良い土壌はブドウ栽培に適している。

主なワイン産地とブドウ品種

地質的に多様であるにもかかわらず、全体として同様な品種が栽培され、生産されるワインは、VDQS と AOC の 2 つの主要グループに分けられる。石灰岩、頁岩、火山岩類上を等しく良く乾燥させる太陽は、疑いもなく共通要素である。改良努力にも拘わらず 4 つの"古い"呼称規制のワインが、主な高級出荷物となっている。今や、その評価を正当化し強化するために、その優位性とこの極めて古い生産地域を若返らせる時である。

赤ワインとロゼワイン用のブドウ品種は、主としてサンソー種、グラナッシュ種、ムールヴェドル（mourvèdre）種であるが、一般にシラー種、カリニャン種も用いられ、時にはバルバロー（barbaroux）種およびティブラン（tibouren）種も用いられる。白ワインは、クレレット種およびユニ・ブラン（ugni blanc）種の他、ブールブーラン種、ソーヴィニオン種のブドウからも作られる。主要品種および第 2 の品種の割合およびその相違は製品の相違に繋がる。

VDQS と AOC 品質のワインの他、プロヴァンス地方では、しばしば気まぐれな地形に従って範囲が限定された区域から心地よい地方ワインが作られる。ここでは南の太陽が物事を上手に整える。Durance 川上流に沿った Rémollon 村では標高 700m 以上、オート＝ザルプ県の Réottier 村の日の当たる斜面では標高 1100m までブドウが栽培されている。

Camargue 三角州では、"Vins de Pays des Sables du Golfe du Lion" という銘柄のワインが、海岸砂丘の砂層の上で作られる。この中で赤、ロゼ、白、また非常に明るく軽いグリ・ド・グリ（Gris de gris）ワインいずれにおいても、Listel という醸造元の Salins-du-Midi ワインが、最も知られている。Alpilles 山の北方では "Vins de pays de la Petite-Crau" という銘柄のワインが作られている。

ローヌ川の東岸では、**コート・デュ・ヴァントー**（Côtes du Ventoux）（AOC）ワイン産地が Carpentras 市東方の高地に分布している。その赤ワインは見事に明るいルビー色で、強い香を持っており、ロゼワインも心地よいものである。稀産の白ワインは、主としてクレレット種およびブールブーラン種のブドウから作られる。

その少し南には、**コート・デュ・リュベロン**（Côtes du Lubéron）（AOC）ワイン産地が Durance 川下流（南側）および Apt 川（北側）沿いに山を囲んで分布している。ブドウ品種は**ヴァントー**産地と同様であるが、赤ワイン用としてグラナッシュ種、シラー種、

サンソー種、ムールヴェドル種、カリニャン種が主として用いられ、白ワイン用としてはクレレット種およびブールブーラン種が用いられる。赤ワインは若いときに飲めば心地よく活き活きとしているが、ある程度年を経て飲むのも良い。

更に南へ行くと Alpilles 山の中央および南側斜面を飾る"コトー・デザン・プロヴァンス（Coteaux d'Aix-en-Provence）－コトー・ド・ボー（Coteaux des Baux-de-Provence）"ワイン産地がある。コトー・デザン・プロヴァンス産地にはブーシュ＝デュ＝ローヌ県の 48 以上のコミューンとヴァール県の 2 以上のコミューンが含まれ、これらの地域から AOC 品質のワインを産する。産地の地質は、基本的に石灰岩の氷屑崩積層であって、その露頭は**レ・ボー**（Le Baux）村付近の Mas-de-la-Dame ブドウ畑において見られる。この産地の赤およびロゼワインは、60% 程度のカベルネ・ソーヴィニオン種を含むブドウから作られる。Rians 村に近い Château-Vignelaure 農園は、このワインの重要な生産者である。ワインは少なくとも 11°のアルコール強度を持たなければならない。そのブドウ畑は、Durance 川の南に面する斜面、Salon 市と**エクス＝アン＝プロヴァンス**（Aix-en-Provence）市の間の低い台地、Arc ベーズンの丘陵斜面、Saint-Victoire 山の麓に沿って広がり、東のヴァール県とブーシュ＝デュ＝ローヌ県の境界に沿った低い丘陵に達している。

また、**エクス＝アン＝プロヴァンス**市のごく近くの Arc 川左岸には、Pelette という呼称規制の偉大な品質のワインを産する小規模ワイン産地（Château-Simone 農園）がある。そのブドウ畑は北斜面の湖沼牲石灰岩質'がれ'上に分布する。そこで生産される注目すべき赤ワインとブラン・ド・ブラン（blancs de blancs）を忘れてはならない。

マルセーユ市付近では、Côte des Calanques 湾の急峻な地形が白ワインで有名な**カシ**（Cassis）町地区（AOC）を保護している。ここでは、ブドウ畑は Cassis 円形盆地の中で種々の方向（南、西、北西）に向いて、石灰岩丘陵の'がれ'斜面上に分布している。この地区では、赤、ロゼワインも生産している。

Bandol という呼称規制のワイン産地は、**バンドール**（Bandol）町周辺の 8 コミューンにわたって広がっている。この産地は中程度の起伏を示す丘陵からなるが、その頂部は山火事に悩まされている松林に覆われ、ブドウ畑は斜面下部に分布する。土壌は石灰岩とシリカからなり、ときに三畳紀の石膏の影響を受ける。ここのブドウ畑は、作られたワインが壺に保存され船で運ばれた紀元前 600 年から操業されてきた。赤ワインの貿易は、ほとんど気候の不安もなく、ブラジルおよびインドとの間で 18 世紀に始まった。白ワインの生産は主として Sanary 町周辺で行われている。

1977 年以来、コート・ド・プロヴァンス（Côtes de Provence）地区は AOC ワイン産地に分類された。この最近の等級変化によって、使用されるブドウ品種に緩やかな変化をもたらした。これらは従来からの因習的な品種であるが、白ワインの場合ベルメンティーノ（vermentino）種とセミヨン種が付け加えられた。ここのワインは最小 11°のアルコール強度が要求され、1955 年以来ヴィンテージによる分類が行われている。土壌の変化が極めて大きく、Correns 村あるいは La Ciotat 市の石灰岩丘陵斜面、La Londe 海岸およ

びサントロペ港の頁岩質斜面、あるいは優れた赤ワインを産する**ピエルフ**（Pierrefeu）村、Cuers 村、Les Arcs 村、ロゼワインを産する Vidauban 村の斜面と山頂に分布するペルム系の良質な土壌などがある。

コート・ド・プロヴァンス地区の北側ではヴァール県の多数のコミューンが、"Coteaux varois" という銘柄のワインを生産し、最近 VDQS 等級を獲得した。Tavernes 村、Brignoles 町、Brue-Aurac 村、Saint-Maximim 市の太陽の下に広がる斜面以外は、ブドウ栽培地域はしばしば強く破砕されている。土壌下の岩石は、生産地区を通じて石灰岩である。

Basse-Provence 地域にとどまって、AOC ワインを産する Nice 市の周辺および北方の Bellet 地区について述べなければならない。この小さな地区は石灰岩質 'がれ' からなる急傾斜の斜面上にあり、2 つの特別なブドウ、フォル・ノワール（folle noire）種とブラケット（braquet）種にサンソー種を加えて、これから独自の赤およびロゼワインを作っている。また、非常に心地よい白ワインがロール（rolle）種、ルーサンヌ種、mayorquin 種のブドウから生産されている。

最後に、Durance 川中流の Manosque 町付近には、"**コート・ド・ピエールヴェール**" ワイン産地があり、中程度の起伏の丘陵において好適な方向の斜面で、プロヴァンス地方伝統のブドウ品種を用いて赤およびロゼワインが作られている。また、白ワインと薄赤色のスパークリング・ワインも作られている。土壌は第三紀石灰岩および礫岩起源の 'がれ' 土壌である。

プロヴァンス地方とローヌ川下流の気候

この地方は暑く乾燥した夏と低雨量の典型的地中海気候を示すが、ブドウとワインに影響を及ぼす多少の変動が認められる。

〇ローヌ川右岸（南 Côtes du Rhone 地区、**タベル**町、**リラック**町、ガール県 Costières 地区など）：春と秋でさえ乾燥し、Camargue 三角州より低標高で 500mm 以下の低降雨量でも所により霜が下りる寒い冬の、長期間のミストラルで特徴付けられる気候。

〇コトー・デザン・プロヴァンス －コトー・ド・ボー地区：上記と類似の気候であるが、より高い標高とより多い雨量によって緩和されている。

〇狭義のコトー・デザン・プロヴァンス区域およびコート・ド・プロヴァンス地区：ミストラルの影響は、次第に、そして急激に減じ、冬激しい雨と数多くの夏の嵐をもたらし、東に向かって雨量を増加させる（800〜900mm）東および南東方向の風に対して、ミストラルの北風は東と南東（Maures 地塊周辺）に行くに従って弱くなる。

Pelette 地区も同様な傾向を示すが、その地形的状況は石灰岩質 'がれ' 上の北向き斜面であり、比較的ミストラルから防御され、冬の霜は少し厳しいが、一般的な状況より緩和されている。石灰岩質 'がれ' は良く通気され、良く排水されており、ここでは夏期に熱くなり過ぎることはない。

カシ町および**バンドール**町地区は沿岸地域であり、霧の影響を受け、プロヴァンス地方

の中では中程度の雨量地帯である。**カシ**町におけるミストラルに比べると**バンドール**町は、非常に穏やかである。斜面の方向は変化に富んでいるが、北斜面の石灰岩質'がれ'土壌がある程度好まれている。

　Nice 市地区は夏高温であるが、海によって夏冬の差は緩和されている。しかし、山が近いので冬に雪が降る。湿度と雨量はかなり高い（800 ～ 1000mm）。

　ピエールヴェール地区はプロヴァンス地方の平均的気候よりかなり大きく大陸気候へ変位しているが、ミストラルはなお重要な役割を果たしている。乾燥して暑い夏、寒い冬、非常に少ない雨量が特徴である。Cadarache 原子力研究センターの少し南に 500mm 以下の最小雨量地点がある。

7.2　旅行案内

Arles 市からコトー・デザン・プロヴァンス地区、カシ町、バンドール村、ピエールヴェール地区を経てサントロペ（Saint Tropez）町まで

　このルートの旅行は一日でも行うことが出来るが（急いだ通覧、少ない立ち寄り、試飲無し）、三日間かけて行う方が望ましい。

Arles 市からボー・ド・プロヴァンス地区を経て Salon de Provence 市まで

　D32 道路によって Arles 市を離れ、道を D99 道路に取り Saint-Rémy 町の方向に進む（第 41 図）。ここは画家ゴッホにとって貴重な地域であった Alpilles 山の北側の麓に沿う遙かな旅である。道路が造られている周氷河崩積土の下のウルゴニアン相およびオーテリビアン期（早期白亜紀）石灰岩は北に傾斜している。Saint-Rémy 町に到着する前に、前方および左側の上昇した Petite-Crau 台地とブドウが栽培されているローヌ川の古い河岸段丘に注目しよう。

　Saint-Rémy 町で、道を D5 道路に取り**レ・ボー**村に向かう。このルートは古代人によって採掘された鉱山①（ローマ時代の遺跡）を通り過ぎて行く。右側に駐車して道路を横切り、上部白亜系（淡水成化石を含む急傾斜の灰色石灰岩）から中新統バーディガリアン階（白色モラッセ、北部では僅かに北へ傾斜）にわたる海進を示す地質断面を見学しよう。Alpilles 地塊は、数段階の変形作用を記録した WNW-ESE 方向に伸張する背斜構造を示す。道路は始めその北側の翼を登り鞍部（標高 240m）に達し、南側の曲がりくねった谷に下る。僅かに北に傾くオーテリビアン期石灰岩に注意しよう。レボー断層を横切ると急に低い地域に入る。前方左側には非常に赤いボーキサイト（中期白亜紀の熱帯風化作用起源のアルミニウム鉱石）採掘場がある。

　右側の窪地には良く排水された石灰岩崩積土が分布し、ブドウ畑が発達している。古い**レ・ボー**村②には、D27A 道路経由でバーディガリアン期モラッセの岬の上に登って到達することが出来る。そこでは、南から南西方向に**レ・ボー**村の沼地、Clau 村、Camargue 三角州にわたって、近くには Alpilles 山と Coteaux des Baux ワイン産地の素晴らしい眺望

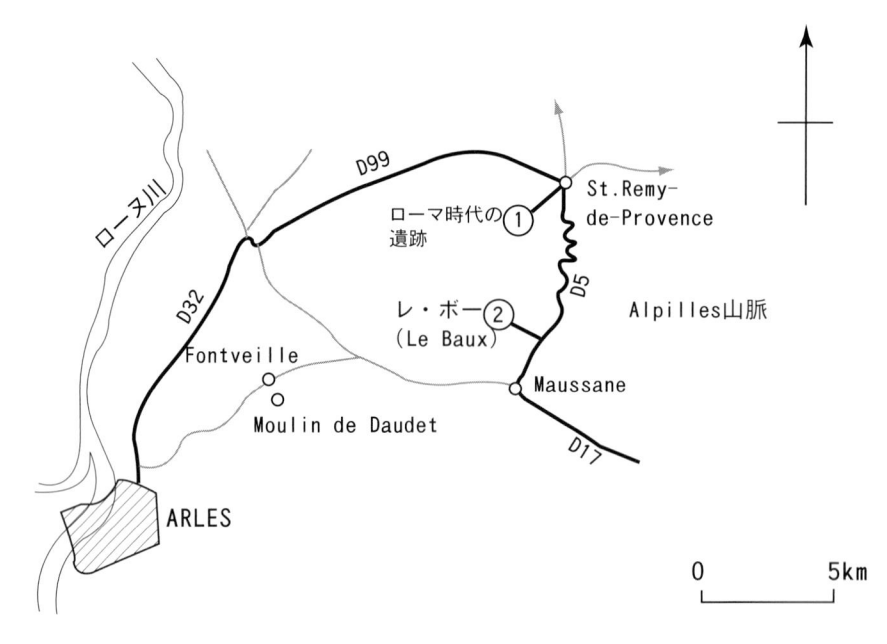

第41図　プロヴァンス地方旅行案内図（1）
Arles 市からボー・プロヴァンス地区を経て Salon de Provence 市まで

が開ける。

　D5 道路を通って**レ・ボー**村を離れ、D17 道路に沿って Mouriès 村（沖積平野から放出された Rognacian 相－白亜紀末期－の石灰岩塊に注意）に至る。Mouriès 村北方の丘には、Maussane 向斜構造をなす白亜紀石灰岩の上に衝上したジュラ紀ドロマイトが認められる。D5 道路は Clau 村の端をよじ登りそれから D113 道路に向かって下りて行き、Salon 市に達する。

Salon de Provence 市から Lambesc 町およびボーリュ町をへてエクス＝アン＝プロヴァンス市まで
　D572 道路を進み Pélissanne 村で D15 道路に入ると、そこは北側の Les Costes 石灰岩地塊と南側の Barben 村との間に発達した中新統上の沖積層凹地である。Lambesc 町を後にして田園地帯はより心地よくなり、Rognes 村のオーテリビアン期 Les Costes 石灰岩の上に乗る中期中新世モラッセの赤みがかった色が注意を引く。ここには、トレヴァレス地震帯が走っており、1909 年には地震が発生し Lambesc 町から Venelles 村にわたる古い村々を壊滅させた。

　Rognes 村から D14C 道路は La Trévarresse 地塊の森林を横切り、中新世の崩積層と古い火山起源の玄武岩礫層上に発達した**ボーリュ**ワイン生産地区（コトー・デザン・プロヴァンス VDQS ワイン産地）③に達する（第42図）。ここは、La Trévarresse 石灰岩上の森に覆われた斜面に囲まれ、心地よい所である。D14C 道路を登ると Durance 川とその北側を境する Lubéron 山地が眺められる。再び D14 道路に入り、漸新世および中新世泥灰岩が分布する

Puyricard 農業平野を横切り、**エクス＝アン＝プロヴァンス**市に下りて行く。

　エクス＝アン＝プロヴァンス市④は、NNE-SSW 系主断層帯上にあり、この断層は町の温泉となっている炭酸カルシウムを含む熱水（40℃）の通路である。ローマ人はここを占領した。牡蠣と腹足類を含む中期中新世青色泥灰岩を町の中の精神病院付近で見ることができる。東へ行くと Bimont 湖を宿し、セザンヌの宝石、Saint-Victoire 山地を囲む高原が始まる。

エクス＝アン＝プロヴァンス市から Palette 地区、Vignelaure シャトーをへて Rians 村まで

　エクス＝アン＝プロヴァンス市を離れ A8 道路を Nice 市に向かって行き、Les Trois-Sautets 橋から D58H 道路に入り Meyreuil 村に向かう。Arc 川を渡って後、小さな道が Montaiguet 地塊の石灰岩を登って行く。直線道路の終わりの左側に Simone シャトー⑤への道がある。このシャトーは、ブドウにとって極めて好ましい地形・気候環境にあり、カルメル会によって 16 世紀に貯蔵用の洞穴が掘られているが、極めて優れたワインを生産するとともに改良を加え、"Palette" という規制銘柄によって利益を得ている。好みによって、暗色で寛容な赤ワイン、あるいは地域の独自性は少ないが白ワイン、ロゼワインいずれかを選ぶことができる。

　エクス市の Montaiguet 石灰岩の露頭に戻り、シャトーへ行く道を行くと爬虫類の化石に富む亜炭の層準を観察することができる。

　Alpes ルートとして知られる N96 道路に入り、Aix 盆地の北端を登って行くと Venelles 高原⑥に達する。右側には Saint-Victoire 山（1,011m）の秀麗な眺めが広がり、北方には Ubacs 山と Concors 山を伴う。これら中生代石灰岩の地塊は Meyrargues 村において Durance 川と接する。Peyrolles 村で N96 道路を離れ、ここから右に分離する D561 道路に入る。通過しながら、冷たく湿気のある谷⑦に隠された Jouques 村に注意を払う。トゥファが原因となって、小さな滝が形成されている（橋の下流側に草が生えた同様なトゥファが見える）。灰色のオーテリビアン期石灰岩の上位には赤褐色の海成モラッセが村周縁の高地を覆っている。モラッセ中には含化石頁岩および Helix（腹足類）が、また時にはオーテリビアン期石灰岩中にアンモナイトが見出される。

　Jouques 村を後にして、道路はカルスト湧水⑦の近くを通る。この水はローマ人によって**エクス**市給水に利用され、現在も Jouques 村の飲み水となっている。オーテリビアン期石灰岩および泥灰岩は、下に粘土質砂岩を伴う赤色の上部白亜紀礫岩とその上の厚い Rognacian 相石灰岩に覆われる。道路は湖沼起源の地層を横切り、Jouques 川の険しい谷に沿って続く。プロヴァンス運河（Bimont 支線）に架かる橋に注意。Rians ベーズン（始新世）の赤色粘土岩が始まる所に Vignelaure シャトー⑧への道が右側に出てくる。Vignelaure シャトーは、"コトー・デザン・プロヴァンス" という銘柄のワインを生産する大農園である。このワインは、よく露出した石灰岩に基づく品質と貴重な品種―とくにカベルネ・ソーヴィニオン種―のブドウから念入りに作られることで有名である。

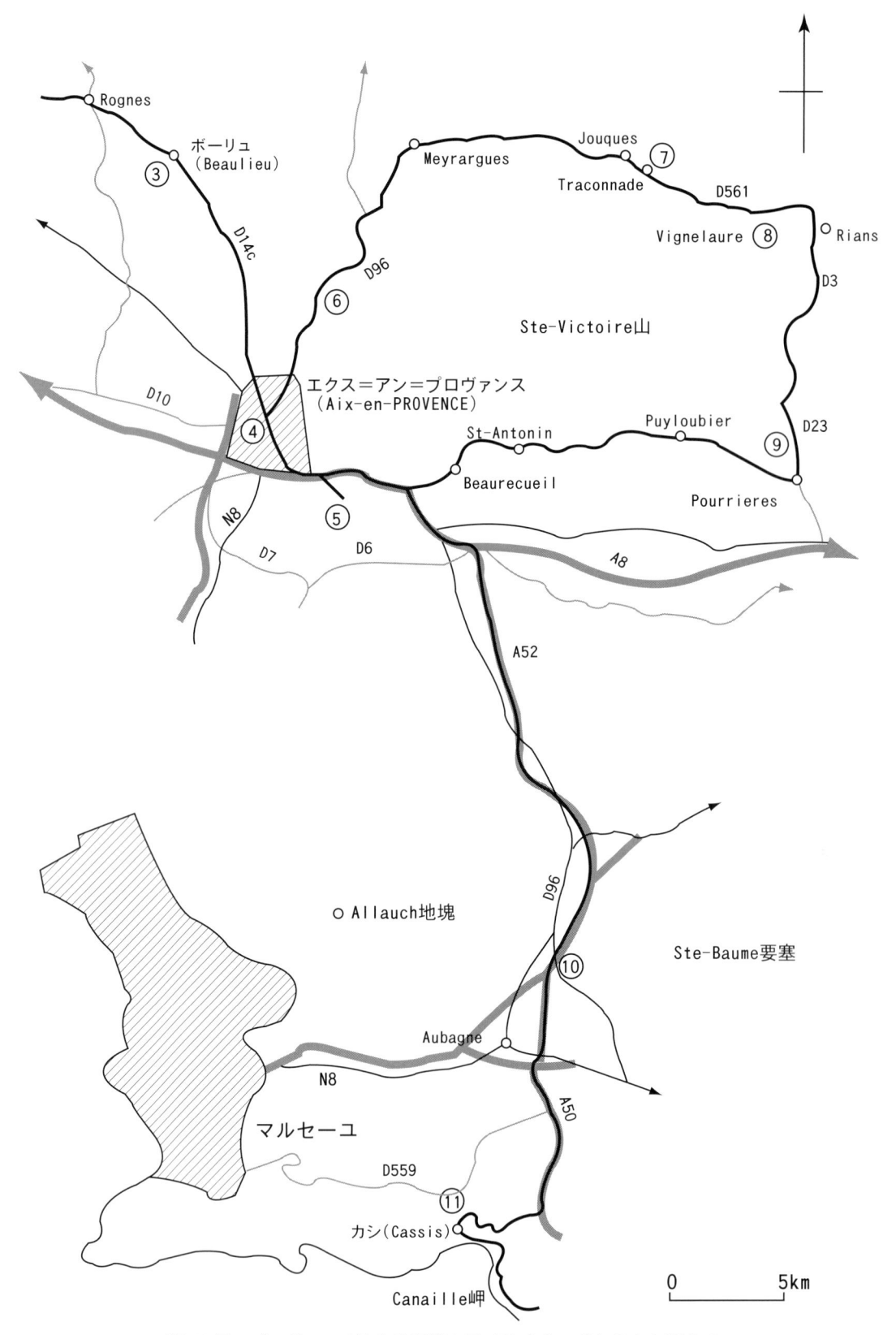

第42図　プロヴァンス地方旅行案内図（2）Salon市からカシ町まで

Rians 向斜は、南の Ubacs 山および北の Vautubiére 山のジュラ紀石灰岩地塊の間に W-E 方向の沈降盆地を形成している。Rians 村では、向斜の東の延長部が三畳紀の横断縞（石膏および多洞ドロマイト）によって認められる。礫の多い斜面は"ベンチ状"（石を積み上げて作った段々畑）に耕作されたブドウ畑により占有されている。

Rians 村から Puyloubier 村および La Barque 村をへてカシの港町まで

D3 道路に入って南に向かい Rians 村を離れる。3.5km 行った後、右に曲がって道を D23 道路にとる。陰気な樫の木立が J.Giono の"半旅団の物語（Récit de la Demi-Brigade）"の背景を形作っている不毛な La Gardiole 地塊を横切る。Puits-de-Rians 農場では、石灰岩とボーキサイト質角礫岩が、特徴的な湖沼成動物相を伴う Fuvelian 相（後期白亜紀）粘土質石灰岩によって覆われるのが認められる。道路は独特の形をした Pain de Munition 山の近くを通過し、Pourriérs 村の方向にある乾いた山峡に曲がって行く。村に入る少し前に、我々は上部白亜系および第三系の地層⑨を含む広大な Arc 向斜の北端に到達する。

コトー・デザン・プロヴァンスワイン産地は Saint-Victoire 山の礫の多い山麓を占めて分布し、Saint-Victoire 山の崖が Puyloubier 村の上にそびえ立っている。D17 道路と D58 道路が、Saint-Antonin 村から Bueaurecuell 村にわたって、その山麓に沿って走りその色が目立って見える。La Barque 村で自動車道路に入り Toulon 市に向かって走る。この道では、La Bouiladisse 村と Aubagne 町の準都会地域を通りながら、様々な形をした丘陵の素晴らしい景色を容易に楽しむことができる。

自動車道路は、始め南東の方向に輪郭が浮かぶ Regagnas 山（褐炭を伴う Fuvellian 相が露出、高さ 716m）の北側の単純な傾斜を登り、それから同じ地塊の断層が発達した南側の山麓を極めて急に下る。右側の板状の Allauch 地塊と前方左側の Saint-Baume 要塞が注意を引く。ここでは、Bertagne 山（1041m）および高い尾根（1147m）の背景の中で Roussargue 山および Bassan 山（749m）の石灰岩の崖が目に立つ。Pont-de-l'Eotile 村⑩で自動車道路は、小さな漸新世 Aubagne ベーズンに入る。右側には Garlaban 山の頂上が、東の境が断層で切られている Allauch 地塊の崖を見下ろしている。前方には、あまり目立たない Douard 地塊をウルゴニアン期石灰岩の乾いた谷が横切っているのが見える。

これらの淡色の岩石に続いて La Bédoule 町から灰色の石灰岩と暗色の泥灰岩が現れ、d'Ouillier 峠の切り通しで、その上をセノマニアン階（砂岩、石灰岩）およびチューロニアン階が覆う。この地点で我々は、上部白亜紀 Beausset ベーズンに入る。道路の右側には Cassis 湾の眺望を楽しむ遊歩道が準備されている。

Cassis 山の山脚で自動車道路から離れ、町に向かって下りる。道路は Saoupe 山の北東側斜面をヘアピンカーブで通過する。我々は、**カシ** AOC ワイン産地⑪で本当に素晴らしいワインを試飲することができる。このワイン産地は湾に臨み、例外なく太陽の恵みを受

ける石灰岩の'がれ'上にある。厚歯二枚貝類（チューロニアン期）を含む白色石灰岩に斜行して粗粒砂岩の赤褐色の縞が南北に走るCanaille岬の素晴らしい崖の前にある港の波止場で、この地方の白ワインとともに焼き魚あるいはブイアベースを試してみれば、料理と地質を融合することができる。この崖に見られる地質は岩相の水平変化の顕著な例である。円形劇場に向かって海岸に沿った遊歩道を歩けば、海辺の風景を楽しみ、化石に富むセノマニアン階と泥灰質の下部チューロニアン階を見学できる。

カシの港町からバンドール村をへて Toulon 市まで

　もし火災予防規制が許すならば、Canaille岬の尾根に沿った道路を経てLa Ciotat村へ行くと良い。そこでは西方の入り江越しに、北東方向のSaint-Baume要塞および東方のBeaussetベーズンなど素晴らしい景色が提供され、また**バンドール**町⑫地域に含まれるCaint-Cyr村、La Cadière村、Le Beausset村のワイン生産地区全体を眺めることができる。La Ciotat村に向かって下りて行きながら、石灰岩、砂岩、礫岩の互層と、とくに左側のPont-Naturel採石場に注意を向けること。海端にあるLa Ciotat村からSaint-Cyr-Sur-Mer村までのD559道路は、楽しいものである。セノニアン統砂岩の露頭が所々にあり、このワイン生産地域はコート・ド・プロヴァンス地区の一部を形成している。

　非常に特異な**バンドール**地域を調査するには、ワイン色の側面を有し頂上が森の木陰に覆われた小さな丘陵⑬を貫いて発達するSaint-Cyr村、Le Beausset村、Bandol村間の小道路網を利用すると良い。その間に、例えばSaint-Cyr村のBaumellesシャトーやEvenos村のLa Ladièreブドウ畑（めざましい香をもったロゼワインを産する）で、フルボディーの赤ワインあるいはたぐいまれな白ワイン（ブラン・ド・ブラン）を焼き魚と一緒に試飲したり購入することができる。

　埠頭の端にあるバンドール町では、Evenos溶岩流⑭に由来する膨大な玄武岩礫を含む第三紀礫岩を観察しよう。Sanary村の道路は湾に沿って走り、それから森に覆われた丘に近づき、直接Toulon市に至る。Sicié地塊の一部を構成する非常に抵抗力のある石英千枚岩で作られた右側の6-4要塞と、前方のToulon市を構成する石灰岩丘陵、更に前方北西方向にあるFarcon山（542m）、Caume山（801m）に注意する。Toulon市の一部はペルム系の上に建てられており、港外の停泊地の南方Saint-Mandrier半島は、ペルム系の砂岩からなる。従ってここ約1kmの間に我々は基盤岩、被覆層、表層の３つの単位を見ることになる。

Toulon 市からピエルフ（Pierrefeu）村および La-Garde-Freinet 町を経てサントロペ町まで

　Faron地塊を回って走るD46を利用すれば、Toulon都市圏を迂回することができる。Revest村⑮のあるCaume山（表面のウルゴニアン期石灰岩と頂部のセノマニアン階の間の赤色ボーキサイトからなる）と、東方のペルム紀Gapeau凹地を見渡せるCoudon山（702m）を見学すると良い。Valette町で我々はペルム系由来の赤色土壌と再会し、

Maures 地塊の北西側を縁取る Toulon 市から Saint-Raphael 町までの環状の平地に入る。D29 道路は La Crau 村の園芸地を過ぎ、D12 道路にぶつかるのでそこを左に曲がる。

道路は Maures 地塊（緑泥石片岩）の西縁に由来する結晶片岩の'がれ'からなる山麓地帯に沿って進む。コート・ド・プロヴァンス地区の華の１つである**ピエルフ**村のブドウ畑は、良く排水されたペルム系の丘陵頂部に匹敵するこの山麓地帯に分布する。実際、一部の熱中者は価値ある銘柄として赤ワイン "Pierrefeu"、ロゼワイン "Vidauban"、白ワイン "Correns" しか認めない。しかし、他にも有名な所があり、ワインの格付けは例えば 1955 年に確立したものを用いることができる。

ピエルフ村⑯では、組合の地下貯蔵庫および l'Aumerade のような大農園で、強くて色の濃い赤ワイン、より足に油断が成らないロゼワイン、非常に心地よい白ワインを、あなたは選んで見る機会がある。また、この地域に滞在すれば、南方の Hyères 村と La Londe-les-Maures 村、北西方の Cueres 村と Puget-ville 村、北方の Carnoules 村まで活動範囲を広げることができる。

結晶片岩の丘を横切る D13 道路を進み、Provence 石灰岩の走向崖⑰に面する反対側の Carnoules 村に着く。ここは東方の Gonfaron 村への良い目印となる。Gonfaron 村を過ぎると N97

第43図　プロヴァンス地方旅行案内図
（3）カシ町からサントロペ町まで

道路から左へ分かれる D39 道路があり、ここには古生代と中生代の境界を示す良い地質断面⑱がある。赤色のペルム系千枚岩の上に整合的に下部三畳系のピンク色砂岩が乗り、更にこの上を Muschelkalk 期石灰岩が覆うが、砂岩との境界をなすスリップ面上で僅かに変形している。ブドウ畑は、一部三畳系砂岩および石灰岩の崩積層に覆われるペルム系の丘の条件の良い斜面に分布する。

Carnoules 村から D75 道路さらに D558 道路を進み、La Garde-Freinet 村に戻る。結晶片岩に富む厳しい Maures 地塊の景色を見ながら、ペルム系凹地の南部に至る。La Garde 村を過ぎると、道路の右側に石英と黒電気石の古い採掘場⑲がある。

グリモー（Grimaud）村⑳で、道路は Plan-de-la-Tour 花崗岩の南端を横切り、それから Saint-Tropez 湾に向かって Môle 谷へ下りて行く。**グリモー**村、Cogolin 村、**サントロペ**町の山麓地帯にはコート・ド・プロヴァンス地区のブドウ畑（とくに Château Minuty、Bourrian など）が分布する。

サントロペ町からは Bormes-les-Mimisas 村までの間に Maures 地塊の南海岸線に沿って Clos Mistinguett、Brégancon などのシャトー、更に険しい Nègre 岬の観光地 Londe-les-Maures（clos Mireille、La Jeannette、Les Mauvannes などのワイナリーがある）で見られるざくろ石、藍晶石、十字石を含む雲母片岩、内陸に向かう谷にある Croix-Valmer 村（Croix 山）と**グリモー**村（組合の貯蔵庫）を訪ねることができる。

かくして、荒々しい Maures 地塊あるいはその海岸で、海とミモザに照らされ、我々は**レ・ボー**村のきつい冷たい北風のもとで始めたプロヴァンス地方の太陽、土壌、ワイン間の関係考察を閉じる。

7.3 ワインと料理

陸の産物を使うにしても、海の産物を使うにしてもプロヴァンス地方の料理は、2つの典型的かつ標準的添加物、オリーブ油とニンニクを使用する。これと一緒に通常トマト、時に胡椒と種々の香草粉末（タイム、セイボリー、ウイキョウ、バジルなど）が用いられ料理の洗練性を増す。プロヴァンス地方の料理は大変優れており、ブイヤベース、ブーリッド、ピストウスープ（バジル）、アオリソースとホロホロ鳥の黒胡椒・セイボリー詰めは最高である。蒸し焼き肉、網焼き肉、その他のレシピは、より広範囲なテーマの地域的な変化を示すに過ぎない。

ニンニクは鱈と同様にアオリソースとの理想的なワイン組み合わせを見出すのを難しくする。プロヴァンス地方の良いロゼワイン（Vidauben 村、**サントロペ**町、**ピエルフ**村の一部）あるいは Listel Gris de Gris ワインならばほとんど不都合は生じない。**バンドール**町地区、Simone シャトーと**ボーリュ**地区（コトー・デザン・プロヴァンスワイン産地）の最良のロゼワインは、その僅かなスパイシーな風味が、ブイヤベース、あるいは香りの良い魚スープ、あるいはアオリソースが溶けているブーリッドと心地良く調和する。

マルセーユ市の人々は、その愛するパイ包み（pieds et paquets）と一緒に、**バンドー**

ル町と**カシ**町の白ワイン、あるいは Simone シャトーの素晴らしい白ワイン（ブラン・ド・ブラン）を飲むのを楽しみにしている。普通の魚の網焼きあるいはウイキョウ・ブランデーかけ焼きと同じように、アカムツ（ノドグロ）、鯛、新鮮なぼら、ヒメジを'はらわた'を抜かずに網焼きすると、Côte Cassis あるいは Bandol の白ワインと良く合う。魚と Bandol、貝と Cassis の組み合わせはおそらく最高である。

　肉の網焼きは**ピエルフ**村、**サントロペ**町、Simone シャトーなどの種々の赤ワインで流し込むことができる。**バンドール**町と同様に後 2 者の赤ワインはソースで煮込んだ肉、あるいは猟獣肉（例えば Valensole 高原における晩秋のつぐみ）料理に合う。ただ 1 つのロゼワイン Tavel が、これらの赤ワインと張り合うことができ、またこのワインは魚以外何にでも合う。我々はしかし、Tavel ワインおよび**バンドール**町のロゼワインが、海で釣れるヒメジと良く合うという 1 つの例外を推奨したい。

参考文献
地質学
Guide gélogique Provence 2nd edition (1979) by C. Gouvermet, G. Guieu and C. Rousset. Masson édit, Paris. （とくにルート 4, 10, 11, 12, 13, 14 を見よ）
Guide gélogique Alpes-Maritimes-Maures-Esterel (1975) by R. Campredon et M. Boucarut. Masson edit. Paris. （とくにルート 1, 2, 3 を見よ）

08　コルス─コルシカ─島　*Corse*

　コルス島のブドウ畑はいろいろな場所に分かれて分布しているが、その割合は数年にわたって大きく変化している。この島に始めてブドウをもたらした人と時期を答えるのは困難であるが、Strabo および Diodorus Siculus というローマ人の記述が存在する。コルス島に最初にブドウを導入したのはギリシャ人かローマ人の軍人だと思われる。

　中世のジェノバ人は、1つは彼ら自身への供給を確保するため、1つは一般的な放牧権を支配するためにブドウ栽培を奨励した。ずっと後の1752年には、4種のブドウを栽培するすべての地主が従うべき法令が施行された。従ってブドウ畑は一般に斜面上および平地上にあり、また常に壁によって注意深く囲まれた村に近接して存在するが、雑木林と湿地からは外れている。

　栽培法は、19世紀に入っても時代遅れの実情が残されたままであった。土地はツルハシで耕され、若いブドウの木が溝に植えられ、ワイン醸造技術は古風なままであったのでコルス島のワインは維持できないと噂された。

　しかし、東部平野が開発されるに伴い、コルス島の全ブドウ畑面積は、1976年までに30,000haに上昇した。最近の統計では、1982年の耕作ブドウ畑の面積は20,000haに減少し、ワイン年産額は1,5000,000hlを僅かに上回る程度である。

8.1　ブドウと土壌

地質

　コルス島の東部地域と西部地域の間には伝統的な差違がある。島の東部における土壌は、アルプスに見られるある土壌に似ており、そのためその地域はアルプス・コルスと呼ばれている。同様に西部の土壌は、南部フランスの古期古生代基盤岩からなる Maures 山地および Estérel 山地のそれに類似する。従ってその地域は古期またはヘルシニア・コルスと呼ばれる（第44図）。

　コルス島西部とサルディニア島はほぼ同じ岩石から構成されている。地質学者は2つの島を統一体と見なしている。コルス島西部の岩石は大部分花崗岩質であるが、火山岩および変成岩、時に堆積岩も見られる。コルス島東部の大部分は、緑色片岩（オフィオライト）を伴う頁岩質岩石からなる。

　コルス島東部と西部の接合部は、"中央凹地" と呼ばれる。中央凹地は Ile-Rousse 海岸の西にある Regino 川河口と Solenzala 川河口とを結びつけ、現在は、600m 以上の標高を示す。東部平野は現世の堆積物からなる。

　上述の2つの大きな構造体は、地形図と地質図を比較すれば明瞭に見ることができる。この島には、四つの地形的区域、コルス島西部、中央凹地、コルス島東部、東部平野が存

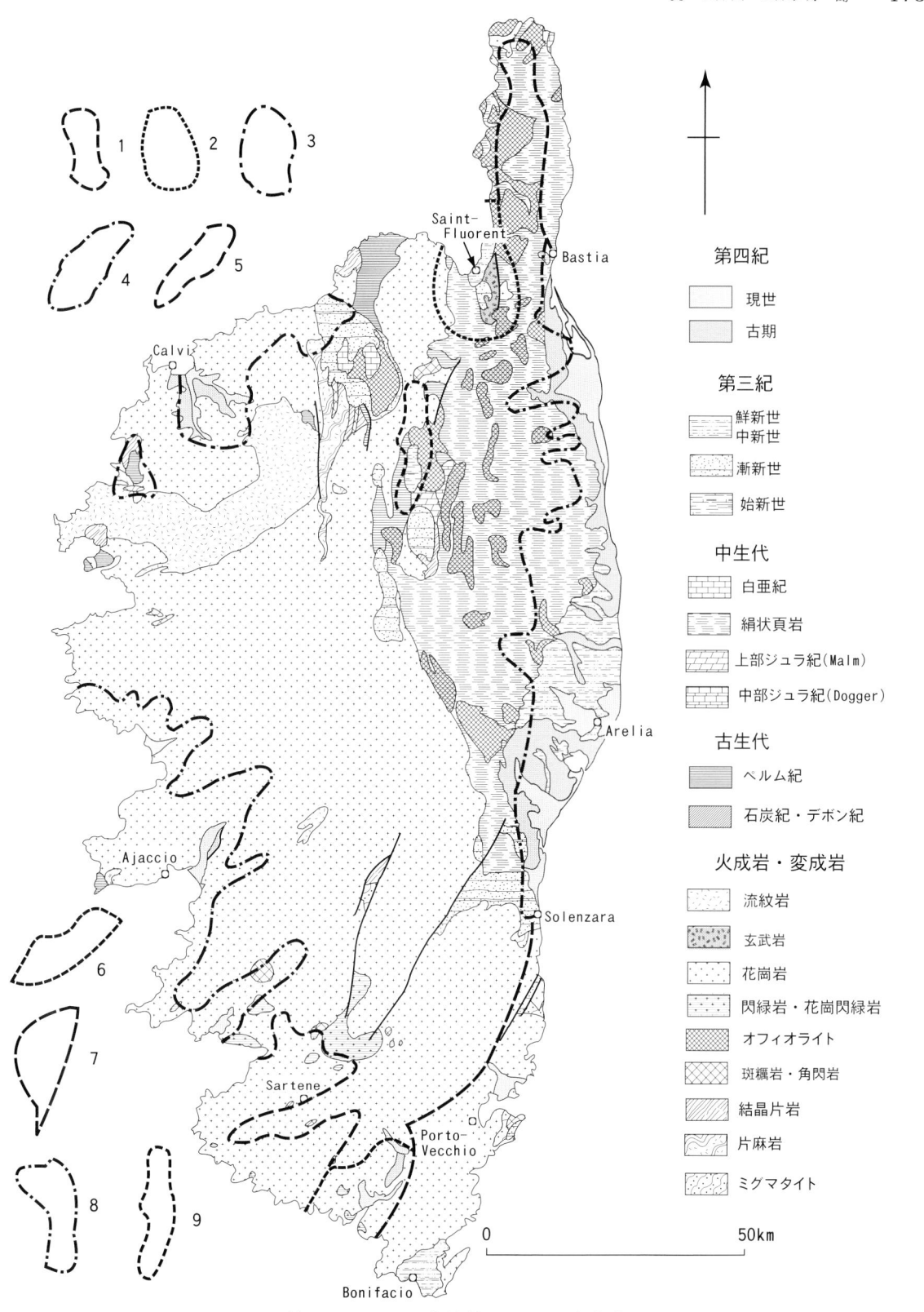

第44図 コルス島地質図とワイン生産地区
1 Corse 岬地区 2 Patrimonio 地区 3 Calvi-Balagne 地区 4 Côteauxd'Ajaccio 地区 5 Sarténe 地区
6 Figari 地区 7 Porto-Veccio 地区 8 東部平野地区 9 Golo 地区

在する。これら四つの地質単位、花崗岩質コルス、頁岩質コルス、構造的に複雑な中央低地、堆積物平野に相当する（A. Gauthier: Roches et paysages de la Corse, 1983）。

気候

"Genoa 湾の中心部にあるコルス島の緯度と位置によって、この島は、亜熱帯的で穏和な親近感を伴う地中海気候帯の自然なそして完全な一部に組み入れられている──"（Simi, 1981）。

"コルス島は、海に囲まれた山地からなる。風は湿気のある空気をもたらすが、山に遮られ濃縮される──"（Ratzell）。

これら2つの引用文はこの島の気候条件を完全にまとめ上げている。非常に暑い夏と穏和な低地の冬は、コルス島の魅力の一部である。降雨は優勢な風に直接関係している。西部の丘陵斜面上では Libeccio 山が大部分の降雨を支配し、東部の丘陵斜面の雨は Sirocco 山から吹く南東風の影響を受ける。これらの雨は一般に不規則だが2つの最盛期がある。最大のものは、11月～12月にあり、より弱いものとして2月～3月がある。年間の日照時間は約 2,750 時間でフランスでの最高値を示す。

土壌

コルス島は多種の岩石を産し、複雑な地質構造を示すので非常に多種の土壌を産する。

花崗岩質岩類から導かれるものは（案内図1、2、5）、しばしば砂と混合し、異なった発展段階を示す。現世の浸食によって形成された土壌は、砂と礫の混合物で通常浅く発達し灰色で岩石片が多く、他に地表で褐色のものもある。褐色のラテライト質土壌も見られ、これは古期の浸食によるものである。

東部平野の土壌（案内図3、4）は、中新世に形成されるか、沖積層として発達している。中新世の産物は軽質ないし重質の酸性土壌である。古期に溶脱された土壌は非常に礫質で、酸性、栄養素に乏しい。

赤色土壌は比較的礫に乏しく、シルト質の組織を有する。この土壌は適度に良い栄養素を与える。褐色の段丘土壌は軽質、酸性、礫を多量に含む砂－ローム混合物である。現世の沖積堆積物は、栄養素に富み、様々な組織を示す。

一般に、コルス島の密林中の土壌は、調和の状態に達しており、とくに酸性ではない。しかし、1度伐採・開墾すると収穫、灌漑による溶脱作用、酸性化する肥料の使用により調和は乱される。やや稀な石灰質地域を除いて、すべての土壌は酸性となる。このことは、ブドウの栄養作用に伴う問題として提起され、従ってブドウ栽培者達は、条件を修正するために相当量の石灰と燐酸を用いている。

ブドウの品種

コルス島には2つの型のブドウ畑がある。

その1つは、丘陵斜面および標高300〜350m以下の村周辺にある伝統的な地区のブドウ畑と東部平野の特定な斜面上のブドウ畑であり、ここでは一般に地方系の26品種のブドウが栽培されている。

　その中3つの主要品種が他に比べて際だっており、その1つは、ヴェルメンティーノ種という白ワイン用ブドウで、コルス・マルヴァジー種とも呼ばれる。完全に熟する前に収穫され、美しい黄緑色で、程よい酸味、高アルコール度（12〜13.5°）、際だったアロマを有する非常に高品質のワインが作られる。他の2つは、赤ワイン用ブドウである。その中、ニエルキオ（nielluccio）種は、Patrimonio赤ワインのベースとして用いられる。このワインは、高貴な色、豊かなブーケを持ち、良く構成され、ふっくらとして、グラナッシュ種、サンソー種、ヴェルメンティーノ種の色合いも併せ持っている。他のスキアカレッロ（sciaccarello）種は、噛めばばりばり音がするブドウで、稍色に乏しいが、胡椒のブーケと強健さ、がっしりした構造を有するワインを作り、赤ワインとロゼワインの類い稀なベースとなる。

　ワインの醸造がうまく行けば、この型のブドウ畑は高品質のワインを生産する。1972年以来、これらのブドウ畑はAOC規制区域内に入っている。それにも拘わらず、生産性はかなり低く（1ha当たり20〜40または45hl）、Marana村-Casina村地区およびNebbio地区では、ヨコバイの一種が運ぶ細菌による病害、うどん粉病の地域的発生が見られる。

　他の1つは、大きな沖積平野のブドウ栽培地域である。とくに東部平野は大農園を有し、プロヴァンス地方からもたらされたブドウ品種（サンソー種、グラナッシュ種、カリニャン種）を主として採用している。ブドウ畑はシャトーを有し、そこでは建物の規制が行われ、毎日飲むためのワインとブレンド用のワインが製造されている。古期第四紀の沖積層から収穫されたブドウからでも良い品質のワインを作るために、ワインの一部は推薦されたブドウ品種によって生産されている。

8.2　旅行案内

　アジャクシオ（Ajaccio）市から**サルテーヌ**（Sartène）村にかけての地域は、長い間評価された伝統的なワイン産地である。良く選んだ品種（ヴェルメンティーノ種またはコルス・マルヴァジー種）によって、ブドウ畑は長い間有名なワインを作ってきた。

　19世紀末、この島に最初の産業的ブドウ畑が整えられたときに、島南部のOrtoro川地区でもコルス島における最初の近代的ブドウ栽培技術が誕生した。

　最近20年間に、Navara川およびOrtoro川地区、とSotta-Figari低地には新しいワイン産地が成長してきている。

　案内図1と2の停止点では、次のような主要な火成岩を見ることができる。
○花崗閃緑岩：カリ長石、斜長石、黒雲母、角閃石（普通角閃石）、石英からなる。
○モンゾニ岩：高カリウム長石を含み、塩基性岩（閃緑岩、斑糲岩）を伴う。
○優白質花崗岩：長石と石英を多く含み淡色雲母を伴うのでこのように呼ばれる。

○アルカリ花崗岩：優白質花崗岩に類似。崖を形成する。

アジャクシオ市からサルテーヌ村まで

アジャクシオ市地区

　アジャクシオ市を離れて N193 道路を行く。Col de Stiletto 村で右に曲がると、ブドウ畑①に入る（第 45 図）。このブドウ畑は、花崗岩質モンゾニ岩上の砂に富んだ緩やかな傾斜面に分布する。岩石は粗粒で、桃色カリ長石、白色斜長石、黒雲母、微量の角閃石を含む。もどって Mezzavia 村に向かい、N193 道路を走り続け東北に向かう空港道路まで行く②。風化した花崗岩を貫く Gravona 川下流と、アルカリ花崗岩からなる Gozzi ― Aragnasco 台地の急峻な地形との違いを注意して見ること。川を見渡す平らな丘は、古期第四紀の河岸段丘である。右に曲がって新しい N193 道路を Cauro 村に向かう。Porticcio 村に向かう D55 道路と Pila-Canale 村に向かう D302 道路との交差部③で、モンゾニ岩の試料を採取できる。

　コルク工場を越えて 1km 程行くと、Morgone 川と Mutulaja 川の間の風化花崗岩質モンゾニ岩および沖積層の上に分布するブドウ畑を通過する。N196 道路を Cauro 村から Olmeto 村まで行く。途中道路は曲がって、一般に深く風化した斑状モンゾニ岩の中の Col Saint-Georges 村④を過ぎて行く。Abra 橋⑤地区には、花崗閃緑岩の第一級目印である斜長石と黒雲母、角閃石などの黒色苦鉄質鉱物が見られる。Petreto-Bicchisano 村を過ぎると、道路はしばらくの間崖の多い所を通過し、異なった型の花崗岩（ここではアルカリ花崗岩）⑥中に入ったことがわかる。

バラッキ（Baracchi）川地区

　Olmeto 村を過ぎて左に曲がり、**バラッキ**川を渡り、川にに沿う D257 道路を進むと Propriano 村に到達する。D257 道路に入る前の停止点⑦では、道路際にブドウ畑が広がるのが見える。左側の堆には閃緑岩が露出する。ブドウ畑は風化した花崗岩上に分布する。ここからの風景を見よう。北方には優白質花崗岩からなる San Petro 山、北西方には Olmeto 村の遠景、南西方には一群のブドウ畑に覆われた丘越しに Propriano 村と湾が見える。D257 道路と N196 道路の交差点の南⑧には、鮮新世の砂および砂質泥岩層からなる海成層が分布する。

Rizzanese 川下流地区

　Propriano 村を過ぎ N196 道路に沿って**サルテーヌ**村に向かう。Rizzanese 川の南岸⑨には多くの優白質花崗岩の露頭が水平面から突き出ている。D258 道路との交差点の手前 500m の道路際の土手を見ると、ブドウ畑が分布するのは花崗閃緑岩の強い風化帯上という考えが強められる。D268 道路を Rizzanese 川に掛かる Genoese 橋⑩（Spina Cavallu 橋とも言う）まで行く。ブドウ畑は、すべての礫が移動した古期の河岸段丘面上に分布する。

野外の多くの地点で風化した花崗閃緑岩の露頭が見られる。多数の転石の中には、多くの閃緑岩と斑糲岩が認められることに注意しよう。同じルートを戻り、D69 道路あるいは N196 道路を通って**サルテーヌ**村に達する。

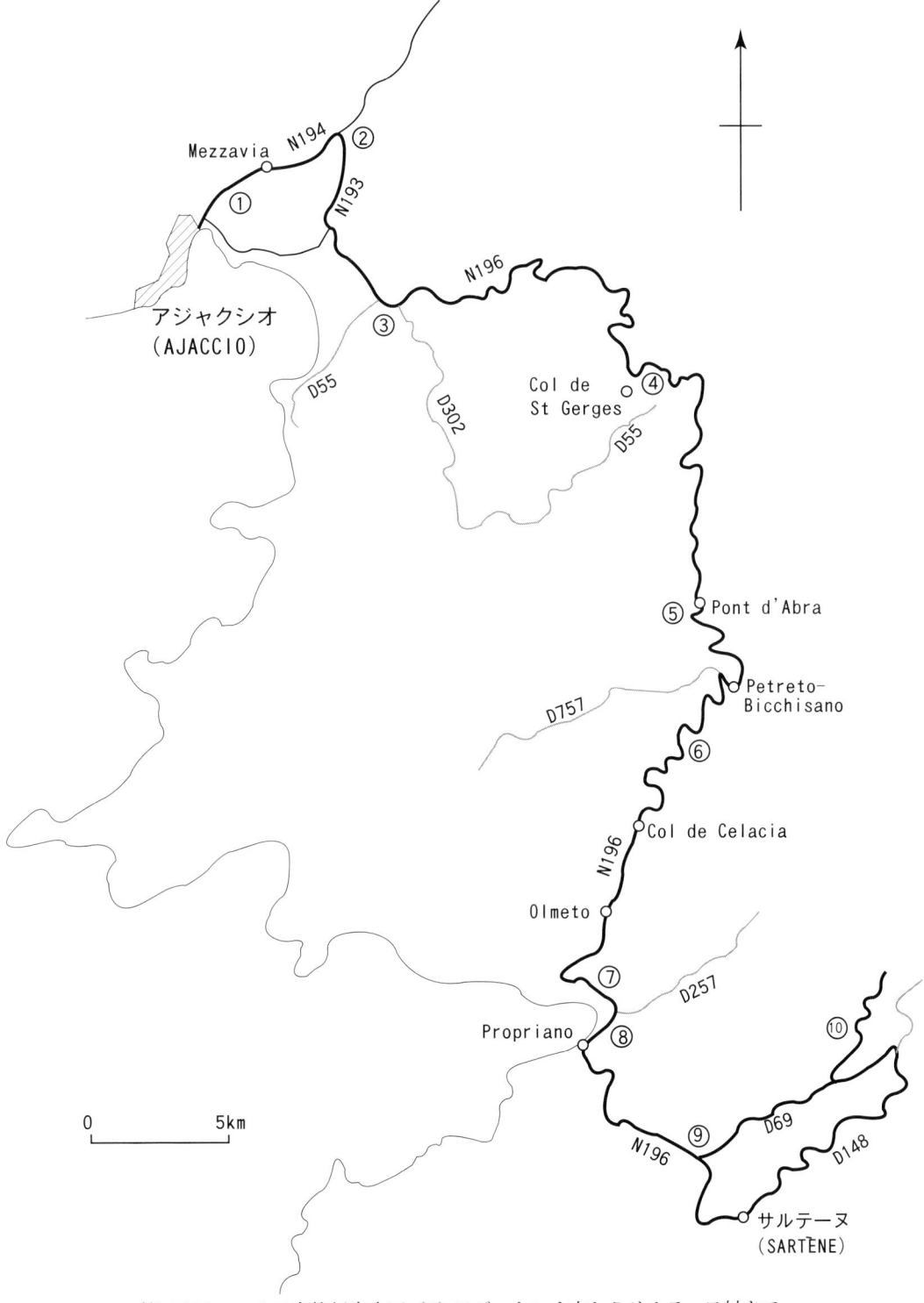

第 45 図　コルス島旅行案内図（1）アジャクシオ市からサルテーヌ村まで

サルテーヌ村からボニファシオ（Bonifacio）町まで

サルテーヌ村はすべて地域的な花崗岩からなっている。最初、Rizzanese 川下流の谷とブドウ畑が見渡せる**ボニファシオ**町へ向かう道路から離れる。

Navarra 川地区

Bocca Albiritrina 村で道を D48 道路に取り Tizzano 村に向かう。この地区には、斑糲閃緑岩質塩基性岩の非常に美しい露頭が幾つかある。また Navarra 川付近には、ブドウ畑に近接して古代の巨石群がある。D48 道路を 10km 進み左に曲がると、4.5km で Cauria 高原に着く（第 46 図）。風化した花崗岩上のブドウ畑に沿った Stantari 巨列石①を訪れる。コルス島で最も美しい物、Fontanaccia ドールメンを近くで見る機会を逃さないように。

D28 道路に戻り、Tizzano 村に向かって 2km 行き "Alignement de Palaggiu（Palaggiu の列石）" の看板②がある所を右側の砂道に入る。巨石列の西側には、ブドウ畑に覆われている閃緑岩脈を伴う花崗岩の斜面が見える。再び D28 道路に戻り、Tizzano 村の手前 2km の所で左に曲がって Tradicetto 海岸③に行く。道は Punta di a Petra Nera 山（斑糲岩）の縁に沿って取り巻く様に走る。西側の海岸では、斑糲岩と閃緑岩の良い試料が採取できる。Tradicetto 海岸の北のブドウ畑は、Navara 川縁の河岸段丘および花崗岩斜面と塩基性岩の上に発達している。D48 道路に沿って Bocca Albiritrina 村まで戻り N196 道路に入る。鞍部から後、3km から 5km の間④、閃緑岩と斑糲岩の露頭と塩基性岩の風化による玉葱構造を注意すること。

オルトロ（Ortolo）川地区

Orasi 小集落を通過し、下へ下りると**オルトロ**川の中流域に達する。Ranfone 山嶺が左岸に落ち込む有様に注意する。Ortolo 橋の 500m 手前には左側の Leva 工場に向かう汚い道があるが、更に 1～2km 先へ進むと、緩やかに傾斜する丘を覆ってブドウ畑⑤が分布する。丘を形成する花崗岩は非常に砂質であり、河川による浸食の跡がよく見える。左岸には Ranfone 山嶺の優白質花崗岩に幾つかの掘れ溝が認められ、橋に近い右岸にはブドウ畑が古期の河岸段丘（崖錐の隙間）上に分布する。Carali 山の鞍部を過ぎると、N196 道路は優白質花崗岩の山嶺を横切る。停止点⑥には多数の浸食による窪みと空洞が認められ、Roccapina 村の宿付近の岩石は、ライオン、象などの形に永久に固められた動物寓話集のような世界を現出している。Piannotoli の港に下りるときに左側を眺めれば、Uomo di Cagna 海岸の奇景全体を見ることができ、右側の海際には砂丘が見られる。

Sotta-Figari 低地

Piannotoli-Caldarello 村と Uomo di Cagna 村の協同組合貯蔵庫を過ぎ、左に曲がって D22 道路に入り Poggiale 村に向かう。村の少し手前で、左側のブドウ畑⑦に注意すること。ブドウ畑は沖積層と崩積砂層上に分布している。ここからは、Uomo di Cagna 優白

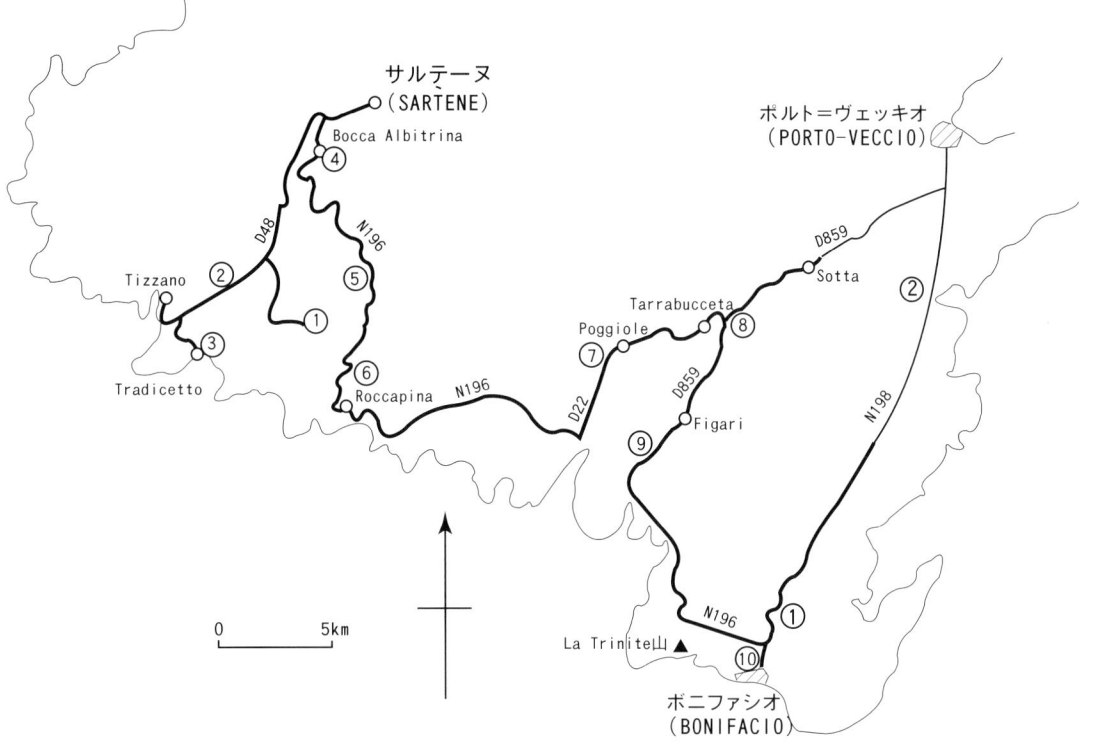

第 46 図　コルス島旅行案内図（2）
サルテーヌ村からボニファシオ町を経てポルト＝ヴェッキオ町まで

質花崗岩地塊とその名前の由来である山頂の巨礫が眺められる。D22 道路を更に進んで Tarrabucceta 村に至り Sotta 村に向かう D859 道路と接続する。D859 道路と D22 道路の接続点の右側の露頭⑧は、酸性岩の岩脈を伴う閃緑岩からなる。更に数 km 進むと Sotta 村に到着する。左側の赤い丘はアルカリ花崗岩からなる。遠方の高地には優白質花崗岩の峰が見え、その下方の斜面は花崗閃緑岩と粗粒モンゾニ岩が分布している。西から Sotta 村に近づいて行くと古い閃緑岩の採石場がある。

　D859 道路経由で戻り、Figari 村を越えて 2km 程行くと、右側に多数のブドウ畑⑨が粗粒の大部分風化したモンゾニ岩上に分布する。そこからは、現世の沖積層が堆積した Figari 低地の眺望が開ける。N196 道路を Bonifacio 町に向かって走る。Ventilegne 湖を過ぎ、道路が優白質花崗岩帯を Arbia 峠に向かって登って行くと、Trinitè 山の城郭風の外形が、左前方のスカイラインを形成しているのが見える。**ボニファシオ**町の港⑩は、沈降した古代の谷であるリアス式海岸（地域名 calanque）になっている。その外形は内陸部へ 2 つの乾いた谷として連続しており、その 1 つは N198 道路に利用されている。崖には、地層が形成されたときの流れを示す数 10m の斜行層理のある白色石灰岩が露出している。石灰岩は南東方向に緩やかに傾斜し、その地層の基底は北および東で見ることができる（案内図 2 参照）。

ボニファシオ町から Aléria 村まで

ボニファシオ町－ポルト＝ヴェッキオ（Porto-Vecchio）町地区

　中新世海進堆積作用の基底は、**ポルト＝ヴェッキオ**町に向かう N198 道路上の距離標識点 5 ①（第 46 図）において明瞭に見ることができる。基底は下位の花崗岩上の浸食面からなり、典型的な海岸線動物相（イタヤガイ、牡蠣、ウニ類）を示す。更に 15km 進むと Santa Giulia 協同組合貯蔵庫の反対側にブドウ畑②が花崗岩質モンゾニ岩および現世沖積層上に分布している。**ポルト＝ヴェッキオ**町は、無数の微花崗岩岩脈を伴う花崗閃緑岩上に造られている。N198 道路は同じ岩石を切って**ポルト＝ヴェッキオ**町の Sainte-Lucie 教会の丁度上まで続き、更に Solenzara 村まで片麻岩中を、その後は始新世 Solaro フリッシュ層中を過ぎて行く。

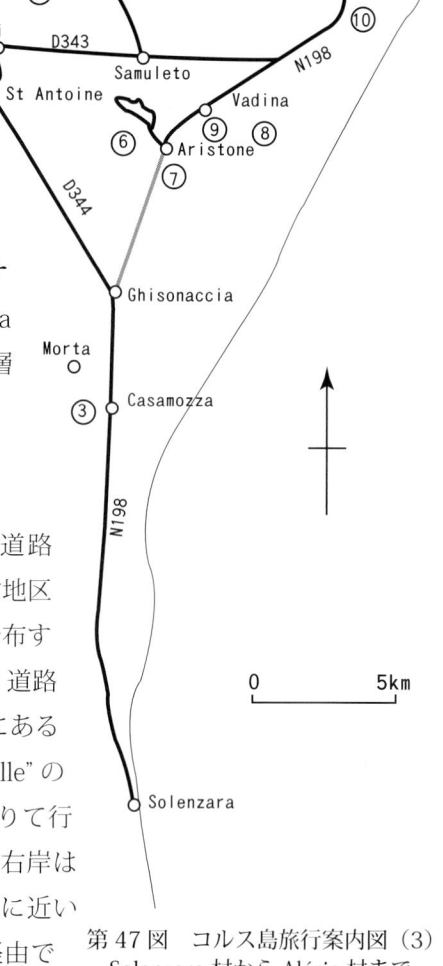

Solenzara 村－ Ghisonaccia 村－ Aléria 村地区

　Solenzara 村を過ぎると Ghisonaccia 村まで、N198 道路は沖積層上に造られている。Casanmozza 村－ Morta 村地区③（第 47 図）では、ブドウ畑は赤色の段丘土壌上に分布する。Ghisonaccia 村から Saint-Antoine 村に向かう D344 道路に入る。Saint-Antoine 村はずれまでの道路は、村の下にある地層より新しい沖積層上に造られている。酒場 "La Trille" の右側の土の道路に入り Fium'Orbo 川に向かって下へ降りて行くと、現世の褐色の段丘土壌が目にはいる④。反対の右岸は中新世基底の礫岩層で、アルプス・コルスとの接触部に近い断層によって強く衝上したものである。D343A 道路経由で Mason Pierragi 村に行き、右に曲がって D343 道路に入る。Samuleto 村のワイン貯蔵庫を左に曲がり、Aghione 村に向かう。Aghione 村では、砂質泥灰岩（下部ランギアン階）が Tagnone 橋の近くの左岸⑤に露出している。その露頭は植物化石と lamellibranchs（二枚貝の 1 種）に冨む。Aghione 村共同墓地の下には、ウニ類（*Schizaster*）を含む砂質泥灰岩が認められる。

　D343 道路に戻って東へ行き、南に曲がって N198 道路に入り 5km 行くと Aristone 村の製材所に達する。右に曲がって Alzitone 水路のための道路に入り、N198 道路に戻って Urbino 池へ行く小さい道路に入り、再び N198 道路に戻って Aléria 村まで行く。Alzitone 地区の⑥地点では、Aghione 層堆積後の中新世海退を示す陸成層の時期を代表する化石

第 47 図　コルス島旅行案内図 (3)
Solenzara 村から Aléria 村まで

が見出される。N198 道路と Urbino 道路の接続点⑦では、珊瑚礁を伴うアレナイト質および石灰質砂岩層を産し、第2の海進があったことを証明している。Urbino 半島⑧では Cardium 貝と Cerithium 貝のような潟成動物を含む第四紀層が、斜面頂部の道路の左側のブドウ畑で見られる。Vadina 村地区⑨には、後期トートニアン期の化石に富む灰色頁岩層を産し、これは中新世の最終海成層である。Casabianda 大農園と Aléria 村の間、N198 道路の急な曲がりの南端⑩地点では、一般にアレナイト質砂岩が見られる。その海成微動物相は早期鮮新世を示している。D43 道路と N198 道路が交わる Aléria 村の要塞の下には、メッシニアン期の三角州礫岩層を産する。Aléria 村と Bastia 村の間、Marana 海岸－La Casinica 村地区には主として Baravona 川沖積層上に大規模なブドウ畑が発達する。

カップ・コルス（Cape Corse）半島－パトリモニオ（Patrimonio）村－サン＝フロラン（Saint-Florent）村地区

カップ・コルス半島

カップ・コルス半島のブドウ畑は長い間評価されたコルス島のワイン生産における誇りであり、その生産物は広く遠方まで輸出された。しかし、現在ではその生産量は島の全生産量において非常に僅かな比率を占めるに過ぎない。糖度を増すため自然または人工的にブドウを萎れさせる昔ながらの方法の実行は、現在も続けられている。

Bastia 市から D80 道路に入り、Santa Severa 村を過ぎて約 1km 走る。道路は始め斑糲岩中を、次いで小さなブドウ畑がある Santo Pietro di Tenda 村の雲母片岩中を通過する。Macinaggio 村まで行くと、小さな道路が D80 道路と D53 道路をつなげている。ブドウ畑は主として Gioelli 川の両岸に発達する沖積段丘上に分布する。

パトリモニオ村－サン＝フロラン村地区

このルート（第 48 図）は、Santo Pietro di Tenda 村と**カップ・コルス**半島の間にある Nebbio 地区に設定されており、その地質構造的単位は、Saint Fluorent 石灰質中新世層、古生代から始新世への異地性堆積岩、雲母片岩、原地性地層からなる。有名な**パトリモニオ**村のブドウ畑は上述の4つの単位の最初の2単位上に分布する。

Bastia 市から D81 道路経由で Col de Teghime 村まで行く。道路は雲母片岩、枕状溶岩（海底に噴出し冷却して枕の形になった玄武岩）、あるいは古期基盤岩の間を曲がりくねって走る。道路が登った所で、Bigulia 湖の向こう側に Mariana 平野および La Casinca 平野の眺望が開ける。天気が良ければ、イタリア領の Elba 島と Capraia 島が見える。Col de Teghime 村を離れ、D38 道路を Oletta 村の方向へ約 1km 走ると停止点①に達する。ここから Saint-Florent ベーズンを見下ろすことができる。その西端は Tenda 高地に遮られ、その他4つの石灰岩丘陵が平野の境界となっている。少し近い所に2列の低い丘陵があり、これらは前述の丘陵と同様、Nebio 堆積岩層からなる。Col de Teghime 村へ戻り D81 道路を Patrimonio 村へ向かい、郵便局の傍で留まる。道路の左側に小道があり、

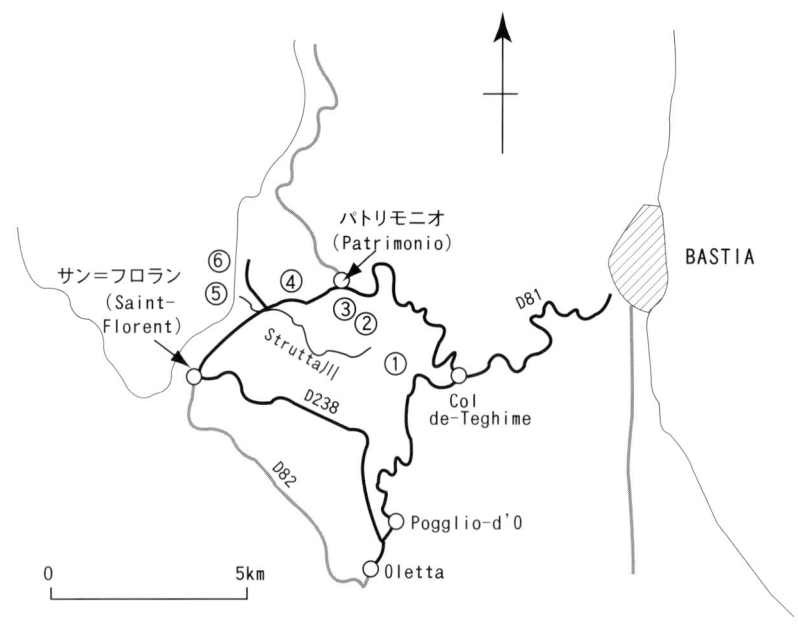

第 48 図 コルス島旅行案内図（4）
カップ・コルス半島－パトリモニオ村－サン＝フロラン村地区

　Vacchareccia 川の沖積層上に植えられたブドウ畑の間を通って行く。15 分ぐらい歩くと Pinzute 山と Pughiali 山の麓②に達する。Pughiali 山の南東斜面はペルム－三畳紀の砕屑岩層、三畳紀灰色石灰岩からなり、その頂部はジュラ紀石灰岩からなる。
　パトリモニオ村へ戻り、D80 と D81 との交差点③へ行くと、暗色の塩基性溶岩の露頭が道路際の堆に見られる。この溶岩は玄武岩で褐色の錆色をしている。枕状溶岩も比較的容易に見出すことができる。D81 道路に沿って走り Strutta 峡谷の手前の小さなブドウ畑の傍④で留まる。そこには目印になるイチジクの木があり、傾斜した中期中新世石灰岩層からなる崖が目に付く。石灰岩の 1 つの層準は、苔虫類、lamellibranchs（二枚貝の一種）、棘皮動物の化石を含み、海岸堆積物および沿岸州であることを示している。Strutta 川を横切り、変電所を通り過ぎて、右に曲がって海へ向かう小道を行く。小川を歩いて渡り、200m 程行くと第四紀の海成堆積物がある。その堆積物は砂丘砂⑤でその下には中新世石灰岩がある。砂丘砂の頂部にはブドウ畑が分布する。砂丘砂の年代は紀元前 35,000y.（± 3000y.）である。小道に沿ってさらに北へ行くと、小川の際に流紋岩質 pudding sone（礫岩の 1 種）の見事な露頭がある⑥。この時代不詳の礫岩は新生代の頂部を形成している。**サン＝フロラン**村に到着する。

サン＝フロラン村－ Lozari 村－カルヴィ（Calvi）村
　このルートの主要な話題は花崗岩と Balagne 地区の堆積物である。18 世紀の末、ブドウは穀物およびオリーブに次ぐ三番目に重要な作物であった。その頃ブドウ畑は丘陵の側面および村に近い傾斜地に分布していた。ブドウは現在も重要な作物であり、その耕作面

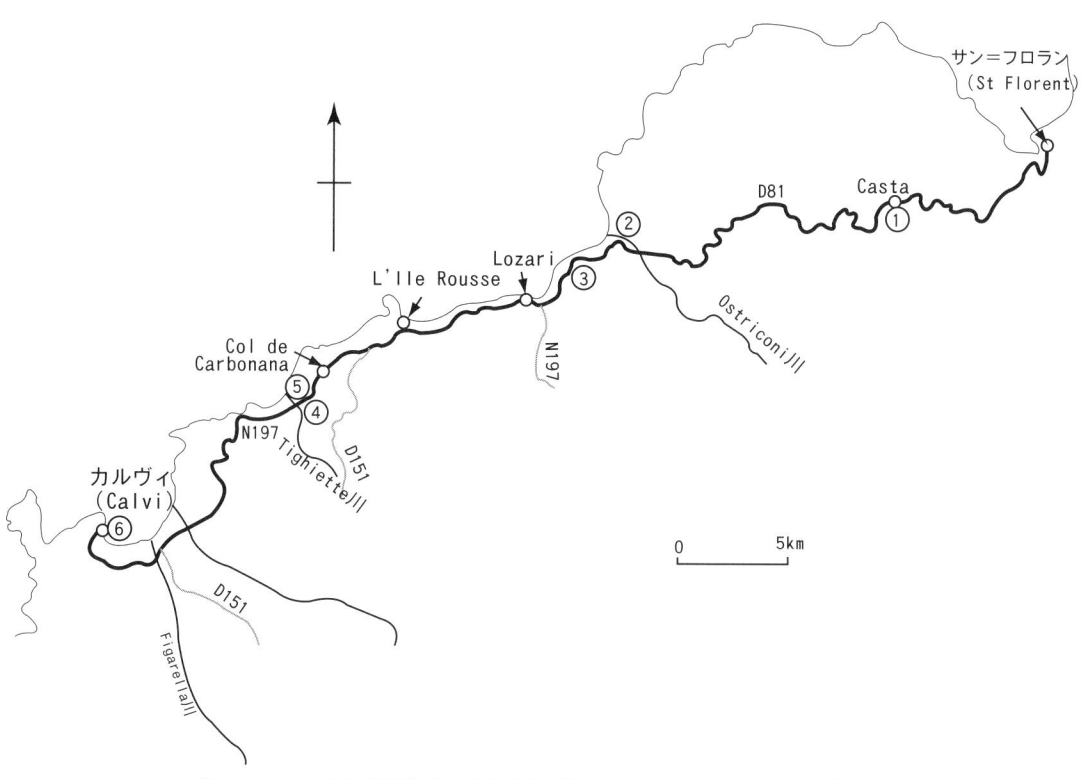

第49図　コルス島旅行案内図（5）サン＝フロラン村からカルヴィ村まで

積は1,100haに達し沖積平野および標高の低い花崗岩地域にまで広がっている（第49図）。

サン＝フロラン村－Lozari村

　Costa村のどちらの側①も、非変成の深部まで風化した花崗岩からなり、ブドウを含む作物が栽培されている。Ostriconi村がOstriconi川と接している所②では、Cima alle Forche高地の赤褐色花崗岩の上に発達した第四紀の砂丘を見渡すことができる。Ostriconi村とLozari村の間で道路は、始新世Balagne砂質フリッシュ層からなる崖に沿うCorniche街道と交差する③。

Alegno低地－Algaiola海岸

　N197道路沿いに、Ile Rousse村からCol de Carbonaia村へ行けば、全体が風化した疑斑状花崗岩を浸食したAlegno低地を見下ろすことができる。Col de Carbonaia村からの下ると坂の端に曲がり角があり、San Cipriano教会の方へ小道を左に行くと、道は次第に下り坂になり、カリ長石が飛び出て見える風化した花崗岩が露出している④。Tighiella川に掛かる橋の手前から小道を北へ500m程行くと、採石場⑤があり石柱が放置されている。採石場は、ピンク色のカリ長石の斑晶、少量の石英、多量の苦鉄質鉱物（暗色雲母および角閃石）、楔石を含む美しい岩石からなっている。N197道路へ戻り、**カルヴィ**村へ行く。要塞の下の港⑥には、カリ長石の大きな結晶と蜂蜜色の楔石を含んだ美しい淡色の花崗岩

を産する。遙か彼方には、ペルム紀の Cinto コールドロンによって形成された山脈が、手前の少し低い花崗岩質高原の上に聳えている。N197 道路に沿って Bastia 市あるいは**アジャクシオ**市まで戻れば Ponte-Leccia 地区の小さなブドウ畑を訪れる機会があると思われる。そのブドウ畑は、一部 Asco 村の沖積層上に、一部非常に風化した蛇紋岩および結晶片岩上に設定されている。

8.3　ワインと料理

　コルス島はどんな料理とも良く合う広範囲のワインを生産している。白ワインは海産食品と良く合う。Aziminu（コルス島風ブイヤベース）および脂肪質の魚料理と一緒に飲むワインは、非常に若い白ワインが良い。他の海水魚の場合は、小さいけれど味の良いコルス島トラウトと同様、やや古い白ワインがよい。食事の始めに出される豚肉料理にも同じワインが供され、締めくくりのゴート・チーズにも同じワインが欠かせない。ある場合は、それがもし若いものであるならば、白ワインよりもロゼワインが飲まれる。赤ワインはすべての種類の肉および猟獣肉と一緒に飲まれる。網焼きおよびロースト肉料理の場合は、南部の豊潤でフルーティーなワインが選ばれる。ソースで料理された肉および猟獣肉にはより強健な北部のワインが理想的である。羊乳チーズで締めくくる場合は、同じワインを置いておいて飲むのが良い。最後に飲むワインには、スウィート・ワインがある。コルセ岬あるいはパトリモニオ村のミュスカ種で造ったワインは、デザートまたは伝統的なトースト "Saluta（健康のために）" と一緒か、優れた食前酒として飲まれる。他の食前酒としては、rappu がある。これは、発酵させていない赤ブドウジュースにブランデーまたは Cap と呼ばれるワインをベースにした食前酒を加えて造ったものである。

参考文献

地質学
Guide géologique Corse (1978)（コルス島地質案内）by M. Durand-Delga et al., Masson, Paris.（とくに tour 1, 5, 7, 8, 11, 13, 14, 15, 18 を見よ）

Gauthier A. (1983) Roches et paysages de la Corse（コルス島の岩石と風景）published by naturel regional de la Corese, 144p.（写真・図多数付）

Simi P. (1981) Précis de géographie physique, humaine, économique et régionale de la Corse（コルス島の物理、人間、経済、地域地理の概要）,from the Collection'Corse d'hier et de demain', No.11, 608p, 37fig.

ワイン醸造学
Vine selection: pamphlet published by Uvacorse edited by F. Mercury.

Gastronomy: pamphlet published by Uvacorse edited by A. Vedel.

The 'Société de mise en valeur de la Corse' (SOMIVAC － the Corsica Development Society) publishes a quaternary journal including numerous articles on vine growing.

09 ラングドック―ルーション地方
Languedoc-Roussillon

　ラングドック―ルーション地方は早期ギリシャ―ローマ時代からのワイン生産地である。ブドウ畑は風景、土壌、村、動物の生息地自身を形成し、ローマ人はワイン文化の発展に貢献した。Via Domitiana 道路、Narbonne 港、ローヌ川を通してワインの生産に適さない国々とのワインの活発な取引が行われた。ブドウ畑は更なる栽培を停止しなければならないほど大きく広がった。

　ローマ帝国の没落によって市場は混乱に陥ったが、ブドウ畑はシャスラ種、ミュスカ種、カリニャン種などのブドウ品種の出現によって更に拡大した。サラセン帝国の侵入と封建的な議論がこの拡大を妨げたが、教会は 12 世紀と 13 世紀の十字軍の帰還に際して東方から新品種を導入してこれに新しい力を与えた。その時フランダースとブリテンに新しい市場が開かれた。100 年戦争の後には、品質の改良への関係を表明する王権に伴う更なる拡大ラウンドが起こった。

　古い政治制度のもとでは人口の増加は、基本的に自給自足の土地経営をもたらした。斜面はブドウの生息地として残る一方、平野は巨大な穀倉となった。実際上政治権力はしばしばこのバランスを保持することを妨害し、ある期間すべての新しい栽培を禁止したりした。そのような危機はブドウ栽培が始まった頃から既にあった。

　しかしワインの生産は増加を続け、19 世紀の初めにはラングドック地方のブドウ栽培面積は 200,000ha、ワイン生産量は 350 万 hl に達した。

　しかしその直ぐ後、一連の大災害がこの地域の安定したブドウ栽培を狂わせてしまった。1837 年には mealy-moth（蛾の一種）が目撃され、1850 年にはうどん粉病が広範に蔓延した。硫黄剤が急遽管理供給されたが、生産量は 2/3 に減少した。また 1870 年から 1880 年にかけて、ラングドック地方を襲った'ねあぶらむし'によってブドウ栽培は窮乏の瀬戸際まで激減した。

　19 世紀中頃の主なブドウ品種は、グラナッシュ種、サンソー種、アスピラン（aspiran）種、クレレット種、ミュスカ種であった。生産は特徴ある個性の良品質のワインを中心として行われた。大量のカリニャン種およびアラモン（aramon）種のブドウから Langedoc ブランディーが蒸留され、世界中に輸出された。鉄道の到来、産業社会の誕生、都市の発展は低価格のワインの需要をもたらした。伝統とのしがらみの中で、南部フランスの多くは低品質の"工業"ワインの大量生産を始めた。

　'ねあぶらむし'の発生後、接ぎ木法が採用された結果、ブドウ栽培における急速収穫が実現し、生産高はおおむね 1900 年の水準を超えるようになったが、市場にはアルジェリアのような新しい供給源が出現した。1906 年には南フランスにおけるブドウ栽培面積は 450,000ha、ワイン生産量は 3,500 万 hl になり市場価格が暴落した。最初の不満は

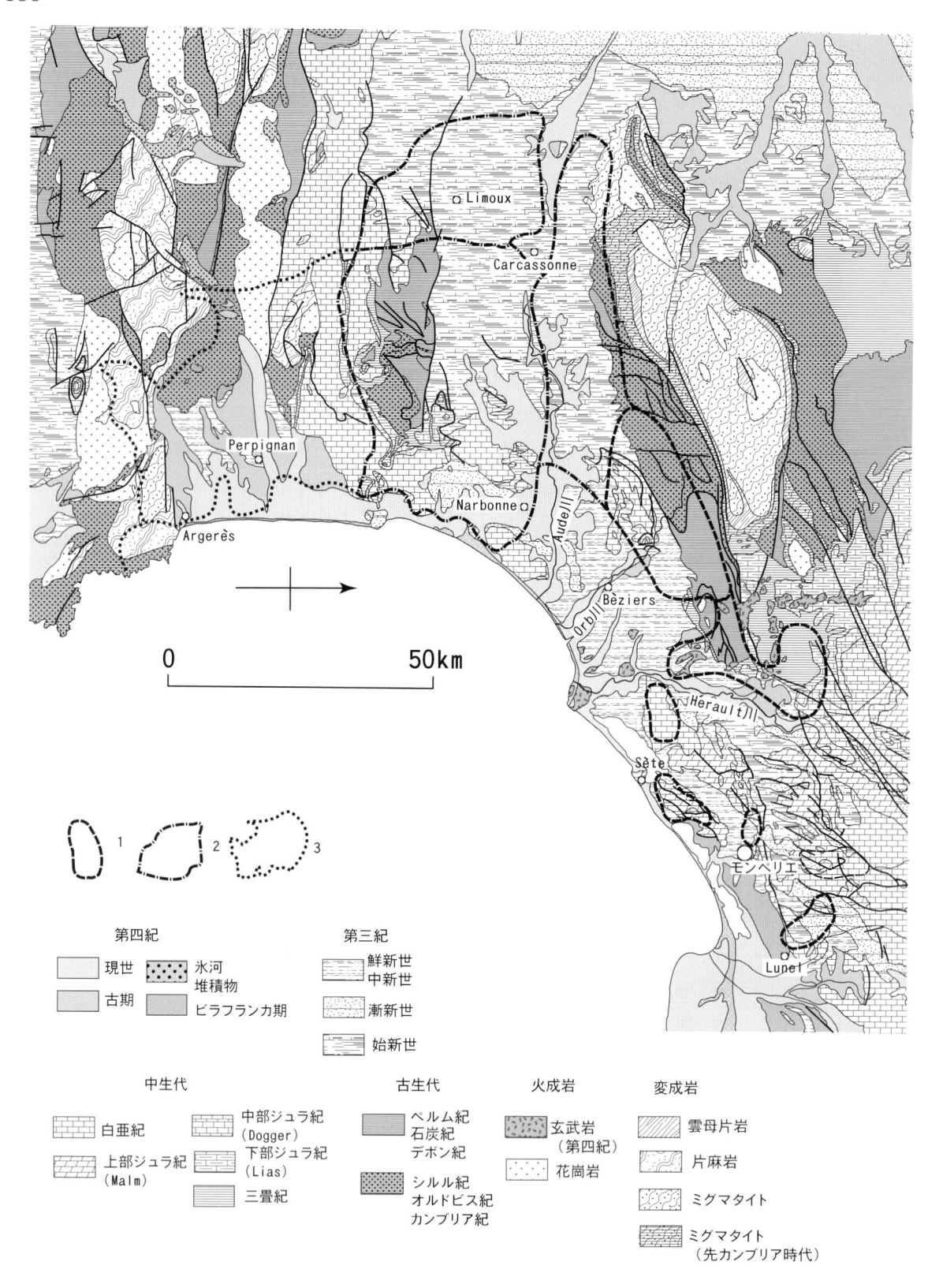

第 50 図　ラングドック－ルーション地方の地質図とワイン生産地区
1. エロー地区　2. オード地区　3. 東ピレネー地区

1904 年から聞こえ、ブドウ労働者は低賃金に対してストライキを始めた。通商同盟が形成され 1905 年の末までストライキが連続した。ブドウ労働者ののうちで最も結束の固いグループは Marcellin Albert が率いる "le grand boulegaïre" であり、集会とデモ行進が行われた。1907 年の 4 月と 5 月には、10 万のデモ参加者が南フランスの町々に押し寄せた。6 月 9 日にはモンペリエ市で 60 万人の群衆が集会を行った。選出された事務当局が人々の側につき、管理されたストライキを組織した。6 月 19 日に Narbonne 市長が逮捕され投獄された。政府は軍隊を町々に送り死傷者が出たが、1 つの連隊は群衆に発砲することを拒絶した。Marcellin Albert がパリに行きラングドック地方の抗議理由を訴えたが、クレマンソー首相に説得された。情勢は 6 月の終わりに次第に沈静化し、新しい法律が希望を与えるように思われた。ブドウ畑では待ちこがれていた仕事が再開し、収穫がもたらされた。

　この危機に続く数年は協同組合の大きな発展があり、1914 年には 217 の協同組合貯蔵庫が存在し、これは現在の 2 倍の数に当たる。ブドウ畑も発展を続け、アルジェリアのワイン輸入による販売不振にもかかわらず "通常ワイン" の出荷も上昇した。古代ギリシャーローマ時代の方法の復帰もあった。ブドウの木が根こそぎ抜かれて新しい植樹が禁止され、過剰生産されたワインは蒸留された。また、灌漑用水路に沿ったブドウ畑の他の作物への転作も試みられた。アルジェリアワインは、共同市場を通じて輸入されるイタリアワインに取って代わられ、問題はまだ解決されなかった。一難去ってまた 1907 年のような厳しい一難の貯蔵樽の破壊、道路と鉄道の閉鎖、"ゴースト・タウン" キャンペーン、トラクター行進、時折の不快な事件などがあった。

　脱工業社会の生活スタイルは、通常ワインの消費を減じ、高級ワインの需要を高める。
　南フランスのブドウ畑は、高級ワイン生産のために徐々に変化してきたが、最近に至って職人の優れた技能も全ブドウ栽培業の上に次第に重ねられつつある。山岳地帯の小さな丘の幾つかの地域から始まり、ブドウ栽培者は次第にワイン生産者に成りつつある。

　ここは、全地中海ベーズンの周辺と同様に、ブドウの自然生息地である。冬はブドウの休息期を保護するのに充分温暖であり（1956 年のような大異変を除き）、山岳周辺部における春霜と特定の土壌に対する全雨量の低さというリスクはあるものの、長い夏の暑さと日照は生長サイクルを強化する。

　ブドウの花の受精と成熟に必要な大気の正常な湿度を保つために、海は充分閉ざされており、一方しばしば生ずる北風（ミストラルまたはトラモンタン）は空気を清浄化し、混雑したブドウ畑に広がりやすい隠花植物病の発生を防ぐ。

　地形は微気候を作り出す。微気候は、土壌と地形の多様性とともに、ピレネー山脈、コルビエール山脈、モンターニュ・ノア山脈、セヴェンヌ山脈の山麓地帯の際だった小丘稜の間に独特の地域的相違を生じさせ、大陸および大西洋の影響から保護され日光で充たされた大きな弧状帯を形成している。従ってブドウは東ピレネー山脈では標高 650m まで、エロー地域では 500m まで見出される。そのような地域の産物は比類ない品質と個性を

身につけることができる。

9.1 Hérault 地区のブドウ畑

　エロー県はフランスにおける最高出荷量記録を保持しており、もちろん今日我々が"テーブルワイン"と呼んでいるワインを産出する県として知られている。しかし選ばれた赤ワインあるいはロゼワインに特化した少数の小さな農園が先導し、徐々に 1、2 の VDQS ワインが現れ、一部が完全な AOC ワインの地位に到達した。1963 年にはこれらの VDQS 赤ワインは市場目的のために協同して 1 つの産地名称、Coteaux de Languedoc となった。そのワイン生産地は VDQS ワインを生産してきた全エロー地域（Minervois 地域を除く）を含むとともに、La Clape 村（オード県）、エロー県の少数の新しい地域、Langlade 地域（ガール県）を含む。

9.1.1 旅行案内

　中央高地山麓地帯小丘陵に沿う南西部から北東部への旅行では、上記の特徴あるワインを産する農場を支えている広範囲の土壌を見ることができる（第 51 図）。

ベジエ（Béziers）市からクレルモン＝レロー（Clermont-l'Héraut）町まで

　ベジエ市を離れ N112 道路経由で**サン＝シニアン**（Saint-Chinian）村まで行く。Saint-Chinian AOC ワインのブドウ畑を支えている広範な土壌に注意すること。ルート上ブドウ畑が始まる Puisserguier 村には、サーラバリアン期およびランギアン期の地層のガリを充填した塊状の中新世礫岩①を産する。それから我々は暁新統上の深く発達した、軽く、非常に赤い土壌に植えられた素晴らしいブドウ畑に出会う。また、Col de Fonjun 村に着く手前に、ヘタンギアン期石灰岩、レーティアン期アレナイト質石灰岩、あるいはノーリアン期およびカーニアン期の多色頁岩が露出しているのを見ることができる。それらはすべてブドウを支持できる深さの土壌を発達させている。ボーキサイトを覆うセノニアン統も同様である。Co 村を越えた所の見晴台②からは、繁栄し積極的に更新されている、魅力ある**サン＝シニアン**村のブドウ畑を見渡すことができる。

　Saint-Nazare-de-Laderez 村を過ぎてもそこはまだ**サン＝シニアン**ブドウ畑の範囲であるが、やがて我々は Faugères AOC ワインの地域に入り、その下には石炭紀の結晶片岩が分布する。

　Laurens 村まで、結晶片岩が伸びる水準に分布する興味あるブドウ畑の中を曲がりくねる D136 道路に沿って走る。その地表は、時代を経ていて、酸性、赤色粘土－シリカ質土壌と石英礫との混合物からなり、素晴らしい、良く構成され、経年効果の良いワインを作るのに非常に適している。

　Faugères 村③の土壌はより均質で Roujan 村へ向かう道路に沿って分布している。そこから我々は、カンブリア紀大理石からなり尾根上に位置する Roquessils 村④を訪れるこ

第51図　ラングドック=ルーション地方旅行案内図（1）エロー地区

とができる。また Gabian 村の丁度手前でビラフランカ期の'がれ'⑤を見ることができる。

　Neffiès 村から**クレルモン＝レロー**町⑥までは D15 道路に沿って走る。とくに複雑な地質を示す**キャブリエール**（Cabrières）村では幾つかの素晴らしい典型的なワインをつくる繁栄したブドウ畑を注意して見ること。

クレルモン＝レロー町からサン＝サチュルナン（Saint-Saturnin）村およびモンペイルー（Montpeyroux）村まで

　クレルモン＝レロー町からはルートは N9 道路に沿う Lerge 川から離れ、主要道路から 1km のワインを生産する小さな**サレル**（Salleles）村の交差点に達する。Rabieux 村を通り、2 回左へ曲がって**サン＝サチュルナン**村⑦に至り、D130 道路を通り Arboras 村および**モンペイルー**村に行く。さらに D9 経由で Lagamas 村から Gignac 村まで到達する。

　エロー地域の農場を含むここに示した部分の旅行では、輝く煉瓦赤色のペルム紀砂質岩および結晶片岩上に行儀良く並ぶブドウ畑が見られた。ここから産出するワイン（地方的には "ruffes" という名で知られる）は、タンニン質でフルボディー、アロマを有するが、現在では Coteaux de Languedoc ワインに属する。

　Saint-Saturnin ワインは、その地方性に恥じない高品質ワインの固い評価を受けている。土壌はほとんど同じだが独自性を保つ隣の Montpeyroux ワイン⑧も同様の評価を得ている。

モンペイルー村からリュネル（Lunel）町まで

　モンペイルー村と Saint-Loup 山の間には丘陵ブドウ畑帯の非常に大きな間隙がある。Gignac 村を越えて Saint-Martin-de-Londes 村まで、D32 道路に沿って走り、さらに D122 道路および D1 道路を経て Trèviers 村に達する（第 51 図）。

　この旅行の最初の部分は、Viols-le-Forte 村から Saint-Loup 山と Hortus 山の間の通路までのジュラ紀石灰質高原で行われる。Pic Saint-Loup 山のブドウ畑（1953 以後 VDQS 銘柄）は Saint-Mathieu-de-Trèviers 村の交差点から始まる。

　北方 Valflaunès 村への巡回旅行は、このワイン生産地の土壌について良い考えを与えてくれる。これらの土壌は、この地域全体に影響を及ぼす N-S 方向の向斜構造の底部⑨に当たるバランギニアン期泥灰質石灰岩および頁岩上、および漸新世礫岩上に形成されている。圧縮された原岩は土壌化されにくく、粘土－石灰質土壌は低地に集中して、バランギニアン層上の土壌のほとんどはブドウ栽培に適していない。それでも、粗く構造化した粘土によって表面が覆われた'がれ'からなる斜面と谷の肩には、素晴らしいブドウを見出すことがある。一方、非常に礫質で赤色のラテライト質土壌が発達する漸新世礫岩上では、バランス良く生長するブドウのための好条件が出現している。そこでは⑩、素直でアロマを有し 2 年経ってもなおフルーティーな品質の良いワイン（Cave de Saint Mathieu ワイン）が作られている。

　Saint-Bauzille-de-Montmel 村の反対側では、山の頂上と緩やかな斜面で同じ漸新世礫岩

層上で高品質のブドウが栽培され、同様な型のワインを**サン＝ドレゼリー**（Saint-Drèzery）村⑪（協同組合貯蔵庫で VDQS ワインを販売）、Saint-Christol 村、Vèragues 村で生産している。

リュネル町へ向かう道では、ビラフランカ期の'がれ'が、礫質土壌から成る沖積河岸段丘に取って代わられる⑫。このような環境で、その繊細さと軽いアロマとによって Hèlault 甘味ワインと異なる Muscat de Lunel AOC 甘味ワインが作られる。これらの特徴は、恐らく一般に珪質な基盤上に発達した低酸性の溶脱土壌によると考えられる。

9.2 Hèlault 地区の古くからのワイン産地

今までの長い間に、観光旅行に次第に門戸を開けてきたこの海岸地域の Hèlault ワインの偉大な集団の中から、幾つかの特別な年のワインが、彼らが得た評価によって頭角を現してきた。これから述べるモンペリエ市周辺地域の旅行によって、これらワインの魅力が土壌の特別な地質的性質に直接関係することが明らかにされる。

9.2.1 旅行案内

旅行はモンペリエ市を出発して、次の順序で幾つかの農場を訪れる：**サン＝ジョルジュ＝ドルク**（Saint-Georges-d'Orques）村、**クレルモン＝レロー**町、**キャブリエール**村、Pinet 村、Frontignan 村、Mireval 村、**ラ・ムジャネル**（La Méjanelle）村（第 51 図）。

サン＝ジョルジュ＝ドルク村からキャブリエール村まで

ここのブドウ畑はモンペリエ市に近いことから良く知られてきた。1957 年には VDQS の地位を得、1972 年には Coteaux de Languedoc ワイン産地の一部となった。カリニャン種、グラナッシュ種、サンソー種の 3 品種のブドウから赤ワインとロゼワインが作られている。ブドウ畑は、Saint-George 台地と斜面のビラフランカ期沖積層および Murviel リアス統上に分布している。

モンペリエ市を離れ**サン＝ジョルジュ＝ドルク**村（ここではワインが陳列され販売されている。）を過ぎて、Murviel-lès-Montpellier 村⑬に向かう。この村を過ぎると道路は一連の地層と土壌を切って行く。最初はルペリアン期の角礫化石灰岩で、とがった礫を多く含む石灰質土壌を形成している。さらに流れに面すると、多分ビラフランカ期のフリント質の礫が見出される。これは非常に赤く酸性の土壌を形成するアーレニアン期チャート質泥灰岩に由来すると考えられる。

D27 道路を通って A750 道路に入り Gignac 村に行く。さらに D908 道路経由で**クレルモン＝レロー**町へ行き、D608 道路と D15 道路を通りキャブリエール村に到着する。

クレルモン＝レロー町は、デザート用ブドウ（シャスラ種）で有名である。**キャブリエール**村⑭は、Clairette du Languedoc AOC ワインの誕生地である。このワインは名称の通りクレレッテ（Clairette）種のブドウから作られた白ワインであるが、現在ほとんど販売

されていないと考えられる。赤ワイン用品種のブドウから赤およびロゼワインが作られ、1963 年に Coteaux de Languedoc VDQS ワインとして受け入れられている。

キャブリエール村からモンペリエ市まで

キャブリエール村から D124 道路を通って Lézignan-la-Cèbe 村まで行き、さらに D609 道路経由で Pézénas 町に達する。ここから D32 道路を通って Florensac 村まで行く。D18、D159 道路経由でブドウ畑地帯を見ながら**ポメロル**（Pomerols）村から**ピネ**（Pinet）村、**メーズ**（Mèze）村まで行く。

このワイン産地⑮は、僅かに海緑色がかった、透明で、フルーティーな収穫年から1年以内に飲む方が良い白ワイン Le Picpoule de Pinet ワインを産する。これは付近の Thau 湖から獲れたシーフードおよび魚ととくに良く合う。ブドウ（ピクプール種）は、白亜紀石灰岩と、軟らかく時に礫質の中新世石灰岩に由来する'がれ'上で栽培されている。

メーズ村から D613 道路経由で Sète 村の交差点まで行き、そこから D2 道路を通って Balaruc-les-Usines 村まで、さらに D129 道路経由で**フロンティニャン**（Frontignan）村⑯（Le Muscat de Frontignan ワイン）に向かう。

道路は、La Gardiole 山麓の複雑な丘陵斜面を乗り越えて走る。これらの斜面は、有名な自然な甘味ワイン産地の中心をなし、種の小さいミュスカ種のブドウ畑が分布する。訪問者は、両側にブドウ畑のある主要道路のタールマカダム舗装の路線を歩き、土壌型の全断面を見ることができる。主な土壌型は、南部フランスの白ワインまたはミュスカ種のブドウ畑でしばしば見られる赤色粘土の混じった石灰岩'がれ'である。

D612 道路を 3km 走り、**ミルヴァル**（Mireval）村へ行く（Muscat ワインの試飲と販売を行っている）。

Muscat de Mireval ワインのブドウ畑は、La Gardiole 山麓の D612 道路に沿って分布する。そこには海抜 10m の低地が存在する。この地区は、とくに Les Aresquiers 村付近が興味深く、ここは介在する海峡の沈泥でふさがれ本土と繋がった固いジュラ紀石灰岩の島である。

ミルヴァル村から**ラ・ムジャネル**村へは湖岸道路に沿って行く。D116 道路を Villeneuve-lès-Montpellier 村まで行き、D185 道路経由で Lattes 村まで、さらに D132 道路に沿い Pérols 村に達する。Pérols 村を離れモンペリエ市に向かって、D21 道路を Boisarques 村まで行き、そこから D189 道路経由で La Blaquière 農場に到着する。ここは台地の下の斜面にあり、農場の東端を巻く小さな道路を通って行き着くことができる。

ラ・ムジャネル村のブドウ畑へは、Pérols 村経由で南から到達することができる。このブドウ畑は、海抜約 10m の平地にあり、非常に赤い砂質粘土マトリックスを有し、小さな石英または珪岩礫を含む土壌上に分布している。地下水面は 4～5m の深さにあり、ブドウは非常に強健で生産性が高い。

さらに、表面が褪色した大礫からなり非常に赤い粘土土層を挟む厚さ 7～8m の緩く

結合した'がれ'を形成するビラフランカ層上の原地性土壌を見ることができる。ブドウはバランスの取れた生長をし、平均的な強さを示す。幾つかの標識のある農場が、南部フランスの特徴を完全に持った活気がありフルボディーの La Méjanelle ワインを展示している。D24 道路を通ってモンペリエ市に帰る途中で Flaujergues 農園を訪れるのも一興である。

9.3 Aude 地区のブドウ畑

　オード県は、地中海に面して広がっている。また西は広い Nauroze 分水嶺を介して大西洋に開かれている。このことによって海岸と後背地の間に異なった気候の急速遷移が起こり、また起伏の多い Corbières 地域の地形は、典型的なブドウの特徴に決定的な影響を与えている。

　これらの特徴は、ワインを大量生産するために地域的に組織化されているにも拘わらず、特定農場の産物が良い評判を得るのに役立っている。異なったワインを産するブドウ畑が遙かに離れており、その間には大きな価値のあるブドウ畑が無いとする。しかしそこには、地質学的観点から見て大きな興味がしばしば存在する。我々は、このようなブドウ畑の発見と 'Guide géologique Pyrénées orientales-Corbières（東ピレネー山脈と Corbières の地質案内）' で提案した旅行を結びつけることを試みた。その本の読者は人を魅了する地質的事実を発見できるだろう。

9.3.1　旅行案内

コート・ド・ラ・マルペール（Côtes de La Malepère）地区

　この急速に拡張している VDQS ワイン産地は、最近その資格を得た原産地銘柄のワインを生産している。このワイン生産地区は、南部フランスのワイン産地の中で最も大西洋に近接しているという特有の位置を占めていることで知られている。南部フランスのブドウ品種に加えて、ボルドー地方からもブドウ品種を導入し、この地区はフルボディーで良く構成され、またフルーティーで、心地よいブーケのあるワインを作っている。

　この地区は地中海の影響がない Corbières 高地の北西方に位置し、La Malepère 地塊を含んでいる。この地塊は Carcassonne 市の南西に高さ 414m の絶壁をなし、半径約 10km、多少膠結した浸食に強い礫岩からなる。また一方はオード川とその支流 Sou 川、他の側は Fresquel 川とその支流 Rébenty 川に挟まれている。この礫岩は後期始新世（バートニアン期）にピレネー山脈と Montagne Noire 山地の間の沈降低地の基底に堆積した。西側にある石灰質セメントを伴う軟砂岩からなるモラッセ層は、北に傾斜する礫岩層によって分離されている。このモラッセ層は、東西方向の丘陵斜面を形成し、**コート・ド・ラ・マルペール**地区の多くのワイン産地が分布している（第52図）。

　現在 Fresquel 川が流れている Corbières 高地および Montagne Noire 山地間低地由来の礫質河岸段丘上に作られた D119 道路の両側には、北部斜面が発達している。Arzens 村

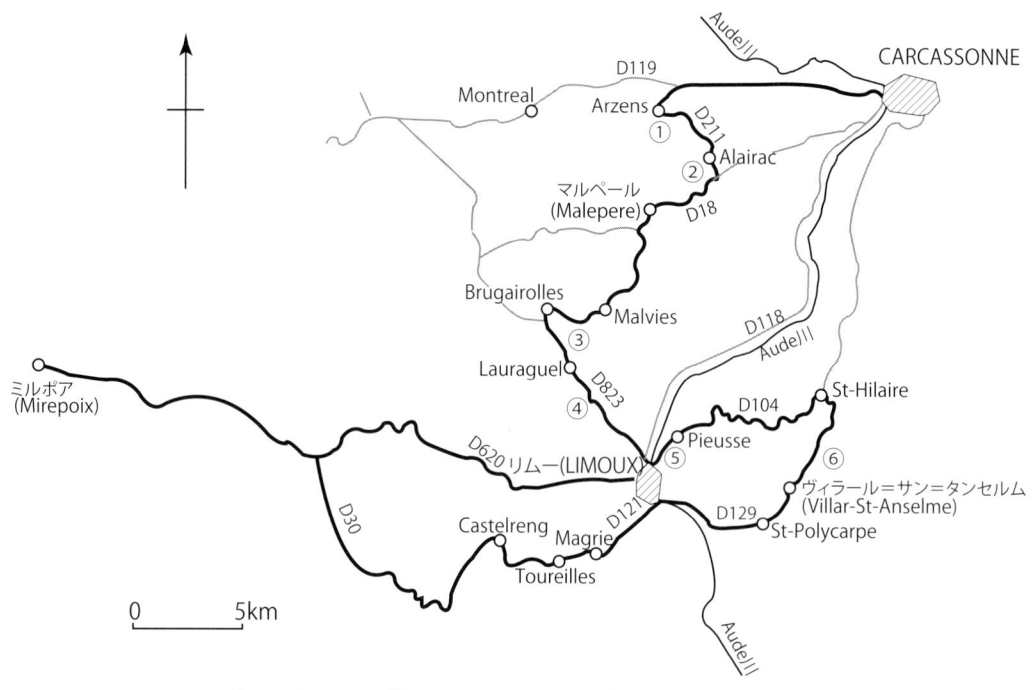

第 52 図　ラングドック—ルーション地方旅行案内図（2）
オード地区（コート・ド・ラ・マルペール地区、リムー地区）

を 1km 過ぎたところには、同様な河岸段丘上①にグラナッシュ種のブドウ畑が分布する。

　Alairac 村を過ぎると②、深く風化が進んだアレナイト質モラッセ中に多くの小渓谷が存在する。そこでは土壌は褐色化しているが高品質のブドウ畑を作るにはあまりにも低位置過ぎる。粘土質の崩積土が、場所によっては塊状のモラッセを覆い隠し、他の場所では非常に風化し破壊された礫岩（ここのブドウ畑の典型的な土壌）に取って代わられている。

　La Malepère 地塊から下がって南部斜面に入ると、この地域の礫質丘陵の斜面におけるブドウ栽培様式と、シャトー近くに集まった村周辺に分布するブドウ畑との間の対比が明らかに示される。

　小さな川にしては谷が広い Sou 川を渡って Malviès 村から Brugairolles 村③まで行くと、我々はブドウ畑に覆われた河岸段丘上に上がっている。D623 道路に達すると、右側に巨大なワイン製造装置を持った Cave des Routiers の工場が見える。

　Lauraguel 村を過ぎると河岸段丘は小さな川によって遮られる。道路は深い切り通しに入り、そこでは礫岩層およびレンズを挟んだモラッセ堆積物を見ることができる④。ここが**コート・ド・ラ・マルペール**地区の端で、ここから**リムー**（Limoux）地区に入る。

リムー地区

　この地区の基本的なブドウ品種はモーザック（mauzac）種である。このブドウからは、良く構成され、フルボディーでフルーティーな白ワインが作られるが、少量のシャルドネ

種のブドウを加えることにより香りよく繊細なワインにすることができる。"シャンパーニュ方式（méthode champanoise）"によって作られた Blanquette ワインは、スパークリングワインとして高い評価を得ている。

　Blanquette ワインの歩みに遅れずに、ワイン製造者は最近赤ワインを改良した。**リムー**町では地方料理に関する興味が取り戻され、レストラン、展示場、ワイン販売店でそれを味見する価値がある。

　ワイン産地は、Mouthoumet 高地の西端によって作られた狭い流路の両端で南北に流れるオード川まで伸びている。また、ブドウ畑は、Alet 峡谷を過ぎて東西に流れる横谷でとくに豊になっている。

　この地区は、白亜紀および下部始新世の頁岩層を挟む石灰岩層、中部および上部ルテシアン期およびバートニアン期の礫岩、泥灰岩、モラッセ互層からなる。これらの地層は、一般に南に面し東西に配列する丘陵斜面からなる地形を形成する。推奨される旅行ルートは東から西へ輪をなしており、後でオード川に沿って南に行くことになる。

　リムー町を離れ D104 道路を行く。オード川にかかる橋を渡り 2km 行くと道路の左側に採石場⑤があり、ここで溶脱土壌の断面を見ることができる。Pieusse 村を過ぎると道路は遙かに川を眺めながら丘陵側面に沿って曲がる。左側の丘は切り立ち礫岩層が露出する。

　西側の連続するケスタの輪郭を振り返って見る。ここの Fourn 農場を訪問するのも良い。

　ヴィラール＝サン＝タンセルム（Villar-Saint-Anselme）村では、低い斜面⑥にモーザック種とシャルドネ種の素晴らしいブドウ畑が見られる。Saint-Polycarpe 村から南を眺めると、水平線に対して輪郭が浮かび上がった高く森に覆われた丘を見ることができる。これは Mouthoumet 高地（標高 700～800m）の断層後斜面（back slope）である。

　D626 道路沿いに**ミルポア**（Mirepoix）村⑦へ向かう。協同組合貯蔵庫を訪問してから戻って、D30 道路を Castelreng 村へ向かう。左に曲がって村に入り Cougain 川を渡って 2km 行くと Col de La Plaine 村に到着する。左に曲がって D321 道路に入り Toureilles 村を経由して Magrie 村に着く。そこから D121 道路を通り**リムー**町に戻る。

　D30 道路が非対称に続く Cougain 川に沿って走る。低い右手の斜面（丘の突出部）には礫岩を主とした互層をなす厚さ 100m 以上の一連の地層が見える。1m 位の厚さの、時に硬化した粘土と泥灰岩からなる石灰珪質層が、多色、暗色または黄土色の上部ルテシアン期砂岩と互層している。残留土壌は不規則な粘土－石灰質岩屑土であり、ここでの伝統的主品種であるモーザック種に極めて適している。Cougain 川の礫質河岸段丘はワイン産地の一部をなし、"ヴァン・ド・ペイ" ワイン品種のブドウが植えられている。

Le Corbières 地区

　1951 年に Corbières VDQS ワインがこの地区の 94 の村によって作られ、また Corbières VDQS 特級ワインも認められた。これらは 39 地域にわたって適用され、1ha 当たりの生産性が Corbières 地区より低いこと、赤ワインは最低 12°、白ワインは 12.5°の

アルコール度が要求された。

　フィトゥー（Fitou）村地域の Fitou AOC ワインは 1948 年に創生された。その範囲は南西方向に面した海岸の丘陵斜面にある 5 つの村と内陸部の 4 つの村を含む。また、これらの地域に Cascatel 村を加えると Rivesaltes and Muscat de Rivesaltes ワインと呼ばれる AOC "VDN 強化ワイン（vins doux naturel）" 生産地の一部となる。

　Corbières 地区は山地である。その南西半は標高 300m 以上で、高さ 800、900、1200m（Bugarach 山）の峰もある。地形は険しく、流れは深く曲がり、不規則な峡谷をなすが、山脚によって分けられた多くの盆地があり、独立したブドウ畑が分布する。

　地中海に最も近い Aquitaine 盆地地域の西側は、海洋の影響を受けている。ここは一般に tramontane（または cers）と呼ばれる乾いた風と、春と秋に地中海から吹いてくる海からの湿った南東風に対して開かれている。

　雨量は少なく年によって非常に不規則である。バランスの取れたブドウの生長のためには、乾燥年に貯水槽として働く厚く緩やかな土層を持った空隙の多い土壌が必要である。

　Corbières 地区のブドウ畑を正確に知るため、とくにその非常に変化に富んだ地質史を有する地域の地質構造を理解するのが目的の場合には、非常に長い旅行ルートが必要である。その場合には、'Guide géoloque Pyrénées orientales － Corbières' が徒歩の訪問者のために極めて有用である。ここで推奨されるルートは、Narbonne 市から Carcassonne 市まで海岸を通り Corbières 山地経由で内陸に入るもので、土壌領域に関して良い理解を与えることができると考えられる。Tuchan 盆地に関しては東ピレネーのブドウ畑の項で扱うのでそちらを参照のこと。

　Narbonne 市から D6009 道路を通り Cabannes-de-Fitou 村まで行く（第 53 図）。Narbonne 市から南に向かって行く道では、Bages 湖の北端にあるビラフランカ期の'がれ'からなる台地に注意すること。ここの土壌は礫質、溶脱性で非常に深くまで赤色化していて、標高 30m、Quatourze という名の評価の高いワインを作る小さなブドウ畑①が存在する。

　D50 道路に沿って Treilles 村②まで行くと、三畳紀およびジュラ紀リアス世の泥灰質石灰岩と頁岩の露頭が見られる。一部の低地ではこれらの岩石は高品質のワイン用として不適当な土壌を形成するが、頂上および斜面ではウルゴニアン期地塊からの'がれ'によって土壌の物理的性質が改善されている。古いビラフランカ期の準平原を離れ、Feuilla 村に着く前に固く不毛の石灰岩地域にはいる。この浅い凹地の底にはウルゴ―アプティアン期岩屑層の下にシルル期結晶片岩および三畳紀砂岩の少数の尾根状岩体が存在する。

　最後のウルゴニアン期石灰岩の露頭がある Col de Feuilla 村を過ぎると、ルートは Saint-Jean-de-Barrow 村を越え Durban 盆地③にはいる。この三畳紀層からなる浅い凹地は、主として赤色頁岩が分布し、表面風化による深い粘土－砂質土壌を伴う。また崩積層からなる川底は、石灰岩の峰からの'がれ'に所々覆われている。これらは平均的な肥沃度を有し、暖色で軽く保水性が良い土壌を形成している。これらの土壌は、低地の肥沃度の高い土壌を除いてこのワイン産地の典型的なものである。

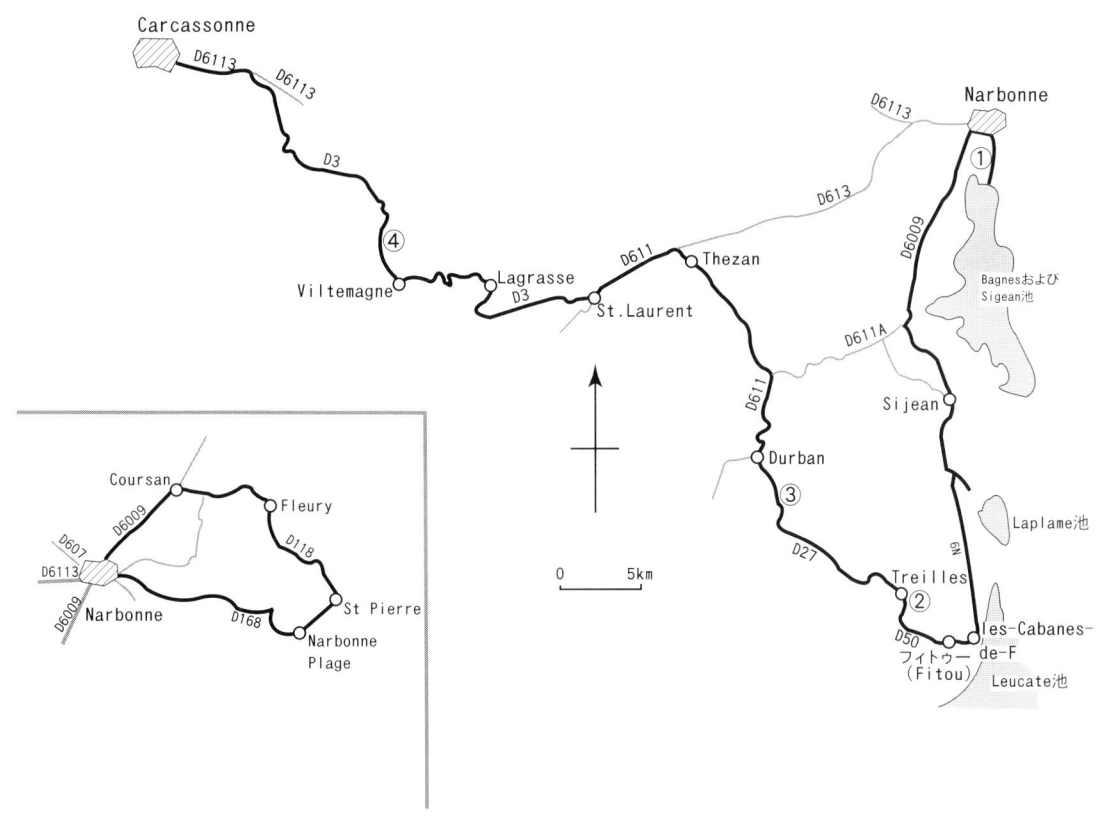

第53図　ラングドック−ルーション地方旅行案内図（3）
オード地域（Corbière 地区および La Clape 地区）

　Val d'Agne ブドウ畑帯④は、明瞭な盆地である。この盆地は Alaric 山とその高原（サネティアン期石灰岩）の南西、下部ルテシアン期礫岩からなる丘陵の東、Mouthoumet 高地の北端にある。土層は下部始新世石灰岩と互層する暗色および灰色泥灰岩から形成されている。この盆地は北と東を砂岩、礫岩、石灰岩の急斜面によって境され、斜面下部の礫質崩積層上にはブドウ畑が分布する。

　D3 道路から Capitre 採石場を眺めた後、ルートは Alaric 山周辺の下部ルテシアン期頁岩が分布する凹地に沿って走る。凹地にはブドウ畑が見られる。

La Clape 地区

　Languedoc 地方の前ピレネー系は、幅広い凹地によって幾つかの独立地塊に分けることができる。すなわち西から北東に向かって、Corbières 山地、Narbonne ベーズン、La Clape 高地、オードベーズン、Saint-Chinian 山脈である。各地塊の褶曲構造は同様であるが、La Clape 高地に露出する白亜系のみは、側方に閉じた褶曲（Amissan 向斜）を伴う断層背斜構造をなす（第54図）。

　地質は主として石灰岩からなり、とくに斜面下部では 100m 以上の厚さのウルゴニアン期石灰岩が基盤となっている。ジュラ紀層分布域の典型的地形は、背斜谷、峰、大規模

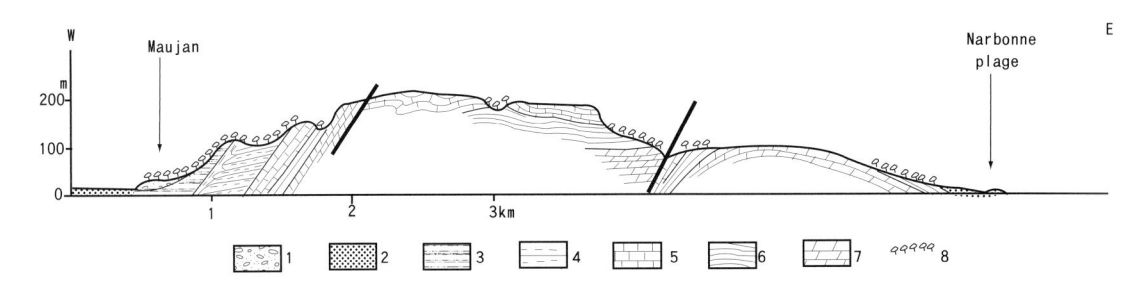

第54図 La Clape 高地地質断面図
1 現世沖積層　2 古期沖積層　3 第三紀層　4 アルビアン期砂質石灰岩　5,6,7 アプティアン期の地層　8 ブドウ畑

構造台地である。そこでは地表および地下で形成されるすべてのカルスト地形（カレン、ドリネ、ポリエ、垂直洞穴など）が見られる。

アルビアン期石灰岩層は不規則に露出する。この石灰岩は赤色塊状で、砂岩様を呈し、背斜の西側の断層後斜面に出現することがある（第54図）。

第三紀にこの地塊周辺に砕屑層が集中してきた。すなわち中期ルペリアン期の石英礫層および石灰岩層、その上にヘルベチア期の礫質石灰岩層、礫岩層、海成砂層。最上部には、古期第四紀の大礫層が全地塊の周辺に広く分布した。一方、カルスト盆地と乾燥谷に蓄積した'がれ'とテラロッサを伴う斜面低部に凍結作用が働いた。

ワイン生産地は極めてバラバラに分布する。ブドウ畑は、"garrigue（荒れ地）"と呼ばれる不毛の硬質石灰岩台地によって分離されている。現在ワインの生産は南部フランスのブドウ品種（カリニャン種およびグラナッシュ種に最近加えられたサンソー種、シラー種、ムールヴェドル種）を基盤に繁栄している。ワインはフルボディーで、2年後にフルーティーとなり、良く保存が利く。赤ワイン、白ワイン、ロゼワインが作られている。

Narbonne 市から D168 道路を通り Narbonne-Plage 村まで行く。さらに Saint-Pierre 村まで行ってから、D118 道路を出発点に向かって Flleury 村および Coursan 村まで行く。N113 道路を通り Narbonne 市に戻る。ルート上で次の順に見学を行う。

○ Maujan ブドウ畑への入り道での石灰質粘土－砂土壌。
○ L'Hospitalet 村のウルゴニアン期層崖下のアルビアン期石灰岩斜面に発達するレンジナ質土壌上のブドウ畑。
○ 背斜谷側面（Narbonne-Plage 村に向かう下り坂道路）または背斜谷底面（Saint-Pierre 村を過ぎて、台地に登る D118 道路）の一般にソリフラクションによって形成される脱方解石化粘土質土壌。
○ Flleury 村から 1km にある以前のカルスト盆地の地層が隆起した平地上の溶脱赤色土壌のブドウ畑と、一方原産地名から除外された細粒で肥沃質なシルトに覆われた盆地底部（Taraillan 湖）。
○ Flleury 村を過ぎたところのヘルベチア期モラッセから形成された未発達石灰質土壌上のブドウ畑。これに交差する自動車専用道路を過ぎると、ブドウ畑はビラフランカ期

層上の礫質土壌の上に作られている（Puch シャトーおよび Céleyran シャトー）。

ル・ミネルヴォア（Le Minervois）地区

　ミネルヴォア地区の名称は、Narbonne 地域および Montagne Noire 山地のケルト族の土地におけるローマの要塞古代都市 Minerava に由来している。**ミネルヴォア**村は 1909 年にオード地域において法律上の地位を与えられ、**ミネルヴォア**地区を長い間徐々に 61 の村（その中 16 の村はエロー県）に拡張してきたことを認められ、その地理上の範囲は 1979 年に法令によって定められた（VDQS）。

　主として伝統的な南部フランスのブドウ品種カリニャン種によって赤ワインが作られてきたが、グラナッシュ種、サンソー種、シラー種、ムールヴェドル種のブドウが次々と加えられることによって次第に品質が改善された。

　この地区は標高 100m ないし 300m の一連の丘陵からなることによって、1200m 以上の峰々を有する Montagne Noire 山地とその東方延長（Minervois 山および Pardaihan 山）からの冷たい北風を防いでいる。Carcassonne 回廊地帯では、たびたび吹く風、とくに西風が注目を浴びる。南西あるいは北西から急激な雨が降り始めるからである。大西洋がこの地帯の西端へ影響を及ぼし、その場所のカリニャン種のブドウの成熟過程に損害を与えることがある。

　ミネルヴォア地区は、地質的には広大な Carcassonne 向斜褶曲の北端をなし、海成層（サネティアン期石灰岩、イレルディアン（Ilerdian）期多洞石灰岩）、湖成層（Ventenac 村および Montaulieu 村の石灰岩）、陸成層（中期始新世からバートニアン期の頁岩、粘土、砂岩）など種々の起源を持つ様々な土壌からなる。この一般に南傾斜の種々の地層の連続は、ブドウ畑に最適な南に面するゆるやかな斜面を伴う波を打つような地形をもたらした。第四紀の間の浸食によって深い峡谷が作られ、全域をそれぞれの傾斜する台地に分割する一方、丘陵の麓、古生代地塊から流れ落ちるオード川に伴う平地において、3 ないし 4 系統の礫質沖積河岸段丘を堆積した。

　旅行ルートは Carcassonne 市を出発し、**ミネルヴォア**地区を横断し、**サン＝シニアン**村に至るもので、ここで Hèlault 地域の旅行ルートに連結する（第 55 図）。

　Carcassonne 市を離れ、D148 道路を進む。Bezons 村の交差点で D620 道路に入り、Villegly 村を経由して Caunes 村に至る。

　Villegly 村と Caunes 村の間で我々は、**ミネルヴォア**ワイン生産地区に入る。Villegly 村の手前 2km の所①で、道路が曲がった後風車小屋の廃墟に出会う。その周囲はリス氷期河岸段丘上の礫質溶脱土壌のブドウ畑に囲まれている。この村を越えると道路の左側にブドウ畑が広がる。そのブドウ畑は、中期ルテシアン期赤色 Ventenac 粘土を覆う非溶脱褐色土壌の上に分布するが、斜面に礫質の良く排水する崩積土を伴う礫岩の峰によって中断する。さらに北へ行くと"荒れ地"が洞穴の多い石灰岩（イレルディアン期）表面を覆うが、稀に枯れ谷にブドウが栽培されている。

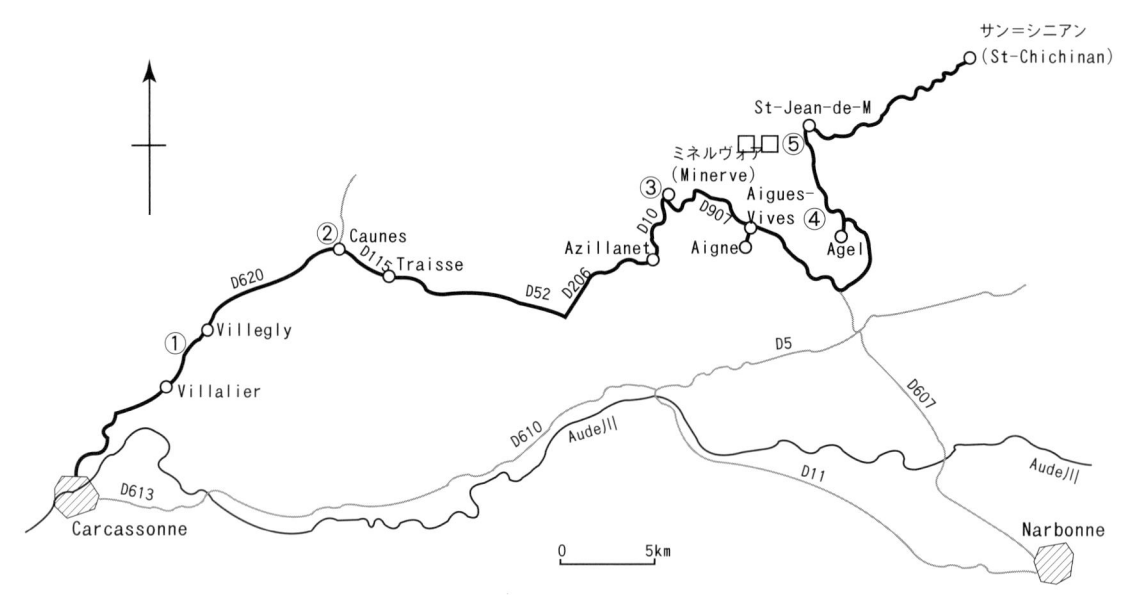

第 55 図　ラングドック−ルーション地方旅行案内図（4）オード地区（ミネルヴォア地区）

　Caunes 村②では大理石採石場を見るのも面白い。詳細は 'Guide géoloque Languedoc méditerranéan − Montagne Noire' の 53 頁を見よ。また、SaintRoch 教会の旧採石場を訪問しイレルディアン期層の完全断面を見るのも良い（'Guide géoloque Pyrénées orientales − Corbières'119 頁参照）。

　ミネルヴォアワイン生産地区の心臓部である Azillanet 村に限って、ブドウ畑は上部河岸段丘上に分布する。Pépieux 村と Azillanet 村にはワイン貯蔵所がありワインを買うことができる。そこを過ぎると**ミネルヴォア**村付近③の道路の切り通しで、中部および上部始新統の素晴らしい断面が見られる。

　ミネルヴォア村と Bize 村の間では、ブドウ畑は自然条件によって細かく分割され、主として所により非常に深く発達する粘土−石灰岩崩積土上に分布している。D10 道路からは Alveola 石灰岩中に曲がる Cesse 川の峡谷越しに素晴らしい眺めが展開する。道路は褐炭質泥灰岩上に作られているが、より高い所には中部ルテシアン期 Ventenac 石灰岩が見られ、この湖成起源の岩石中には化石を含む。

　Aigues-Vives 村と Agel 村の間では、D20 道路の北側の Agel 石灰岩および泥灰岩（上部ルテシアン期）上④にブドウ畑が分布する。

　Saint-Jean-de-Minervois 村の小さなミュスカ種ブドウ畑⑤は AOC に認定されている。その土壌は、ルテシアン期 Ventenac 石灰岩とイレルディアン期 Alveolina 石灰岩の破砕による異常な量の礫を含み、完全にアレナイト質多色粘土に分解したオルドビス紀砂質頁岩の前第三紀地表面を覆っている。

　ミネルヴォア地区旅行は、エロー地域の Saint-Chinian 村− Faugères 村旅行と組み合わせると良いだろう。

9.4　東ピレネー地区のブドウ畑

　東ピレネー県北部地区は、少し拡大すると真のルーション地域、従ってカタロニア（Catalan）地域となる。この地域は他の点でもそうであるように、ワイン生産において独立している。気候と地形が共に、地域独自の設定、方法、生産を行うブドウ畑を創造している。実際この県はフランスVDN（"Vingdoux naturels"）甘味ワインの大部分を生産している。これらは、4品種のブドウ：グラナッシュ種、マカベオ種、マルヴォアジー種、ミュスカ種から作った最低アルコール度14°のブドウ汁を基本にしている。これらは共に有名な一般級（generic "crus"）のBanyuls、Maury、Rievesaltes、Muscat de Rievesaltesワインである。

　これらVDN甘味ワイン以外に、この地域は同じブドウ品種から南部フランスの他品種と組み合わせて異なった種類のワインを生産している。その結果のAOCワインが、その極めて典型的でしばしば独特なスタイルによって、次第に一般的になりつつある。その地域は全く県の境界内にあるが、甘味ワイン生産地域よりも一般に大きい。Côtes du Roussilon AOCワインは120の村を含む地域で作られ、Côtes du Roussilon-Villages AOCワインは、特別な原産地名として許可された2産地（CaramanyおよびLatour-de-France）を含めてCorbières地区の南部後斜面の28地域からもたらされる。Collioure AOCワインは、Banyulsワインと同じ地域で作られている。

　ワインの品質への気候の効果はもちろん非常に強く、ある点では太陽より重要でさえある。甘味ワインの生産地域は13℃等温線と700mm等雨量線によって境界が引かれる一方、低部斜面が要求される。ルーション地方はとくに均質な地形と気候によって特徴付けられ、これをワインの品質向上に利用することができる。

9.4.1　旅行案内

Perpignan市からVingrau村まで

　Perpignan市を出てD900道路を北に向かう。7km走って左に曲がりRivesaltes町に向かって行く（第56図）。

　D900道路とRivesaltes町の間は、標高25〜30m、急流沖積層が第四紀に堆積した複雑な礫質平野であるCrest平野をブドウ畑が覆っている。数100haのこの上昇平野は、4〜6mの厚さの非常に円味を帯びた石灰岩礫層に覆われている。表面の礫は古色を帯びているが、表面下30〜50cmでは、一部の礫は結晶質石灰岩（"tapalas"）の皮殻に覆われている。Roboul川の水が狭い峡谷の沖積層中を流れ、幾つかの素晴らしい断面を路上から見ることができる。

　Vingrau村までのD12道路は、下部白亜系の地層を横切る①。凹地の底面上と、凍結破砕した石灰岩'がれ'が集積した下部斜面の泥灰質土壌にはブドウ畑がまばらに分布している。

Vingrau 向斜は、広い意味の Corbières 地域に典型的な結晶片岩ベーズンを形成した。このベーズン周辺のブドウ畑は、斜面から運ばれた石灰岩'がれ'上に分布する。

Vingrau 村から Paziols ベーズンまでの間に、向斜の西翼にあたるウルゴニアン期層の尾根が幾つかの枯れ谷を有し、ここにブドウ畑②が分布する。これらの石灰岩の山上には、

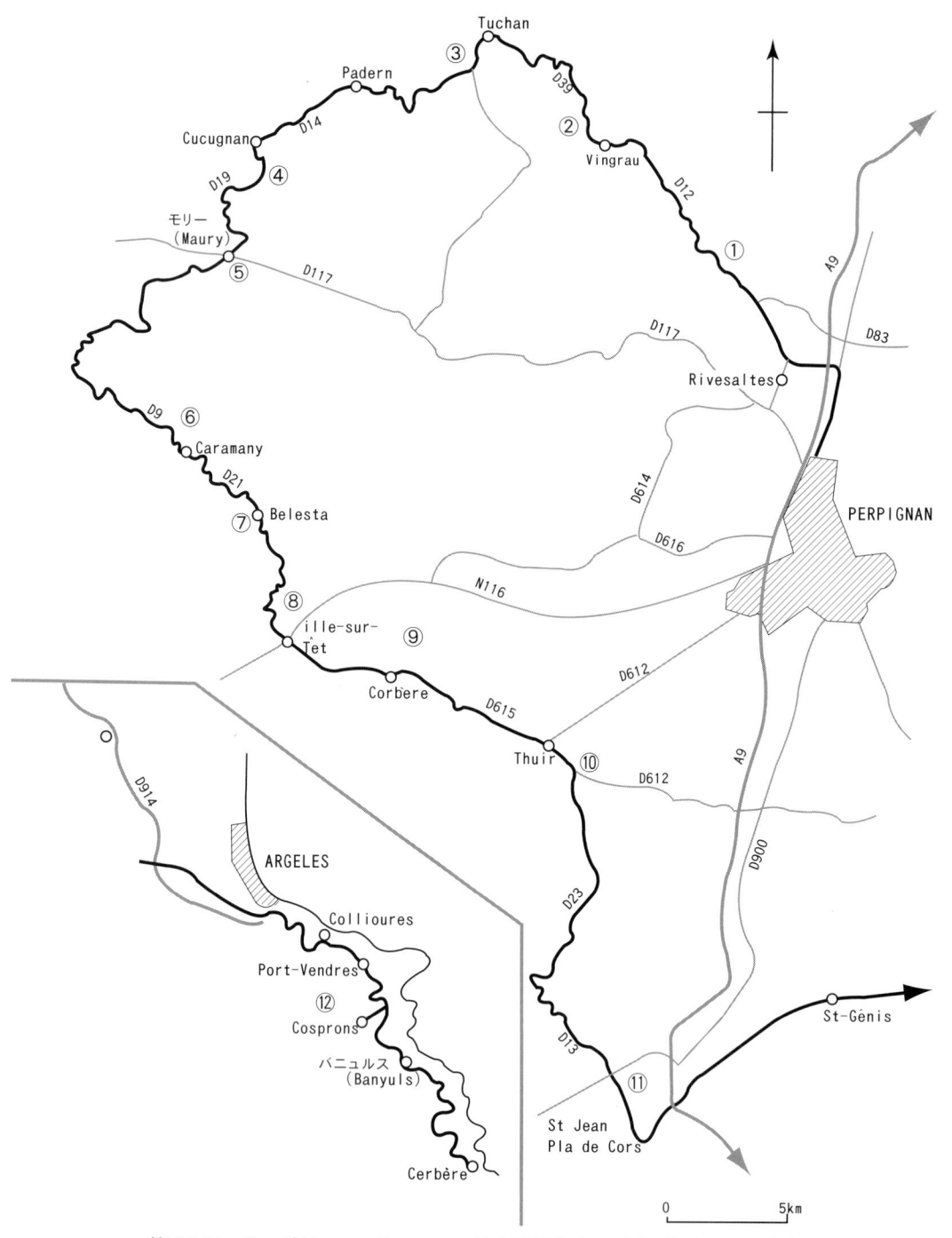

第 56 図 ラングドック-ルーション地方旅行案内図（5）東ピレネー地域

Catharist Château d'Aguilar 城の廃墟が立っている。

Tuchan 村からモリー（Maury）村をへて Ille-sur-Têt 村まで

　Tuchan 村 － Paziols 村（オード県）ブドウ畑③（Fitou AOC ワイン、Corbières Supèerieures ワイン、VDN 甘味ワインを生産）の低い高度の部分は、西側を Tauch 山の基盤であるセノマニアン期石灰岩によって境されている。この石灰岩は高さ 900m で、より古いウルゴニアン期石灰岩に覆われ、押し被せ構造を示している。ウルゴニアン期石灰岩の基盤は、Tuchan 村西方の中部三畳紀石灰岩である。この岩石は Paziols ベーズン南部で上部白亜紀（サントニアン期～コニアシアン期）頁岩に覆われている。

　Padern 城の影を落とす Verdouble 川の谷を登って行き、Tuchan 村のブドウ畑を離れる。道路からは、セノマニアン期石灰岩中に曲がって行く Verdouble 川の峡谷を見渡すことができる。それから D14 道路は村を越えて、向斜をなす上部白亜紀層（石灰岩および砂岩）が分布する Cucugnan 村まで続く。ここはワイン生産地の外側である。D123 道路で Grau du Maury 山④に登ると Fenouillèdes 盆地の堂々とした景観が眺められる。

　モリー村⑤のブドウ畑は、Côtes du Roussilon-Villages AOC ワインおよび Maury 甘味ワインを作るブドウを産する。Fenouillèdes 複雑向斜が、見かけ上泥灰岩と砂岩を挟む幅広いアルビアン期結晶片岩として露出する。

　Maury 向斜を越えてから Ille-sur-Têt 村までの地質は、'Guide géoloque Pyrénées orientales － Corbières' の 95 頁から 99 頁を参照されたい。それぞれの地質は異なった土壌型を示す。

　アルビアン期向斜の南部尾根（石灰岩が北に傾くのが観察される）を切り通す Maury 峠を越えると、ブドウ畑が Saint-Amac 花崗岩上に分布する。この岩石は大部分新生代の地表面に曝されたと考えられ風化による玉葱構造を示す。砂質土壌は深く発達、高度に進化しており、粘土が砂質マトリックスから分離し地表下 1 ～ 1.5m に集積している。これらの要素は標高と相俟って品質の良いブドウ畑に成りやすいとはいえない。

　Agly 川南岸の Caramany 村⑥周辺には、Agly 地塊の先カンブリア時代片麻岩上に素晴らしいブドウ畑が分布している。この岩石から形成される土壌は品質の高いブドウを栽培するのに非常に適している。ここで作られているワインは Côtes du Roussilon-Villages, Caramany AOC ワインである。

　Bélesta 村⑦周辺では、土壌はミグマタイト質片麻岩上に形成されているが、固結岩屑土に覆われていない斜面を除いて、品質の良いブドウ畑を作ることを奨励するわけにはいかない。

　道路は、このような酸性環境における典型的な植生 "maquis（密林）" を通過し Ille-sur-Têt 村⑧まで下りる。この旅行の最低地点近くで、所によって非常に礫の多い鮮新世白色モラッセの現世浸食によって形成された土柱の景観を眺めることができる。

レ・ザスプル（Le Aspere）地区− Ille-sur-Têt 村から Saint-Jean-Pla-de-Corts 村まで−

　Ille-sur-Têt 村を過ぎると、Têt 川の低い谷を渡る。Corbéres-les-Cabanes 村の両側 4〜6km にわたって Têt 川の中部河岸段丘⑨（海抜約 100m）が発達し、D615 道路はその上を通っている。この河岸段丘はかなりの厚さを持ち、Canigou 地塊由来の灰色結晶片岩、片麻岩、珪岩の角礫層から形成されている。

　Thuir 村（Byrrh ワイン貯蔵庫）と Llupia 村の間で、道路は Adou 川⑩によって形成された連続的な河岸段丘を登る。最下部の河岸段丘は、円磨された珪岩礫と溶脱土壌からなる。Llpia 村はこの上にある。結晶片岩礫からなる中部河岸段丘上には、Terrats 村がある。村の外側の河岸段丘は、Canterrane 川によって浸食され、8〜10m の鮮新世モラッセ層とその上の 3m の片状岩石礫層を示す素晴らしい断面を伴った蛇行面が存在する。その断面には土壌生成層準が極めて明瞭に認められる。

　Tech 川の左岸側河岸段丘は、良く円磨された大礫および砂のかなりの厚さの層から形成されている。優れた断面が Saint-Jean-Pla-de-Corts 村の下で観察される。この段丘は Maureillas まで伸び、そこには改良されつつあるブドウ畑がある。

　この地区では、AOC Côtes du Rousillon、AOC Rievesaltes、AOC Muscat de Rievesaltes ワインが作られている。

バニュルス（Banyuls）地区− Argelès 町からバニュルス村まで−

　ピレネー山脈が海に面する所では、山脈はとがった地形の後背地を伴う岩だらけの斜面となって急激に終わっている。Argelès 町から**バニュルス**村までの全旅行をたどる道路は 1 つしかない。不幸にも道に沿ったブドウ畑には、都市の発展と観光によって物理的および人間的環境上悪い影響が及んでいる。しかし、Port-Vendres 村と**バニュルス**村の間の脇道、Cosprons 村への道路に入ることによってなお良いブドウ畑⑪を見出すことが可能である。その道は川の片側から他の側にわたって輪を画き、途中に小さな村がある。

　ブドウ畑はピレネー山脈中軸部の結晶片岩、雲母片岩、緑泥石片麻岩上にあり、これらのカンブリア紀結晶片岩は弱い変成作用と強い褶曲作用を受けている。土壌は一般に節理が発達し破砕された岩石上の浸食岩屑土である。その表面はゆるんでおり、高度に破砕された岩屑集積物からなる。0.2〜0.5m 下部で、次第に固結した岩石になる。岩片はしばしば変質作用によって最近生成された砂質粘土に表面を覆われている。

　そのような土壌は水分を保持するが、軽く、透水性がある。ブドウの根は深く生長し、夏の水不足にも植物を長く持ちこたえさせることができる。

　土壌の浸食に対しては、ガリの徴候が現れた時、狭い盛り上がりを保持する小型の壁、斜めにあるいは"peu de gall（鶏の足様）"に置かれた結晶片岩の板で作った溝など伝統的な対策がある。土壌は斜面下部で厚くなり、そこで小さな沖積扇状地が始まる。

　この地区では Banyuls AOC 甘味ワインおよび Collioure AOC ワインを生産している。Collioure 村、Port-Vendres 村、**バニュルス**村の 3 箇所にワインの展示・貯蔵所があり、

Banyulsワインおよび主としてグラナッシュ種のブドウから作られた種々のワインを、訪問者が評価するのを助けるようになっている。

　Perpignan市まで戻る間に、平野上のブドウ畑が観察される。その大部分は、一般に良く円磨された礫と赤色土壌を伴う古期第四紀礫質河岸段丘上に分布する。ブドウ畑はLe Canet村およびPerpignan市間道路に沿っており、海に向かって緩やかに傾斜している。

9.5　ワインと料理

　ラングドック−ルーション地方のワインは長い間食事の場面において基本的な役割を占めてきた。良いテーブルワインは、それ自身の正当性によって評価され得る。白ワイン、赤ワイン、ロゼワインは、VDN甘味ワインと同様、軽いオードブルから、お腹を一杯にするアントレ、焼き肉の主料理、新鮮なデザートまでいかなる料理にも合わせて提供することができる。この範囲で、甘味ワインは良く冷やして（氷で冷やさない）、白ワインは冷蔵して、ロゼワインは中間の範囲、赤ワインは室温で提供されるべきと言われている。しかし、世界の中でもこの場所での室温であることを忘れないで……いかなるワインも3℃または4℃以下、17℃または18℃以上で飲んではならない。

　白ワインは当然、新鮮な野菜サラダ、ピザ、貝類、シーフード、魚ただし料理したもの、ブイヤベース、ボーリード（魚スープ）、うなぎ料理（"catigot"）、鱈料理（"Minervoise"）などに合う。

　微妙にフルーティーなロゼワインは、"aioli（オリーブ油入りのニンニクマヨネーズ）"とさっぱりした料理に良く合い、また、野菜シチュー、白身の肉料理、豚肉料理とも良く合う。このワインは、家禽の肉料理、ラム料理、野菜ラグー、豚レバー付きアーティチョークの調理にも用いられる。

　赤ワインは、素晴らしいマリネード、ビーフあるいは猪肉シチューを作るのに用い、蒸焼肉料理（daubes）、焼肉シチュー（salmis）、焼肉料理（carbonades）などの地方料理の中に入れる。赤ワインは、山羊のチーズ（Chèvre）、ロックフォルト、年代物のピレネーチーズなど強烈な匂いのチーズと一緒に飲むのに必要である。また赤ワインは、サンドイッチ付きのピクニックの必需品である。木の下での田舎の大宴会"cargolade"に、熱いソーセージと交互の焼蝸牛に、串焼き切り肉に伴うFitouワインにかなうものはない。

　食べ物とワインの議論をする一方、南部フランスが、ハシバミの実、桃、チャービル、ローズマリーなどの植物の葉を強化ワインに浸した後甘くして得られる芳香ワインによって有名であることを忘れてはならない。

　この地方には、特別なMedeira型のワインがある。このワインは我々の近代的な味覚によっては従来より低く評価されると思われるが、軟らかい肉、ロブスター、海老のためのフルボディーのソースを作ることができる。Banyulsワインのような甘味ワインは食前酒かデザートと一緒に飲むのが認められた習慣であるが、メロンあるいはフルーツ・サラダに混ぜたり（何故いつもポートワインが用いられるのか？）、家禽レバー、鴨胸肉のフ

ルーツ・サラダ、非常に円やかなチーズのようなダイエット料理に合わせて飲むのも良い。

参考文献
地質学
Guide géologique Languedoc méditerranéen — Montagne Noire（1979）（地中海ラングドック— Noire 山地質案内）by B. Gèze, Masson, Paris. （とくに tours 2, 3, 4, 8, 9, 10 を見よ）

Guide géologique Pyrénées orientale — Corbières（1979）（東ピレネー山脈— Corbières 地質案内）by M. Jaffrezo et al., Masson, Paris. （とくに tours 4, 5, 8, 11, 12 を見よ）

Bousquet J. C. and Vignard, G.（1980）Découverte géologique du Languedoc Méditerranéen,（地中海ラングドックの地質の発見）BRGM, Paris.

ワイン醸造学
Astruc, H.（1970）Publications écologiques et oenologiques de la Chambre d'Aglicuture, Carcassonne.

Marcellin, H. and Torrès, P.（1980）Vignobles et vins du Roussillon,（ルーション地方のワインとブドウ畑）Bulletin technique Pyrénées Orientales.

Sanchez, G.（1978）L'エロー, ses sites, ses vins,（エロー地域の場所とワイン）APV Béziers.

10 南西フランス―ペイ・バスク、ベアルヌ、シャルローズ―地方 Pays baasque, Bearn, Chalisse

　大西洋からピレネー山脈にわたる南西フランス地方、とくにペイ・バスクおよびベアルヌ地方は、その静穏さで知られてきた例外のない素晴らしい気候を長く満喫してきた。長い日照時間は、穀物と同様に野菜の生長を促す季節的降雨を伴っている。ベアルヌ地方の秋は、一般に南からの乾燥した暖かい風に恵まれ、静かでブドウにとって良い成熟条件を備えている。ブドウは一般に遅く収穫され、時に 11 月の第 2 週になる（**ジュランソン**―Jurançon―地区）。土壌は、珪質砕屑岩（沖積層、フリッシュなど）上に容易に発達し、ブドウ栽培に適している。

　南西フランス地方の地形は、一般に褶曲し破断された第三系および中世界を覆う一部砕屑物扇状地からなる複雑な丘陵地形に、ピレネー山脈の地質構造と岩石によって決定されたピレネー山脈の主要な地形が加わっている。これら要素の組み合わせが、ほとんど春霜が無く低雨量によって特徴付けられた微気候を生じている。ピレネーの山麓丘陵地に加えて、ある程度の保護設備を準備するか（**イルーレギー**― Irouléguy ―地区）、南に面する斜面を利用することによって最良のブドウ畑を設定できる。これらの理由によって、フランスの他のブドウ畑（ボルドー、ブルゴーニュ）と異なり、ピレネー地方のブドウ畑は、多分ローマ時代以来最適地において確立されていた伝統を失っているように思われる。

　伝統に従えば、ペイ・バスク地方とベアルヌ地方のブドウ畑は、少なくともローマ時代まで戻る。ブドウの若葉と枝の花冠を被ったバッカスを表す Rescal（古代 Beneharnum の首都）のモザイク模様および Sorde の大寺院が建てられた地点を示すローマ時代の遺跡のモザイク模様のようなものがあちらこちらに残っているということは確かである。

　民族移動（300 年代～ 700 年代）の被害の後、ピレネー地方のブドウ畑は、修道院の興隆とともに復興した。Madiran 大修道院（1030 年）および Sainte-Foy 修道院（1079 年）は、**マディラン**（Madiran）地区および**ヴィック・ビル**（Vic-Bilh）地区のブドウ畑の起源である可能性が高い。Sorde 大修道院および Montigiscard 要塞化大修道院は、**ベロック**（Bellocq）村および**サリー・ド・ベアルヌ**（Salies-de-Béarn）町のブドウ畑の起源であり、Aire-sur-Adour および Mas 修道院のブドウ畑は、**テュルサン**（Tursan）地区のブドウ畑に発展した。

　100 年戦争（1337 年～ 1453 年）の後、Bayonne 市を介しての通商、すなわちピレネー・ワインの拡販の手段は、英国および北ヨーロッパとの繋がりとともに急速に減少した。しかし、幾つかの原因によって 17 世紀と 18 世紀にはピレネー・ワインは復活を成し遂げた。

　フランス王ヘンリー 4 世の 1553 年における洗礼式において、彼の唇は Jurançon ワインとニンニクによって拭われ、ピレネー・ワインに勅許状が与えられている。

　Capbreton 町および Bayonne 市の間での Adour 川河口の移動傾向は、地質的な問題で

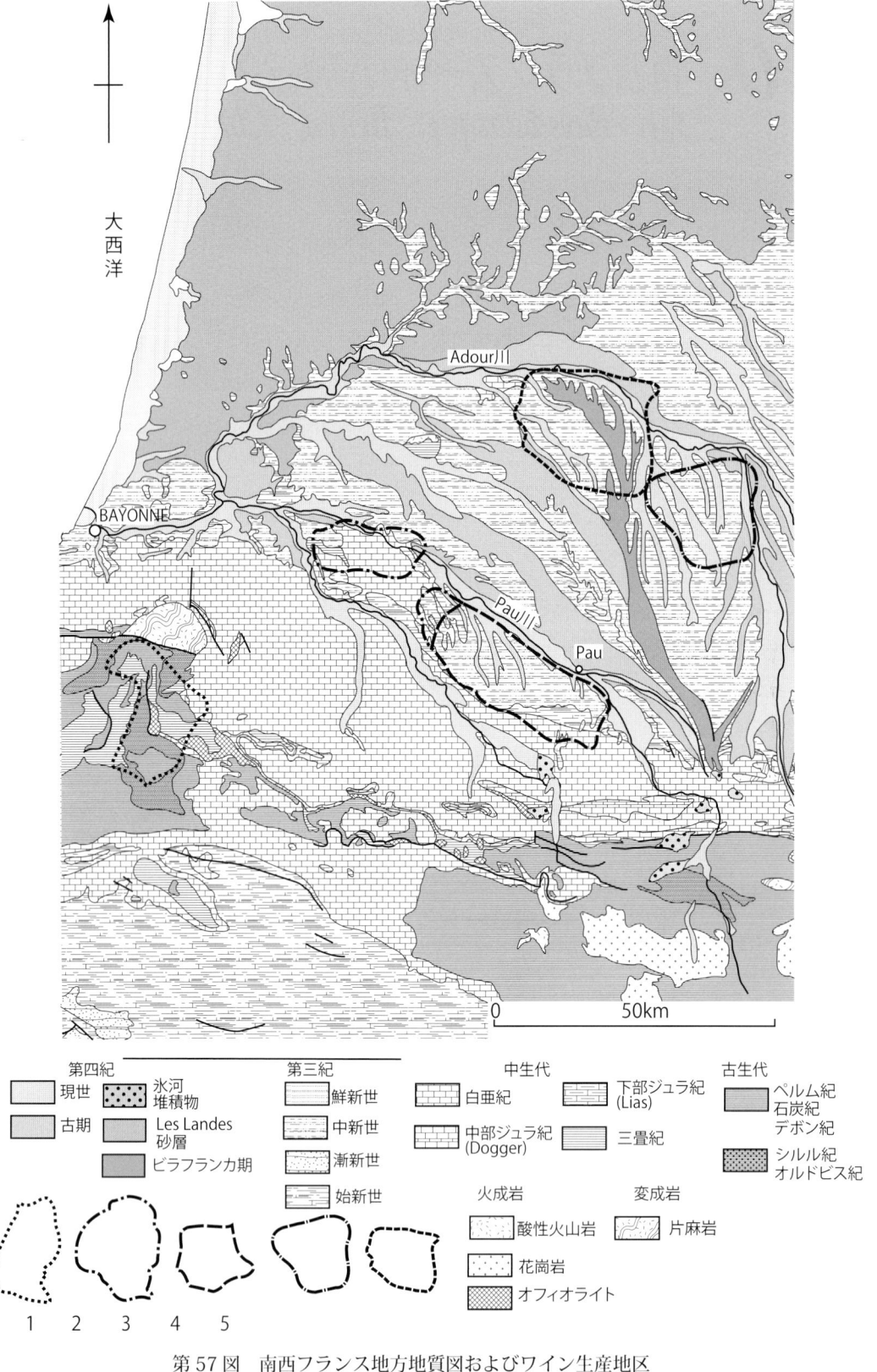

第 57 図　南西フランス地方地質図およびワイン生産地区
1 イルーレギー地区　2 ベアルヌ地区　3 ジュランソン地区
4 ヴィック・ビル—マディラン地区　5 テュルサン地区

あるが、この2つの町の競争関係に影響を及ぼしてきた。しかし、これは Boucau 町に河口が安定したことで解決した。南アキテーヌ地方との通商窓口は、Bayonne 市に落ち着き、Bayonne 市地域産の素晴らしいワインと同時にペイ・バスクおよびシャローズ地方のワインも船積みされ Adour 川下流地域を経由して Bayonne 市迄容易に運ぶことができるようになったが、ベアルヌ地方のワインはそうはいかなかった。

17世紀には、**ベロック**村近くで、Lahontan 男爵 Issac de Lom d'Arve は、Bayonne 市と Saint-Pé-de-Bigorre 村（Lourdes 町の西）の間に最初の連絡運河を開いた。この決然たるベアルヌ人は、この水路を開くために1630年から1658年までを要した。彼はこの事業を自身の財産で行い、しばしば彼の生活を危機にさらした。

ナントの勅令廃止（1685年）の後、ピレネー・ワインは、詩人 Edmond Rosland が"香しい素敵なリズムの土地からの古い歌"と呼んだ所のものを追放清教徒に思い起こさせた。ベアルヌ地方出身の清教徒は、Aunis 地域、Saintonge 地域、南フランス出身の清教徒とともに英国とオランダに移住し、彼らの新しい国にピレネー・ワインの需要を引き起こした。

ピレネー地方のブドウ畑は第二次世界大戦以後、輝かしく復興した。これは大部分変化に富んだ品質のクリュを有する**イルーレギー**地区産ロゼワインと赤ワイン、**ジュランソン**地区、Pacherenc および**ヴィック・ビル**地区産の豊で辛口の白ワイン、**マディラン**地区産赤ワイン、ベアルヌ地方産白、ロゼ、赤ワインによるものである。

これらのワインは、その地区の海の幸、陸の幸による料理の伝統と調和をなし、それぞれ自身の道においてピレネー地方の讃歌となっている。

10.1 ブドウと土壌

Adour 川地域のブドウ畑には、2つの対照的な型、Midi（南部フランス）型と山麓丘陵型とがある。岩石の相違がこの二重性を反映しているが、3番目の問題すなわち Gascony 湾を経た大西洋の影響が考えられる。

土壌成分

すべてのフランスの土壌と同様に、Adour 川流域の土壌は、多くの関係要素を反映したモザイクを形成している。

基本的要素は複雑な気候で、以下のような特性を有する。
○降雨量は西から東、すなわち大西洋岸からジェール県に向かって減少し、西側ではポドゾル性土が増加する。
○年によって夏期の高温が秋まで続き（甘味ワインを作るには非常によい）、かなり土壌脱水を引き起こす。
○高地における僅かな低温によって、種々の有機物を伴うスケルタル土壌を生ずる。
原岩の変化は著しく、4つの範疇に分けられる。

○かなりの粘土相を含む未発達の沖積層。これらには、薄い被覆層をなし、珪質、細粒のマトリックスがない風成層であるランド砂層を含む。

○長い土壌化作用を経た古期沖積層。花崗岩は風化し、かなり厚い新粘土層として存在する。これは、季節的な湿潤過程を引き起こす重く不透水性の土壌になる。そこにはまた、第四紀間氷期に起こった連続赤色化を伴う第2鉄化作用が認められる。

○古生代珪岩、三畳紀砂岩、白亜紀フリッシュ、第三紀モラッセのような最も一般的な固化珪質層。当然これらの岩石から生じた土壌は、主として酸性である。

○山地を除いて一般的でない石灰質岩層。ジュラ紀ドロマイトおよびウルゴニアン期石灰岩の僅かな小規模露頭とジェール県地域に塊状の湖沼成石灰岩を産する。

　地形はもう1つの重要な要素である。すなわち極めて良く排水され、耕作された台地；浸食を防ぐために植林された不安定で峡谷がある丘陵斜面；湿潤で排水性の悪い草地にのみ用いられる低地。土壌はこれらの環境に適応し、台地では良くバランスの取れた土壌、斜面では溶脱し稍浸食された土壌、低地では水性土を生ずる。

土壌とブドウ畑

　Adour川地域に分布する5ワイン生成区のブドウ畑は次の範疇に分けられる。

ペイ・バスク地方

○**イルーレギー**地区ブドウ畑。明らかに大西洋的特性を有する土壌上に分布する。

ベアルヌ地方

○**サリー・ド・ベアルヌ**地区ブドウ畑。褐色土壌に類似し僅かに溶脱し、より豊かな土壌上で栽培されている。

○ジュランソン地区ー Monein村のブドウ畑。石灰質地層（礫岩）からの距離あるいは珪質沖積層の深さに応じて変化する重質土壌上で栽培されている。この丘陵側面のブドウ畑は場所によって鉄に富む優しい土地に栽培されている。

○Madiran ワインを産する**ヴィック・ビル**地区のブドウ畑。主としてジェール県型（"terrefort" および "boulbène" 土壌）の第1の産状を代表する土壌（"terrefort" 土壌）上に分布する。伝統的にはブドウは丘陵斜面上の暗色 "terrefort" 土壌中に植えられるが、最近のブドウ畑の拡大によってその範囲は谷の "boulbène" 土壌（高鉄含有量）に広がった。

シャルローズ地方

○ Mugron 村、Monfort 村および**テュルサン**地区（Geaune 村）のブドウ畑は類似した特性（健全で優しい土地）を有する。

　それにしても多くの地域的変化が存在する。Adour川の砂礫層上のブドウからは軽いワインが作られる一方、Viella-Saint-Mont 村の石灰岩上のブドウからはジェール県型 "terrefort" 土壌で栽培されたブドウのワインに類似したものが作られる。このことから最も良いアルマニャック・ブランディーは、Ba Armagnac 地区において、Marsan 湾産の黄

褐色沿岸砂層を覆う石灰岩含有量の少ない粘土−珪質土壌から作られることが思い出される。

10.2　旅行案内
イルーレギー地区

イルーレギーワイン生成地区は、Ursuya 山および Aldudes 村、バスク古生代高地から北、Saint-Etienne-de-Baïgorry 村の東に広がる。美しい**イルーレギー**村はその中心にある。

原産地名 Iroulégry は、1952 年に認可された。1954 年には**イルーレギー**地区協同ワイン貯蔵所およびペイ・バスク地方ワイン協同組合が設立された。**イルーレギー**地区の AOC ワインは 9 行政域：Saint-Etienne-de-Baïgorry 郡の 7 域（Ascarat 村、Anhaux 村、**イルーレギー**村、Bidarray 村、Osses 村、Saint-Martin-d'Arossa 村、Saint-Etienne-de-Baïgorry 村）およびバスク語で Donibane-Garazi の名で知られる Saint-Jean-Pied-de-Port 郡の 2 域（Ispoure 村、Jaxu 村）の範囲で認められている。

ブドウは長期間の日照の利益を得、整えられた垣根によって春霜から守られ、また低い山の障害によって寒風が抑制されるという恩恵を被っている。秋には暖かい南風がブドウの成熟を確かにしている。

ブドウ畑は、山間における位置関係から小区画をなして不規則に分散し、標高 200〜400m の間の斜面に分布している。伝統的な栽培法に加えて、現在段丘耕作が行われている。

AOC 帯は、主としてペルム紀砂岩、三畳紀粘土質砂岩、ジュラ紀および第三紀石灰岩からなり地質的に複雑な地域に広がっている。Saint-Etienne-de-Baïgorry 村周辺には沖積層が認められる。

1970 年以来 1 度ブドウ品種の削減が行われている。カベルネ種およびタナ（tannat）種が赤ワイン用として使われ、白ワイン品種としてクルビュ（courbu）種およびメンセン（menseng）種がある。

用いられている品種は、粘土質の地層に適合し、ペルム紀の礫質および中礫質の斜面でも、また三畳紀の地層にも（カベルネ・フラン − cabernet franc − 種）適合する。根株を No.3309 および S04 とするタナ種のブドウは、10%および 20%の石灰成分を有する土壌に耐えられる。カベルネ・フラン種は、頁岩質酸性地層上で良く生長し、三畳紀の中礫質〜礫質斜面に良く適合する。AOC 白ワインも認可されているが、生産は主としてロゼワインと赤ワインとなっている。

ペイ・バスク地方は魅力的である。丘陵側面、河川、山地を背景としてその屋根を引き立たせ、白い家々と美しい村が幸福な情景を作り、すべての曲がり角には新しい何かがある。以下に示す旅行は、地質、風景、ブドウ畑の組み合わせである（第 58 図）。

Biarritz 市から D810 道路を経由して Saint-Jean-de-Luz 町①に入り、右に曲がって Basque モーテルに向かう。この道を少し行くと大きな駐車場に着き車を置く。Atlantic Wall（大西洋の壁）防衛線の小要塞に沿った遊歩道を歩く。この道から Basque 海岸と

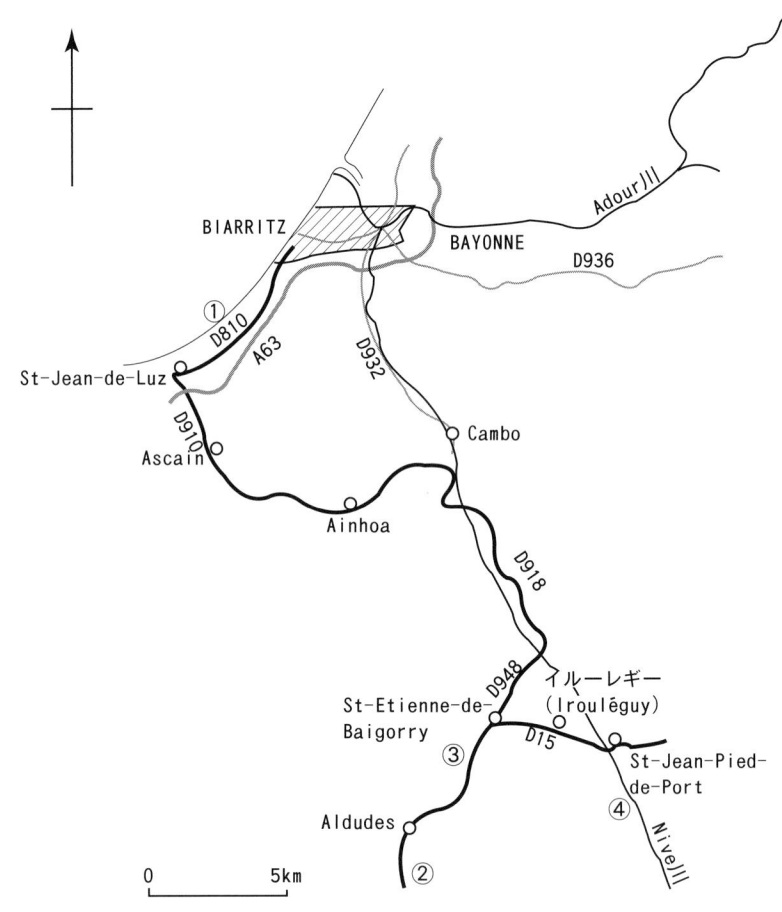

第 58 図　南西フランス地方旅行案内図（1）ペイ・バスク地方（イルーレギー地区）

Saint-Jean-de-Luz 港の素晴らしい眺望が楽しめる。上部白亜系のフリッシュ層に注意すること。Saint-Barbe という所まで歩き続けて、教会の右側に下りて行く。ここには上部白亜系フリッシュ層の壮大な膝型褶曲の露頭がある（'Guide géoloque Pyrénées occidentals' tour No.9 参照）。

　Saint-Etienne-de-Baïgorry 村からバスク地方の古生代高地が始まる。そのオルドビス系およびデボン系の断面を非常に美しい Aldudes 渓谷②で見ることができる。Aldudes 村に着いたら、木の樽で作った天井と回廊を持つ教会を尋ねよう。

　Aldudes 村からの帰りに Col d'Ispéguy 道路を走る。そこで、オルドビス系の非常に明瞭な断面が見られる。

　バスク地方の非常に古い村、Saint-Etienne-de-Baïgorry 村③（Aldudes 川の急流に掛かるローマ時代の橋）を見るために戻る。この村は渓谷に沿って建てられており、渓谷を挟んだ両側はかってライバル関係にあった。ここの教会は訪問する価値がある。

　Saint-Etienne-de-Baïgorry 村を離れ、Saint-Jean-Pied-de-Port 村に向かう。"Cave cooperative d' Irouléguy et des vins du Pays basue（**イルーレギー**地区協同ワイン貯蔵所およびペイ・バス

ク地方ワイン協同組合）"が、全ワインの流通業務を行っている。協同ワイン貯蔵所を過ぎて、右側の最初の道路を更にSaint-Jean-Pied-de-Port村に向かう。間もなく変質帯上に栽培されているブドウ畑にやってくる。この地層の年代は主として三畳紀で高粘度成分を有する。

多くの羊の群れ（バスク語で"manéches"と呼ばれる）と所々で見られる"pottiok（バスク地方の小さな馬）"は、この地域の主農業活動を代表している。同じ道路でSaint-Jean-Pied-de-Port村に戻る。道路に沿って広い間隙を持ってブドウ畑が分布するのに注意する。Saint-Jean-Pied-de-Port村④とそのVauban要塞は三畳系の岩石上に建てられ、その石は村の建築材料になっている。三畳系岩石はAscarat村の道路脇にある採石場で特別よく観察できる。Saint-Jean村の北西にあるPic de Jara山（795m）とさらに北のArradoy山（661m）も三畳系からなる。この三畳系は旅行の始めにAldudes村で見た古生界を不整合に覆っている。

ベアルヌ地区

ベロック村と**サリー・ド・ベアルヌ**町周辺を基盤とした**ベアルヌ**地区ブドウ畑は高い名声をはくしており、現在その産地名は原ブドウ畑だけではなく、ジェール県およびオート＝ピレネー県の一部（6行政域）、**ジュランソン**村および**マディラン**村（ピレネー・大西洋地方の行政域の60分の3）のブドウ畑も含んでいる。

ベアルヌ地区は、Bayonne市のワイン通商と手を結んだ極めて古いワイン生成地区である。Bayonne市との最良のルートは**ベロック**村とPuyoo村の間にあるポー（Pau）川である。

ブドウは主として南面および東面する丘陵斜面の、白亜紀および暁新世フリッシュ上で、また**ベロック**村とLahontan村周辺では第三紀砕屑成層（モラッセおよび礫岩）および古期激流沖積層上で栽培されている。

ここでは、白、ロゼ、赤のAOCワインが認可されている。

ロゼおよび赤ワイン用ブドウ品種は、タナ種、カベルネ・フラン種（ブシー bouchy 一種）、カベルネ・ソーヴィニオン種、フェール（fer）種（ピネン－ pinenc 一種）、黒メンセン種、黒クルビュ種である。赤ワインの場合にはタナ種を60%以上用いない。

白ワイン用の品種は、ペティ・メンセン種、グロ・メンセン種、クルビュ種、ローゼ（lauzet）種、カマーレレ（camarelet）種、ラフィア・ド・モンカデ（rafiat de moncade）種、ソーヴィニオン種である。

旅行はPuyoo村①から出発しD430道路経由で**ベロック**村へ向かう。Bellocq城下の急流の左岸に、城の基盤をなす白亜紀－第三紀遷移帯石灰岩に沿って露出するマーストリヒチアン期"Nay泥灰岩"に注意すること（第59図）。

Bellocq城②は、1250年から1280年の間にに建設され、**ベアルヌ**地区における最初の要塞が1281年に建設された。この城は七つの塔を有し、そのうちの1つは急流中に崩

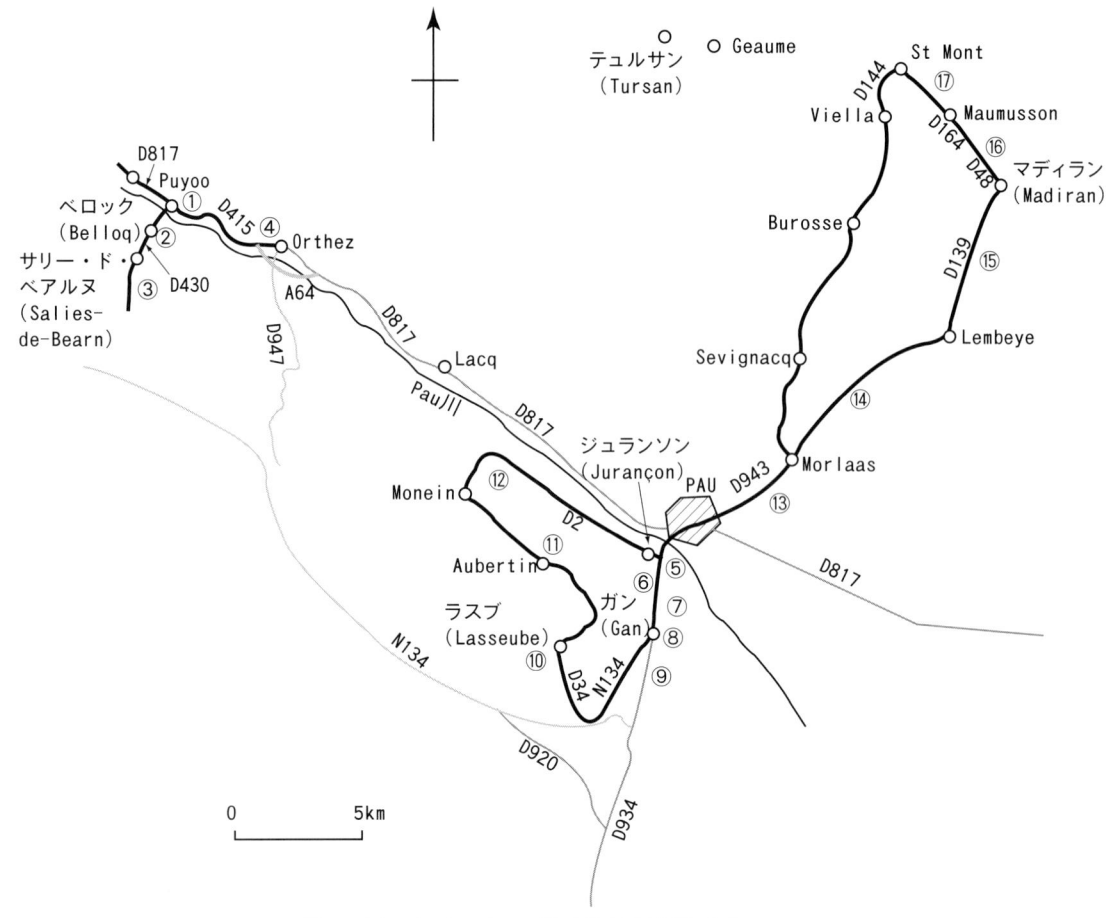

第59図　南西フランス地方旅行案内図（2）
ベアルヌ地方（ベアルヌ地区、ジュランソン地区、ヴィック・ビル地区）

壊した。宮殿は、清教徒の砦として使われるのを防ぐために1621年にRichelieuの命令によって取り壊された。事実、Jeanne d'Albert女王からの伝統を受け継ぎ、清教徒の社会が、**ベロック**村のBéamesseという小さな集落で今日まで繁栄している。その郊外の協同貯蔵所ではここのブドウ畑からのワインを扱っている。

　ベロック村③を過ぎ、遠回りのSalies道路から右に曲がる。300m程行くと道の左側にキリストの磔像がある。そこの村道を左に取る。この道路を分岐点まで行くと左側の道路にピレネー地方で用いられている品種の接ぎ木と台木を栽培する園芸場がある。この園芸場の所で右側の道路を行き、それから更に左に道を取ると2〜3m間隔の垣根仕立てのブドウ畑を通過する。このブドウは一部フリッシュ層を原岩とする粘土質土壌上で栽培されている。

　斜面の頂部に交差点があり、そこを左に曲がると"Chemin royal"道路に入る。この型の丘陵頂部道路は極めて古く恐らく巨石文化時代のものであろう。これはローマ時代の野営地（Castéra）に向かう防御用道路であったと思われる。この道路を2番目の交差点ま

で行き、右に曲がると D933 道路経由で**サリー・ド・ベアルヌ**町に達する。

　サリー・ド・ベアルヌ町の名前は、Saleys 川と同様に三畳紀の岩塩に基づいている。三畳紀岩塩層は西方 Sorede 村付近（大きな露頭有り）まで続いている。**サリー・ド・ベアルヌ**町は美しい町であり、Saleys 川の河辺にある。Saleys 川には"月の坊や（Ponte-de-la-Lune）"によって回廊のある橋が架けられている。17 世紀のベアルヌ風の家。この町は温泉町でもある。

　サリー・ド・ベアルヌ町から Orthez 町④（訪問の価値有り。ベアルヌ地方の旧首都。Pou 川に架けられた要塞化された橋。Moncade 塔）に行く。ここから Pau 川に沿って Lacq 村（ガス田、石油化学複合企業）まで行く。D817 道路の工場の反対側には、ビジター・センターとガス田展示場がある。

ジュランソン地区

　Pau 川の西、**ジュランソン**村と**モナン**（Monein）村の間に、将来フランス国王 HenryIV になるべき人の洗礼式によって有名になった**ジュランソン**地区のブドウ畑が丘陵側面に広がっている。事実、これらのブドウ畑は、南西フランス地方の境界を越えてその固い名声が広がるのに充分な固有の品質を有する。

　その栽培条件は独特のものである。丘陵側面帯に小さく分散し樹木と灌木に囲まれた（従って隠された）ブドウ畑は湿って暖かい大西洋型の気候のもとにある。地質的観点から見ると、その土層は、海成（ピレネー山脈の隆起以前に形成された）または陸成（礫岩と礫質砂岩のシーケンス）の新生界からなる。これらは全く異なった冨、すなわち Meillon-Rousse ガス田を含む深所の地質構造を覆っている。ブドウ畑の真ん中にある掘削塔は、2 つの活動が共存しうることを示している。

　ブドウ畑は、2 ～ 5ha 以下の農園の家族経営である。これは Pau 地域の貴族と中産階級（フランス革命以前の旧体制時代に Pau 地域は議会を持っていたことは特筆すべきである）による投資によって発展し、長い間に確立したブドウ栽培地区である。伝統に従って、これらのブドウ畑はタナ種から赤ワインを、ペティ・メンセン種、グロ・メンセン種、クルビュ種から白ワインを生産している。世紀の変わり目に当たって、過熟したブドウ（貴腐ブドウ）から甘く豊かな白ワインを作る流行が起こった。このワインは特徴的に甘いけれども吐き気を止めるような酸味もあるので有名になった。赤ワインと白ワインは現在、幸運の復活を経験しつつある。

　Pau 市⑤から南に向かう（第 59 図）。Jurançn 礫岩をくり抜いた Pont-d'Espagne トンネルを出ると、河岸段丘上のベアルヌ地方首都の古くからの郊外である**ジュランソン**村に入る。この村は中新世砕屑性陸成層の Jurançn 礫岩によって形成された丘陵帯の麓に位置する。この礫岩は、主としてピレネー山脈の中生代基盤岩類からもたらされた石灰岩礫からなる。

　これらの地層は**ジュランソン**村を見渡せる狭い VO5 地方道路上⑥で見ることができる。

頂部はポント階の珪質礫および中礫（Joliette 礫層）を含んだ粘土層で覆われている。有名な Clos Joliette ブドウ畑は、ブドウの成熟を促進させる暖かく湿気の多い小さな谷にある。鮮新世アイアンストーン帽岩の存在は、農業を困難にしているが、この大変典型的で特別な名声を有するワインを生み出している。

　ジュランソン村から**ガン**（Gan）町に至る尾根道⑦は、地域の羊の季節移動のために羊飼いが使う Pont-Long 平野への道路であった。その風景は丘陵斜面地域の典型的なものである：低地は湿気を帯び、耕作されている；斜面は急で大きな樹木に覆われ、丘陵斜面の粘土質土壌の移動を防いでいる；高地は平らで耕作されている。この農業三重システム（耕作、森、動物）は地層（鮮新世粘土質砂岩および珪質礫層、斜面ではずり動いている）の性質によって決定されている。**ジュランソン**地区の最高のブドウ畑の一部（Cru du Làmouroux、Château Les Astous、Clos de Gaye）が、Rosse の小教会付近に散在しているのが見出される。ここから**ガン**町へ下りて行く。

　協同ワイン貯蔵所が、ヤプレシアン期海成泥灰岩からなる Gan ベーズン⑧中にある。この泥灰岩は古い煉瓦工場で見られる（'Guide géologue Pyrénées occidentals'p.60 参照）。この地域は森林が多い礫岩からなるケスタであり、Pyrenian 不整合の上に位置する。

　D934 道路を南に行くと、厚いヤプレシアン期泥灰岩、その後鮮新世フリッシュ層（露頭はない）を横切る。さらにダニアン期の海成動物相遺体化石を含む石灰質ケスタ⑨に到達する。ここでは M.Mondinant 氏（素晴らしい化石資料の所有者）によってブドウが栽培されている。N134 道路に戻ると優れたワイン醸造所 Clos Husté の門前を通過する。

　D24 道路を Bel-Air 見晴台（北部ピレネー地方の景観）に向かって行くと美しい**ラスブ**（Lasseube）村⑩に到着する。そこから D34 道路を行く。**ラスブ**村の西に採石場があり始新世泥灰岩と三畳系の一部が見られる。また、Lasseube 石灰岩と呼ばれるダニアン期石灰岩からなる尾根が広く分布する。この地層上のブドウ畑は同じような特性（ワインが甘く酸味が少ない）を有する。

　ラスブ村から D24 道路を**ガン**町に向かって戻り、途中で D346 道路を北に向かうと、典型的な丘陵頂部ブドウ畑が分布する**オーベルタン**（Aubertin）村⑪－Saint-Faust 村ワイン生成地域に到着する。地質的には、Jurançn 礫岩を覆う珪質中礫を伴う複雑な早期鮮新世－第四紀粘土－砂層からなる。ここには述べるべき多くの"クリュ"のブドウ畑が存在する。すなわち Herrua、Clos Burgué、J. Burgué、Clos Clamen の各農園、および谷を望む円味を帯びた丘陵上の非常に良質の Clos Reyan 農園など。

　ルートは 14 世紀に建てられた要塞化した教会のある**モナン**村⑫に達する。ここは豊かな土壌地域の中心である。丘陵はなだらかで、ブドウ畑は斜面に分布する。ワインは、狭義の Jurançn ワインに比較すると稍典型的ではないが、種類が豊富で（赤および辛口白ワイン）特徴的である。ワインにはアイアンストーン帽岩が分布する礫質の台地に由来する 'こく' がある。

　Pau 川の左岸に沿って、台木が植えられ砂利採取で乱された洪水平野を見渡しながら

Pau 市に戻る。

ヴィック・ビル地区

　ヴィック・ビル地区は極めて早い時期（紀元前950年）にベアルヌ地方に併合された。ここは季節移動の羊飼にとって、Ger 台地、ピレネー地方 Lavedan 渓谷へ通ずる極めて重要な地区であった。この地域の丘陵は全くピレネー山脈の山麓範囲内にある。

　地質的にこの地区は、段丘と広範な風化作用によって識別される複雑な陸成沖積被覆層からなる。その最も古いものは、現在石英および珪岩の粒子のみを含むが、最も新しいものは、花崗岩成分をなお50%残している。

　またこの地区は、際だった農業様式を有する。気候はベアルヌ地方の他地区より乾燥しており、最近の単作物栽培の流行とブドウ栽培の発展にもかかわらず農業は変化に富んでいる。ブドウ栽培は、多分ローマ人によってもたらされた古来の伝統であるが、品種の選別は中世の修道僧によることは確かである。すなわち赤ワイン用としてタナ種（これはカベルネ種とブレンドして Madiran ワインが作られる）、白ワイン用としてルフィアック（ruffiac）種が選ばれた。後者からは Pacherenc ワインが作られるが、著者は Jurançn ワインを真似した最近の甘口ワインよりこの本来の稍荒っぽい辛口白ワインの方が好きである。

　この地区のブドウ畑は力強く拡張している。尾根地域から始まり、現在峡谷地域に下りてきて、Adour 峡谷を開拓しつつある。ブドウ畑を詳細に評価するために、我々は南から北、Pau 市から Saint-Mont 村へ行き Garlin 村経由で Pau 市に戻るルートを推奨する。ここの地下には石油が埋蔵されており最近発見された。

　Pau 市から Morlaas 村の間⑬は、Morlass 丘陵の山麓と Pont-Long 平野にそって行く。ここでは、荒廃したロマネスク様式の教会が**ヴィック・ビル**地区の曲線に富んだ装飾を持つロマネスク建築の紹介をしてくれている。Morlaas 村は**ヴィック・ビル**地区産ワインの一部を取り扱う商人の中心地となっている。

　このルートは Morlaas 村と Lembeye 村の間⑭で、3つの河岸段丘沖積被覆層を横切っている。Morlaas 村を離れると、そのうちの最も低位の、珪岩礫および不明瞭な花崗岩痕跡を伴う Morlaas 被覆層；ブルターニュの Saint-James から名を取った、珪岩と粘土化花崗岩の大礫を含む大 Saint-James ナップ；高地（Monassut 村、Simacourbe 村、Lembeye 村）では、赤色化珪岩礫を含む最上部被覆層、すなわち Maucor 被覆層（鮮新世）を見ることができる。

　Simacourbe 村のロマネスク様式の教会と Lembeye 村の中世の要塞を訪問する。Lembeye 村の北、Corbère 村の大農園 Château Peyros は、Madiran クリュ・ワインの最も素晴らしい例の1つを生産している。

　Lembeye 村と**マディラン**村の間⑮で、我々は、南北に横たわる大きな円味を帯びた丘陵系を横切って行く。その基底は中新世のモラッセからなり、その最上部は鮮新世被覆層である。斜面上は崩積層が堆積し、土壌の移動が行われたことを示している。我々は、

Crousselles 村協同貯蔵庫を中心とする Madiran ワインの故郷に来ている。ここで産するクリュのいくつかは、タナ種のブドウに深く依存している。

マディラン村から Maumusson 村へ⑯は、Bergeron 渓谷に沿って D48 道路および D164 道路経由で到達する。ここでは、標準的な非対称渓谷、すなわち崩積層を有する西側の緩やかな斜面と、固い第三紀層からなる東側の急斜面が見られる。ブドウ畑は西側斜面に分布する。Maumusson 村周辺には、赤ワインを産するいくつかの大農園：Bauscasse、Talleurguet、Teston、Barrejat、新参の Lou Parsa が存在し、また、白ワインを産する Pacherencs、Bouscasse などの農園がある。

Saint-Mont 村区域⑰は、**マディラン**村区域圏外にある。村は、湖成石灰岩上にあり、ここから活断層線に沿って東西に分布する Adour 川河岸段丘を見渡すことができる。

ロマネスク様式の教会と忙しそうな協同ワイン貯蔵所がある、美しく絵のような Saint-Mont 村を訪れる。ここでは、丘陵斜面と Adour 川平野から産するワインが取引されている。

"Côtes de St-Mont" の産地名は、**マディラン**村と Bas Armagnac（低アルマニャック）地区の間にある Saint-Mont 村、Aignan 村、Plaisance 村を含む。この区域産のワインには粘土－砂質斜面から産するタンニン質の赤ワインと Adour 川河岸段丘産の軽い赤ワイン、西向き斜面から産する白ワインがある。注意すべき白ワインの 1 つに Colombard ワインがある。このワインは顕著な香があり、魚介類料理と良く合い、蒸留すると良い Armagnac ブランディーができる。

テュルサン地区

テュルサン地区のブドウ畑（VDQS）は、シャローズ地方東部、Adour 川屈曲部にある（第 57 図）。ブドウ畑は、ピアスメント褶曲（Audignon 背斜）を覆う中新世モラッセおよび単褐色砂層上に分布する。地区産のワインは大部分 Geaune 協同組合が販売している。これらのワインには、ブシ種（カベルネ・フラン種）のブドウから作られたロゼワイン、タナ種（65%）およびカベルネ・ソーヴィニオン種から作られ、楽しく構成された赤ワイン、地方品種である barroque 種から作られた極めて個性的で良いボディーの白ワインが含まれる。

10.3 ワインと料理

ペイ・バスクおよびベアルヌ地方の大都市のみならず村々にも、ピレネー地方のワインとともに、これと良く合う地方の特別料理を提供する宿屋がある。

ベアルヌ地区の白ワインとロゼワイン、**イルーレギー**地区のロゼワインは、いずれも軽くフルーティーで地域のハム、Béarnese シチュー（garbure）、"en croûte" パテ、鰻のフライ葫付き、マッシュルーム・オムレツと良い友となる。

ベアルヌ地区の白ワイン、辛口 Jurançン ワイン、Pacherenc blanc ワインは、ほのかな香りがあり、すべてシーフード、鮭、渓流産の鱒、パセリ付き鰻等と完全に合う。

赤ワイン（**ベアルヌ**地区、**イルーレギー**地区）はアントレ、軽い家禽料理、網焼きあるいはロースト肉料理、穏やかな山岳チーズに良く調和する。

　深赤色 Madiran ワインは通常フルボディーで、熟成型である。このワインは年とともに見事に熟成し、野兎、鳩、ピレネー山羊（isard）、あるいは小さな猟鳥のカナッペなどと素晴らしく良く合う。また瓶詰めのアヒルの肉あるいはガチョウの肉、焼き肉、癖の強い山岳チーズとも良く合う。

　Jurançn ワインは軟らかく豊でビロードのような組織と、しばしば畑ごとに異なる特有の香りがある。このワインは単純な方法で作ったアヒルまたはガチョウの"フォアグラ"と、あるいはなんと、ブドウあるいは野生のキノコとと良く調和する。また、デザー・トワインともなり、もちろん洗礼にも使われる。

参考文献

地質学

Guide géologique Aquitaine Occidentale（1975）（西アキテーヌ地質案内）by M. Vigneaux et al.（とくに tours 3, 12 を見よ）; Pyrénées Occidentales, Béarn, Pays Basque（1976）（西ピレネー、ベアルヌ、ペイ・バスク地質案内）by A, Dbourle and R. Deloffre, Masson, Paris.（とくに tours 3, 6, 8, 9 を見よ）

ワイン醸造学

Dorelis, J. A.（1920）Le vignoble et les vins du Béarn et de la region basque（ベアルヌおよびバスク地方のブドウ畑とワイン）, at M. Massignac, bookseller in Pau, Rue Henri IV.

Durquety, M.（1960）Le vignoble et la viticulture pyrénées（ピレネ地方のブドウ畑とブドウ栽培）, Le progress agricole et viticole, 77th Year, 153 and 154, Nos 9 to 15, 63p.

Hillau, J.（1975）Un vignoble au Pays basque: l'appellation Irouléguy contrôlée（ペイ・バスク地方のブドウ畑：イルーレギー地区原産地規制）, Cave coop d'Irouléguy and Ec.sup.Ing. et Techn.Agric., Paris, Mémoire de fins d'etudes, 25p.

11 南西フランス―アルマニャック―地方
Armagnac

　アルマニャック・ワイン生産地方は、フランス南西部の Agen 市、Masseube 村、Mont-de-Marsan 市を結ぶ巨大な三角形をなしており、ジェール県の大部分と西方のランド県および北方のロット＝エ＝ガロンヌ県のいくつかの郡を含む。

　栽培面積は約 50,000ha で、その約半分が蒸留ワイン用のブドウを生産している。

　次の 3 つの地区が原産地として登録されている。

○ Bas Armagnac（低地アルマニャック）地区（または "Armagnac noir" 地区）は樫を主とした密度の高い森林を伴い、黄褐色砂層上の 10,000ha ないし 11,000ha のブドウ畑を有する。その繊細さで広く知られた高品質のブランデーを生産している。アルマニャック国立相互通商事務所（Bureau national interprofessionnel de l'Armagnac）の本部が、地方中心都市 Eauze 市にある。

○ **テナレーズ**（Ténarèze）地区は、やや顕著な非対称の背斜性ドーム構造を示し、石灰質、時に砂質の地層からなる。約 8,000～9,000ha のブドウ畑から稍硬質でフルボディーのブランデーを産出する。

○ Haut Armagnac（高地アルマニャック）地区（または "Armagnac blanc" 地区）には、Gascogne 地方の首都 Auch 市があり、その地質は主として石灰岩からなる。しかし、ブランデーを産するブドウ畑は 500ha に過ぎず、その大きな生産地ではない。

11.2　ブドウと土壌

地質

　ブドウ畑は全地域にわたって基盤をなす漸新―中新統上に分布する。これらの地層は、地質時代に、主として山麓地域、巨大湖、河川に堆積作用が起こって形成された。その地史は、アキテーヌ地方でウニ類石灰岩堆積後西方へ海退が起こる一方、アルマニャック地方で陸成堆積作用が行われた漸新世末に始まった。ほぼ同じ時期に、モラッセ層の基礎物質であるピレネー山脈の削剥作用による崖錐堆積物が、湖沼性環境が確立されたベーズン東部に運ばれた。湖沼成ないし河川成堆積物（白色 Agen 石灰岩、モラッセなど）によってこの"陸成遷移帯"が記録されている。

　下部中新統は、断続的な海進を記録する初期海成相、灰色 Agen 石灰岩が堆積した中間湖沼成相、東方へ海進が進行した後期海成相を示す。

　この期間、河川および湖沼成堆積物のかなり大きな蓄積をしつつ、連続的古期海岸線に沿って牡蠣および cerithium（海棲カタツムリの一種）頁岩のような沿岸海成堆積物を形成しながら、アルマニャック地方において海進海退を繰り返した。

　上部中新世の間、海は一般に Haut Armagnac 地区から退く傾向を示した。陸成堆積物

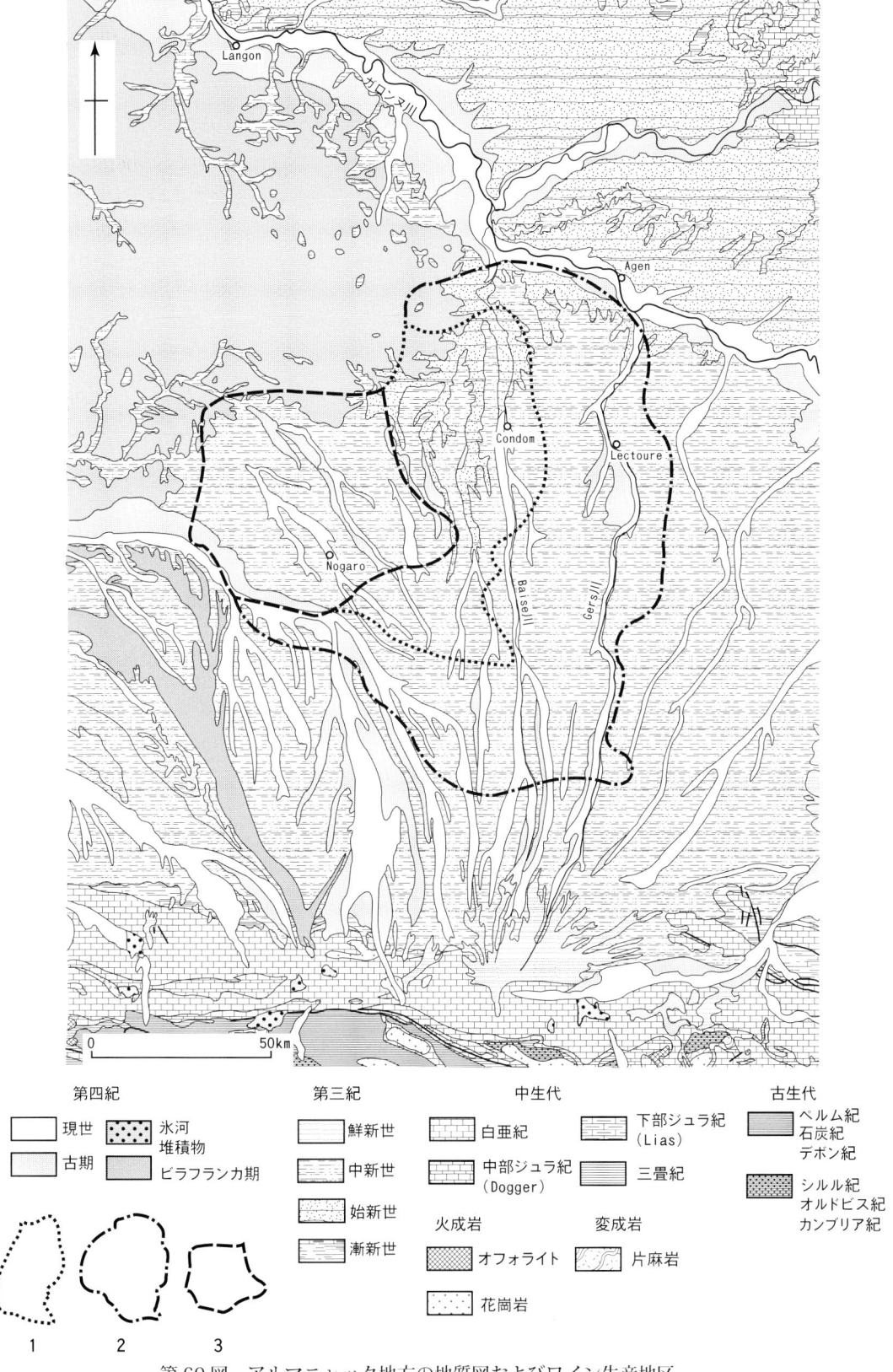

11 南西フランス―アルマニャック―地方 221

第60図 アルマニャック地方の地質図およびワイン生産地区
1 テナレーズ地区　2 Haut-Armagnac 地区　3 Bas-Armagnac 地区

は前の時代と同様な広がりは見せなかったが、有名な化石床が存在する（Sansan 村）。

　Bas Armagnac 地区では短時間の海進が起こった。海は東に向かって狭い湾（Lectoure 湾）の中に押し寄せ、そこで主として沿岸成の、時に河口成の黄褐色砂層を堆積した。

土壌

　3つの生産地区は、それぞれ異なった土壌型を有する。

　Bas Armagnac 地区の多くの丘陵傾斜面は細粒の石英砂層に覆われている。この地層は一般に特徴的な黄褐色を示す含鉄成分を含む。この粘土－珪質地層は穀物の栽培に適さず、従って非常に評判の高いブランディーを得ることができるブドウが、盛んに植え付けられてきた。

　Bas Armagnac 地区産のブランディーの品質は密接に地層に関係している。鑑定家は、最良のブランディーはランド県とジェール県の間の Bas Armagnac 地区西部から産することに一致して同意している。この小さな区域、Panjas 村、Estag 村、Campagne 村、Eauze 村にわたる "Fins Bas Armagnac" および Aire 村、Nogaro 村、Manciet 村を含む "Petits Bas Armagnac" は "Grand Bas Armagnac" と呼ばれた。これらの名前は、正式名称として最早用いられていないが、種々の地質の個性を反映するものである。

　一部の土壌はポドゾル化作用を受け、鉄に富む層を形成し地域的に "terrebouc" と呼ばれている。これが形成される深さは場所により異なり、最良のブドウは常に "terrebouc" が最も深く生じている所で見出される。

　中新世モラッセおよび石灰岩が分布する**テナレーズ**地区西端では、これら堆積物の物理的および化学的分解の結果生ずる残留地層が一般に発展の初期段階にある。

　ブランディー製造のためのブドウは、構造的台地をなす石灰岩を覆う表層上に優先的に植えられる。これらの石灰質土壌（レンジナ）は深さが変化し、一般に地表において浸食を受け、時に原岩そのままになる。これは地域的に "peyrusquet" と呼ばれる。また、ある場所ではブドウは、泥灰岩およびモラッセの地表分解の結果生じた粘土－石灰質層（"terreforts"）上で栽培される。この浅い表成堆積物は、低生産性の混合栽培にも同じように適している。

　Haut Armagnac 地区は基本的に、長い "corniches（道路の片側が盛り上がった地形）" を形成し風景に変化を与える石灰岩堆と互層をなす泥灰岩およびモラッセ堆積物からなる。ブドウ畑は一般に斜面の中央部を占める "terreforts" 上で栽培され、場所により "bourbène" 上で栽培される。この酸性土壌は通常斜面に産するが谷の底部でも見出される。これらの土壌は冬には浸水し、夏は非常に乾燥する。

ブドウの品種

　ブドウの株の選択は、アルマニャック地方において品質上考慮すべき関係を有するもう1つの要素であり、非常に厳密な管理を受けている。蒸留用の白ワインは、とりわけフォルブ

ランシュ（folle blanche）種、サンテミリオン（saint-émilion）種、コロンバード（colombard）種、バッコ 22A（bacco 22A）種などの白ワイン品種から作らなければならない。

　アルマニャック地方のブドウ畑は極めて古い歴史を有している。この問題を研究した人によれば、そのブドウ畑の歴史はは少なくとも 1,000 年は遡り、恐らく 2,000 年に達すると思われる。

　数世紀の間、この地方では 1 つの特別の品種、すなわちフォルブランシュ種が栽培されてきた。この品種のブドウは地域的にピクプイユ（picquepoul −ひりひり唇−）種と呼ばれる。何故なら、このブドウから今まで経験したことがない驚くべき酸味を持った非常に辛口のワインが作られるからである！

　前世紀末年におけるネアブラムシ被害によってこの地方の多くのブドウ畑が破壊されたが、良く確立されていた伝統は破壊されなかった。天に感謝！現在現れているサンテミリオン種、コロンバード種、バッコ 22A 種などの新しい品種は、ノア（noah）種とピクプール種との交配種である。

ワインおよび蒸留

　温度、南西部で優勢な湿気のある大西洋気流、過度として記載できなかった日照期間など多くの要素が結合して、アルコール度の低い（10°以下）蒸留するのに理想的な白ワインを作っている。

　アルマニャック地方でなお伝統的に使われているものは、単段階蒸留過程によって基礎的な未熟なブランディーを作るのに、薪を燃料とする方法である。ワインが発酵を停止する時、通常 12 月に "brûleurs（焼く人）" と呼ばれる二人の専門家が昼夜兼行で運転される蒸留装置を交代で操作する。この作業はブランディーの様々な品質（硬度、アロマ、ブーケ）に微妙な影響を与える。次のような点に特別な注意が払われる。

○加熱は固く粗いブランディー（強すぎる加熱）、濃度の低いブランディー（加熱不足）ができきるのを絶えず避けるようにしなければならない。この困難さは、ガスバーナーを蒸留装置に適用することにより今日克服されている。
○種々のアロマ（プラム、すみれ、ライムの花など）が作られる。これらは蒸留過程のみならずブドウ畑の土壌、ブドウの成熟度、ワインの品質をも反映する。

　蒸留装置から出されると、ブランディーはそれ自身香を有する地域の樫（Monlezun 森林産の樫が最良の品質を有する）の樽に入れられる。

経年過程

　アルマニャック・ブランディーは、一定の適温に保たれた暗い貯蔵室で長年の間熟成される。熟成過程の初期にはブランディーの 6％が毎年蒸発によって失われる（これは "天使の分け前− the angels share −" と呼ばれる）。この割合は時間の経過とともに減少する。それはともかく、アルコール度はブランディーがその個性を獲得するまで徐々に減少する

（ブランディーは約20年間に52°から45°〜47°に変化する）。

　このように作られたアルマニャック・ブランディーは、"定着し、熟成し、それ自身内部で結び合い、色合いを持つ"と2〜3年の間に飲めるようになる。一定の注意と度重なる検査をしながら、その頂点に達するのには約30年、あるいは更に多くの時間を要する。

11.2　旅行案内

　提案される Haut Armagnac 地区、**テナレーズ**地区、Bas Armagnac 地区を通る旅行は、非常に長く、便利な交通手段を持ってしても2日ないし3日以上かかるかもしれない（第61図）。時間はブドウ畑の下に横たわる地層（原岩および土壌）の調査、ブドウの品種観察、ワイン貯蔵所の訪問のために費やされる。

　Haut Armagnac 地区への旅行は Agen 市から出発し、下部中新世の石灰岩堆およびモラッセ層を調査するために最初 Le Castéra 村に向かう。

　Le Castéra 村に到着するために Agen 市を出て Auch 町に向かう N21 道路を進む。Lectoure 町に着いたら Condom 町に向かう D7 道路に入り、直ぐに右に曲がって Nérac 村に向かう D36 道路に入る。この交差点から 5km 進み D219 道路に曲がると Le Castéra 村の鉄道駅に着く。

　斜面を登る道①があり、この道の最下部から頂上までの間に道に沿って以下の地質を観察できる。

○白色 Agen 石灰岩相当岩（下部アキテーヌ期、標高 85m）
○灰色 Agen 石灰岩相当白色石灰岩（標高 110、115m）
○ Pellecahus 石灰岩相当灰色石灰岩（標高 165m）
○斜面の上部を形成する下部 Lectoure 石灰岩（標高 177m）、ここからジェール川の素晴らしい眺めが見える。

　同じ道を Lectoure 町まで戻り、ジェール川に沿って進み、川の両側の丘に被って産する湖沼成石灰岩を注目しながら Fleurance 町へ到着する。

　Fleurance 町②では、ブランディーの熟成のための貯蔵所を訪問することができる。その後、道を Condom 町に向かう N654 道路に取る。道路は丘の斜面を登ってから、まばらにブドウ畑が分布する粘土－石灰質土壌および "peyrusquet" を横切って曲がりくねって行く。

　テナレーズ地区は、ジェール川と Baïse 川のおおよそ中間にあり、主としてモラッセの景観を呈する。下部中新統の湖沼成石灰岩とモラッセからなる地層は、Lectoure 湾への最終海進作用を記録するトートニアン期（上部中新世）の海成層に局部的に切り込まれている。

　Caussens 村の古い採石場ではこの地層の素晴らしい例が見られる。そこへ行くために右に曲がって D232 道路に入り、Saint-Orens 村を通過して D204 道路を北に向かう。

　Caussens 村から 2.5km 進んだ所の右側③に、弁鰓類（Ostrea crassina、Cardita

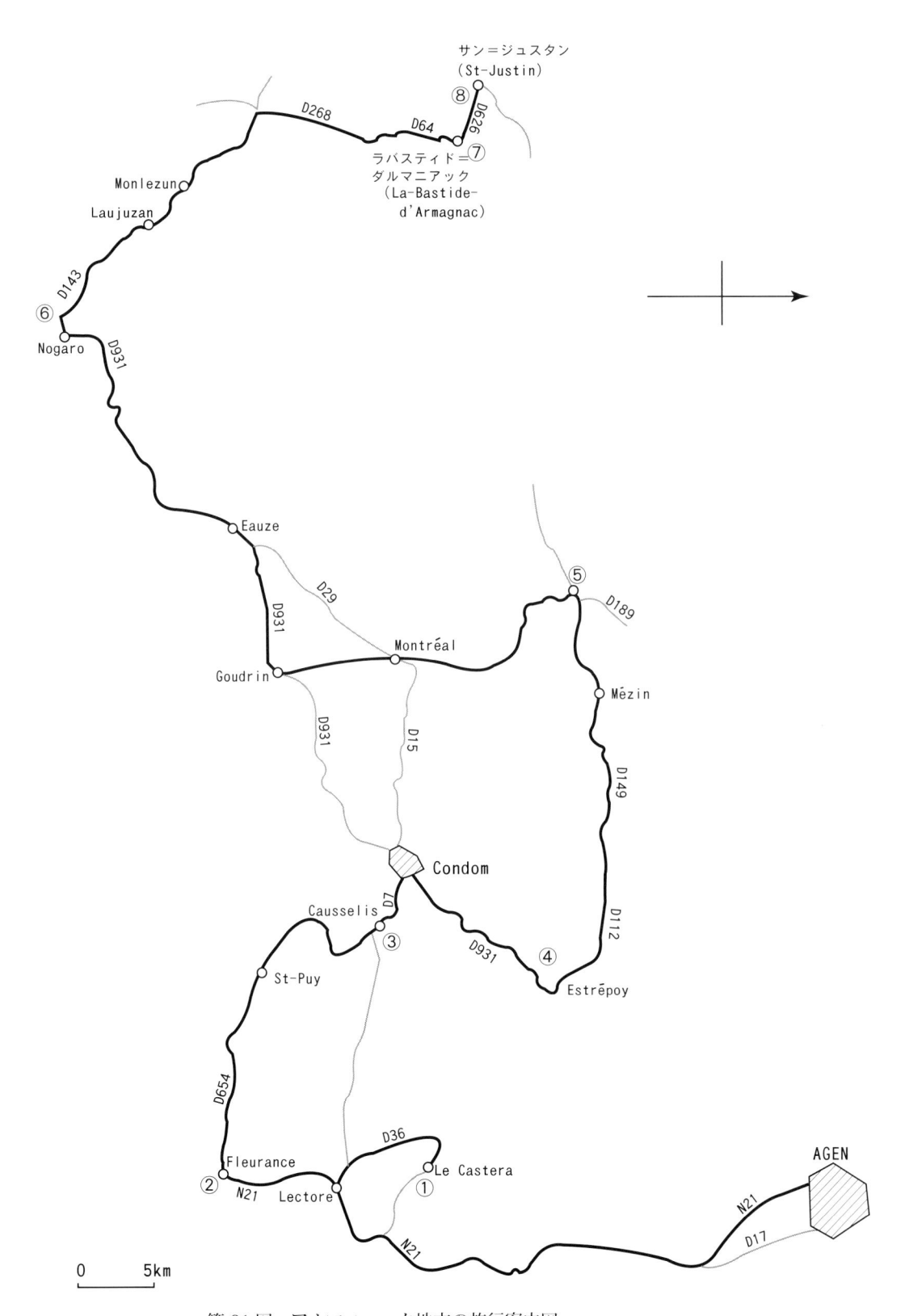

11 南西フランス―アルマニャック―地方　225

第61図　アルマニャック地方の旅行案内図

jouanneti、Scutella rotundata、Fabllipecten larteti)を含む極細粒砂層の断面が存在する。この場所はこの地区で最も注目すべき地点である。

　Caussens村とD7道路を経由してCondom町に行く。この町を通過してD931道路に入りAgen市に向かって約8km走る。そこで左に曲がりPeyrusca道路を行くと交差点から数100mの所にEstrepou村がある。そこの小さな川に露頭④があり基底から頂部に向かって次の岩石が観察される。

○川底の白色石灰岩
○含牡蠣泥灰岩および頁岩（Ostrea aginesis）
○灰色Agen石灰岩（標高110m）
○Ostrea aginesisを含む泥灰岩
○もろい泥灰岩
○含化石砂層（標高125m）。哺乳類の遺体化石を伴う

　Estrepou村を離れ、D931道路を北に向かいLigardes村から西に向かってD112道路およびD149道路を通りMézin村を経てD656道路をSos村に向かう。Sos村から左に曲がり悪路約2.5kmでMatilon採石場に着く。

　Matilon採石場⑤では、高さ20mの所に黄褐色の砂質海成石灰岩（ヘルベチア期）が認められ、多くの弁鰓類、腹足類、苔虫類、甲殻類を含んでいる。この岩石は鮮新世と考えられる砂層に覆われている。これら全体の地層は所々に見られる灰色石灰岩層を覆っている。

　次にD656道路に沿ってSos村を通過する際、右側に灰色Agen石灰岩の露頭を見ることができる。D109道路沿いにSaint-Maure村を経由、D114道路沿いにForcès村を経由、D29道路沿いにMontréal村を経由、更にD113道路沿いにGondrin村を通過しNogaro町に達する。この旅行では、谷に露出しているモラッセと湖沼成石灰岩の作る景色を見ながら走って行く。道に沿ってTénarèze地区ブドウ畑の主要環境を形成する粘土－石灰質土壌と"peyrusquet"に注意すること。

　Nagaro町の南にある採石場⑥には中新世の地層が露出している。基底から頂部にかけて調査をした結果、次のことが判った。

○バーディガリアン期の帯青色泥灰岩が、僅かに粘土質の帯緑色泥灰岩に置き換わっている。
○部分的に礫および泥炭が多い白色砂層が、トートニアン期黄褐色砂層に置き換わっている。
○帯赤色粘土質－砂質第四紀崩積堆積物がソリフラクション流動し始めている。

　旅行ルートはMidour川を過ぎBas Armagnac地区との境界を越えている。Caupenne村（D147道路）、Lauzujan村およびMonlezun村（D143道路）では黄褐色砂層の綺麗な断面を見ることができる。

　D64道路を経由してMontégut村に到着し、D268道路およびD64道路を経由して**ラバスティド＝ダルマニアック**（Labastide-d'Armagnac）村⑦、更にD626道路を経て**サン**

=ジュスタン（SaintJustin）村⑧に達する。ここで砂層上に栽培された有名なブドウ畑を訪問することができる。種々の品種のブドウが栽培されている。すなわち現在ネアブラムシ被害から回復したフォルブランシュ種と並んで、バッコ22A種、コロンバード種、サンテミリオン種などである。1年の中適当な時に訪問者は、そのブドウ畑、ブドウ、ワインを通じて各ブドウ品種の品質を評価することができる。また最後に蒸留酒店の陰で、有名なブランディーの試飲をする機会もある。

参考文献
地質学
Guide géologique Aquitaine Occidentale（1975）（西アキテーヌ地質案内）by M. Vigneaux et al.; Aquitaine Orientale（1977）（東アキテーヌ地質案内）by B. Gèze and A. Cavallé, Masson, Paris.

Alvinerie J.（1969）Contribution sédimentologique à la connaissance du Miocène aquitain. Interprétation stratigraohique et paléographique（アキテーヌ地方の中新統研究に対する堆積学の貢献。層序学的および古地形学的解釈）Thès. Nat. Sci., Bordeaux, 462p., 31maps, 16pl., 60fig.

Durand-Degla M., et al.,（1980）Itinéraires géologiques. Aquitaine, Languedoc, Pyrénés（アキテーヌ、ラングドック、ピレネー地方の地質旅行）Bull. Research Centre Explor. Plod. Elf-Aquitaine, Pau. Mem. 3, 438p., fig., tabl.

ワイン醸造学
Dufor H.（1982）Armagnac. Eaux-de-vie et terroir（アルマニャック。ブランディーとブドウ畑）,Privat, Toulouse, 316p., 279fig.

Vigneau J（1976）L'Armagnac. Techniques de production et elements de qualities（アルマニャック。生産技術と品質）, Dihane et Bnia, 4p.

12 東アキテーヌ地方 *Aquitaine orientale*

12.1 ドルドーニュ（Dordogne）川からガロンヌ（Garonne）川まで

ボルドー地方のブドウ畑は、是に近接するドルドーニュ川からガロンヌ川までの地域のブドウ畑の発展に影響を及ぼしている。ゴール・ローマ起源のブドウ畑は、ここでも他の地方と同様に目立つ存在であるが、そのワインの評価は、中世以来世界中にワインを輸出し、現在も続けているワイン・マーケットの中心であるボルドー地方に近いことに多く依存している。

かなり長い間ボルドー地方は、保護貿易論者の条例によって好ましい位置を確立してきた。しかし、16 世紀以後**ベルジュラック**（Bergerac）地区も多くの特権から利益を得るようになった。とくに、**ベルジュラック**市に住居をもつ市民に、1511 年に Guienne 高等法院の法令により、ワインを舟で海まで運ぶことを保証されるという特権を授けられたことが例としてあげられる。18 世紀には、オランダにおいて甘く重厚なワインの需要が増加し、**モンバジャック**（Monbazillac）村のブドウ畑は甘味ワインの生産を拡張することができた。

この地区の土壌は、ボルドー地方の土壌とはしばしば異なっているが、アキテーヌ盆地の中で、この地区の気候は大西洋の影響に対して一般に開放的であり、ボルドー地方に非常に類似している。しかし、ブドウの生長期の気温は高い傾向があり（**ベルジュラック**地区で 17.5℃、**サン＝テミリオン**（Saint-Emillion）地区の 16.5℃に比較して高い）、湿度も高いがボルドー地方よりは低い。天候はより急激に変化する。例えば驟雨の後に Toulouse 市の方向から吹く南風（その力はこの地域に達するまでに消費されるが）による気温上昇などである。

12.1.1　ベルジュラック地区

ボルドー・ワイン生産地方の東にあり、そのような有名な地方よりも疑いもなく見劣りする**ベルジュラック**地区は、長い間評価されてきたブドウ畑にのみ生産を集中することによりワインの品質を次第に改善してきた。多くの銘柄によって、生産されるワインの多様性を示している。

我々は最初に、白ワインにおいて最も長く高い地位を占めている"クリュ"について考える。これらの中 Monbazillac という銘柄のワインは南部**ベルジュラック**地区の 5 カ所で生産されている。これは甘く豊かなワインで、貴腐（pourriture noble）として知られる条件によって萎びさせたセミヨン種、ソーヴィニオン種、ミュスカ種のブドウから生産される。柔らかく豊かなワイン Côtes de Bergerac は、主としてセミヨン種のブドウから作

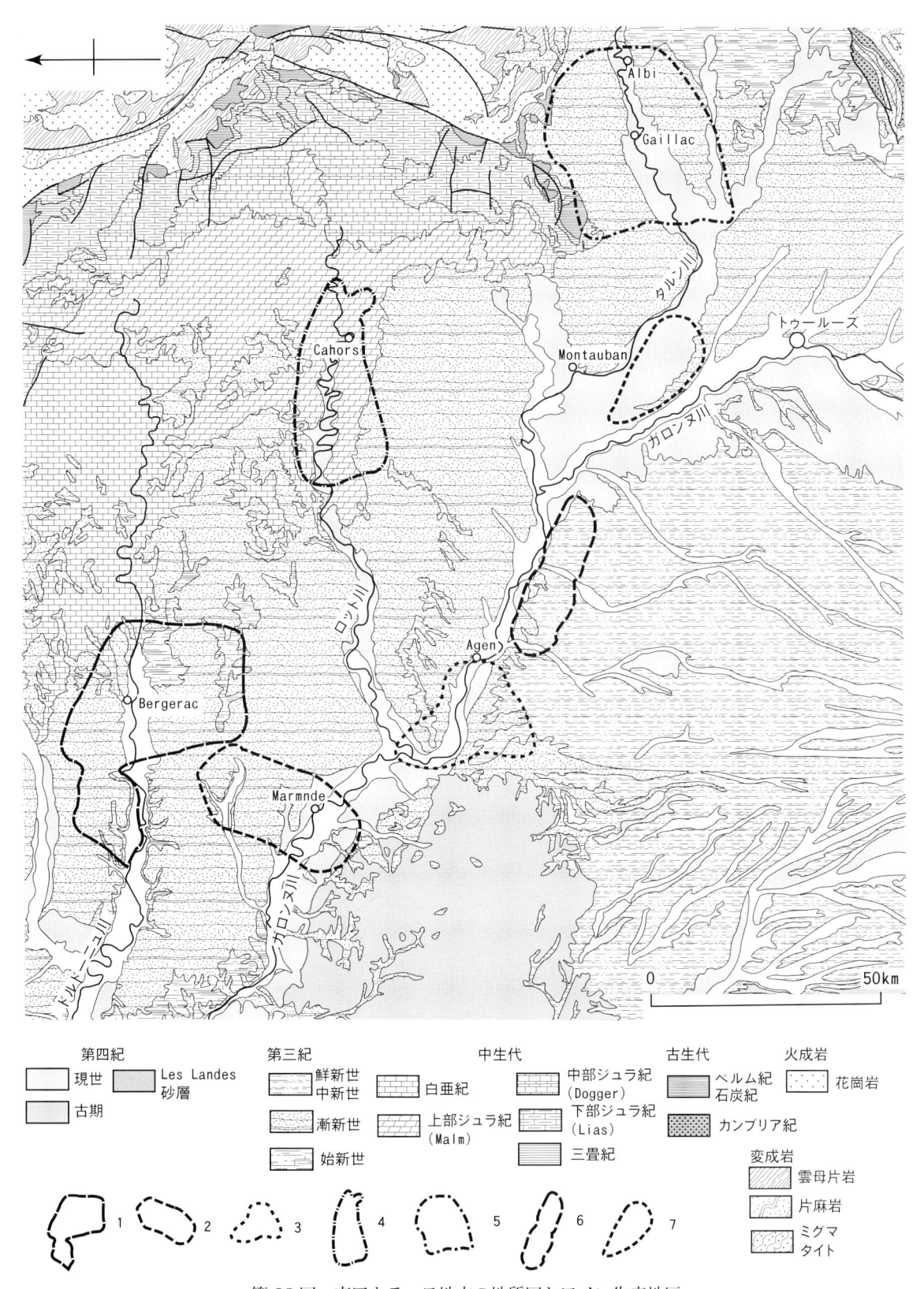

第62図 東アキテーヌ地方の地質図とワイン生産地区
1 ベルジュラック地区 2 コート・ド・デュラスおよびマルマンデ地区 3 コート・ド・ビュゼ地区
4 カオール地区 5 ガヤック地区 6 Côtes du Brulhois 地区 7 Coteaux du Frontonnais 地区

られ、高いアルコール含有率（12°〜15°）を有する。

　ドルドーニュ川の南側の銘柄 Côtes de Bergerac および Côtes de Saussignac は、いずれもアルコール含有率が高いが、前者は後者より豊かで、後者は前者ほど甘くない。我々は地区全体から集められた白ワイン種のブドウから伝統的な方法で作られる Bergerac Sec ワインについても述べなければならない。Montravel ワインは Côtes de Castillon 地区の端、ドルドーニュ川右岸で産する辛口ワインで、極めて生産量の少ない Côtes de Montravel（12°〜15°）および Haut-Montravel ワインとは異なる。同様に Bergerac 平野の北端を形成している湾曲した傾斜地で作られている Rosette ワインも今日ほとんど忘れられている。

　赤ワインの中で Bergerac（10°以上）ワインは、軽く、豊潤な香を持つワインで、若い中に冷やして飲まれる。これに対して、Bergerac 平野の北東部傾斜地上部の4農園で産する Côtes de Bergerac 赤ワインと Pécharmant ワインは、熟成させて飲む。これらのワインは、貯蔵するのに適し、フルボディーで、がっしりしているが、最近その個性が低下している。

　それにも拘わらず**ベルジュラック**地区の土壌は、一般に均質であり、作られるワインの相違にほとんど関係がない。ドルドーニュ川は、蛇行から解放されて白亜紀の石灰岩を4〜5km貫き、地区を2つの土壌型に分けている。北側のブドウ畑の土壌は、主として"Périgord の砂"からなり、南側のブドウ畑は主として漸新世の大陸性モラッセ堆積物、泥灰岩、石灰岩の上に分布する。これらの堆積物は微妙に変化し異なった種のブドウに対応しているが、土壌とブドウの選択性は正確にはわかっていない。

旅行案内

　ペシャルマン（Pécharmant）地域のブドウ畑は Bergerac 市の郊外に近く、ドルドーニュ川の河岸段丘の上に分布する。土壌は比較的礫が少なく溶脱されているが、礫質の土層を伴い極めて暗色を呈する。

　ペシャルマン地域の農園に登る道路（D32）は、場所によって非常に礫の多い"Périgord の砂"の上に作られている。道路に沿って、南に面した緩やかな斜面の上に粘土質の流土が一般に見られ、一方斜面の肩および頂部には、酸性で軽くしばしば極めて粗い溶脱したポドゾル性土が発達する。

　Saint-Sauveur 村近くの交差点を越え Lembras 村へ向かう道路は、白亜紀の石灰岩を切っているが、石灰岩の上には Périgord の砂が堆積している。礫が目立って多く、接触部は赤色を呈する。素晴らしいブドウ畑が、Lembras 村の手前の道路の上の南に面する斜面を占めてこの地層の上に分布している。

　ワインは Pécharmant 地区の農園、あるいは Bergerac 市の旧市街の展示場、専門店（Docteur-Cayla にワイン店がある）で買うことができる。N21 道路経由で Bergerac 市に戻る。

　ベルジュラック市を離れ D933 道路（Manmande 道路）を行く。Saint-Laurent-des

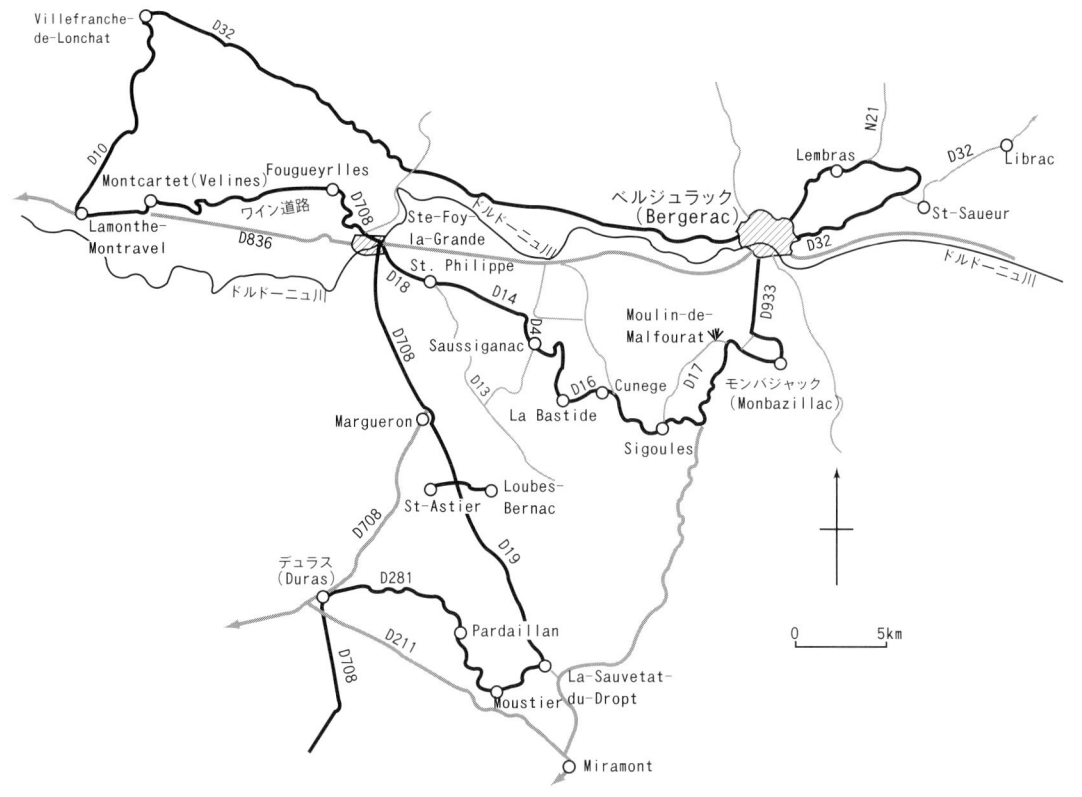

第63図　東アキテーヌ地方旅行案内図（1）
ベルジュラック地区およびコート・ド・デュラス地区

　Vignes 村のワイン店を過ぎ、丘の麓で左に曲がり D14 道路に入る。D13 道路経由で丘に登ると**モンバジャック**村の城への入り口を通過する。D107 道路経由で D933 道路に戻る（第63図）。第1番目のブドウ畑（セミヨン種およびソーヴィニオン種）は、溶脱した褐色土壌の河岸段丘上にあり、そこでは比較的肥沃なシルト質土壌が、深く、酸性でない、礫に富んだ土層と平衡を保っている。訪問者はここから連続的にステージ（プリアボナ期から上部ルペル期まで）を追いかけることはできないが種々のモラッセ層を見ながらシャトーへ登ることができる。一般に石灰質で褐色の土壌が、砕けやすく非常に目の粗い土層の上に乗って発達する。この土壌型は南西フランスでは非常に一般的であり、甘く香の高いワインを生産する。Saint-Laurent 村の溶脱した河岸段丘の土壌は、高い生産性を有し、調和が取れ最も早く成熟するブドウを作る。そしてそのブドウは最高のアルコール含有率を有するワインを生産し、ブドウの果汁は甘く重厚なワインのためには最良と考えられる。

　シャトーと Malfourat の工場にはワインが買える所と、平野からブドウ畑にわたって眺められる場所が多数ある。

　Malfourat の工場を過ぎ D933 道路を約 6km 行くと、Sigoulés 村からの D15 道路との交差点に達する。この地点から、Cunèges 村まで D15 道路、la Bastide 村経由で D16 道

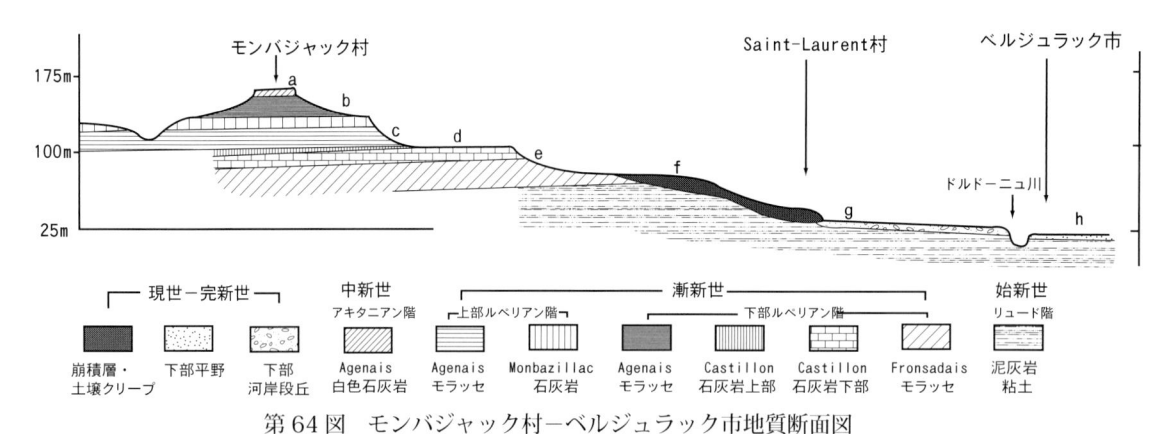

第64図 モンバジャック村-ベルジュラック市地質断面図
土壌：a レンジナ　b 褐色溶脱土壌　c 白色石灰質土壌　d 赤色礫質土壌　e 褐色方解石質土壌　f 粗構造粘土質土壌　g ローム、褐色土壌、重質溶脱土壌、礫　h シルト質沖積褐色土壌

路、Gageac 村、Rouillac 村、Saussignac 村経由で通常の地方道路、そこから D4 道路を通り丘の麓で D14 道路に繋がり Sainte-Foy-la-Grande 町まで続く"ワイン道路（Route des Vins）"という道標の道路にそって行く。

　Sigoulés 村から Cunèges 村までの旅行は、赤ワイン（Bergerac ワインおよび Côtes de Bergerac 赤ワイン）の国の道である。石灰岩堆を、これを切って作られた交差点で見ることができるが、これら石灰岩は多数の構造的台地を形成していたと考えられる。このことは Monbazillac 石灰岩（上部ルペル期）のみならず Castillon 石灰岩（下部ルペル期）についても言うことができる。これらの台地の上部は、多くの珪質ノヂュールを伴う一種のミルストンを形成している。これらの棚上の土壌は粘土型であり、しばしば赤色を呈し、周氷河地域における結氷作用により非常に乱され、破砕され分離した石灰岩を覆っている。これらすべての特性は組み合わさってブドウにとって良い土壌（礫質粘土およびレンジナ）が作られ、非常に肥沃ではないけれども正常な水の補給を確保するのに充分な深さまで発達している。丘陵の斜面はモラッセ上に褐色土壌が分布し、土地の傾斜によって良好な排水が行われている。Castillon 石灰岩の良い断面は Saussignac 村の下の採石場で見ることができる。

　Saussignac 村を過ぎて D14 道路は平野を見渡しながら丘の基底部を通って行く。そこでは、'がれ'が最上部の石灰岩堆から落ちて、ドルドーニュ平野に向かって広がる低い傾斜地を作っている。平野自身はそこより湿度が高くブドウ畑に適さない。しかし、高石灰質の'がれ'からなる斜面は、北に面しているにも関わらず Côtes de Bergerac-Côtes de Saussignac という銘柄のワインの主要な産地となっており、そこではプリアボナ期の粘土層の上を'がれ'が覆っている。

　Port-Saint-Foy 町から D708 道路に沿ってを行き、Fougueyrolles 村で"ワイン道路（Route des vins）"に入り、Montcaret 村まで走る。

　Montcaret 村を過ぎると沖積層扇状地と'がれ'の斜面が、粘土からなる平坦な地域を

形成し、それは僅かな溶脱を示す褐色土壌に移り変わる。

崖錐全体と低い裾地域が、南面する良好な条件のもとで、ブドウ畑の良い分布地域となっている。

Saint-Michel-de-Montaigne 村周辺の粘土－石灰岩の混合土壌（石灰質褐色土壌）上には、素晴らしいブドウ畑がある。この村を過ぎると大部分 Périgord の砂の上で旅を続けることになる。この地域では、Périgord の砂は主として細粒からなる。ブドウ畑は一般に分散しているが、酸性土壌の上で繁茂し良く管理されている。平野を横切って**ベルジェラック**市に戻る途中は、ブドウ畑の代わりに果樹園と煙草畑が分布している。

12.1.2　コート・ド・デュラス（Côtes de Duras）地区

Côtes de Duras という原産地名称は、ボルドー地方と同じ品種のブドウ、とくに白ワイン用のソーヴィニオン種、ミュスカ種、マスカテル（muscatel）種、モーザック種、赤ワイン用のカベルネ・ソーヴィニオン種、マルベック種、メルロー種から作られるワインに対して Duras 郡において 1937 年に確立された。白ワインには柔らか、豊潤、辛口いずれもある。慣習的に単一種のブドウ（とくにメルロー種とカベルネ・ソーヴィニオン種）からワインが作られている。ここでは、他の場所と同様に、赤ワインの生産が増加しているのに対して白ワインの生産は減少している。

Duras 郡の土壌は、海成のウニ類石灰岩層準を伴う石灰質およびモラッセ質漸新世大陸成堆積物から形成されている。地域の地形は変化に富み、深い枝分かれした川、とくにその石灰岩を帽岩とした外座層が注目される。Monbazillac 石灰岩あるいはウニ類石灰岩堆の構造的台地は、カルスト地形化しており、結氷に対して弱点のある種々の深さのシンク・ホールを形成している。

Dropt 川の上部河岸段丘は健全であり、溶脱し時に貧弱であるが、良質なブドウ畑を支持できる土壌によって覆われている。同様に台地と緩傾斜地には土壌が発達し、多くの場合ソリフラクションによってモラッセ質層から形成された粘土－シリカ堆積物によって覆われている。従ってこれらすべての土壌は酸性または中性で、深く発達する構造を持つので、ブドウの育成は、土壌が有する肥沃度と深部に蓄えられた水量とのバランスによって決定される。

旅行案内

Sainte-Foy-la-Grande 町を離れ D708 道路経由で、**コート・ド・デュラス**地区に到着する。Margueron 村（ジロンド県）で D19 道路に入り La Sauvetat-du-Dropt 村まで行き、道路の両側の城地帯（Thèbon 城および Puychagut 城）にある Loubès-Bernac 村と Saint-Astier 村を一寸訪問する。

Puychagut 城の地域では、白色石灰岩の外座層が、脱方解石化作用によって形成された浅い赤色土壌上の素晴らしいブドウ畑によって覆われている。石灰岩には一般に凍結によ

る割れ目が深く発達している。その麓には、とくに道路に沿って、ブドウ畑がモラッセ層からなる平坦ないし緩傾斜面を覆って発達している。そこの溶脱褐色土壌は、白ワイン種のブドウに対して正しい性質を持っているように思われる。

　Saint-Astier 村は、粘土質の Fronsac 型モラッセ斜面を見渡す石灰岩棚の端にある。この村へドライブする途中、ウニ類石灰岩から形成された土壌上に、赤・白ワイン用のブドウを栽培する良いブドウ畑が見られる。この岩石は柔らかく、しばしば小さな塊に壊れ、急速に脱方解石化して砂質粘土を含む厚く多孔質な土壌を作りやすい。これは、ブドウが果物としてのすべての品質、すなわち高い糖度、タンニンと酸味のバランス、高い香りなどををバランス良く得るように、栄養素と水の規則正しい供給を受けることを確実にしている。そのような品質は、満足な水準までワインの生産を促進する。

　La Sauvetat-du-Dropt 村と Moustier 村の間では、ブドウ栽培地域の風景が異なる。Moustier 村では、現在は前より少なくなっているけれども、道路がブドウ畑の縁となっている。ブドウ畑は Dropt 川を見渡す比較的急な崖錐上、また、崖錐および傍の川から広がった沖積扇状地からずり動いた土壌の集積物を伴う高い河岸段丘上に分布している。これらの土壌の層は一般に粘土質であるので、土壌生成的発展をほとんど受けていない。これらの土壌は、母岩から直接形成されたというよりは、そこにある土壌にたまたまブドウが植えられているというものである。崖錐の麓にはプリアボニアン期の粘土および頁岩が分布し、その南には、被っている石灰岩により保護された Fronsac 型モラッセが頂上に認められる。

　デュラス村とその協同ワイン貯蔵所に到着するまでに、我々は Castillon 石灰岩層上に広がるブドウ畑に戻ってきている。ここで、我々は自身で銘柄を選ぶことができる。貯蔵所と町のいろいろのワイン店ではすべての範囲のワインが売られている。それはそれで、魅力あるお城と愉快な町がある。

12.1.3　コート・ド・マルマンデ（Côtes de Marmandais）地区

　Côtes de Marmandais という VDQS の銘柄は、赤、ロゼ、辛口白ワインに対して 1956 年に最初に認められた。生産面積は非常に広く、幅広いガロンヌ川によって 2 分される。北部はモラッセの斜面からなり、南部は Les Landes 砂層に続く Garonne 礫層に覆われた一連の台地からなる。かつて主要なワインは、由緒ある地方種の長ったらしい目録：アブリュウ（abouriou）種、フェール・サルヴァドール（fer salvadou）種、コット（cot）種、ブシャール（bouchalès）種、メリル（mèllire）種に、少量の新しく導入された種：ガメイ種、シラー種、カベルネ種、メルロー種を加えて作られ、古典的な白ワインは、セミヨン種および白ユニ（ugni）種に少量のソーヴィニオン種とミュスカ種を加えて作られた。現在ではこれらの割合は改められている。赤ワインでは、他の種に代わってカベルネ種とメルロー種が好まれ、白ワインではソーヴィニオン種が優勢である。白ワインの生産量は赤ワインに比べて低い。

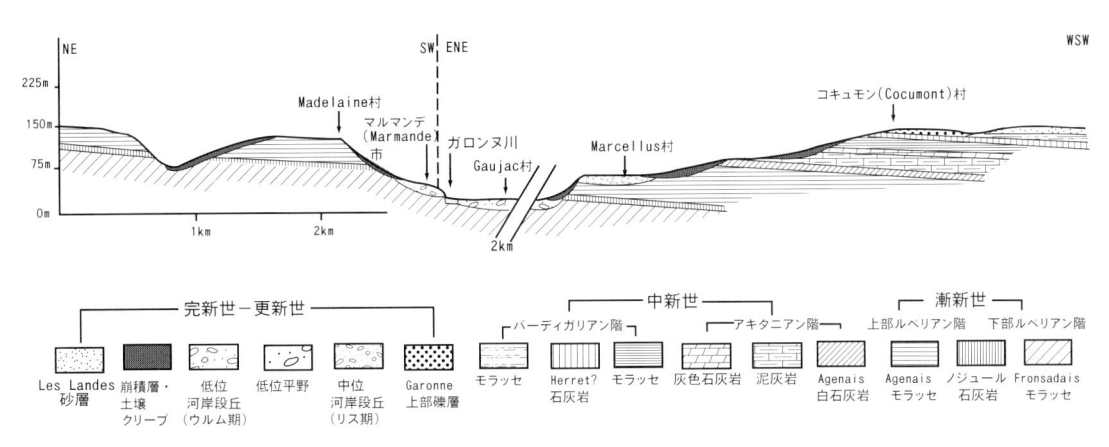

第65図 マルマンデ地区の地質断面図

　地区の地層は、モラッセ層（石灰質セメントの軟砂岩）からなり、第三紀の頁岩と石灰岩堆を伴う。これらは、ウニ類石灰岩（海成）およびルペリアン期のAgen型モラッセから構成され、白色石灰岩（湖成）、頁岩（海成層を伴う）、アキタニアン期の灰色石灰岩を伴う。これらの地層は、ガロンヌ川右岸側に露出する一方左岸側では、第四紀に形成された礫と粗粒の砂からなる3つの河岸段丘と、Garonne堆積物の最上部を占める第四紀中期に堆積した砂質シルト層に覆われている（**コキュモン**－Cocumont－村地区）（第65図）。

　右岸側では、通常のモラッセ地形と同様に、土壌は表面の地層、崩積土、脱方解石化粘土から導かれ、一般に溶脱褐色土壌および比較的純粋なレンジナに進化する。左岸の沖積層上では、土壌は溶脱したポドゾル型で、その発達状態は沖積層が形成されてからの時間の長さに直接関係する。

旅行案内

　ブドウ畑を知る最良の方法は、関係する2つの地区をドライブすることである。ボルドー地方からD1113道路に沿って県境手前まで走り、ジロンド県内のD129道路に入る。さらに、ロット＝エ＝ガロンヌ県のD259道路を走る。Saint-Martin-Petit村およびLagupie村を経由してCastelhau村の南のD708道路に入る。そこから**ボーピュイ**（Beaupuy）村までの間のワイン貯蔵庫に一寸止まる。村を過ぎ丘の頂上を走って、D132に入り**マルマンデ**市に降りる（第66図）。

　この旅行で、この地区でのブドウ栽培が如何に組織化されているかが判る。崖錐は南向きで、そこでは斜面は険し過ぎず、ブドウは、一般に浸食されるかあるいはずり落ちた石灰質褐色土壌上に列をなして植えられている。斜面の麓には、地表の雨水による土壌流および土壌付加によって、Marmande平野の上に広がった緩傾斜の褐色土壌の丘が形成されている。原産地名の区域から平野そのものは除外されている。崖錐縁上の台地は第四紀古期の浸食地形、または固いモラッセの堆による構造的台地と考えられる。あらゆる場合、

溶脱褐色型の土壌がこ
のワイン地区の'最上級'である。

　D933 道路を通ってガロンヌ川の
肥沃な平野を横切り、Marsen 山に向
かう。左に曲がって D116 道路に入り、
Marcellus 村の交差点を左に曲がり
1km 程で Gaujac 村を過ぎると**コキ
ュモン**村に向かう通常の地方道路
がある。そこから D289 道路経由
で Samazan 村に達する。そこから自動車道路
（A62 道路）に入って Agen 市に向かうか、**コー
ト・ド・ビュゼ**（Côtes de Buzet）地区の Garonne
ブドウ畑を見るかである。

12.1.4　コート・ド・ビュゼ地区

　1973 年以来この原産地名称は高く評価され、
Cooperative Wine-Store of Buzet-sur-Baïse（Buzet-sur-
Baïse 協同組合ワイン販売所）を基盤として組織された
VDQS に置き換えられた。赤ワインは主としてボルドー
地方のブドウの種類であるメルロー種から作られる。白
ワインとロゼワインの生産量は僅かである。1981 年に

第 66 図　東アキテーヌ地方旅行案内図 (2)
　　　　マルマンデ地区およびビュゼ地区

は約 900ha の等級付けられたブドウ畑から 45,000hl のワインが生産された。生産量の
約 93％が協同ワイン販売所（試飲および販売）を通して市場に出されているが、生産者
の一部は、幾つかの村で自分の生産物を自身で販売すると宣伝している。

　生産区域はガロンヌ川の左岸に沿って Agen 市の下から Baïse 川の両岸を含む Tonneins

町の右側まで延長している。ガロンヌ川は第三紀陸成層において川幅を増している。この地層は北東から南西に向かって僅かに傾斜し、厚さ200m、底部から最上部に向かって以下のような岩相を示す。

○ Agen モラッセ　粘土－石灰質頁岩および低密度の結晶質炭酸塩で膠結された軟質細粒砂岩などの細粒成分からなる岩石。

○白色 Agen 石灰岩　上部チャティアン期（または上部ルペリアン期最終部）と考えられる。一般に軟質石灰岩かなるが、全体で 15m の厚さに達する密度の高い角礫質または結晶質の石灰岩堆を伴う。

○中間泥灰岩　一般に陸成起源であるが、ここでは時に厚さ 15〜20m に達する海成の牡蠣（Ostrea aginensis）層を挟む。

○灰色 Agen 石灰岩　前述の白色石灰岩より石灰質であるとともにより変化に富み、軟質白色、時に砂質の頁岩層および砕けやすい石灰岩あるいは数層の海成牡蠣層を伴う粗粒ドロマイトを挟む。このシーケンスはアキタニアン期と考えられる。

○ Armagnac モラッセ　しばしば粘土質で時に砂質薄層を伴う。一般に南部で多く露出するブルディガル期を示す。

　幅広いガロンヌ川が曲線を描く過程において、これらの軟質堆積物を深く浸食するとともに、種々の層準のシルトを覆い巨礫を堆積させている。

　すべての過程の結果として、非常に厚く、排水の良い、脆い、植物の生長に対して良いバランスを与えるものから、非常に肥沃で、地下水面に近い、現世の洪水によるシルト質のものまで広範囲の土壌が形成されている。

旅行案内

　マルマンデ地域を後にして D143 道路経由で Mas-d'Agnais 村から Razimet 村まで行くか、D813 道路沿いの Tonneins 町からの D120 道路を通ってガロンヌ平野の南西端まで行く（第 66 図）。Razimet 村からは、D143 道路を Puch-d'Agnais 村を経て Damazan 村まで行く。Damazan 村からは、D108 道路を通って Buzet-sur-Baïse 村まで走り、更に自動車専用道路の下をくぐって Xaintrailles 村および Lavardac 村まで行く。次に D930 道路経由で Nérac 町に着き、更に D656 道路を通って Calignac 村まで行く。途中非常に少ないがブドウ畑がある。そこからは、丘陵の頂上に沿った通常の地方道路を通り Espien 村を経て Feugarolles 村まで進む。Feugarolles 村からは D930 道路および D813 道路経由で Agen 市に至る。

　ビュゼ村のブドウ畑は、長い間混合作物システムの中に組み込まれていたが、最近 20 年ないし 30 年にわたって多くの農場が伝統的な家族的ブドウ畑の経営を放棄した。一方他の農場はブドウ畑に特化した。その結果ブドウ畑は、最も生産に適した土壌上に作られ、種々の大きさの畑が分散した状態になっている。この本で案内された旅行において、とくに Damazan 村と**ビュゼ**村の間のブドウ畑に注意されたい。そこでブドウ畑は、ガロンヌ

川中位河岸段丘において地域名で"boulbéne"と呼ばれている溶脱褐色土壌の上に分布している。その付近の多くの峡谷は、礫層から水を排出し良い排水状態を保っている。

　ビュゼ村から Xaintrailles 村までのブドウ畑は、良く排水され長い斜面を持った谷側面の礫質土壌流の上を覆っている。その土壌型を示している 3 つの採石場を注意して見ること。Damazan 村を過ぎて 1.5km の所にある礫採石場では、中位河岸段丘の断面が見られ、**ビュゼ**村を過ぎて 2.5km の所にある採石場では、地表ではポドゾル型の土壌になっている Les ランド砂層を採掘している。また、**ビュゼ**村を過ぎて 3km の所にある切石採石場では、白色石灰岩を採掘しているが、この岩石は地表で凍結破砕されレンジナ様土壌を形成している。

　Lavardac 村へ向かう途中では、白色石灰岩の脱炭酸塩化によって形成された粘土上に分布するブドウ畑に注意すること。また、ガロンヌ川の 2 つの支流の間の丘陵の頂上に沿った非常に画趣をそそる道路を走ることによって、Calignac 村から Feugarolles 村までの線に沿った風景、土壌、ブドウ畑の地形学を明らかにすることも可能である。

12.1.5　コート・ド・ブルロイス（Côtes de Brulhois）地区

　1982 年に原産地名が VDQS という地位を与えられた。そのブドウ畑は、ガロンヌ川の左岸に沿って分散し、リス氷期およびそれ以前に存在したガロンヌ川の上部河岸段丘に形成されたビュートを占めている。

　これらの沖積層は、もともと緩やかな斜面（多成因段丘）によって分離された平地のシーケンスを構成する砂質シルト層（厚さ平均 80cm ～ 1m）の下位を占める礫層（厚さ 6 ～ 7m）からなる。それらの痕跡はなお、地層を切り開く多くの川の間の尾根で見ることができる。砂質シルト層は**ビュゼ**地区で見られた基盤の Agen モラッセ、その上の白色 Agen 石灰岩（スタンピアン階）、白色 Agen 泥灰岩、灰色 Agen 石灰岩（アキタニアン階）からなる地層を起源としている。

　種々の地層を容易には見ることができない。実際、それらはすべての斜面において、尾根に被っていたガロンヌ礫層からの'がれ'およびソリフラクション流によってできた層に覆われている。ブドウ畑は、ほとんどすべて、赤色粘土をマトリックスとした深く発達し排水の良い溶脱土壌を保持するこれら礫質層上に存在している。

　赤およびロゼワインが、フランス西南部の典型的な品種（マルベック種、フェール・サルヴァドール種、タナ種）およびボルドー地方の品種（メルロー種、カベルネ種）によって作られている。それらのワインはフルーティーで、香が良く、軽く、程良く保存が利き、Dunes-Donzac 村あるいは Goulens 村どちらでも協同組合ワイン貯蔵所で買うことができる。

旅行案内

　Agen 市から N21 道路を通り Goulens 村の"ワイン協同組合"を訪問する。Goulens 村は、

Layrac 村と Astafort 村の間にある。Goulens 村からは D204 道路を経由して Dunes 村に行く。この旅行では、非対称の斜面を伴う谷によって分離された3つの尾根を切って行くことになる。これらの斜面には以下のようなシーケンスの形態が見られる。

○西に面する斜面　多くの場所で森林が発達し、車が一連のヘアピンカーブを登ると、道路の壁面に湖成の石灰岩層が2つ現れる。

○尾根　その場で赤色化した礫層からなるビュートを伴う。

○東に面する斜面　この上には多少礫質のソリフラクションが広く散在し、その基部が後ウルム氷期に浸食され谷が深まっている。

Dunes 村から D30 道路を通り Donzac 村に行き、そこから D12 を経由して Lamagistère 橋（ガロンヌ川と Golfech 原子力発電所を越える）で D813 道路に再び入る。ここのブドウ畑は、リス氷期の最終相中の最終堆積期に形成されたガロンヌ川沖積河岸段丘の小さな礫質起伏部に分布している。希望すれば Dunes 村と Donzac 村の間にある "Cave 協同組合" に停止できる。

12.1.6　ワインと料理

Monbazillac ワインは豊で甘い白ワインで、2年で琥珀黄金色になる。このワインはセミヨン種とミュスカ種（これらは今まで僅かしか栽培されていなかった）、ソーヴィニオン種のブドウから作られる。これらの生産は油断することができないし、朝霧と暑い日光の日ごとの交替が "貴腐" を促進するので、その品質は季節の終わりの気候条件に左右される。これは素晴らしいデザート・ワインだが、鑑定家はフォア・グラまたはペースト状の肉と一緒に飲む。

幾つかの品種（カベルネ・ソーヴィニオン種、カベルネ・フラン種、マルベック種、フェール・サルヴァドール種、メリル種）から作られる Bergerac 赤ワインは、透明で、中位に暗色の、良いアロマと素晴らしい存在感のあるワインである。非常にアロマのある Bergerac Sec ワインは辛口の白ワインで若い中に飲むのに適している。

Côtes de Montravel ワインおよび Haut-Montravel ワインは繊細で、がっしりした白ワインで、ジロンド県の丁度外側、ドルドーニュ川右岸の道路に沿って広告されているワイン店で試飲してみるべきである。我々はボルドー・ワインの直ぐ近くにいる！

モンバジャック村の城へ行けば、その場所のすべての建物を所有している協同組合のワイン店で、すべての銘柄のワインに関する情報が得られる。

Côtes de Duras AOC ワインは繊細でアロマのあるワインで、良くバランスしたタンニンによる優美な熟成が確信される。

Côtes de Marmandais という銘柄の VDQS ワインには、赤、白、ロゼワインがある。赤ワインが生産の主力を占め、早くから好評を得ている。もともと赤ワインは主としてアキテーヌ地方のブドウ品種（コット種、アブリュウ種）あるいは他地方の品種（ガメイ種、シラー種）によって作られていたが、現在ではカベルネ種、カベルネ・ソーヴィニオン種、

メルロー種のようなボルドー地方の品種によって作られている（ソーヴィニオン種は白ワインの主要品種である）。

ボーピュイ村と**コキュモン**村の協同組合のワイナリーでは素晴らしいワインを得ることができる。そこでお客は、良く保たれた貯蔵所で非常に暖かい接待を受けることになる。彼らは、ここでの高品質のワインをすべて生産している。ワインはフルーティーで、良く構成され良く保存されている。それが控えめな表現であると考えることは、間違いではない。

1973 年に**コート・ド・ビュゼ** 地区のブドウ畑の産出品に法によって与えられた "Côtes de Buzet" という産地名称規制は、最近四半世紀の間に着実に名声を得てきたワインに対して 1953 年に遡って VDQS 産地名称に置き換えられた（Buzet ワイン協同組合）。伝統的なブドウ品種、収穫法、桶、オーク樽での熟成、瓶詰めは、過去の物となった。今日の Buzet ワインは、年とともに洗練されアロマを増す信頼できるバランスの良いワインである。従ってその名声は地域を越えて広がり、鶏肉のパテと鳩のラグーからチーズと干しスモモまで地域のすべての食べ物の良き伴侶である。

12.2　ロット（Lot）川からタルン（Tarn）川まで
12.2.1　カオール（Cahors）地区

カオール地区のワインは、市の司教とゴールの他地域の市の高位の人との接触によって、中世以来知られてきている。アキテーヌのエリナと英国のヘンリー 2 世との結婚によって、ボルドー経由でカオール地区からのワインの輸出が始まった。1310 年頃には、4 万樽の Agnais-Quercy ワインが**カオール**市を通過した。Châteauneuf 村のブドウを栽培するために、アヴィニヨンの Pope John 22 世は、**カオール**地区からブドウ生産者を導入した。フランシス 1 世とヘンリー 4 世は、Cahors ワインを高く賞賛した。

この地区からのワインの取引は、ロット川とガロンヌ川に沿った舟の運搬に頼っていたが、ボルドー地方の町は英国とフランスの国王から強大な特権を与えられ、この形の運搬を制限することによって上流からのワインの通過移動を妨害した。通商の自由を提唱した Turgot の助言によるルイ 16 世の命令によって 1776 年にこの制限は最終的に撤廃された。

それはともかく、Cahors ワインの国際的名声は、米国からロシアまで確立された。アゼルバイジャンでは、現在 Caorskoye Vino という名のワインまで生み出されている。

土壌

Cahors ワインの生産地区は、ロット県の 45 管区にわたり、主として**カオール**市の西方、ロット川の両岸に分布している（第 62、67 図）。この生産活動は主として Luzech 村と Puy-l'Evêque 村間の第四紀沖積層および地区南部の石灰岩台地に集中している。

この地区は現在非常に活発なワイン生産地区で、その生産量は毎年 10〜15％増加している。コット種およびマルベック種（一部の地域でオセール種と呼ばれている）に少量のタナ種とメルロー種という事実上統一された品種選択ばかりでなく、ブドウ栽培および

ワイン製造の技術の見事な統一は、とくに最終産物の均一な品質をもたらしている。

　土地の起伏、気候、人間環境は**カオール**ワイン地区にそれ自身の特質を与えているが、その地形学的歴史により、この地区の土壌は次の4タイプに分けられる。

○石灰岩上の土壌　この地域の基盤岩はキンメリッジアン期の石灰岩である。その表面は中新世まで地中にあったが、その後準平原化作用が中新世から現在まで続き、とくに第四紀が著しい。この全期間にわたって準平原の表面は、深さ数mまで破壊され、石灰岩が粘土を残して溶解するなど種々の表面作用を被り、土壌が発達した。最終産物は、3～4mの深さまで凍結破砕された軟弱な岩層を覆う、風化した石灰岩岩屑を含み、粒状組織を有する赤色粘土からなる石灰岩台地土壌である。丘の頂部および台地はこのようにして高品質なブドウを栽培するのに理想的な、そして極めて独特な土壌を獲得した。

○ロット川沖積層上の土壌　第四紀の間の標準的な段階を通して、今日容易に観察することができるように蛇行の発展によって川は更に幅が広がり沖積層が発達し、その上に生成された土壌。

○地域南端岩石上の土壌　石灰岩台地の端には2つのタイプの第三紀湖沼堆積物を産する。その1つは、表面が風化し凍結破砕した密度の高い角礫化した石灰岩で、他の1つは引き締まった白色頁岩である。これらの岩石から生成された土壌。

○鉄珪酸塩質砂および粘土　これらは、時に鉄を含む外皮を有し赤色であり、とくに北東地区で台地中の凹地を充たすか、峰を形成する。その表面は一般に溶脱され、酸性の土壌を形成する。深部の土層は稍多孔質の構造を示し、ブドウの栽培のために良いバランスをもたらす。

　産地内の土壌の相違は、産物の均質性に食い違いを生ずるように思われるが、得られるワインには品質の重要な違いを生じていない。

旅行案内

　推奨されるルートはこれらの異なった土壌を見ることになる。ワイン生産地区は、中間に挟まれた非常に不規則な休耕地、森林、岩石地などによって別々のブドウ畑に分かれている。地質の完全な理解のためには、'Guide géologique d'Aquitaine orientale（東アキテーヌ地方の地質案内）'を読むことをおすすめする。我々のルートは必ずしも "Cahors 巡回" の標識に従った環状のものではないが、Cahors ワインを試飲し買うためのワイン貯蔵所がある場所とブドウ畑を通るようになっている（第67図）。

　Agen市、Villeneuve-sur-Lot村、Fumel村から近づくとき、最初に見えるブドウ畑は、川を遡るD911道路沿いのSoturac村のものである。

　Soturac村からTuzac村まで、我々は道路の左側のリス氷期河岸段丘（"赤色土"）と道路の右側のウルム氷期河岸段丘①上に分布する線状のブドウ畑に沿って走る。

　Tuzac村からVire村②まで、我々は、山の麓を取り巻き、崖をなしてキンメリッジア

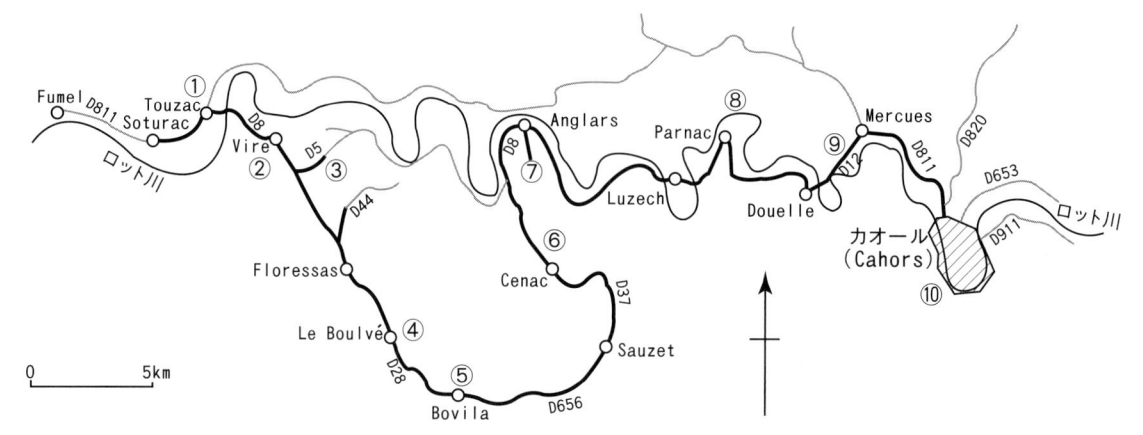

第67図　東アキテーヌ地方旅行案内図（3）カオール地区

ン期の石灰岩中に入り込んだ蛇行する川岸に沿って走る。そこの北に面する斜面には特徴ある植生が認められる。

　Vire 村を過ぎると D5 道路に沿って行って戻る旅行をし、ウルム氷期に置き去りにされたロット川の古期蛇行線を見る。それは現在斜面下部の石灰岩'がれ'上、およびソリフラクションによりもたらされたリス氷期'がれ'上にある壮大なブドウ畑を支えている③。

　Le Boulvé 村④を通過すると、我々は第三紀湖沼成石灰岩が頂部に乗る丘によって取り巻かれた鉄珪酸塩質堆積物中にある洞穴に到着する。第三紀湖沼成石灰岩が低位にあると、ブドウ栽培に適さないということが、'Guide géologique' に記載されている。

　D656 道路に沿って足を伸ばすと、第三紀湖沼成石灰岩および頁岩上のブドウ畑を見る機会が、とくに Butte de Bovila 村⑤およびその周辺である。

　Sauzet 村を越えると、鉄珪酸塩質堆積物の露頭⑥を横切って、Cenac 村周辺のいくつかのとくに典型的な例のある Causse ブドウ畑にやってくる。その露頭には灰色砂岩と赤色砂を伴い、珪質土に生ずる植生が認められる。

　Angulars 村の蛇行に沿って谷底を行くと、低位の河岸段丘（ウルム氷期）の2つの水準が交差しているのに出会う。ここは強健なブドウが厚く植え付けられ、高品質の Cahors ワインが生産されている⑦。Angulars 村から我々は右側の通常の地方道路に入り、蛇行沖積層の頂部に向かう。そこで上部'がれ'上のより典型的な種類のブドウを見ることができる。

　Castelfranc 村から Luzech 村まで2つの山の基底を取り巻くように走る。そこの南に面する斜面には特徴ある植生が認められる。

　Parnac 村⑧では、リス氷期河岸段丘上に伝統的なブドウ畑の正に中心部を見ることができる。また道路に沿った堆中には河岸段丘の良い断面が見られる。Cahors ワインが標識のあるワイン貯蔵所で売られている。

　Douelle 村の橋を渡り Cessac 村を過ぎ、Mercués 村まで行くと、ブドウ畑がロット川

の古期蛇行の堆積物上に分布している。これもまたリス氷期のもので、斜面では石英質の'がれ'、平地⑨では"赤色土"を伴っている。

カオール市および市に近づく D820 道路に沿うワイン貯蔵所では、訪問者にワインを試飲する機会を与えてくれる。そのワインは有名な地方料理を提供する多くのレストランの1つで出される料理ととくにぴったりである。

Cahors ワインと料理

Cahors ワインは、気さくでフルボディー、心地よくフルーティーで、透明・繊細なアロマのある良い色の赤ワインである。同年のワインでもブドウ畑の位置の違いにより多少異なるが、その一般的な性質は常に同一である。Cahors ワインは、極めて明らかにその特性を表明するので、この地区の他の産物、フォアグラ、赤肉、トリュフ詰めペースト肉と一緒に飲むのが自然である。

ロット川はアヴェロン県を横切るので、評判の高い他の銘柄ワインを産するブドウ畑の分布地でもある。

○ Marcillac（VDQS）このワインは高いアロマを有し、Decazeville ベーズンと Rodez 石灰質台地の間の頁岩、砂岩、砂質岩からなるペルム紀層中の周縁凹地を流れる Marcillac 川流域で産する。

○ Entraygues および Estaing 大農園の白ワイン（AOC）　前者は花崗岩から後者は雲母片岩から形成された固結岩屑土上で栽培されたブドウから作られたワイン（軽く、酸味があり、アロマのあるワイン）である。

○ Côtes de Glanes（VDQS）このワインはロット県北東部産で、軽く、僅かに酸味があり、アロマがある。下部ライアス統の脱炭酸化粘土上のブドウ畑で栽培されたブドウから作られる。

12.2.2　ガヤック（Gaillac）地区

Gaillac ワインは長い間にわたる名声を有しており、その歴史はゴール・ローマ時代に遡る。その頃、ワインは現在**ガヤック**町（Montans 村）がある付近で製造された両取手つきの壺と他の陶器製の壺に入れて運ばれた。それ以来赤ワインと白ワインが知られてきた。聖職者達にはとくに白ワインが好まれ、宣伝された（更に当然宗派のワインとなった）。

Gaillac ワインは、タルン川およびガロンヌ川経由でボルドー地方への道を見出し、そこからボルドー地方のワイン商人の敵意もものともせず全ヨーロッパおよびアメリカへ輸出され、18 世紀の終わりまで続いた。中央高地（Massif Central）近接地域は、ブドウは稀産で多くの気候的災害の餌食になるので、近くに大きな市場が存在することを意味した。更に 19 世紀の間に白ワインの名声はパリにおいて確立した。

土壌

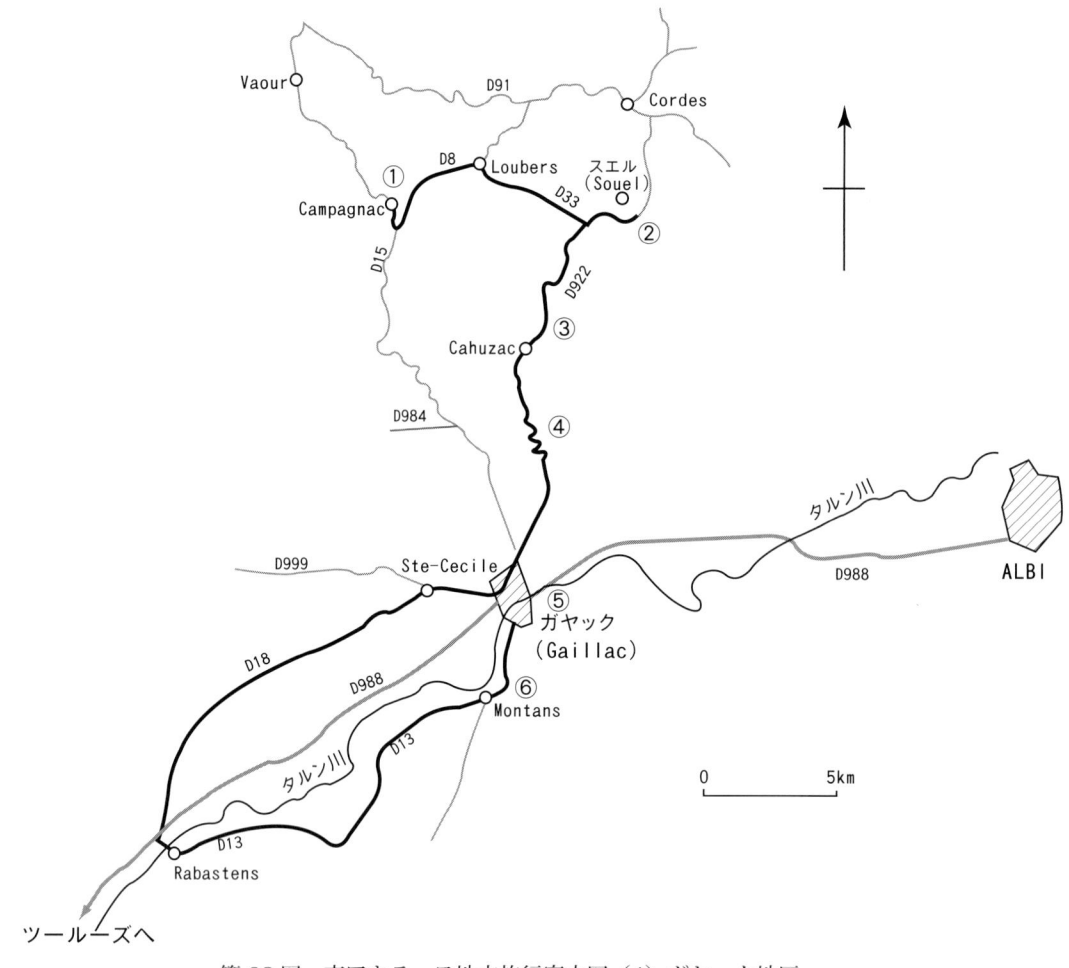

第 68 図　東アキテーヌ地方旅行案内図（4）ガヤック地区

ガヤック地区のワイン生産面積は大きく、北は中央高地の境界から南は "Albigensian Gulf" の斜面まで 73 区域の範囲にわたる。Gaillac ワインの市場が収縮してきたので、最近 10 年間にその伝統的な中心部、すなわち現在でもなお大きいこの区域まで縮まった。推奨される旅行は地区の中心部に限られているが、そのルート上で次の四つの異なる土壌型を有する区域が認められる。

○北部（Cérou 川および La Vère 川間）　深い川によって切り裂かれた Cordes 石灰岩（中部ルペル期）の台地。崖によって縁取られ、石灰岩と上部の泥灰岩とからなる残丘が優勢である。

○ La Vère 川およびタルン川平野の間　湖沼堆積物の全シーケンスから Agen モラッセに漸移。これらはピレネー山脈の隆起後 Aquitaine ベーズンを覆ったものである。

○タルン川　第三紀軟堆積物を切る蛇行によって拡幅された。ここでは、現在河川堆積物が深い流路によって切られている。

○南部　タルン川左岸の沖積河岸段丘が分布。ここでは Garonne ベーズンの標準的 4 層

準が観察される。

　これらの小区域はそれぞれ非常に異なった土壌を有し、このことは使用されるブドウ品種が非常に多岐にわたることに結びつき、従ってそれぞれ広く異なった品質の、多種類のワインを生産する結果となった。それにしても、白ワインはほとんど例外なしに北部の石灰岩地帯で産し、赤ワインの生産は南部のタルン川沖積層に限られ、モラッセ層斜面からもたらされた崩積層を起源とするタルン川平野上では白・赤ワイン両者を産することは注目に値する。この中間帯は、原産地名の境界を最初に決定する時 'Premières Côtes' として区分された。

旅行案内

　推奨されるルートは、大まかに言うと北から南へ、Grésigne の森から**ガヤック** 町を経由し Albi 市まで Gaillac ワイン生産地区の四つの土壌型を通過するものである（第68図）。この旅行においては、あらゆる場所で多くの販売所を見出すことができる。このルートは一部 '東アキテーヌ地方の地質案内（Guide géologique d'Aquitaine orientale）' に示された旅行案内と一致する。

Grésigne の森から Cahuzac-sur-Vère 村まで

　Saint-Salvy 村で Grésigne 地塊から離れ、D15 道路を通って Vaour 村の南に向かい、Compagnac 村①のブドウ畑に到着する。このブドウ畑は、始新世末の隆起期に地塊周縁部に堆積した Grésigne 礫岩層上に分布する。この堆積物は、ペルム紀から中期ジュラ紀にわたる地質期の褶曲作用を受けた種々の地質起源の硬質層に由来する円磨・摩耗された礫からなる。その地表分解は、大部分凍結破砕作用によるもので、あらゆる大きさの礫を伴う多孔質で時に粘土質の土壌を形成する。この土壌と太陽方向の斜面が素晴らしいブドウ畑を作る。

　下り道のドライブを続けながら、Compagnac 村のブドウ畑の境界となっている南北方向の川の向こうの主湖沼成石灰岩層からなる台地－Causse de Cordes－を見渡すことができる地点を注意して探してみよう。村を過ぎてから 1km 程は、この川を D8 道路沿いに台地に向かって登ることになる。道路は水のない川に沿って Cordes 村に向かって走り、その堆には非常に風化が進み赤色粘土化した中部ルペリアン期の白色石灰岩が露出する。

　Compagnac 村を過ぎてから 3km の所で右に曲がり、D33 道路を 6km 進むと D922 道路（Gaillac 村－Cordes 村）との交差点に到着する。D922 道路に沿って 3km 進むと Souel 交差点に着く。ここには、Cordes 石灰岩台地のレンジナ土壌上に多忙で良く保たれたブドウ畑がある。この土壌は赤色、礫質で排水性がよい。**スエル**（Souel）村とその Mauzac ブドウ畑②を注意して眺めよう。ここには Pétillant de Raisin という名の飲み物を売っている所が沢山ある。これはワインでなく僅かに発酵させたブドウジュースで、心地よいフルーティーな味がする。

再び Souel 交差点に戻り、D922 道路を Cahuzac-sur-Vère 村③まで行く。道は標高 298m から 100m に下がる。これはルペル期石灰岩層の種々の層準にわたって構造的台地が発達するために起こる。道路が Vère 川に降りた所が最低の層準で、道路によって切り込まれ、容易に観察することができる。

Cahuzac-sur-Vère 村からガヤック町まで

　Vère 川を渡る。この川は平らな沖積河床を有し、家族消費のための数区画のブドウ畑以外、ブドウが見あたらない。その後、小さなワイン生産地である Cahuzac-sur-Vère 村で停止する。そこでは、ブドウが前述の石灰岩層準上で栽培されワインが販売されている。D922 道路に沿って**ガヤック**町に向かう。

　この部分で景色が変化する。石灰岩が露出する堆の南側に、種々の量の石灰岩を交え粘土と砂岩からなるモラッセ層の堆が現れる。このモラッセの表面分解によって形成された土壌は、斜面で粘土と石灰岩を伴う山頂上で溶脱される。また時にとくに北に面する斜面の赤色粘土からソリフラクションによって形成された土壌も溶脱されることがある。これらの土壌はやがて樹木に覆われる（例えば Cahuzac 村から 3km の曲がり道④）。1 度モザック種のブドウが植えられ、最近になって赤ワイン用のデュラス（duras）種、ブロコル（braucol）種、シラー種、ガメイ種に植え替えられたブドウ畑があらゆる場所を覆っている。この区域は、1950 年以来 'Premières Côtes' として区分されている。Cahuzac 石灰岩の堆を切りタルン川へ降りる道路からは、道路の左 800m にある Tauziés シャトーが眺められ、ここではワインが展示され販売されている。

　ガヤック町の手前数 km の斜面の底部にはウルム期のソリフラクションによってもたらされ沖積平野に広がった粘土質土壌が分布する。この土壌はまた、赤ワイン用ブドウ品種を栽培するブドウ畑および 'Premières Côtes' 銘柄のワインを支えている。**ガヤック**町を訪れ中心広場⑤の展示売店に行ってみよう。

ガヤック町から Rabastens 村まで

　ガヤック町を離れ西の Montauban 町に向かって D999 道路を進む。3.5km 行くと Saint-Cécile 村の教会に着く。ここを左に曲がり Chemin de Toulze 道路（D18 道路）に入る。これは長い間知られてきたブドウ畑地帯を走る有名な尾根道路である。この道路は、タルン川平野を見渡すモラッセ質崖錐の基底に沿って走る。崖錐の頂部には、ブドウ畑の中に鐘楼が立つ小さな教会がある。この崖錐を覆う土壌は、粘土－石灰質で、時に溶脱され、崩積成またはソリフラクションの結果形成されたものである。この土壌は、崖錐の向こう側にある一般に非常に礫の多いモラッセ層に由来し、少数のブドウ畑を支えているが、北に面する斜面は、一般に森林となっている。

　Chemin de Toulze 道路の左側－タルン川の方向－には魅力的なブドウ畑が、数 m の厚さの均質な赤色土壌からなる河岸段丘上に分布する。栄養豊富な土壌にも拘わらず、適切

な排水によって品質の良いワインを生産している。

タルン川左岸に沿って Rabastens 村からガヤック町まで

　Coufouleux 村でタルン川を渡り、左に曲がって D13 道路に入り、Loupiac 村、Saint-Martin 村、Montans 村⑥に向かう。土壌は痩せているが、伝統的なワインを生産する型である。しかし、現在ブドウ畑は、小さな支流の端で最良の排水を行い、経営されている。

　Montans 村を過ぎると、これらの支流の1つで、南東のタルン川の蛇行による最近の拡幅作用に伴い、モラッセ中で峡谷が曲がるという浸食作用の更新を見ることができる。これは、川沿いの道路で 25 〜 30m に渡って観察される。D87 道路を**ガヤック**町に向かうと、Saint-Michel 寺院の近くにタルン川にかかる橋がある。この愛らしい煉瓦づくりの橋は、世紀の変わり目以来 Gaillac ワイン物語において一定の役割を果たしたが、今では使用されていない。

Gaillac ワインと料理

　白ワインは伝統的に辛口、淡色、フルーティーなワインか、スパークリング・ワインおよび濾過、硫酸銅処理によって発酵を止めて作られた稍甘みがあるワインである。この方法はモーザック種およびミュスカ種のような他の白ワイン種のブドウからワインを作る場合に用いられる。このワインは白ワインとしては僅かに重くタンニンが円やかになっていない場合には非常に爽やかとはいえないが、良いボディーがありフルーティーである。Labastide-Lévis で発展した軽いスパークリング・ワインは果実風味を残しており、爽やかな飲み物を作ることができる。

　タルン川の両岸で主として作られる赤ワインは、明るい朱色で、清らかで円味のあるフルーティーな味がする。1年から3年ものが最高であり、それ以後だと酸化され、経年によって得られるアロマも僅かである。

　心地よいフルーティーなロゼワインは、発酵中のブドウ汁から抜き取られたジュースによって作られる。赤ワインと同様に種々のブドウ品種の混合物から作られる。主要品種は伝統的なデュラス種で、これにシラー種、ガメイ種、フェール・セルバドウル種などが加えられる。

　この地区の他のワインとしては、比較的アルコール度の低いスパークリング・ワインである "Moustillant" ワイン、非常にアルコール度の低い甘みを加えたブドウジュース "Pétillant de Rasin"、ガメイ種から作られた "Gaillac Nouveau" ワイン、ポルトゲーズブルー（portugais bleu）種から作られ Técou 村産の "Van Clairet" ワインがある。また、あちこちで、あなたはカベルネ種とかメルロー種という優れた特徴のあるブドウ品種から作られたワインにぶつかるはずである。

　このようにここではこの地区で開発されたあらゆる範囲のワインが示された。これらのワインはいかなる料理にも合うが、とくにペースト状鳥肉（鶏、アヒル、七面鳥、ガチョ

ウなど)、赤肉(2年ものの赤ワインが良い)、シチュウ、カスレ(豆の煮込み)、内臓肉(赤またはロゼ)、魚(弱いスパークリングワイン)、デザート(スパークリング白ワイン)に良く合う。

12.2.3　Coteaux du Frontonnais（フロントンー Fronton －）地区

"Coteaux du Frontonnais" ワインは 1945 年に VDQS の地位を得、1975 年に AOC に指名された。豊潤でフルーティーな赤ワインは、その品質を数年の間良く保つが、それより長期の保存は利かない。約 55,000hl の原産地名称ワインを生産する 1,000ha 以上のブドウ畑がある。

　主要なブドウ品種は、ネグレット（négrette）種である。この局地的なブドウ品種は、土壌の選択性を多少有するが、ここの土壌に良く適合している。それは正しい生長速度を得るために株に接ぎ木され、ワインの純粋性が確保される。ガメイ種、カベルネ・ソーヴィニオン種、マルベック種、シラー種も同様にブドウの木株選択において主役を演ずる。

　ワイン生産地区は、この地点では非常に短い側方支流によって、ほんの部分的に開析されたタルン川の上部河岸段丘中にある。河岸段丘は階段状に上昇し、最低位の段丘は極めて容易に識別できる。すべての段丘は、自身に由来するシルト層に覆われる。このシルト層はそれが最初に堆積して以来進化し、地域的な名称で知られる "boulbéne" 型土壌になっている。この名称は、ウルム氷期の間に起こった特別に効率的なポドゾル化作用によって形成されたシルト質土壌に適用されている。土壌断面において、最初に無色の層準が、次に蓄積された土層、多少赤みを帯びた粘土、最後に深さ 80cm から 150cm の間にブドウの根が発達するための赤色礫層が認められる。全体のシーケンスは、低富裕度、適度の深さ、排水性の良さを兼ね備え、良くバランスが取れた水の補給を確実にする土壌となっている。

　気候も、9 月と 10 月は一般に晴れて、暖かく乾燥した南東の風が吹くという更なる利益をブドウ畑に与えている。

旅行案内

　Montauban 町から A20 道路を南に向かって走り Compsas 十字路まで行く。D94 道路に入り Compsas 村、それから Fabas 村に着く。そこから真っ直ぐ**フロントン**村に行くか、あるいはその前に曲がって D29 道路に入り Villaudric 村に行く。この 2 つの村には協同組合ワイン貯蔵所があり、また**フロントン**村には、特定大農園のワイン販売代理店がある。

　道路沿いには、中間河岸段丘（リス氷期）の上と、上部の河岸段丘に由来する礫質土壌クリープに覆われた低い円味を帯びた丘の上に魅力的なブドウ畑が見られる。風景は開放的である。旅行ルートが狭い川と交わる所では、西に面する斜面が時に沖積堆積物の断面を見せてくれる。シルト層平野より多少盛り上がっている礫層の露頭は、必ずしもブドウ栽培に適していないことに注意しよう。礫層の露頭はまた、珪岩および石英の大型石器（後

期アシュール文化）と石英礫の小型石器（早期ムステリアン文化）を豊富に産出する。これらの石器は Montauban 町と Toulouse 市の博物館で展示されている。

　Villaudric 村から Toulouse 市への道は、D63 道路および D4 道路経由で Bouloc 村まで行く。そこから先はスタンピアン期モラッセ層を覆う褐色非溶脱土壌の平坦な風景が続き、品質の良いワインを生み出すような環境はない。

参考文献
地質学
Guide géologique Aquitaine Occidentale (1975)（西アキテーヌ地質案内）by M. Vigneaux et al., Masson, Paris.（とくに tour 4, 5, 6 を見よ）

Guide géologique Aquitaine Orientale (1977)（東アキテーヌ地質案内）by B. Géze and A. Cavaillé, Masson, Paris.（とくに tour 1, 7, 8, 10 を見よ）

ワイン醸造学
B オード I J. (1977) Le vin de Cahors (Cahors のワイン), Cave Coop. de Pamac Lezech, 2nd edition.

Beauroy J. (1965) Aspects de l'ancien vignoble et du commerce du vin de Bergerac du XIVe au Xville siècles（14 世紀から 18 世紀にわたる Bergerac の古ブドウ畑とワイン取引の外観）Tronto University.

Cavaillé A. and Leclair P. (1981) Rapport de delimitation de l'AOC Cahors (Cahor AOC の境界に関する報告), INAO publication.

Got A. (1949) Monbazillac. Edit. Aquitaine, Bordeaux.

Jouanel A. (1951) Bergerac et la Hollande (Bergerac とオランダ), Imperimerie Trillant et Compagnie, Bergerac.

Paloc J. (1980) Le Bergercois et ses vins (Begerac 地方とそのワイン), INAO Bulletin.

13　ボルドー地方　*Bordelais*

　ローマ人はボルドー地方のワインを非常に高く評価したけれども、英国法時代の初期12世紀には不評に落ち込んだと思われる。最初の地方税の例としてPoitou地方を引用したJohn Lackland王の布告（1119年）には、ボルドー地方のワインについて述べられていない。しかし、その名声は、Henry Plantagenet（英国王ヘンリー三世）の支持によって13世紀に回復され、14世紀、ワイン輸入量の9割を積んだ1,000隻の船が英国に向かって航海した時に最高に達した。これが、英国人が所有していたフランスの土地を失った後も、アキテーヌ地方が2世紀もの長い間英国王に忠誠を示した理由であった。

　ボルドーのワインは、2つの方法で特別の保護を受けていた。その第1は、ドルドーニュ川地域（**ベルジュラック**地区）を除く後背地からのワイン輸送禁止令で、17世紀まで続けられた。第2は、例えブドウに適した土地でさえも適用された**メドック**（Médoc）地区など一定の地域における栽培禁止令の存在であった。それはボルドーワインが最終的に世界的な名声を得た18、19世紀まで存続した。

13.1　ブドウと土壌

地質

　ボルドー地方のブドウ畑はAquitaineベーズンの北西部において、100,000haの面積を占め、年間500万hlのワインを生産する。このワイン生産地域は、主としてその赤ワインで有名であるが、それは地表面積の約60%から生産されている。

　最良のブドウ畑は丘陵斜面とジロンド川河口およびドルドーニュ川とガロンヌ川下流に沿う沖積河岸段丘の標高約150〜120mに分布し、稍低品質のブドウ畑が、標高5〜10mの谷低斜面に存在する。

　ボルドー地方のブドウ畑の地質は、特別に変化に富むわけでなく、例外なく第三紀層および第四紀層に属する。これらの地層の北にはAquitaineベーズンの境界をなすCharente地域のジュラ紀層と白亜紀層が分布する。ボルドー地方の主要な岩相は、始新世および漸新世の泥灰岩、モラッセ、石灰岩で、しばしばシルト層に覆われた鮮新世−第四紀の礫質および砂質沖積層を伴う。

　主要なワイン生産地域は、北から南および東から西へ、次に述べる地質的下層によって概略的に特徴付けられる。

　プレミア・コート・ド・ブライ（Premières Côtes de Blaye）地区は、良質の赤ワインを生産し、ジロンド川河口右岸、**ボルドー**（Bordeaux）市の北東約5kmに位置する。下に横たわる地層は始新世の主として泥灰岩と海成、時に汽水−潟および湖沼起源の石灰岩からなり、河口に垂直な軸を持つBlaye-Listrac背斜の東部に属する。

上記地区の南にある Côtes de Bourg 地区は、アキテーヌ地方が英国に支配されていた時代に名声を得ていた非常に魅力的な赤ワインを産出する。ルペリアン期のウニ類石灰岩が分布するブドウ畑の斜面は一般に鮮新世と考えられる砂質マトリックスの礫層に覆われ、さらに第四紀シルト層に覆われている。

サン＝テミリオン地区は、ドルドーニュ川の右岸**リブルヌ**（Libourne）市の東にあり、Médoc の名声に対抗する赤ワインを生産する。この地区は真に均質ではないが、石灰質またはモラッセ質の漸新世層の非常に広範な分布は、地区の変化に富む土壌の共通性質の原因となっていると考えられる。風化と地表条件は土壌型の広い変化に貢献している。

サン＝テミリオン地区に隣接する**ポムロール**（Pomerol）地区は、同様に非常に有名な赤ワインを産出する。ここでは漸新世の堆積物は第四紀の礫質沖積層に覆われているが、沖積層の厚さは場所によって稍薄くドルドーニュ川あるいはその右岸の支流からもたらされたものである。

北のドルドーニュ川と南のガロンヌ川の間にあるという事実からきた少し紛らわしい名前の**アントル＝ドゥ＝メール**（Entre-Deux-Mers）地区は、辛口白ワインの大きな産地の 1 つである。その地質はかなり変化に富み、漸新世および中新世の湖沼成石灰岩、モラッセ、砂岩などの主として陸成相および潟成相からなる。Entre-Deux-Mers 礫質粘土からなる厚さ数 m の表層が、地区のすべての部分に一般的に分布する。

アントル＝ドゥ＝メール地区の南には、**サント＝クロワ＝デュ＝モン**（Sainte-Croix-du-Mont）および**ルピアック**（Loupiac）地区があり、ここでは有名な甘口の豊かな白ワインを生産している。ブドウ畑の斜面は、中新世の石灰岩、砂岩、モラッセ、泥灰岩上の礫質粘土に覆われている。これらは所によって川面より 100m 上昇しているガロンヌ川右岸を形成している。

Langon 市と**ボルドー**市の間のガロンヌ川左岸には幾つかの大きなワイン生産地区がある。上流の**ソーテルヌ**（Sauternes）台地は有名な豊かな甘口白ワインを産し、その礫質土壌は古期河岸段丘に由来し、中新世の牡蠣に富む泥灰岩の上に載っている。その約 10km 下流にある**バルサック**（Barsac）地区は同様に優れた甘口の豊かな白ワインを産し、そこでは強いカルスト地形を示す漸新世の石灰岩が僅かに礫を含む粘土質赤色砂層に覆われている。**グラーブ**（Graves）地区は更にずっと下流の**ボルドー**市の入り口まで伸びている。この地区もまた高品質の赤および白ワインを産し、その中の幾つかは偉大なボルドーワインの"クリュ"に格付けされている。土壌は一般にガロンヌ川の第四紀河岸段丘起源の礫を多量に含み、下層は漸新世層（ウニ類石灰岩）または中新世層（Falun 層－ボルドー地方の貝殻を含む砂層）である。

メドック地区はジロンド川の左岸に沿った細長い形をしており、その有名な赤ワインはボルドーワインの名声に重要な貢献をしてきた。**メドック**ワイン生産地区の土壌を支配する地質的事象は、第四紀礫質河岸段丘の極めて良好な発達であり、しばしば厚さ 10m 以上に達する。段丘層は始新世の泥灰岩および石灰岩（Blaye-Listrac 背斜構造によって地

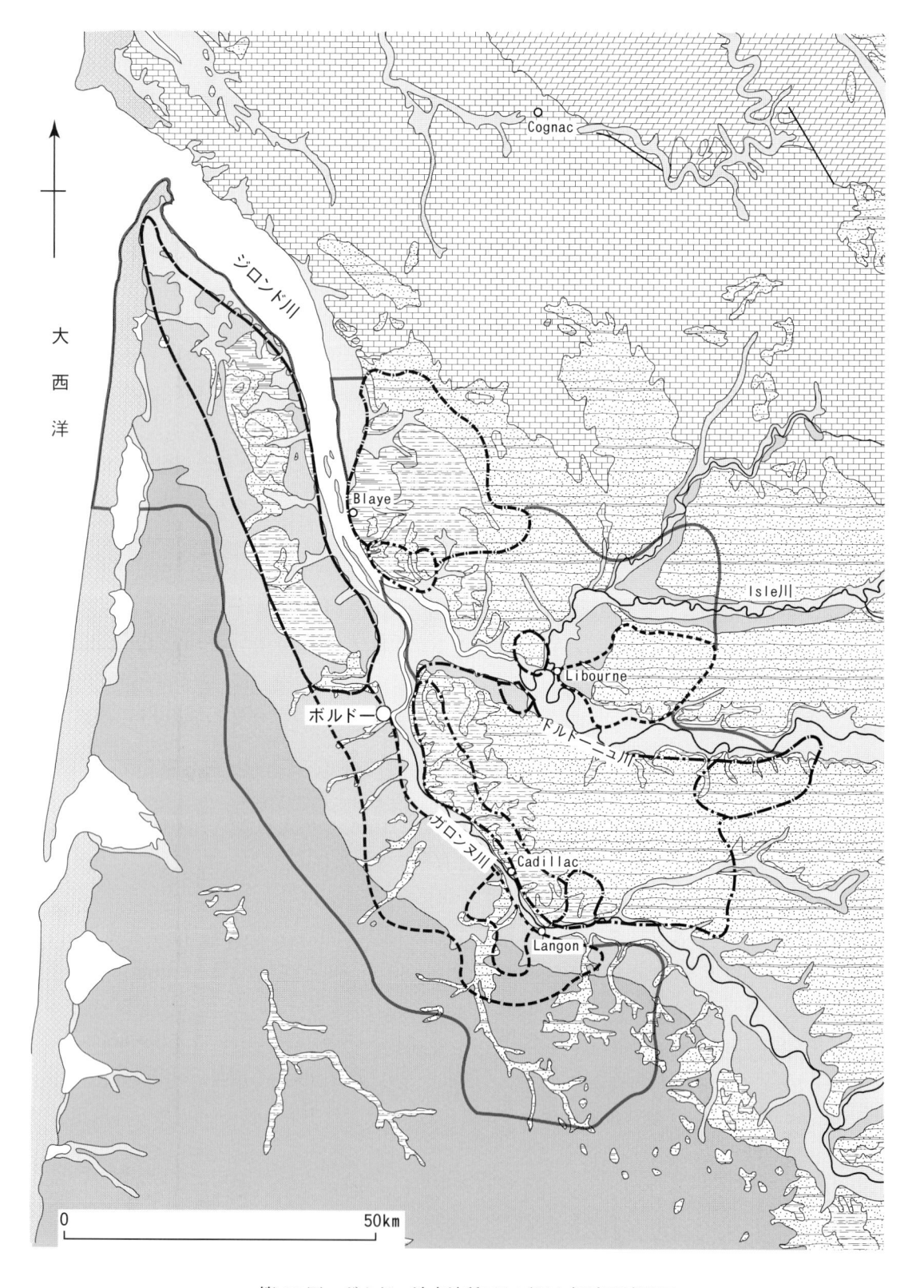

第69図　ボルドー地方地質図とブドウ畑地区境界図

表近くにもたらされている場合）または漸新世の礁成または近礁成ウニ類石灰岩を覆っている。ワイン産地の西側は、森に覆われた Landes 地塊北部連続帯の広大な針葉樹林を支える第四紀風食砂からなる Landes 砂層に取り囲まれている。

土壌と気候

　一般に下に横たわる地質の性質が、ボルドー地方のワインの品質に明確な影響を与えているようには見えない。最良の赤ワインを産出するブドウ畑は、第四紀河岸段丘の礫および砂、ウニ類石灰岩、粘土質岩など多様な原岩の上にブドウを生長させている。反対に同じ原岩は、このワイン産地の中で明確に品質の異なるワインを生じている。

　土壌は一般に腐植土および溶解性陽イオンに極めて乏しいが、低陽イオン交換容量は吸着錯体が容易に飽和することを意味し、従って強い酸性土壌が稀に見出される。根は相当な深さまで生長するが、少なくとも多くの制限要素の1つが一般に存在するために、鉱物成分を上方へ吸い上げる能力に乏しい。窒素またはマグネシウムの不足が存在すことがあり、後者はカリウム反対添加（過剰肥料添加）によって多分悪化する。いずれにしても、もし生産を大きく拡大するために土壌を過剰に肥沃化しないならば、これらの化学的性質はワインの品質に実際の影響はほとんどない。

　実際にボルドー地方の平均気温および日照時間は、大量の高品質ワインを生産するのに

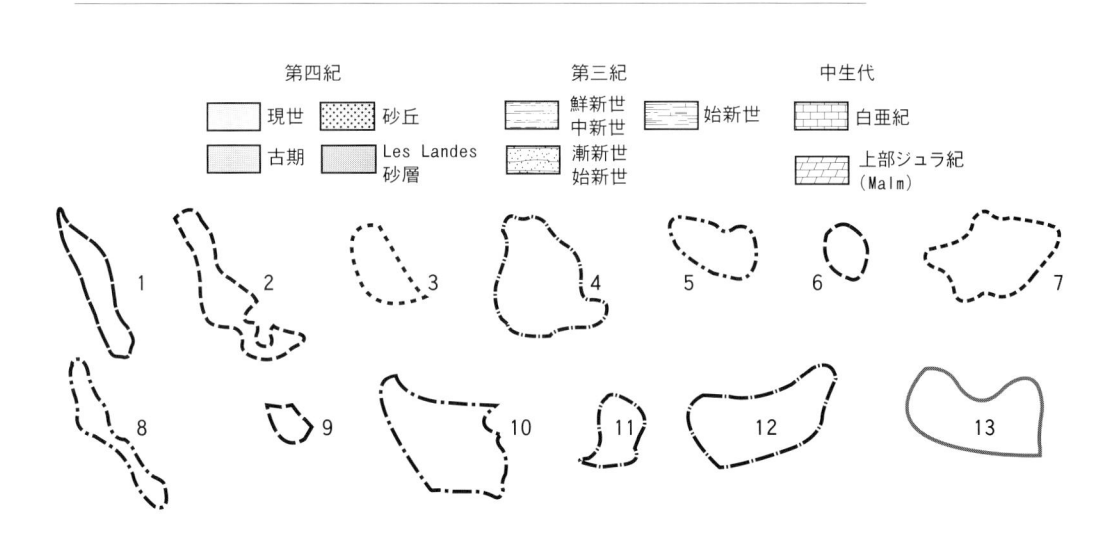

第69図　凡例
1 メドック地区　2 グラーブ地区　3 ソーテルヌ－バルサック－ Cérons 地区
4 コート・ド・ブライ地区　5 Côtes de Bourg 地区　6 コート・ド・フロンサック地区
7 サン＝テミリオン－ポムロール地区
8 Premières Côtes de Bordeaux －サント＝クロワ＝デュ＝モン－ルピアック地区
9 グラーブ・ド・ヴェイル地区　10 アントル＝ドゥ＝メール地区
11 Côtes de Bordeaux － Sainte-Macaire 地区　12 Saint-Foy Bordeaux 地区
13 Bordeaux 産地名地区

不適当である。この気候条件は良く色づき、アロマと味わいのあるものを限られた量だけ生産するのに丁度良く、これらの性質はもし生産を著しく増加させた時には薄まるか破壊されると思われる。

何が品質を決定するかについてより良い考えを得るために、我々は土壌が作られた経過、土壌の構造、空隙率、透水率など土壌の物理的性質、およびこれらすべてのブドウの根の生長と水の吸い上げに対する効果を検査することが必要である。

ブドウが水を吸い上げる早さはワインの品質に最大の影響を与えると考えられる。何故ならそれは生産と品質に影響する大部分の要素によって支配されるからである。これら要素には、地質学的および岩石的学的要素（地層と土壌の性質と構造）、立地土壌学的要素（地形、地下水面、使用可能な水貯蔵量、透水率、構造、根の生長など）、気候学的要素（降雨と日照効果、蒸発ポテンシャルにおける気温と相対的湿度すなわち"気候上の要求"）、生物学的要素（ブドウの品種およびブドウの株）、人間的要素（土壌モデル、排水、とくに植樹の密度と大きさ、訓練、枝打ち、土壌保持技術などのブドウ栽培法、）が含まれる。

生長サイクルの早い段階においては水を吸い上げる良い条件がなければならないけれども、ブドウが成熟する段階においては水供給の減少が、生産量を調整し、ブドウに素晴らしい香、優れた色、低い酸味を与えるなど赤ワインの品質に重要な意味を持つことが示されてきた。

主要な農園の大部分は、長引く干ばつあるいは過剰な雨の効果を相殺するために、根の生長深さ、土壌の透水率、自然あるいは人工的な排水などを調節する方法を有している。この方法で、夏の気候条件が極端な場合でも品質の良いワインを作ることが可能である。

ブドウの品種

ブドウの株の選択はワインの品質上同様に重要であり、このことは厳密に規制される。

ワインの生産は、少数のブドウ品種を中心に行われる。赤ワインの主要品種はカベルネ・フラン種、カベルネ・ソーヴィニオン種、メルロー種のほかコット（cot）種およびプチ・ヴェルドー（petit verdot）種である。白ワイン品種はセミヨン（sémillon）種のほかソーヴィニオン種、マスカテル種、ユニ・ブラン（ugni blanc）種である。これらの品種は、ワイン製造における適合性ばかりでなく、栽培上の特性（強さ、豊かさ、生産性、成熟期、うどん粉病に対する耐性など）においても傑出している。

赤ワイン品種

カベルネ・フラン種、カベルネ・ソーヴィニオン種、メルロー種の間には、ある種の形態的、感覚的類似性が存在する。これらはいろいろの地域でワインを作るために種々の割合で混ぜられる。その場合、それぞれの特色が互いに補い合い独特のハーモニーを作り出す。

カベルネ・フラン種は、ロワール地方からピレネー地方にいたる西部ブドウ栽培地域に

広く普及している。この地域ではカベルネ・フラン種のブドウから、かなりフルボディーであるが柔軟で優れたブーケを持ったワインが作られている。ボルドー地方ではこの品種は主として**リブルヌ**地域で栽培されている。

カベルネ・ソーヴィニオン種からは、特徴あるアロマを有しフルボディーで深い色のワインができる。このワインはタンニンに富むが、年を経るに従って柔らかになるとともにめざましいブーケを発するようになる。このブドウは**メドック**地区の主要品種である。

メルロー種は、春の雨によって花粉が洗い流され易いため、収穫量が他の品種に比較して稍不安定である。この品種のブドウは、カベルネ種と組み合わせて用いられ、アルコール度が高いが柔らかなワインが作られる。メルロー種は、ボルドー地方を通じて最も一般的な品種である。

プチ・ヴェルドー（petit verdot）種は前述の3品種に比較して、生産性が低く収穫期も遅いが、タンニンの豊かな深い色のワインが作られる。この品種はあまり広く栽培されていずとくに**メドック**地区では少ない。

コット種（またはマルベック種）は赤ワイン品種の中で最も早期に収穫される品種である。その生産量は予測しにくい。何故ならこの品種はあまりにも花粉損失が起きやすいからである。これから作られるワインは高貴な色を持ち、柔らかであるが、あまりアロマは強くない。コット種は全体の品種の中では、ほんの小さな部分を占めるに過ぎない。

白ワイン品種

セミヨン種は白ワインブドウ畑では、基本的に選択される品種である。この品種はアルコール度が高く酸味が少ないが、アロマのないワインを作る。しかし、ある条件では'貴腐'化してソーテルヌ（Sauternes）ワインのような豊かな甘味ワイン（リカルー "liquoreux"）ができるという特徴を有する。一方この品種は辛口の白ワインを作るにはあまり適さない。

ソーヴィニオン種は生産性は低いが他の白ワイン種と混合して、フルボディーで、アロマのある辛口またはリカルー型の高級なワインが作られる。

マスカテル種は、ソーヴィニオン種から作られたワインに比較して繊細さに欠けるが稍アロマのあるワインを作る。この品種のブドウは低い比率で他の品種のブドウと組み合わされる。

ユニ・ブラン種は、事実上シャラント県に限られて栽培される品種で、蒸留してコニャックを製造するためのワインが作られる。ジロンド川地域ではソーヴィニオン種と混ぜて辛口白ワインを作っている。この組み合わせによってワインのアロマが増す。

コロンバード（colombard）種は、現在は衰退している古い品種であるが、ジロンド川右岸（**ブライ**および Bourges 地区）ではなお白ワインブドウ畑でしばしば見ることができる。

ボルドー地方全体としてブドウ品種の分布状態を見ると、赤ワインの4分の3以上を3

つの型のブドウが作り、白ワインの半分以上を1つの品種のブドウが作っている。なお強調すべき事は、多くのボルドーワイン、とくに赤ワインは、組み合わせる品種の割合を栽培地域の間で大きく変化させて作っていることである。このことは、たとい如何に含まれる量は少なくとも、重要でないと考えられる品種が最終産物の品質に重要な貢献をすることができることを意味する。

　ブドウの株選定が我々が今日見るように比較的均一になったのは、ごく最近のことである。フランスのブドウ畑が前世紀末にネアブラムシに襲撃される前には、遙かに多くの品種の株が存在した。再建の利害関係において、ワインを作るのには良くても大きな栽培上の問題を抱えた品種は、除外された。

　多くの他の要素がそのブドウの木への効果によって、直接または間接に最終的なブドウの品質に貢献する。これらの要素として、土壌、微気候、根株、ブドウ栽培法が含まれる。これらの問題において、ブドウ栽培者の期待される行動は、伝統によって次第に確立され、科学は起こった過程をいつも説明できてはいない。

　また、ブドウの品質とワインの品質の関係は不完全にしか理解できていないということは真実であるので、ブドウ栽培者の醸造学上のノーハウは、ワイン製造とその引き続く発展において重要な役割を演じ続けている。

13.2　旅行案内
13.2.1　サン＝テミリオン地区－ポムロール地区

　この旅行の主な目的は**サン＝テミリオン**地区と**ポムロール**地区の土壌下の地層について学ぶことである。我々は**アントル＝ドゥ＝メール**地区の北部を通って**ボルドー市**へ戻る。

　我々が遭遇する最も古い地層は、漸新世の基底層（下部ルペリアン期層）であるが、その上のルペリアン期層、下部中新統、第四紀シルト層に覆われた鮮新統（？）も見ることになる。

　サン＝テミリオン地区と**ポムロール**地区は、その個性をそこに見出される非常に多様な地層から得ている。この多様性は、肥沃成分にはそれほど反映されず、組織、構造、水保持力などのような土壌の物理的特性に影響を及ぼしている。ブドウ畑ごとに明らかなこれらの違いは、地形および原岩の性質に関係している。**サン＝テミリオン**地区と**ポムロール**地区の限られた範囲において、少なくとも次の5つの土壌型を同定することが可能である。

○一般に石灰質でFronsacモラッセ層（下部ルペリアン期層）上に形成された粘土－砂質土壌。
○レンジナから導かれたウニ類石灰岩（ルペリアン期）上の浅い土壌で、根は深さ数10cm以上深く発達しないが、優れた安定性を与える生長構造を促進するカルシウムが豊富に存在する。
○Isle沖積層の礫と砂から形成されたなだらかな丘陵上の土壌で、ブドウは根を深く下ろすことができる。

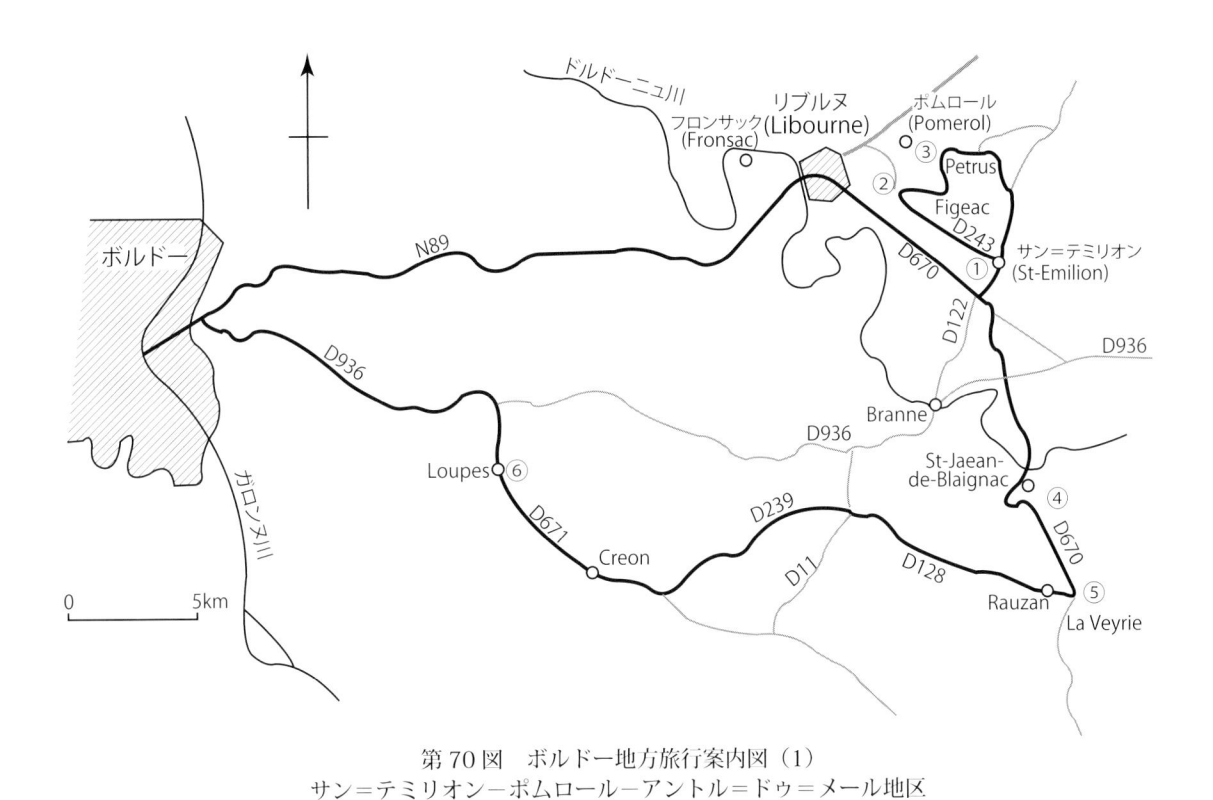

第70図　ボルドー地方旅行案内図（1）
サン＝テミリオン－ポムロール－アントル＝ドゥ＝メール地区

○同様な地質的起源を持った砂質土壌であるが礫を伴わない。この型の土壌では根の発達が時に高い地下水面によって抑制される。
○非常に粘土質の構造を持った土壌で、とくに**ポムロール**地区に産する。ここでは2μm以下の粒子の割合が非常に大きいので一見して指定原産地に含まれているのか疑いを持つかもしれない。しかし実際にはこの型の土壌のブドウ畑から、現在非常に優れた品質のワインを生産している。

　以上のようにこの地区の最も有名なブドウ畑は、変化に富んだ地層に由来する非常に多種の土壌上に位置している。これらのブドウ畑は良い、非常に良い、そして実に非常に優れた品質のワインを生産している。

　この地区の多くの地点で行われた気象測定によって、ワインのランク付けを説明できる好適な地域気候を明らかにすることはできなかった。しかし、モラッセ、第三紀石灰岩（Château Ausone）、第四紀沖積層（砂質礫およびその下の粘土）（Château Cheval Blanc、Château Pétrus）上のブドウに対する水供給を規制する機構の存在を示す事は可能となった。それにも拘わらず、このような微気候に対する水理学的方法は、その結果からワインのタイプの違いを説明するのに十分とは言えない。

　サン＝テミリオン地区に行くために、**ボルドー**市を出発し、N89道路を北東方向に**リブルヌ**町に向かって行く（第70図）。道路は丘の斜面あるいはCenonの崖を登る。市の

北への突出部は、垂直変位を有する実在断層に関係する。この崖は石灰岩によるもので、この石灰岩はガロンヌ川を越えて東南方の Réole 町、ガロンヌ川右岸の主な支流の 1 つであるドルドーニュ川の東の川岸まで良く見渡せる多くの崖を形成している。崖はルペリアン期の海進を示すウニ類石灰岩からなる。海抜 60 〜 80m の高さを有し Entre-Deux-Mers 台地の西部を形成するこの台地には、石灰岩以外の露頭は認められないが、実際には厚さ 30m の "Entre-Deux-Mers 礫質粘土および砂層" の下に隠されている。この断面はこの旅行の終わりに観察される。Beychac et Cailloau 町を越えて数 km 行くと、Graves de Vayeres という産地名のワインを産するドルドーニュ川の古期河岸段丘に到着する。

そこで土地は著しく低まり、**リブルヌ**町の入り口で我々はドルドーニュ川の現世沖積層に入る。この洪水平野は牧草地になっている。そこには、排水がある程度良い堤防上に位置する所々の地点を除いてブドウ畑は無い。これらの霜で裂けた低い地域では、産地名を授与されることがない毎日飲むためのワインを作っている。

地区のワイン取引の中心である**リブルヌ**町を過ぎ、道を D243 に取って東に向かい Saint-Emilion 坂の下に着く。

ルートはブドウ畑の中を通って行く。道の左側のブドウ畑は、上方にある地層からの明らかな崩積堆積作用によって形成された土壌の長所に基づいて Saint-Emilion の産地名を獲得している。これと同型の土壌が**サン＝テミリオン**地区自身に見出されている。

Grand-Bigaroux シャトーを過ぎると、D243 道路が沿って走る谷川の向低線は、主としてウニ類石灰岩からなる漸新統の厚さに関する情報を与えてくれる。**サン＝テミリオン**町はこの地層の上に立っている。インターフルーヴ（interfluves －同じ排水システムに属する 2 河川間の高地）は、砂質でブドウ栽培に好適である。というのは、良品質のブドウ畑にとって非常に基本的な良好な排水を地形が与えるからである。

サン＝テミリオン町の南西方 La Gaffelière シャトーと La Magdelaine シャトーの近く①では（第 70 図）、分水嶺の頂部の下のケスタに注意すべきである。2 つの断面を見てみよう。これらの断面を登る道は、粘土－砂－石灰岩を伴うモラッセあるいはその崩積堆積物の上にある La Magdelaine シャトーのブドウ畑を通っている。これは、ここから西へ 10km 程の**フロンサック**（Fronsac）地区の名を取った Fronsac モラッセとして知られたものであり、モラッセ砂岩あるいは地域によって通常砂質粘土の厚い縞からなる陸成層である。**サン＝テミリオン**町の西数 km にある Saillans 村では粘土の厚さが 30m に達する。

ブドウ畑の最も高い地点の斜面では、5 から 6m の露頭があり正にこの地層の上部を示している（断面 A、第 71 図）。このモラッセ層からウニ類石灰岩への遷移点は容易に見ることができないが、次の東に面する断面でより明らかに見ることができる。ここでは早期漸新世帯緑色粘土または泥灰岩のおおよそ 0.80 〜 1m の層が上に横たわる 3m のウニ類石灰岩へ遷移しているのが認められ（断面 B、第 71 図）、その存在は全地域を通じてウニ類石灰岩の基底を完全に示す多くの泉によって更に強調される。この層準は**サン＝テミリオン**町自身でも Médaille 水源地および Jacobins の井戸で産出する。ウニ類石灰岩は

実際上漸新世海進の最高点に一致する。この地層は海抜60〜80mにおいて25mの厚さで出現する。

一枚岩の教会（9〜12世紀）とSaint-Emilionカタコンベは、この地層を掘り抜いて作られている。生の岩石を切り込んだこの例外的な教会は、訪問する価値があり、この石

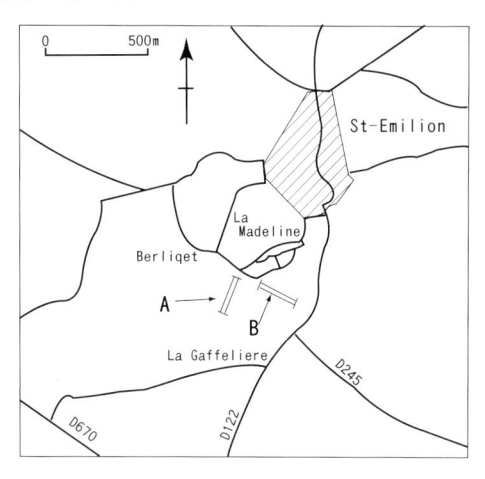

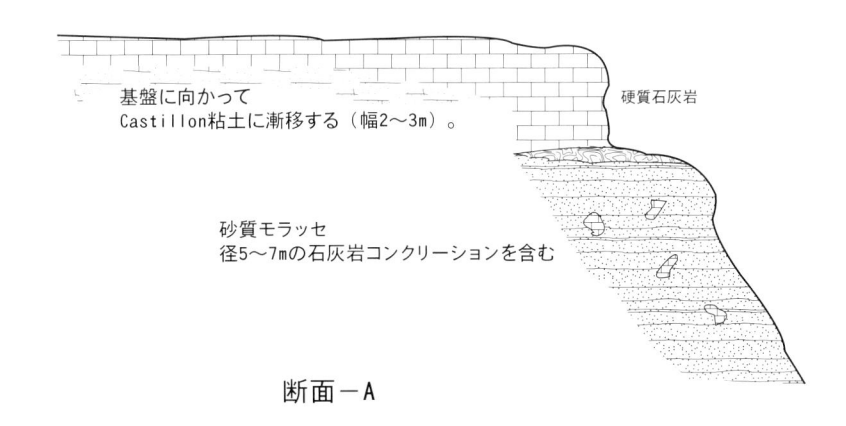

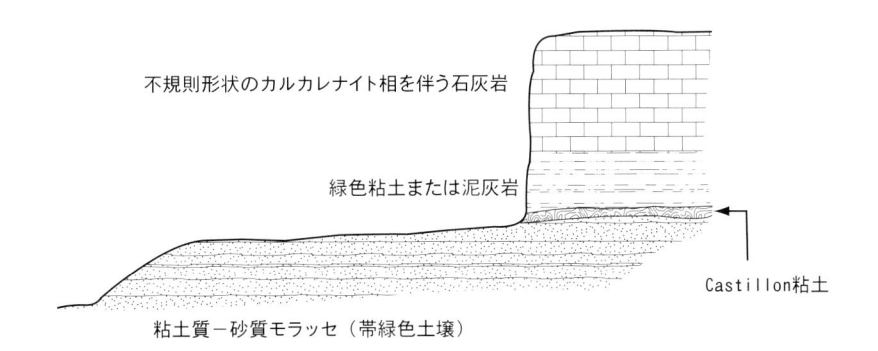

断面－A

基盤に向かって
Castillon粘土に漸移する（幅2〜3m）。

硬質石灰岩

砂質モラッセ
径5〜7mの石灰岩コンクリーションを含む

断面－B

不規則形状のカルカレナイト相を伴う石灰岩

緑色粘土または泥灰岩

Castillon粘土

粘土質－砂質モラッセ（帯緑色土壌）

第71図　サン＝テミリオン地区露頭断面図

灰岩層が如何に厚いかを認識することができる。この３つの身廊がある一枚岩の教会は、長さ 32m、幅 15m、高さ 16m の規模を有する。

　当然この石灰岩層は建築物として開発されている。現在地下採石場は、年間を通じて問題にすべき温度変化がないので、一部ワイン樽貯蔵用として用いられている。

　サン＝テミリオン町から D243 道路を逆戻りし**ポムロール**村に向かって走ると、Figeac シャトー②に達する。

　この有名なブドウ畑は**ポムロール**村と**サン＝テミリオン**町の中間にあり、古期 Isele 沖積層の下部河岸段丘の腕から来た礫質土壌からなる下層上に位置する。この沖積層は有名なすべての**ポムロール**ブドウ畑の本拠地である。この場所の地形を心にとめれば、ここも同様に Saint-Emilion 台地からの崩積堆積物の貯蔵場所となることが可能であることが判る。約 2km 進むと Pomerol クリュ最高のブドウ畑、Petrus シャトー③に到着する。

　このブドウ畑は古期 Isele 沖積層上にあり、従って土壌は礫質であるが、層の厚さは 0.30m に過ぎず根の深さを制限する粘土型の土層を伴っている。このことは生産の制限を意味するが、同時に品質の制限をも意味する。下に横たわる青色およびチョコレート色の粘土は、河岸段丘およびその下にある Fronsac モラッセの部分的な変質と考えられる。

　サン＝テミリオン町を訪問し、ドルドーニュ川越しのパノラマと左岸の景色を賞賛する。旅行は更に続けられ、**サン＝テミリオン**町を出発、D122 道路および D670 道路を進み、Saint-Jean-de-Blaignac 村④に到着する。

　この村はドルドーニュ川の川岸にあり、非対称な谷に注意すべきである。ここで前に観察したと同じ地層の断面が再び示され、Fronsac モラッセの厚さが判る。また、その上を覆うウニ類石灰岩とこれを覆いブドウ畑に使われている土壌も認められる。この土壌はウニ類石灰岩の脱炭酸塩化作用による粘土と、更に先で見られる鮮新世堆積物との混合物と考えられる。

　D670 道路を Villesèque 村まで行き、ここから Blasimon 村に向かって進むと La Veyrie と呼ばれる所⑤に着く。そこには小さな丸い山があり、ここを基底として上位に向かって次の地層を観察できる。

○石灰岩片の濃集した粘土
○ウニ類石灰岩の側方対応物と見られる Fronsac 型に類似したモラッセ
○ヒラマキガイを含む粘土を伴う灰色湖沼成石灰岩

　これらは上部漸新統の最上位の層準である。

　ボルドー市に戻る途中 D671 道路に沿った Loupes 村⑥において鮮新統を観察する。第 72 図の露頭断面は、鮮

第 72 図　Loupes 村鮮新統露頭図

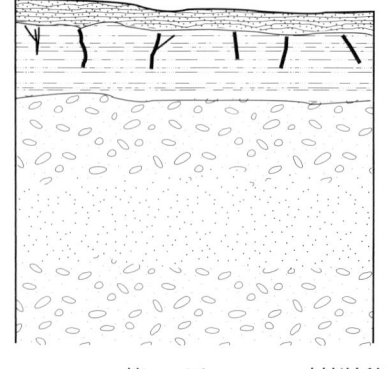

ローム層（10〜50cm）
根の成長（鉄還元）
砂質、礫質、ベージュ褐色、赤色化粘土

礫層

砂層

礫層

新世砂・礫層および表層の構成物とその厚さを示している。表層は第四紀シルト層で風成と考えられ、厚さ 0.10〜0.50m である。**アントル＝ドゥ＝メール**地区ではこの第四紀層の厚さが増大する。

キャノン・フロンサック（Canon Fronsac）村および**フロンサック**村のブドウ畑は、**リブルヌ**市の西、ドルドーニュ川とアイル川の合流点近くに分布し、後者が 2 つの村のブドウ畑を**サン＝テミリオン**地区および**ポムロール**地区から分離している。これらのブドウ畑は一部ウニ類石灰岩上にあるが、大部分は漸新世 Fronsac モラッセ上に分布し、高品質の赤ワインを生産している。その中のあるものは、**サン＝テミリオン**地区のワインと多くの共通点を持っている。

この地区の南方、ドルドーニュ川右岸の古期河岸段丘上に Graves de Vayres 産地名のブドウ畑が分布し、これは**アントル＝ドゥ＝メール**地区のブドウ畑と全く異なった特性を有する。

13.2.2 アントル＝ドゥ＝メール地区－サント＝クロワ＝デュ＝モン地区－ソーテルヌ地区－バルサック地区－グラーブ地区

次の旅行は Langon 町と**ボルドー**市の間のガロンヌ川両岸地区である。右岸には**アントル＝ドゥ＝メール**地区、Premiè Côtes de Bordeaux 地区、**サント＝クロワ＝デュ＝モン**地区が、左岸には**ソーテルヌ**地区、**バルサック**地区、**グラーブ**地区が分布する。

このルート（第73図）は最初 Saint-Jean 橋を渡って川の右岸に行く。D10 道路が**アントル＝ドゥ＝メール**地区の低い斜面を取り巻く川に沿って走る。層準の重要な相違は、ガロンヌ川両岸の地形に現れる。道路は川の左岸に似た沖積平野に沿って曲がるけれども、同時に Entre-Deux-Mers 台地の下部構造を反映する急斜面を取り巻いている。この標高の差異は Bordeaux 断層として知られる Armorican 方向（NW-SE）を有する走向断層によるものである。

この旅行の最初の部分は、西側の Podensac 向斜と東側の Entre-Deux-Mers 背斜褶曲の間のヒンジ帯上にある。**ボルドー**市と Paillet 村の間の地域では、ルペリアン期のウニ類石灰岩からなる石灰岩の崖は、'がれ'が集中しているため、あまり切り立っていない。この石灰岩は、Langoiran 村と Lestiac 村の下で突然地表に再び現れる。

Rions 村とこれを過ぎた所では、Entre-Deux-Mers 丘の斜面の縁は鮮明でなくなり東の方向に転ずる。ここで我々は Podensac 向斜の東側のペリクリナル帯に入ったことになる。

ウニ類石灰岩はおおよそ船体の形を取ってプランジする。地表の露頭はルペリアン期石灰岩を覆う石灰岩ノジュールを含んだ粘土のみとなる。またそこには大部分が Entre-Deux-Mers 礫質粘土層由来の'がれ'の斜面が存在する。地形的盆地の底部は、Cadillac の町によって占められている。

Cadillac 町からルートは東に転じ、**アントル＝ドゥ＝メール**地区の Mourens 村および Gornac 村を訪ねる。そこでは、漸新統と中新統の境界を観察することができる。ガロン

ヌ川を離れ D11 道路は Entre-Deux-Mers 礫質粘土層からなる丘を登る。

　Gornac 村①と Laurès 村では（第 73 図）、下部中新統の海進地層とその下位の漸新統最上部の地層を見ることができる。

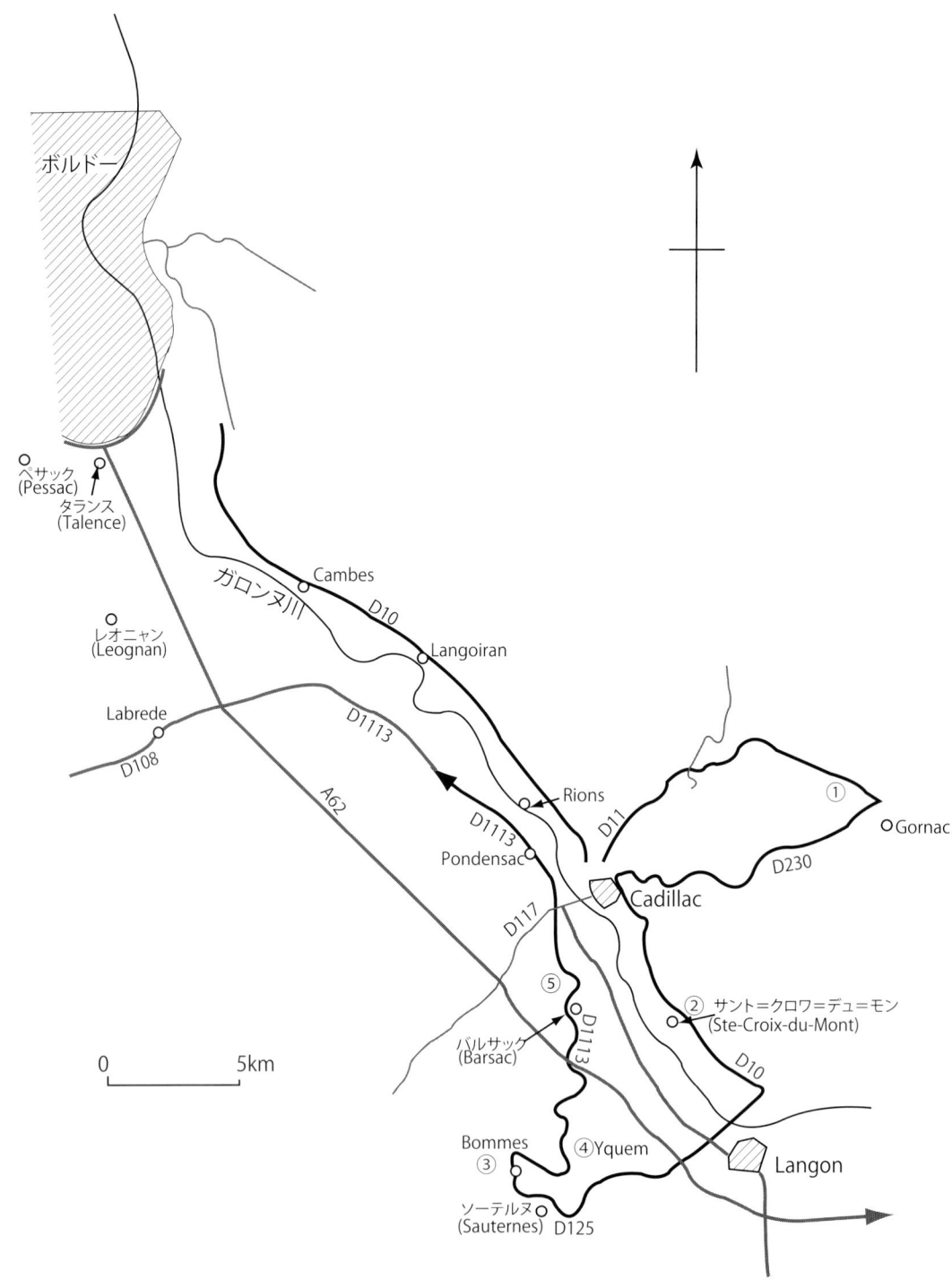

第 73 図　ボルドー地方旅行案内図（2）
アントル＝ドゥ＝メール－サント＝クロワ＝デュ＝モン－バルサック－グラーブ地区

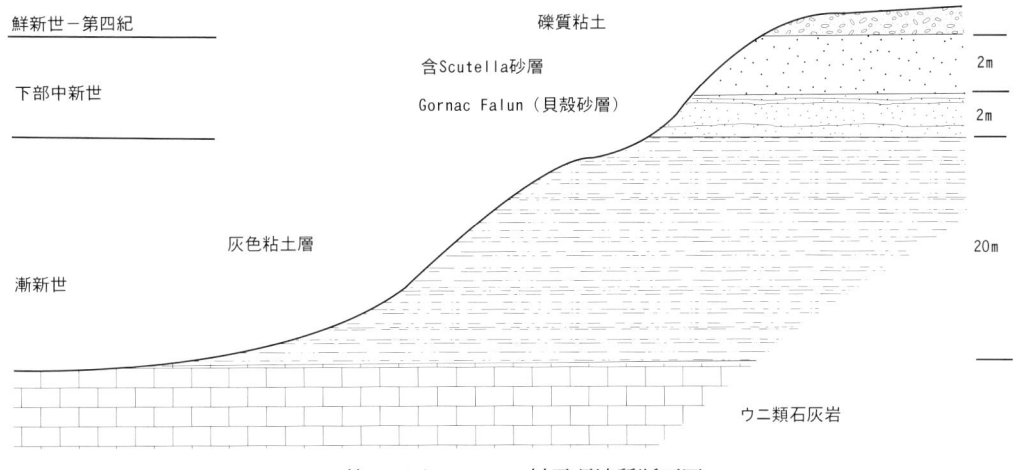

```
鮮新世－第四紀                    礫質粘土
                        含Scutella砂層
                        Gornac Falun（貝殻砂層）
下部中新世                                                       2m
                                                                2m

             灰色粘土層
                                                               20m
漸新世

                                    ウニ類石灰岩
```

第 74 図　Gornac 村露頭地質断面図

　Saint-Pierre-de-Bat 村の方向から行くと、D19 道路沿いに下位から上位に向かって次の地層が見られる。

○海岸環境に特徴的な極めてまばらな有孔虫類微動物相および貝形類を伴う白色泥灰質－砂質石灰岩（漸新統）
○ Chara oogoniums を含む上位層を伴う有孔虫類を欠く灰色粘土層（湖成層）
○上記粘土層を覆う砂質の弱固化石灰岩
○早期中新世を示す貝形類および海岸または汽水棲有孔虫類に富む帯黄褐色含貝殻砂層（Gornac "falun"）
○より強い親海棲生物種を含む未固結砂質石灰岩
○強い海岸流に洗われる沿岸環境を示す有孔虫類、腹足類、棘皮動物、甲殻類、無節サンゴモを伴う最上位の礫質砂質石灰岩。これは Sainte-Croix-du-Mont 台地の帽岩を構成する石灰岩に類似する。

　Gornac 村の露頭が示す地質断面（第 74 図）には漸新世の終末を示す海退事象とそれに引き続く早期中新世の海進運動による 2 つの連続的堆積層が認められる。

　サント＝クロワ＝デュ＝モン村②（第 73 図）の連続的な丘陵斜面では、新生代の地層を詳細に観察することができる。麓ではウニ類石灰岩（漸新世）が、'がれ'によって隠されている。その上の頁岩は石灰岩ノヂュールを含み、この上でブドウが栽培されている。さらに湖沼成石灰岩、potamids（腹足類）および牡蠣を含む粘土質 "falun" と続く。その上の石灰質砂岩は厚さ約 15m、Scutella bonali および Amphiope ovalifera などの化石を含み、かなり大きい砂州を形成している。頂上には Ostrea aquitanca に富む地層が被っている。**サント＝クロワ＝デュ＝モン**村の城と教会の下には、この地層中に牡蠣礁がみいだされる。

　旅行はガロンヌ川の左岸へと移り、始めに有名な甘味の強い白ワイン（アルコール度

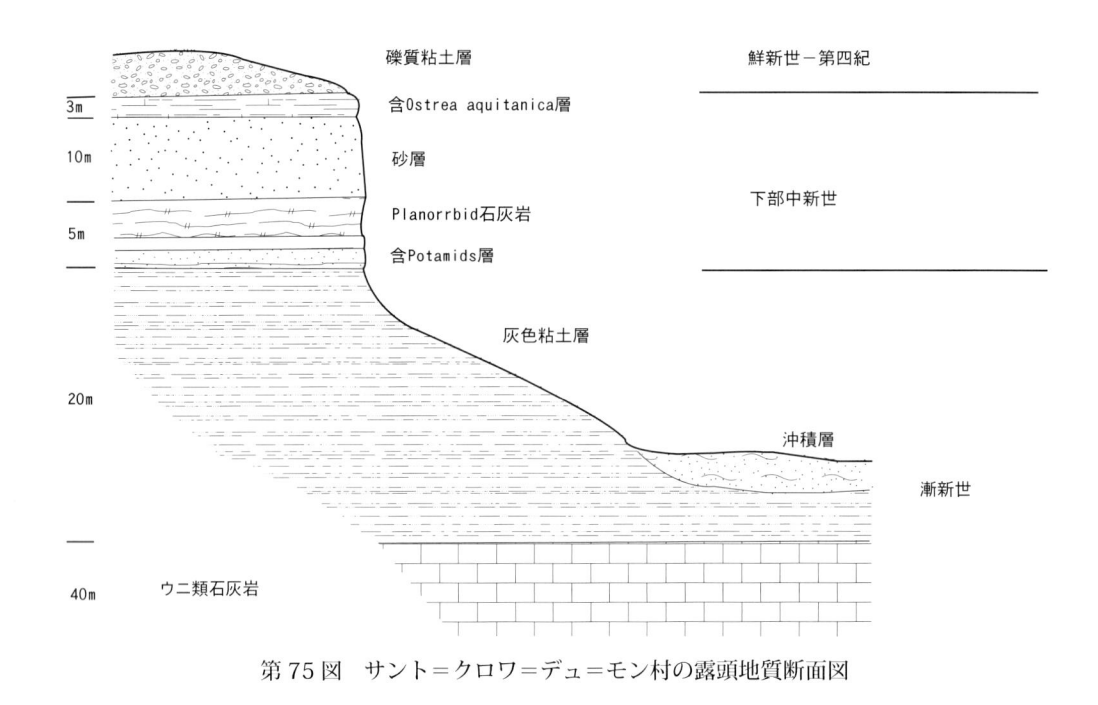

```
            礫質粘土層                   鮮新世−第四紀
 3m  ┄┄┄   含Ostrea aquitanica層
10m
            砂層
                                        下部中新世
 5m         Planorrbid石灰岩
            含Potamids層

            灰色粘土層

20m
                           沖積層
                                        漸新世

40m   ウニ類石灰岩
```

第75図　サント＝クロワ＝デュ＝モン村の露頭地質断面図

15°糖度5°）を作っている**ソーテルヌ**地区を訪れる。

　"グランクリュ"産地の**ソーテルヌ**村、Bommes 村、Fargues 村、Haut-Preignac 村は、ガロンヌ川の第四紀河岸段丘が水と風により浸食された時に形成された礫の少ない丘の上に位置している。深く発達した礫質および砂質土壌はメドック地区に見出されるものに類似する。一般に沖積層は、多分、ガロンヌ川の河岸段丘の下に部分的にある下部中新世の牡蠣泥灰岩に近いために、ここの方がより粘土質である。

　Bommes 採石場③の断面では、古期ガロンヌ川河岸段丘の礫質沖積層を深さ6〜7m まで見ることができる。この堆積物は平均径3〜4cm の礫を高比率で含み、粗粒縞と細粒縞の互層をなす。しばしば斜交層理を示す。採石場最上部に近い所に団塊層があり堆積の不連続を示している。鉄質の膠結物質は土壌化に伴うものである。団塊層準の下には、細粒砂で充たされた楔状割れ目、傾動石など種々の氷河生成物の痕跡が認められる。また、この断面はブドウの木の根が非常に深くまで生長することを明らかに示している。

　我々は**ソーテルヌ**地区で最も有名な"クリュ"である Yquem シャトー④を訪問する。このブドウ畑は、漸新統と中新統の境界部にあるグリット質薄砂層に覆われた粘土および頁岩層からなる丘の上にある。この粘土は不透水性で、水を滞留させる範囲の形成を促進する。これによって全域が排水されなければ窒息を引き起こし、根の発展を脅かす。

　Yquem シャトーでは、ブドウの収穫と醸造は、まだ Sauternes ワインにその特徴と名声を与えた伝統的な方法で行われている。豊かな甘味ワイン（アルコール度15°糖度5°）は、一般的な腐敗の反対で"貴"として記載される形で発生する顕微鏡的な菌類（Botrytis cinerea）によって果汁が強く濃集したブドウから得られる。品質の当たり年に、熟して

いるが、はじけていない実の上に Botrytis cinerea が生長すれば得られる。一方、夏の強烈な雨の後にブドウがはじけると、この場合は通常の腐敗の攻撃が促進される。

実際には、自然の透水性と根の生長深さは、排水のような人工的な方法とともにブドウへの急激な水の襲来をコントロールし、夏の土砂降り後のブドウのはじけを防ぐことができる。

豊かな甘味ワインを産する**バルサック**地区は、円味を帯びた丘と谷の進路の連続を伴う**ソーテルヌ**地区とは対照的に、平らな地形が注目される。

ここのブドウ畑は、ガロンヌ川の古期下部河岸段丘由来の砂質崩積薄層の上に分布する。この砂質崩積薄層は、一般に深さ 0.40〜0.50m、ルペリアン期ウニ類石灰岩からなる強いカルスト地形の台地を覆っている。従って根の生長は地表に近いままで、主として一般に赤色化した珪質砂層に限られている。

La Hourcade-Videau 採石所⑤は、カルスト地形の石灰岩と表層の沖積層との接触部を示している。この沖積層は赤色の僅かに粘土質の砂からなり、直径約 1cm の小礫を含む。また、土壌化を示していると認識できる層準を含まない。

次は、**グラーブ**地区を横切り**ボルドー**市に戻ることにする。この地区は、**ソーテルヌ**地区と**バルサック**地区を除いて、ガロンヌ川の左岸を Langon 町の南西方から**ボルドー**市の北部までを占める（第 69 図）。原産地名が示唆するように、ブドウ畑は、風と流れ出る水によって大規模にその断面に曲がり込んだガロンヌ川礫質砂質河岸段丘（第四紀）上に通常分布する。この段丘堆積物は粗粒で多少不均質な珪質の沖積層で、層厚が変化する。沖積層は、第三系すなわちウニ類石灰岩（ルペリアン期）、粘土、泥灰岩、"falun"（アキテーヌ期およびブルディガル期）を覆う。これら第三系は、沖積層に被覆されないかガロンヌ川の小さな支流に刻み込まれた場合に露出する。

土壌と土層の多様性は、一人が所有する区域内でも見出すことができ、ほとんど確実にこの地区の多くの"クリュ"からそのワインの特徴を示す個性の原因となっている。

地区の南部では"Graves（礫）"層はしばしば薄い砂層あるいはシルト層に覆われている。ここでは、辛口の白ワインとこれより少ないが豊で甘口の白ワインの生産が、赤ワイン（メルロー種優勢）の生産を上回っている。北部の**レオニャン**（Léognan）村と**ペサック**（Pessac）市地域では、Graves 原産地名の"グランクリュ・クラッセー Grands Crus Classés ー"のワインを見出すことができる。ここからのワインは主として赤ワイン（メドック地区同様カベルネ・ソーヴィニオン種優勢）であるが、またボルドー地方最高の 1 つとされる辛口白ワインも産する。

中世の間、**メドック**地区が実質上不毛であり、ブドウが栽培されていなかった時、最も良く知られたボルドーワインは、現在近代的な町が存在している付近およびその内部で生産されていた。高い品質のポテンシャル有するこれらの場所は、消滅した以外はすべてを保存しているが、都市の猛攻撃と道路建設を前になお退きつつある。これから免れている稀な例は、**タランス**（Talence）市および**ペサック**市の"グランクリュ"である。これらは、

不思議なことにボルドー市郊外に緑の島としてなお充分に生き残って経営されている。ここでは、17世紀にロンドンで"Ho-Bryan"として知られていた素晴らしいChâteau Haut-Brion並びにMission Haut-BrionおよびPape Clémentなど極めて有名なワインを産している。誰かが証明している範囲で、これらのワインは、その当時すべての他のワインがそうであったような元の教区の名前あるいは地主の名前と違って、作られた地名で売られた最初のワインであった。

冬の間、**シャトー・オー・ブリオン**（Château Haut-Brion）のブドウ畑は、生長サイクルを早め春の霜から守る平均的な都市の気候を楽しんでいる。その収穫は早く行われ、一般に秋の豪雨が来る時までに終わるけれども、ブドウの品質は年によって影響を受けることがある。最も古いもの、そして最も規則正しく非常に高い標準的品質に達したものであれば、それは一流の"グランクリュ・クラッセ"赤ワインであると考えられる。また**シャトー・オー・ブリオン**のブドウ畑は、"グランクリュ"級ではないが、めざましい辛口の白ワインを少量生産している。

レオニャン村では、夏が乾燥気候であった年、Haut-Baillyシャトーは、並はずれた適合性とめざましく複雑なアロマと味を持った素直で円やかな赤ワインを作る。そのワインは3あるいは4年後に、元のブドウのアロマと味は消えず、経年によるワインのブーケが発達してその最高状態に達する。いろいろの年の中で、1981年産ワインは、1984年に試飲（現在は最早かってのように完全ではない）された時、"極めて偉大なボルドー・クリュのワインに求められことができる最も素晴らしい極致の表現"とF. Costsに対して表明された。また、**レオニャン**村のChevalierドメインは、最も繊細なGraves赤ワインの1つを産するが、Haut-Baillyシャトーと異なり、それは極めてゆっくりと熟成する。また、ソーヴィニオン種とセミヨン種のブドウから、樫の木の貯蔵樽で、発酵させ仕上げられた稀な品質の辛口白ワインが作られている。このワインは瓶詰めされた後10年ないし20年経ってから飲まれるべきである。更に**レオニャン**村ではOliverシャトー（現在拡張中）が、砂礫河岸段丘上の細長いブドウ畑から赤ワインを生産している一方、小さな流れの傍で、反対側の下方に位置する粘土石灰質土壌（中新世）産のブドウから白ワインを生産している。

13.2.3　Côtes de Bourg地区－プレミア・コート・ド・ブライ地区－メドック地区

この旅行はジロンド河口両岸の斜面上のブドウ畑を見学する（第76図）。右岸にはCôtes de Bourg地区および**プレミア・コート・ド・ブライ**地区のブドウ畑があり、左岸には**メドック**地区のブドウ畑がある。

ジロンド河口右岸：ボルドー市からブライ町まで

ボルドー市を出発し、Aquitaine橋を通ってジロンド川を渡り、北に向かう。見晴台からボルドー市街、橋、Lemontの崖（ウニ類石灰岩）を見渡す。この崖は最初の旅行で見

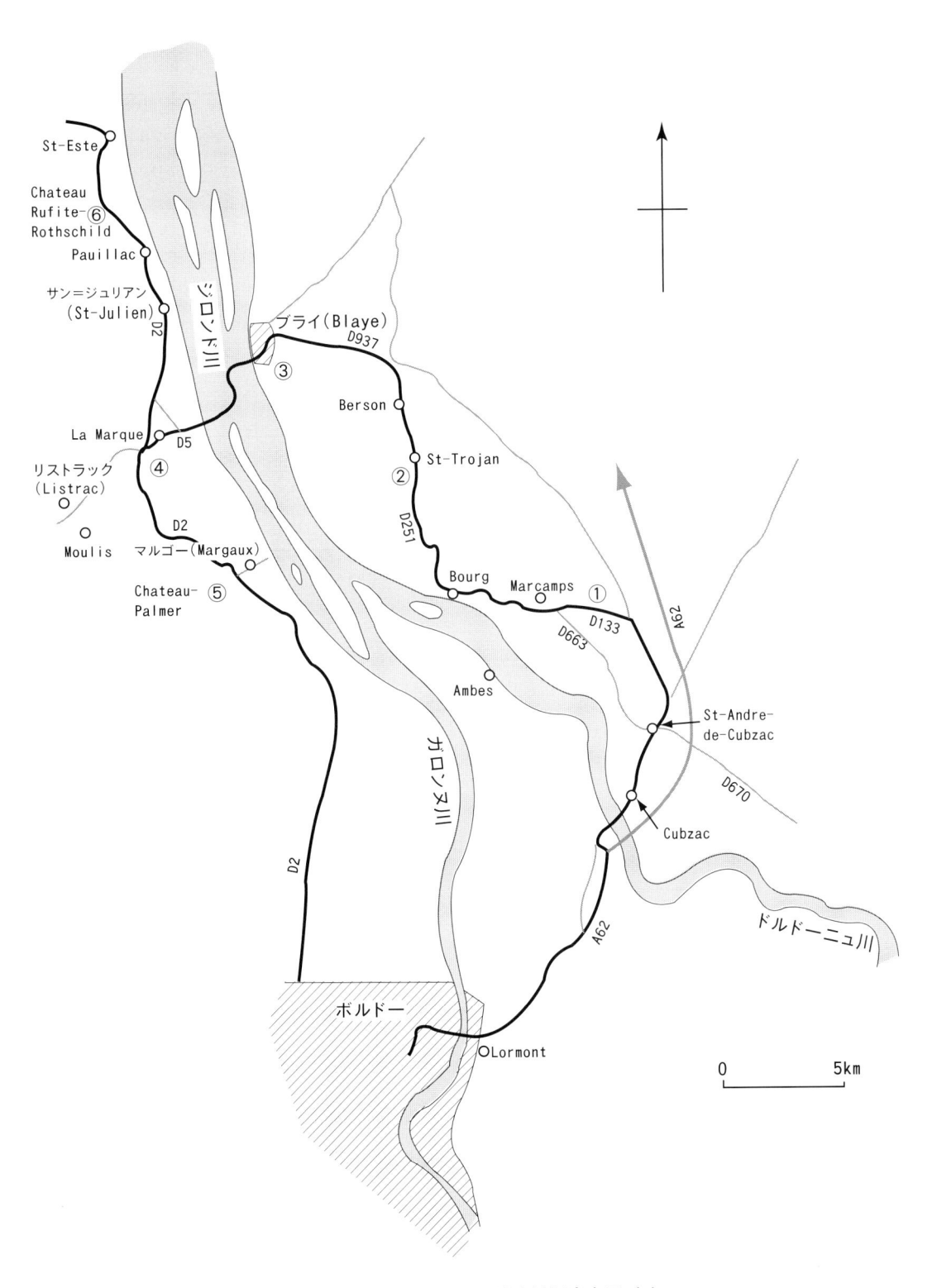

第76図 ボルドー地方旅行案内図（3）
Côtes de Bourg－コート・ド・ブライ－メドック地区

たCenonの崖の北方延長である。Lermont村とSaint-Vincent-de-Paul村の間でルートはパリに向かうA62自動車道路によって**アントル＝ドゥ＝メール**地区の西端を横切る。この地域の漸新世の地層（ウニ類石灰岩およびFronsacモラッセ）は、Entre-Deux-Mers粘土－砂－礫層およびドルドーニュ川の古期河岸段丘に覆われる。Cubzac村でドルドーニュ川を渡る。反対側の下部はドルドーニュ川の現世沖積層上の湿地帯（ブドウ畑を伴う湿地）である。Cubzac村にはFronsacモラッセとウニ類石灰岩の露頭がある。

　Saint-André-de-Cubsac村を過ぎてD137道路をSaintes村へ向かい、更にD133道路をCôtes de Bourg地区南部のSaint-Laurent-d'Arce村およびMarcamps村へ向かう。ルペリアン期ウニ類石灰岩上の道路の両側に、多くの採石場がある中、Marcamaps採石場①は長年の間ビルディング用石材を、とくにしばしば巨大な石材を地下作業場から切り出してきた。これらの作業場は以来キノコ栽培の貯蔵場として用いられてきたが、現在は一部閉鎖されている。他の採石場では種々の石材が道路建設用として採掘されている。

　採石場では厚さ数10mのウニ類石灰岩の断面が見られる。この岩石はボルドー地方すべてに渡って産出するが、露頭は稀である。

　この石灰岩は、生物砕屑性で一般に脆い沿礁相を示し、多くの化石（軟体動物、棘皮動物、ウニ類、藻類、苔虫類）が集合している。また一部は塊状で緻密な岩体として産するが同様に化石に富む。潮汐三角州を示す斜交層理が一般に見られる。

　これらの採石場の頂部には、主として石灰岩の脱方解石作用によって形成された粘土からなる浅い土壌が認められる。

　Marcamps村を過ぎると、Moron川の谷に接する険しい峡谷中の道路の右側に、Pair-Non-Pair石灰岩洞穴が見られる。ここからは脊椎動物の化石とムスティエ旧石器時代の道具を豊富に産する。また洞穴の壁には種々の彫刻が見られる。

　D669道路を通ってBourg-sur-Goronde町に至る。この人口3,000の小さな町は、ジロンド川とガロンヌ川によってもたらされた沖積層がその合流点にあるAmbès砂州を広げたために現在ジロンド川でなくドルドーニュ川の傍にある。

　Bourg町を過ぎD251道路沿いにBerson村に向かう。ルートは漸新世石灰岩の斜面（標高70～90m）上に分布するCôtes de Bourg地区のブドウ畑を横切る。斜面は鮮新世と推定される礫層および第四紀水－風成シルト質層に覆われている。この地区の土壌の差異は、種々の原岩と浸食および崩積物堆積を促進する低く円味を帯びた丘陵地形によって説明できる。いずれにしても、これらの土壌は、すべて次のような特性を共有する。

○組織の上から細粒成分が多く粘土の含有率が高い。
○腐植土の欠如。
○陽イオン交換容量が低いが、ボルドー地方における他地区のブドウ畑の土壌と比べるとなお最高の部類に属する。
○使用可能な水の貯留量と土壌の微量成分は、最上部1mおよびその下で増加する。これによって多くの土壌断面において観察される根の生長を説明できる。

ブドウの木の生長およびブドウの実の成熟速度は、場所によって大きく変化する。これは、ブドウが鉱物成分とくに水を取得する効率に影響を与える主として根のシステムの生長と深さの差によるものである。

　Saint-Trojan 村②に留まる目的は、砂および礫の複雑な斜交層理を観察するためである。これは Côtes de Bourg 地区で最も良く発達し、ウニ類石灰岩からなる孤立丘を覆っており、特徴的な赤色を示すかなり大きな三角州（厚さ 10～15m）の残留物で、東から西への運搬方向を指示している。この堆積物の年代は未定である（漸新世後、恐らく鮮新世）。

　堆積物は、粘土質赤色砂からなり、小さな石英質礫を伴う。直径 10cm の白色カオリンの礫が全体に豊富に存在する。これは下部始新世のカオリン・レンズ由来のもので、北部および北西部にしばしば産出する。珪化した白亜紀の牡蠣が発見された唯一の化石である。観察された古流向は、この三角州システムが西方へ排出したことを示す。

　採石場のある地点において、堆積の停止を示す不連続領域において、非常に多くのカオリン礫が傾いている。この現象は石英質礫を傾けると同様のクリオターベーションによって起こったものと考えられる。

　D251 道路は、Saint-Trojan 村を越えると Côtes de Bourg 地区を離れて、Berson 村で**プレミア・コート・ド・ブライ**地区のブドウ畑に入る。地質的な観点から見ると、我々は次第に古い地層へと入りつつあるということである。何故なら旅行ルートが Blaye-Listrac 背斜として知られるドーム構造の南翼部を進んでいるからである。これは振幅の小さい背斜構造であるが、地域地質から見るとバリスカン造山運動の一般方向（NE-SW）を有する主要な基盤構造を構成している。この構造はジロンド川河口を横切っており**プレミア・コート・ド・ブライ**地区および**メドック**地区の一部に強い地質的特徴を与えている。

　Berson 村と**ブライ**町の間で、ルートは主として粘土－石灰質始新統上に栽培されたブドウ畑の中を通って行く。この中部始新統の最も古い地層は、背斜構造の突出部の中心に当たる**ブライ**町の露頭で観察される。**ブライ**町には、河口に"郡役所（sous-préfecture）"が所有する水深の深い港と、17 世紀、ルイ 14 世治世時に Vauban によって建設された有名な大要塞がある。この河口中部の島にある "Fort Paté" 要塞と左岸の "Fort Médoc" 要塞はボルドー市の前方防衛を担った。

　ブライ町③の Octroi から PréVideau までの地質断面（第 77 図）において見られる現象は次の通りである。

A：採石場の最低部は軽く黄色の生物砕屑性石灰岩（中部始新統最上部）からなり、軟体動物、棘皮動物（とくに Echinolampas burdigalenis）、有孔虫類、大型平形 Orbitorites などの多数の痕跡が認められる。上部には、イタヤガイを含む貝殻堆（厚さ 0.8m）があり、その頂部は石灰岩と miliolids を含む泥灰岩（厚さ 1.5m）によって水路が付けられている。

B：採石場の頂上の茂みの中に、灰色のドロマイト質泥灰岩が 3～4m 見られる。この岩石は小さい、指の爪ほどの大きさの上部始新世の牡蠣—Ostrea cucullaris—を含む。

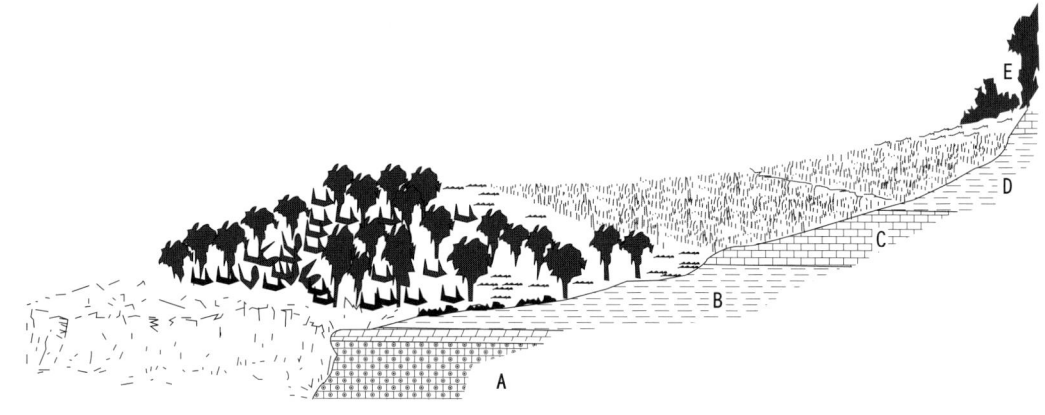

第77図　ブライ町の露頭地質断面図

C：孤立丘の頂上に向かって更に行くと、厚さ5〜10m、Limnaea を含む白色の湖沼成石灰岩の地層が認められる。この地層（Plassac 石灰岩）の上は、化石を含まない泥灰岩によって覆われている。

D：次は、層厚約20m の Ostrea bersonensis を含む緑色頁岩である。更に丘の頂上の真下には棘皮動物（とくに Sismondia）を含む泥灰岩が認められる。

E：孤立丘そのものは、厚さ約3m、miliolids、牡蠣類、anomiae を含む僅かに石英質の石灰岩（Saint-Estèphe 石灰岩）と、その上を覆う貝殻堆からなる。

地層 B、C、D、E の年代はすべて後期始新世である。

上に述べた Blaye 地質断面の場所から、ジロンド川右岸のブドウ畑について行ったこの旅行の最初の部分に戻るのは容易であるが、左岸のメドック地区に行くには、フェリー・ボートでジロンド川を渡ることになる。その途中で幾つかの運河、Fort Paté 要塞を含む多数の島、多数の砂州など河口の上流の様子に注意しよう。

ジロンド河口左岸：メドック地区

18世紀におけるボルドー赤ワインの名声を築き、今日なおその高い評価を保っている多くの"クリュ"は、Haut Médoc 産地に位置している。

"グランクリュ・クラッセ"（61銘柄以上）のワインを、Haut Médoc 地区、**マルゴー**（Margaux）村、**サン＝ジュリアン**（Saint-Julien）村、Pauillac 村、Saint-Estèphe 村の各産地において見出すことができる。これらのブドウ畑は第四紀沖積層上に分布する。またこの地質帯は水と風の浸食により円味を帯びた丘に分割されているが、礫質－砂質層は**グラーブ**地区および**ソーテルヌ**地区よりも均質な組織を有する。

この地区には非常に良質であるが、あまり知られていないブドウ畑（"クリュ・ブルジョワ・エクセプショネル"、"クリュ・ブルジョワ・シュペリュール"、"クリュ・ブルジョワ"）が、とくに Moulis 村および**リストラック**（Listrac）村に、また**メドック**地区（以前 "Bas Médoc" と言われた地区－下流 Médoc）に一般に存在する。これらの"クリュ"の

ブドウ畑の一部は、多少石灰質の始新世および漸新世の種々の地層上に分布する。

"グランクリュ・クラッセ"の珪質土壌は、かつては非常に酸性であったが、このことは、低い交換容量を持った吸着剤コンプレックスが、肥料と土壌改良材適用によってほとんど飽和したために、稀になお事実である。土壌は、使用可能な水と適用可能な元素が低いままであるが、根の生長が深い(約5m)ので、明らかに貧弱になり乾燥した土壌中でも、ブドウが如何に生長するかを容易に見ることができる。

"グランクリュ・クラッセ"の土壌はすべて、多少類似しているが、主として根の発展可能な深さにおいて変化がある。これは根を溺れ死にさせる地下水面の近さによって制限される。従って最良のブドウ畑は、根が充分に土壌中に伸びられる丘の頂上と斜面に位置している。一方湿ったじめじめした窪地では、地下水面が地表に近いので、いかなる品質のブドウも見出すことはできないし、少なくともAOC級には決してならない。

条件が良ければ、古い、根が深く発達したブドウは、成熟が始まる生長する季節の終まで水を受け続ける。成長サイクルの第1部の間に、ブドウが活発に生長すると、冬の嫌気性条件を耐えた主根から枝根が、低下した地下水面の後に残された帯で発達する。枝根が、土壌中の微空隙から水を吸収しても、降雨によって再び充たされる。また枝根は、毛管帯の上限からも容易に水を吸収できる。そこでは、水量が水の滞留容量と平衡を保っているので(微空隙のみが水を保持し、大きな空隙は空気で充たされる)、適切な呼吸をするのに通気は充分である。多くの土壌において、春から初夏の間が低雨量であると、この水の追加供給は不可欠である。

しかし、8月以後ブドウの生長は止まる。地下水面の連続低下の結果、最早枝根によっては平衡が保たれない。毛管現象による限られた量しか水が上昇しないようなこの地域の砂質－礫質組織土壌においては、地下水面が僅かな効果も持ち始めることはない。そこで成熟季節の間、ブドウは成熟期が始まる直前に土壌に貯留された水とともに、降雨にも依存することになる。

上に述べたすべての観点から、とくに根が貫く土壌の深さという点から、年老いて根が深く発達したブドウは、地下水面が水供給のいかなる役割も果たさなくなる成熟期でさえも干ばつに対して高い抵抗力を有する。反対に非常に若い根の浅いブドウは、最悪の干ばつ時における水欠乏の被害を受けやすい。

対照的に、降雨量が特別に多い時、土壌の透水性が極めて高いので、ブドウは過剰の水分による影響を受けない。これは一部母岩の粗粒組織によるものであり、一部はジロンド川およびその小支流沿いの円味を帯びた丘に位置する"グランクリュ"ブドウ畑の地形によるもので、この2つの環境が良好な排水を促進している。豪雨の後の水理学的計算結果(土壌の深さに対する土壌水の比率に関係する)は、雨水が非常に急速に濾過することを示している。豪雨後24時間の間では、水量は稀にあるいは一時的に土壌の水保持量を超えるのみであり、一方、不透水性の排水の悪い土壌では、根は水浸しになる。

夏期の驟雨の雨水が一部乾燥した土壌に降り、主根が深く発達し枝根が少ない表層内に

水が大量に滞留することは注意すべきである。このような環境では、雨に浸された層内にほとんどすべての根が広がっている根の浅いブドウよりも、根の深いブドウによって、水が非常にゆっくりと吸収されることが示された。土壌－植物系はこのように調査されているが、成熟期にブドウに対して水が押し寄せる時の有害な効果（ブドウの破裂、通常の腐敗の侵入、色素の損失、糖度の低下、酸味の増加など）を全体的に排除することはできない。しかし、"グランクリュ"の土壌は、他の土壌型の場合よりも、成熟した健全なブドウを収穫できるチャンスが大きい。このことはまた、問題を与えた気候の年においても最高の"クリュ"の優越性が記録されることを意味する。

これらの古く深い根のブドウが生える礫質－砂質土壌は、従って、過剰な降雨と厳しい干ばつによる好ましからぬ結果を規制・制限する方法を有しており、給水レベルは毎年合理的に一定に保たれている。このようにして、"グランクリュ"のブドウ畑は8月から9月の気候が悪くてもなお充分な品質のブドウを作ることができる。また、ブドウの木は充分な深さまで根が張った時上述の規制機構の利益を得ることができるので、何故適切な年齢（メドック地区では10年）のブドウの木から最良のワインができるかを理解することができる。

Lamarque フェリー・ボート乗船場からD5道路を行き、地形と土層の性質に支配される植生と栽培の状況を観察する。D5道路は、最初ジロンド川現世沖積層上の湿地帯（標高0～5m）を通過する。この泥炭質の粘土－シルト堆積物は完新世に堆積し、貧弱な草地のみに適合する水成土を形成している。

Lamarque 村に入る直前に、道路は登りながら下部第四紀ジロンド川河岸段丘（標高6～15m）を横切って行く。土壌は急に多数のかなり大きな礫（0.05～0.10m）を含むのが見られ、牧草地からブドウ畑に変わって行く。

Malescas 採石場④は礫を採取しており、多くの最良のメドック地区ブドウ畑が分布する地層の型という明瞭な考えが浮かぶ。

この堆積物は、ここでは見えない Blaye-Listrac 背斜をなす石灰質の始新統の上に横たわっている。採掘面は4～5mの高さにあり、ジロンド川第四紀層の特徴を明瞭に示している。堆積物は淡色の砂、礫、中礫の混合物で、非常に薄い縞を除き、極めて少量の粘土を含む。中礫は一般にかなり大きく主として石英と珪岩からなる。

断面の頂部付近にはクリオターベイションの現象、とくに粘土－腐植で充たされた楔形の割れ目が見られる。これは Landes 砂層（Sables des Landes）と称する地層上のポドゾル性土の成因を示している。Landes 砂層は、Landes 森林帯を支持しメドック地区ブドウ畑の西側の境界を形成する第四紀風成砂層である。

これからルートはマルゴー村に向かってD2道路を進む。道路は河口に沿って低く横たわる沖積平野を見渡しながら丘陵斜面をたどり、Palmer シャトー⑤に達する。

この有名なマルゴー村のブドウ畑は、伝統的な方法によってワインを作るという特徴を有している。ブドウを処理し貯蔵するのに例外なく木材が用いられる。ブドウは手で木の

網の上にもぎり取られ、発酵は木製の大桶の中で行われる。その後ワインは、樫の貯蔵樽中に 2 年間貯蔵される。これらすべての備品はシャトーのワイン貯蔵所で見ることができる。

　Haut Médoc では少なくとも一日を過ごす価値がある。しかし地質家は、そこから多くのものを得ることはできない。何故なら、とくに雨が礫と中礫を地表のほとんど壊されていない層上に洗い出した時、そこには礫と中礫以外に見るべきものが少ないからである。すべてのグランクリュ・クラッセ（赤ワインのみ）のブドウ畑は、自然の排水（ジロンド川または "jalles" 川）に近い丘の礫と砂の多い層上に分布している。これらの乾いた暖かい土壌は、カベルネ・ソーヴィニオン種のブドウがゆっくりと完全に成熟し、そのポテンシャルが絶頂まで発展するのを助ける。他方この品種のブドウは、より低温の、より湿度の高い、より粘土質の**サン＝テミリオン**地区の土壌で生長するのは困難である。**サン＝テミリオン**地区ではボルドー地方の海洋型気候がこの品種のブドウを完全に成熟するのを困難にしている。カベルネ・ソーヴィニオン種のブドウは、**メドック**地区で栽培されるブドウの 50％以上を占め、最高の Haut Médoc " クリュ " においては 70 〜 80％に達する。カベルネ・フラン種（10％）は微妙な香りに貢献し、メルロー種（平均 34％）は、ワインに豊潤な円味とアルコールの強さ、そして地元の人々は軽蔑しているが微妙なアロマを与え、カベルネ・ソーヴィニオン種に対する欠かすことのできない引き立て役を担っている。

　最も有名な " クリュ " は、50 ないし 100ha の巨大な農園である。これは年間の気候の観点から見て、" 偉大なワイン " を作り上げるために異なった品種の相対的比率を調整することができることを意味する。それはすべてブレンディングにある！若いブドウから作られたワインおよび十分に高品質でないと見なされたものが、各 " クリュ " に特有のブランドネームのもとに販売される。

　建築愛好家は、シャトーの個性と変化を楽しむ。**メドック**地区では多分どこよりも以上に、シャトーの建物が、ワイン生産会社のために典型的な " ボルドー地方 " の表現を行っている。ボルドー地方のシャトーに関する展示会が、著書目録とともに 1988 年にパリの Centre Georges Ponpidou で行われた。何故なら、最も良く見えるシャトーが必ずしも最も良いワインを作るとは限らないからである。それらの一部は非常に古いが、多くは 18 世紀および 19 世紀に建てられている。少数の（多くはない）シャトーは、事実上封建的中心地にある。20 世紀の終りに近い年々には、それらに建築学上の評点が与えられた。近年、繁栄が増すにつれて、ワインの偉大な栄光における寺院のように、空前に豪華なワイン貯蔵所が建てられるか改装されてきた！

　61 銘柄の " グランクリュ・クラッセ " および約 300 銘柄の " クリュ・ブルジョワ・エクセプショネル "、" クリュ・ブルジョワ・シュペリュールー "、および " クリュ・ブルジョワ "（この中には " クリュ " Médoc より高くランク付けされるものがある）から選択して幾つかを推奨するのは不可能である。

　Médoc の門（Barrière du Médoc）をくぐって自然に**ボルドー**市を離れる。Bouscat 市

を横切り、道を D2 道路に取り、**マルゴー**村および Pauillac 村に向かう。この偉大なブドウ畑のルートにはすべての"クリュ"の良い道標がある。しかし、あなたが会う最初のシャトーは道路から見るのが極めて容易とは言えない。La Lagune シャトー（Ludon 村）は道路の右側、それから Cantemerle シャトー（Macau 村）および Giscours シャトー（Labarde 村）は左側である。さらに Cantenac 村を過ぎると道路の左側に、Brane-Cantenac シャトーがちらりと見える。このシャトーはジロンド川から離れており優雅で上品な建物を有する。Margaux シャトーはその名の元である**マルゴー**村から僅かに離れた所にあり見過ごしてはならない。その建物はプラタナス並木の植わった車道の終端にある。柱廊式玄関はギリシャ神殿様式で、その壮麗なワイン貯蔵所は改装されたものである。他の Margaux "クリュ・クラッセ"である Lascombes シャトーも訪れる価値がある。

　マルゴー村の丘に富んだ地層を離れ、ルートはブドウ畑の間を上がったり下がったり、時には低い湿地を通る。"Grande Jalle du Norte"川を渡り道が**サン＝ジュリアン**村に向かって急な坂を上がると、直ぐ右側に Beychevelle シャトーの豪華な建築物（18 世紀）が見えてくる。後側に回って建物の前面の高さに実際にあるところのものを見て、河岸段丘と正式の庭園、そしてジロンド川越しの眺望を賞賛しながらしばし立ち止まる。

　サン＝ジュリアン村は、偉大なグランクリュ・クラッセ銘柄の Ducru-Beaucaillou シャトーと Gruaud-Larose シャトー、および 3 つの Léoville "クリュ"（Barton シャトー、Poyferré シャトー、Las Cases シャトー）を有する。

　小さな低地が、Léoville-Las-Cases シャトーを Latour シャトー（Saint-Lambert-Pauillac 村）のブドウ畑から分離している。これらのシャトーは同様にジロンド川の岸にある。そこには道路から丁度見える古い塔があるが、これ以外には"クリュ"の巨大な名声のみしか旅行者を惹きつけるものはないだろう。Latour シャトーの隣には、魅惑的な Pichon Longueville Comtesse de Lalande シャトー（最近 Pichon Lalande シャトーとも言う）とその隣の Pichon-Longueville-Barton シャトーがある。

　Pauillac 村を埠頭沿いに走れば、ジロンド川の川幅（3km）の広さがよくわかる。さらに Le Pouyalet 村に向かって走る。

　Mouton-Rothschild シャトーにおいて、伝統的な貯蔵樽で一杯になった巨大な第 1 年貯蔵庫と、ワインをテーマにした優雅で貴重な芸術作品を展示した注目すべき博物館を訪問しよう。近くのシャトー Lafite-Rothschild は、正に典型的な Médoc グランクリュの地形である浸食された厚い丘陵をなす礫層と Jalle du Breuil 川（これは地表水をジロンド川に排水する）の眺めを示している。シャトーの一部は非常に古い。カタロニア人の建築家 Ricardo Bofill によって設計された新しいワイン貯蔵庫—ローマ時代の円形闘技場に似たギリシャ風神殿—を訪ねるのを忘れないようにしよう！

　牧草地とポプラの木で縁取られた Jalle du Breuil 川を渡り、道路は贅沢な東洋風の建築物を持った Cos d'Estournel シャトー（Saint-Estèpe 村）に向かってまた急坂を登る。ザンジバル島から来た彫刻された木製の門を感心して見る。農業機械を置いた中庭を隠すよ

うな入り口と壁を持ったシャトーそれ自身は、飾り気のないワイン貯蔵所からなっている。Marbuzet シャトー（"クリュ・ブルジョワ・シュペリュール"）は、ロマン派の庭に囲まれた小さな宝石のような建築物である。Saint-Estèpe 村には、Calon-Ségur（当たり年のワインは非常に滑らか）および Montrose（**メドック**地区で最もタンニン含有率が高いワインの 1 つ）という 2 つの非常に有名なシャトーがある。

Saint-Seurin-de-Cadourne 村から先の Bas-Médoc への簡単な旅行は、地質家に第三紀石灰岩および泥灰岩の種々の露頭（これらは**サン＝ジュリアン**村、Pauillac 村、Saint-Estèpe 村の西部でも見ることができる）を調査する機会を与える。

ボルドー市へ帰る途中**リストラック**村と Moulis 村付近を通る。ここでブドウ畑は、一部始新世の泥灰岩露頭上に分布し、非常に高品質の"クリュ・ブルジョワ"ワインを生産している。貴方は**リストラック**村協同組合のワイン貯蔵所を訪問しなければならない。それらは長い間国際寝台車会社（Compagne des Wagons-Lits）への主要な供給者として有名であった。

Margaux ワインの繊細で優雅な育ちの良さと、Pauillac ワインのフルボディー、力、豊かさを対照させることは良く行われる。この 2 つの間にある Saint-Julien ワインはその近隣の品質を結合していると言われている。一方 Saint-Estèpe ワインはアルコール度が高く、より強健で、タンニン含有率が高いと考えられている。**マルゴー**村における礫層はより深く事実上粘土を含まないのに対して、Pauillac 村周辺の土層組織は稍細粒で、Saint-Estèpe 村のそれは更に細粒である。しかし、これらの微妙な差異は一般的な事実ではない。

Latour シャトーおよび Mouton-Rothchiild シャトーは、力強くタンニン質のワインを生産するが、これを若い中に飲むのは多少困難であり（このワインはカベルネ・ソーヴィニオン種を高比率に含むブドウから作られ、大桶に長時間保存される）、瓶詰めにした後約 15 〜 20 年経過し最も素晴らしい最も完全な状態で飲むのが良い。Lafite-Rothschild シャトーは同じく Pauillac 村に位置するが、豊潤で繊細なワインを生産し、これは Margaux シャトーおよび Haut-Brion シャトー（**グラーブ**地区）のワインに似ている。ブレンディングの際にメルロー種のブドウを入れる手加減 1 つで、これらの差異すべてが生ずると思われる。

Margaux シャトーと、重い土壌から作られたその伝統的な Pavillon Blanc ワインに倣って、幾つかの Médoc "クリュ"が、ある時期に辛口の白ワインを作ろうと試みた。その結果は、全く良い品質が得られないというわけではないが、グラーブ地区産の最良の"クリュ"ワインに匹敵するものではない。

13.3　ボルドー地方のワインと料理

ボルドーのワインが正に世界最高のワインであるのと同様に、フランス料理は我々の時代における偉業の 1 つである。一方、ボルドー地方の地域料理は、日々ますます力を増しており、何時でもフランスを先導する料理地域となることの準備ができている。他の地

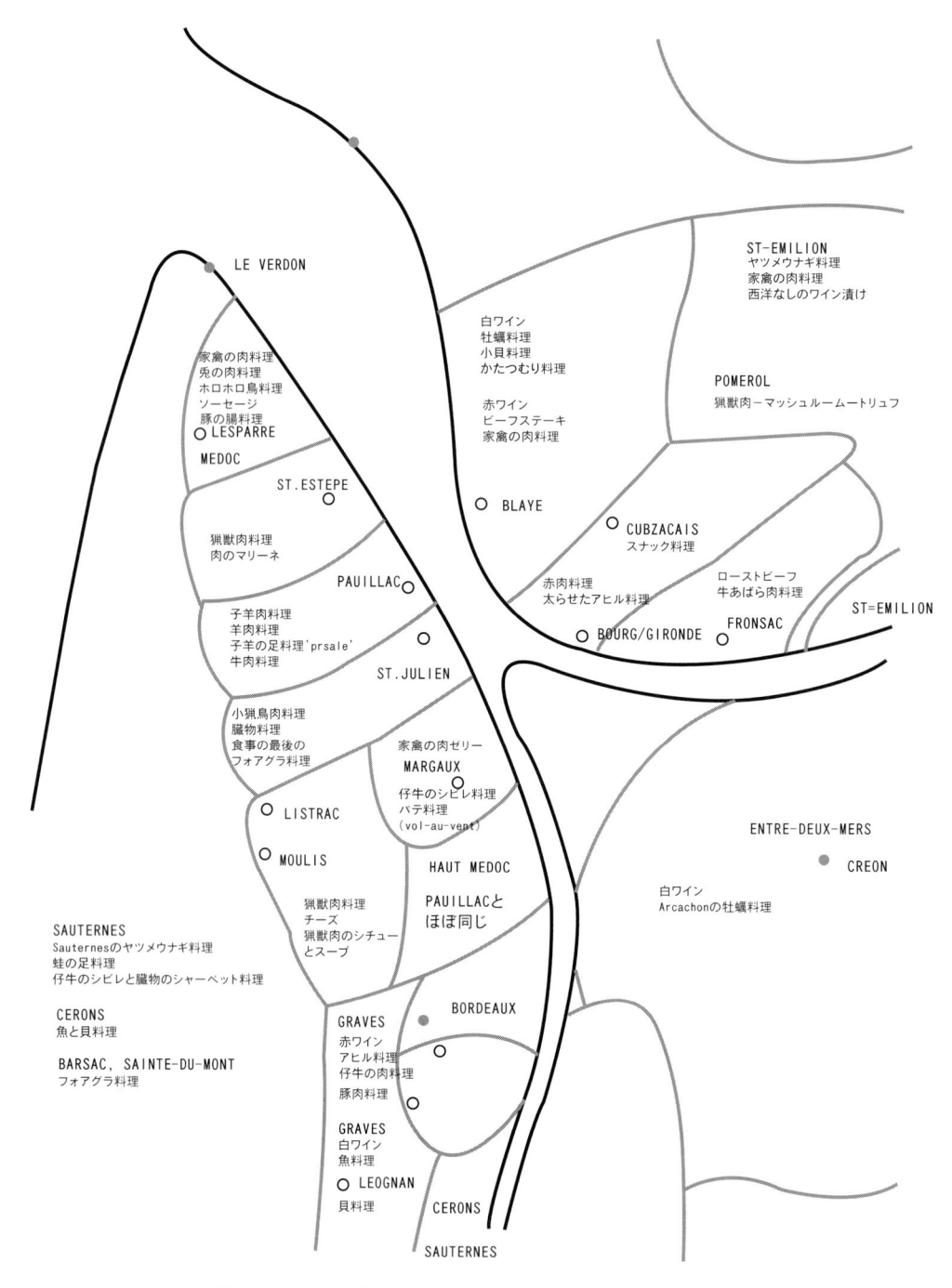

第78図　主なボルドーワインとその対応料理

方の人々は不満で大声で笑い、ぶつぶつ言うかもしれない。まだ納得できない人々にはGuyenne 地方で料理しているところを見せ、料理中の匂いをかがせ、食べ物とワインを試みさせよう。

　地域の料理を威嚇して卑しい役割に追い込んだのは、多分ボルドー地方のブドウ畑の貴

族的な立場であった。確かにボルドーワインはその偉大で貴い家系を誇るべきすべての理由を持っており、その品質と幅広さによって、世界の偉大なワインとなり得た。彼らは時間とともに進化をもなしとげ、その発展過程は未だ進行中である。料理もワインと異ならない！ここに、最も素晴らしいワインでさえ、これを侮辱し、傷つけ、能力を奪うことができる幾つかの料理法、あるいは場所を間違えた大胆な妙技がある。確かに我々は時に、ばかげていると思えるような料理芸術の最も完全な例を作るものとしてワインに接してきた。基本的には、両者の間には理想的な協力があるべきである。

　ワインを飲む時の料理は何が良いのだろうか？　そこには非常に大きな多様性がある！ボルドー風ヤツメウナギ（lamprey "a la Bordelais"）、雄鳥のワイン煮（coq au vin）、赤ワインまたは白ワインで作ったボルドー風ソースなど。魚料理が好きならば、**アントル＝ドゥ＝メール**地区のシャッド（shad －ニシン科の魚－）の'すいば'添え、あるいは**コート・ド・ブライ**地区の鯖料理。それから蒸焼き牛肉（daubes）あるいはワインとエシャレットで料理した地域のシチュー料理。

　ボルドーという名を聞いた時赤ワインだけを考えるべきではない。

　甘口で豊潤な範疇に入る優れた白ワインは、最も明敏な味覚を持つ人々以外からはすべて忘れられてきた。貴方は、ジンジャー・ソーテルヌと一緒に蛙の足のような何かを本当は試みるべきである。それでも貴方は、右手に良い6°ソーテルヌワインを持つように世の中を変えようと決して試みようとはしませんか？

　ボルドーの辛口白ワインは、この数年復活しつつある。**グラーブ**地区および**ソーテルヌ**地区からは驚くほど貝類と良く合う優れた辛口白ワインを産する。

　一般法則として、1つのワインは数種類の料理と調和するが、1つの料理も数種類のワインと合う。この考えに対する幾つかの示唆を与えよう。

　ガロンヌ川とドルドーニュ川がどのようにしてジロンド川と合流するか見てみよう。想像上の鳥の尾のように、アキテーヌ地方の土壌が、川の上地、世界で最も美しい、最も変化に富んだ、最も微妙な、最も強健な、そして最も驚嘆すべきブドウ畑へすり込まれている！

　我々の教科書地図の隅に置かれたしかじかの穀物が生産され発展している地域を示す図を思い出してみよ。我々の薦めに従って、ジロンド県を示しこれにドルドーニュ川地域を加えた貴方自身の地図を画き、この地図にはワインと料理の分布のみを書き入れよう（第78図）。

参考文献

地質学

Guide géologique Aquitaine Occidentale（1975）（西アキテーヌ地質案内）by M. Vigneaux et al., Masson, Paris.（とくに tour 1, 3, 7, 8, 10 を見よ）

Pratviel L.（1972）Essai de cartograohie structural et faciologique du basin sédimentaire oust-aquitain pendant l'Oligocène（漸新世における西アキテーヌ堆積ベーズンの構造的および堆積

相的地質図の提案），Doct. Thes. Nat. Sci., Bordeaux, 2 vols, 632p., 35pl.

土壌学およびワイン醸造学

Deteau J.（1976）Le vignoble des Côtes de Bourg. Les sols et le climat. Inflence sur la croissance des saments at sur la maturation du lasin（Côtes de Bourg 地区のブドウ畑、土壌、気候。そのブドウの芽の生長およびブドウの成熟への影響），Speciality Doct, Thes., Boyrdeaux II, 135p., 15fig.

Guilloux M., Duteau j. and Seguin G.（1978）Les grands types de sols vitcoles de Pomerol et Saint-Emilion（Pomerol 地区と Saint-Emilion 地区におけるブドウ栽培土壌の主な型）Connaissance de la vigne et du vin, 3, pp.141-165, 7fig.

Pijason R.（1980）Un grand vignole de qualité, le medoc. 2 vol. Paris.

Puceu-Planté B.（1977）Les sols viticoles du Sauternais. Etude physique, chimique et microbiologique. Alimentation en eau de la vigne pendant la maturation et la surmaturation du raisin（Sauternes 地区におけるブドウ栽培土壌の物理学、化学および微生物学。ブドウの成熟および過成熟期中の給水），Speciality Doct, Thes., Boyrdeaux II, No.27, 165p.

Seguin G.（1970）Les sols de vignobles du haut Médoc. Inflience sur l'alimentation en eau de la vigne et sur la maturation du rasin（Haut Médoc におけるブドウ畑の土壌。そのブドウに対する給水およびブドウの成熟への影響），Doct. Thes. Nat. Sci., Bordeaux, 141p.

14 シャラント—コニャックとピノウ酒—地方
Charentes — Cognac et Pineau —

　シャラント地方のブドウ畑は、コニャックとピノウ酒の名声のお陰を被っている。これらは地質と人間の専門的知識とが共にもたらす自然の結果であり、ブドウとワインの完全で深い理解と結合による4世紀にわたった経験の果実を示している。

　経済的な制限とワイン販売の不況下において、ワインの蒸留が始めて試みられたのは16世紀中のことであった。シャラント地方のワインは、幾つかの理由、すなわち、その酸味の原因を保持することに伴う問題、低アルコール度、生産過剰、運搬税によって危機にあった。状況は、1636年に多数の小作農が"révolte des Croquants（小作農反乱）"に参加するまでになった。

　17世紀からは蒸留が発展し、北欧および英語を話す国とのブランディー貿易がワイン貿易に取って代わった。

　19世紀に入ると、熟成技術によって品質改良が可能になり、良く管理される収穫に跳ね返った。市場はアメリカに開かれ、現在新しい市場の機会が中近東および東南アジアに起こっている。

　コニャックより遅れて、シャラント・ピノウ酒（古いコニャックと白ブドウ果汁とをブレンドしたもの）によって、Borderiesとして知られている地区（第79図参照）に日の光が見られるようになった。

14.1　ブドウと土壌

ブドウ畑

　コニャックは、ブドウ畑に総合した効果を及ぼす3つの自然作用の結果である。すなわち、アロマを失うことなく、ブドウの成熟を促す比較的中庸な降雨量と気温、ブドウに適度な水供給を保証し、自然の酵母などの微生物相を発達させる軟らかく脆い石灰質土壌である。

　6つのコニャック"クリュ"の正確な範囲が法令によって制定されている（第79図）。

　Grande Champagne地区は、主としてカンパニアン期およびサントニアン期の白亜質相からなり、コニアシアン期層および中期白亜紀層の小規模な露頭を伴う。この地区は**コニャック**（Cognac）町およびChâteauneuf-sur-Charente町間のSegonzac地区に相当する。シャラント県における最低雨量の記録を有し、最高のブランディーを生産する。

　Petite Champagne地区は、地質がGrande Champagne地区に非常に似ているが、雨量が多少多い。

　Borderies地区は、**コニャック**町の北方に小さな面積を占め、セノマニアン期からサントニアン期の地層を伴う。これらの南西部は第三紀脱方解石作用の徴候を示す。この地区

第79図　シャラント地方地質図とワイン生産地区
1. Grande Champagne 地区　2. Petite Champagne 地区　3. Borderies 地区　4. Fins Bois 地区
5. Bons Bois 地区　6. Bois ordinaries and Bois communs 地区

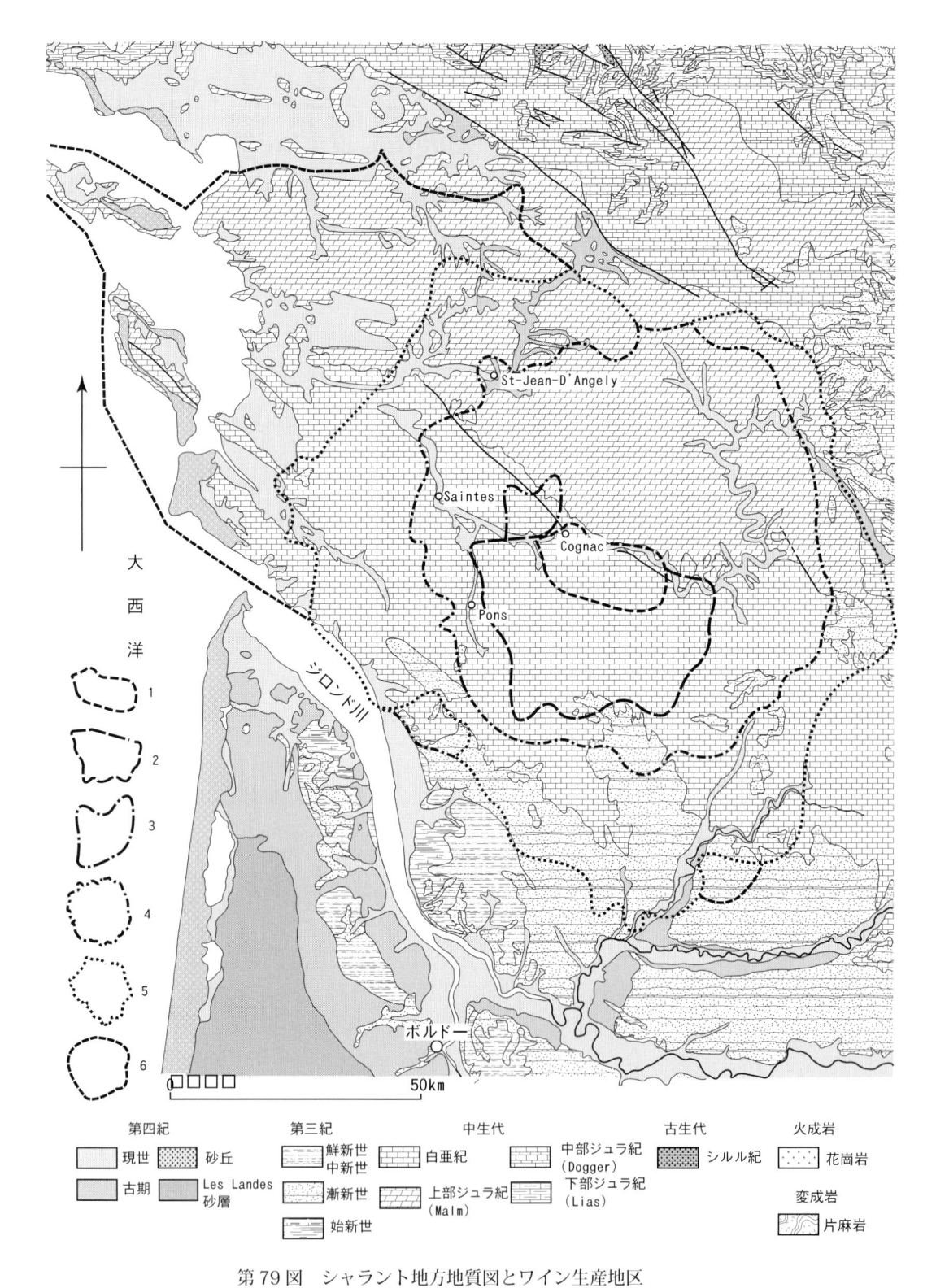

のブドウ畑から産するブランディーは柔らかな味わいを有し、急速に熟成する。

その他の3つの"クリュ"、Fins Bois 地区、BonsBois 地区、Bois Communs 地区は、前述の3つの地区を同心円的に囲んで分布し、より不均質な土層を有する。これらの地区は、中部ジュラ系、上部ジュラ系、上部白亜系、第三紀陸成層、第四紀海成沖積層からなる。土層と同様に気候も品質を低下させている。西部における気候は、海洋要素を含んでおり、東部の気候はより大陸的性質の影響を受けている。

主要なブドウ品種はサンテミリオン種である。他にコロンバード種も栽培されているが、比率は低い。

土壌

シャラント地方のブドウ畑上の土壌には種々の型がある。

○ "Champagne 粘土（terres de Champagne）"は、カンパニアン期およびサントニアン期の粘土質石灰岩から脱方解石作用により形成され、白色および灰色粘土からなる。

○ "大礫粘土（terres de groie）"は、赤色の脱方解石作用粘土で多くの石灰質岩片を伴う。この土壌は、コニアシアン期層、中部および上部チューロニアン期層、中部コニアシアン期層、中部ポートランディアン期層上に発達する。

○ Borderies 地区は、地域的に"荒れ地（varennes）"、"石の多い荒れ地（varennes-cailloux）"、あるいは"石屑（griffées）"と呼ばれる土壌によって特徴付けられる。白亜紀の地層は、第三紀の間に不完全な脱方解石作用を受けている。"荒れ地"は、浅い土壌で、非常に分化作用を受け、粘土に乏しい。この土壌は目が粗く下部セノマニアン期層上では砂質であり、チューロニアン期層上では石灰質である。"石屑"は、深く発達し、細粒砂－粘土質でフリントの岩片（地域名"石"）を含む。この土壌は樹木および珪酸植物を生長させ、"brizard" と呼ばれる鉄質粘土と混ざって産することがある。

○ 北部シャラント地方の低地に分布するパーベッキアン期粘土層を深く覆う強靱で未発達の土壌がある。ここは前世紀末のネアブラムシ災害を阻止したブドウ畑のある唯一の地域である。土壌中の湿気と石膏が、その理由として説明されている。

気候

コニャック町およびその周辺の支配的な風は、湿気を帯び、海洋性で西および北西方向から吹く。風速は年間の半分以上は21km/h以下であるが、年間20日位は36km/hを越える。1946年～1980年の気温は、年平均12.4℃を記録している。同じ期間の月平均気温についてみると、9月は6月と同じ暖かさで10月は5月とほぼ同じ暖かさである。記録によると年平均785時間雨が降り、また年間159日雨が降る日があるが、強い雨が降る日は23日、平均的な雨が降る日は116日である。この問題に関しては9月と10月がとくに好ましいように思われ、8月も非常に似た降雨状況である。

1956年～1980年の年平均日照時間は、2,234時間で、一日中日が照っている日は32

日、一日中太陽が顔を出さない日は46日である。嵐が観察される日は年平均23日である。

これらの気象記録は、天気がよい季節は夏の終わりから初秋まで（9月〜10月）であるという事実を示している。このような地域的気候の傾向は、明らかにブドウにとっての最適成熟条件を与えている。

蒸留と熟成

ブドウは最初に砕かれ、次に1回ないし2回圧縮される。得られた果汁は200hlの大きさの樽あるいは容器中で発酵させられる。急速なワイン化過程は、酸性の強い製品を作るが、これは更なる発酵にとって必要であり、蒸留までのリキュール成分保存に役立つ。

ワインとその'おり'は、次に最初の蒸留にかけられる。これによって20°〜30°のアルコール濃度の"brouillis"あるいは"rough"が作られる。"bonne chauffe（正加熱）"と呼ばれる第二の段階を経てアルコール濃度は72°まで上げられ、コニャックという産地名を獲得する。

様々な形のボイラーを有し、打ち伸ばされた銅でできている蒸留酒製造器が必要であるが、これは"cucurbit"と呼ばれ、頭部と螺旋状のパイプ配管からなる冷却システムからなる。

蒸留酒製造器はこの段階では多少苦い"白い（むしろ無色）"火酒を作る。これが熟成によってコニャックになる。この熟成は、Limousin産樫で作った樽の中で行われる。ブランディーと空気の間で木を通して、また木とブランディーの間で交換作用が行われ、タンニンがある程度溶け出す。コニャックの黄金色とアロマはタンニンによるものである。

源コニャックは、異なった年代物およびブドウ畑から得られた"クリュ"のものとブレンドし、公式に証明され認定された、いろいろな種類と品質（アルコール濃度45°）のコニャックを生産する。

Fine Champagne という品質のコニャックは Gande Champagne コニャックと Petite Champagne コニャックを等量ブレンドしたものである。

ピノウ酒は、Borderies 地区産の最高の白ブドウ果汁と古いコニャックをブレンドしたものである。ピノウ酒もコニャックと同様に Limousin 産樫で作った樽の中で熟成される。

14.2　旅行案内

ルートは意図的に**コニャック**町周辺の短い旅行になるようにした。**コニャック**地域のより深い識見を得るためには、歴史、人文地理、経済地理などを考慮に入れるために他の要素が必要である。そのような知識は地域のより徹底的な訪問によって得ることができると思われる。このルートには2つの基本的な旅行が含まれる。**コニャック**町、当然、シャラント地方ブドウ畑の中心、続いてコニャックの第2の中心 Jarnac 町。ブランディー産業において、これら2つの町は生産と市場の中心であり、多くの有名な銘柄の本拠地でもある。この2つの町に加えて、南部および南西部の Segonzac 村、Châteaueuf-sur-

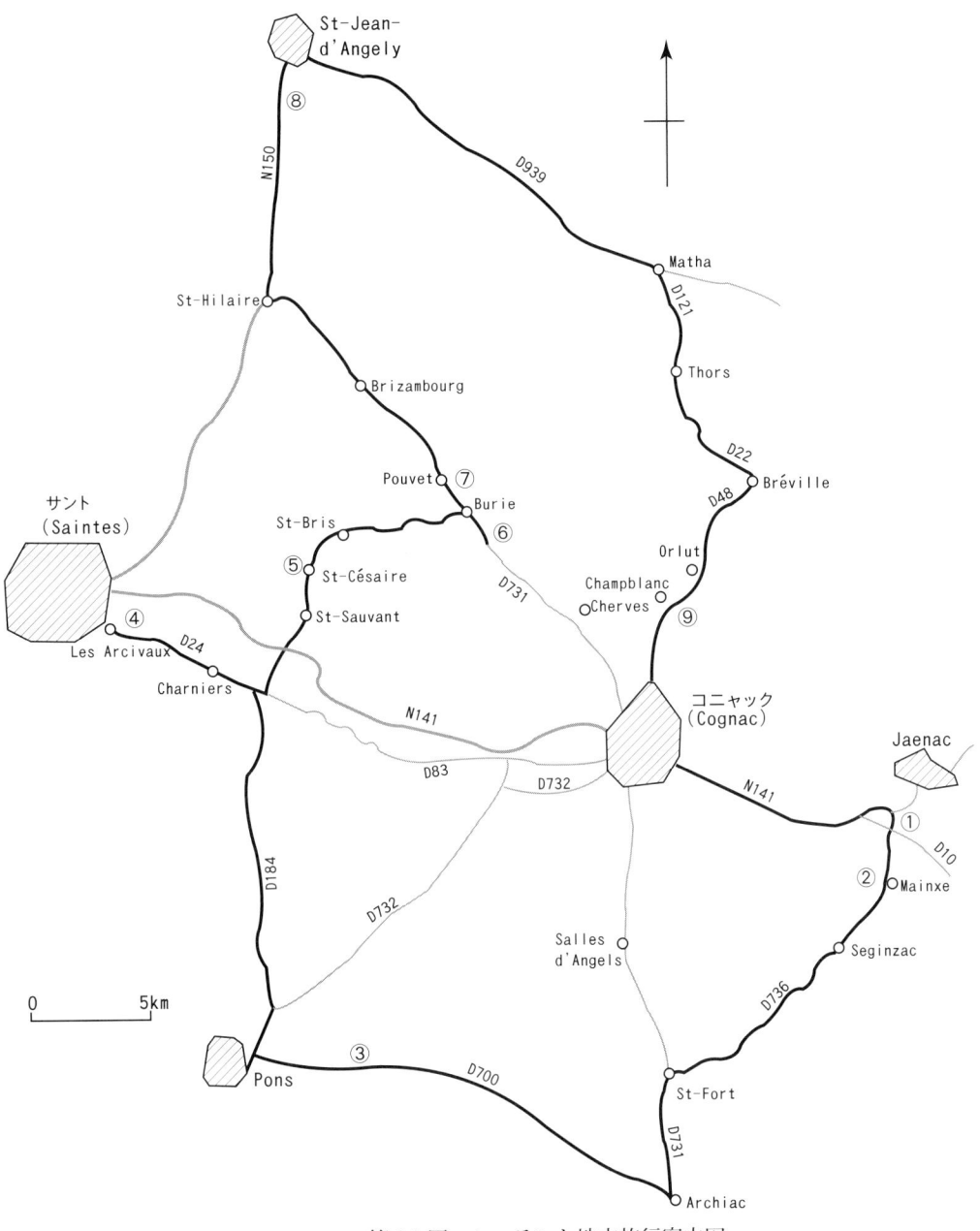

第80図 シャラント地方旅行案内図

Charente 町、
Barbezieux 町、北東部の Rouillac 町、北西部の Burie 町は、地域の最良生産地を代表し、ブドウ畑と土壌の最良の印象を与える。

コニャック町からサント（Saintes）市まで

コニャック町を離れ N141 道路を Angoulême 市に向かう。コニアシアン期石灰岩は硬

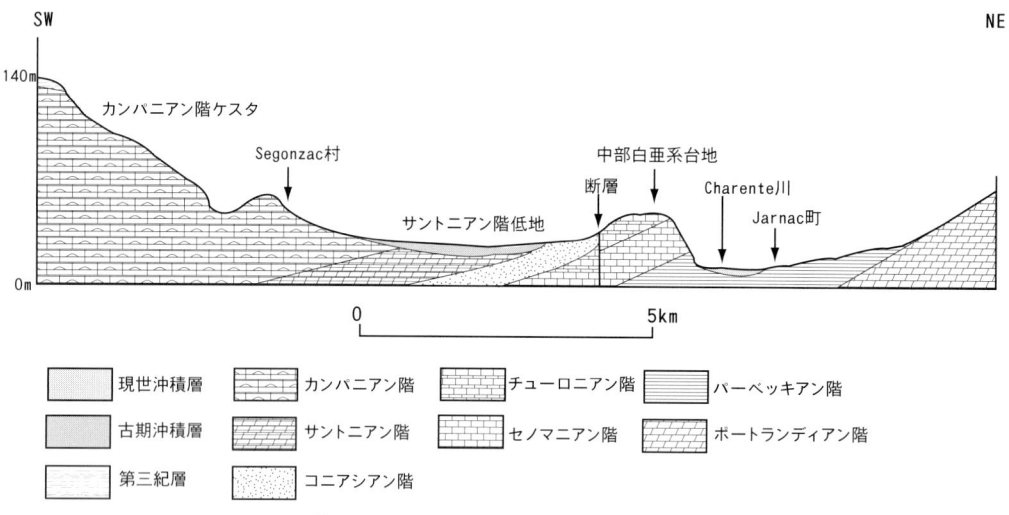

第 81 図　Jarmac 町付近地質断面図

く礫質で、南西方向に傾斜し、大規模なスラブを形成している。地層の大部分はブドウ畑になっているが、もとの"chaume（切り株）"あるいは樫とトキワガシ（holm-oak）の痩せた雑木林の痕跡を見ることができる。この下層の表面は赤く浅い氷礫土、脱方解石粘土、'banche（スラブ状の風化コニアシアン期石灰岩）' の崩壊した多数の石灰岩岩片の混合物からなる。

　D736 道路との交差点①で停止し（第 80 図）、NE-SW 方向の露頭断面を観察する。北から南へ歩くと次の地層を見ることができる（第 81 図）

○シャラント地方北部に発達する弱い波動を有するジュラ系。上部ポートランディアン期層が幅広く円味を帯びたモナドノックをなして産する。この地層は厚く細粒の石灰質の板状片と斜方岩片に覆われ、不毛の印象を与えている。Pays-Bas パーベッキアン期層は、軟弱な泥灰岩と粘土堆積物の混合物で石膏を含み、地域的に 'plains（平たい物）' と呼ばれる非常に細粒の結晶質ないし粘土質石灰岩の薄い夾在層を挟む。この地層は地形的にシャラント川の広い沖積谷によって占められる湿った低地を作り易い。

○中部白亜系台地。最初、川の上の急斜面に現れる。D736 道路は最初泥灰質石灰岩中を切り、次に下部セノマニアン期粗粒生砕石灰岩中に入る。更にこの道路は、中部セノマニアン期含厚歯二枚貝類石灰岩中を、最後に含密歯類後期セノマニアン期層中を通る。それからルートは D10 道路と交差し、その付近には幾つかの採石場（Brandard、Abbays、Grand Fief）があり、45°～50°で傾斜するコニアシアン階基底の砂岩およびその下に横たわる礫質および再結晶質後期チューロニアン期石灰岩を見ることができる。前者は上部白亜系地域構造を支配する主要断層によりここに出現している。

○種々のセノニアン統による地形：D10 道路のすぐ南のコニアシアン階からなる緩やかな斜面；サントニアン階凹地（Petite Champagne）；谷により明瞭に開削された緩やか

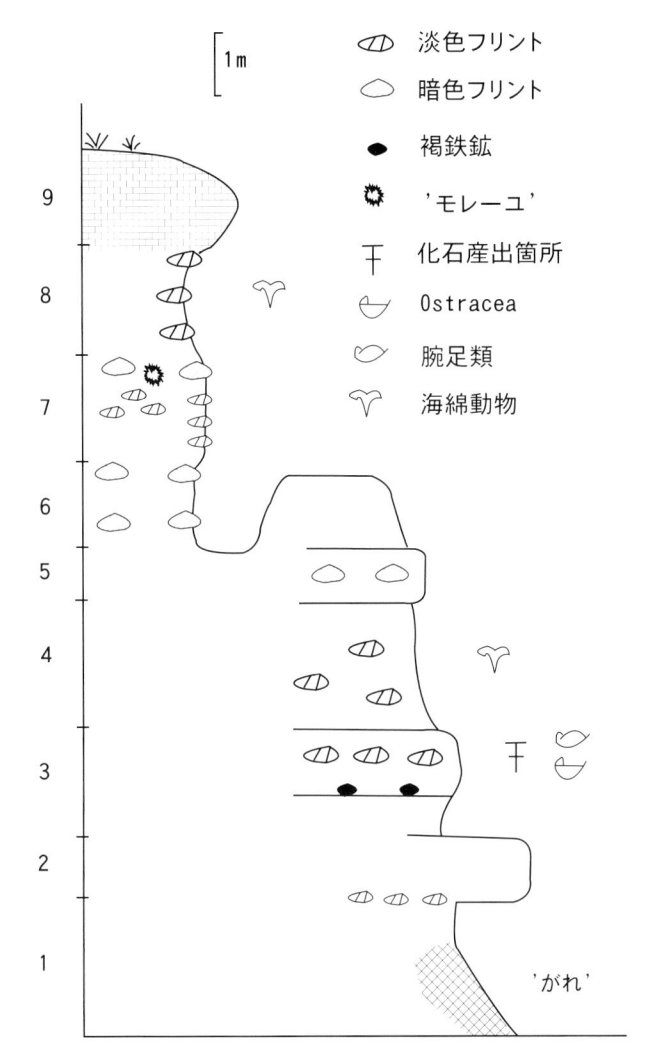

第 82 図　Les Arctvoux の崖断面図
1: 砕けやすい、上部に明瞭なフリント縞を伴帯灰白色石灰岩（地下採石場入口）。
2: 地下採石場の天井を形成する岩相。
3: 強く凍結破砕作用を受けた粘土質石灰岩、上部ではフリント層を、中部では小さな褐鉄鉱を含む岩石を伴う（上部の化石は、*Rhynchonella vespertilio vespertilio*, Rh. difformis, Pycnodonta vesicularis, Arcostrea zelleri, *Exogyra plicifera* で苔虫類、アンモナイトも報告されている。
4: 分離したフリントと珪化した海綿動物を含む。
5: 暗色フリント層を伴う石灰岩。
6: 白色粘土質石灰岩、上部では暗色フリント層を伴う。
7: 強く凍結破砕作用を受けた白色石灰岩、分離した円味を帯びたフリントを伴う（上部では淡色のフリントとその上の暗色フリント層と晶洞石状をなす'モレーユ'を伴う）。
8: 帯黄白色の凍結破砕作用を受けた石灰岩、円味を帯びたフリントと海綿動物を伴う。
9: 層状で節理の発達した石灰岩

凡例:
- 淡色フリント
- 暗色フリント
- 褐鉄鉱
- 'モレーユ'
- 化石産出箇所
- Ostracea
- 腕足類
- 海綿動物

な連続丘陵からなる一連のカンパニアン階ケスタ。

D736 道路を Segonzac 村に向かって進むと、ルートはシャラント川中部河岸段丘の沖積層を横切り、Mainxe 村を通過する。ここには古い礫採掘場②がある。地表には白色黄土質シルトが分布しフリントを産する。このシルト層は石英および石灰岩礫、砂、石英および噴出岩中礫からなる層を覆っている。この沖積層はフリントとともに大きな哺乳動物相を産する。

Segonzac 村と Saint-Front-sur-le-Né 村の間で、ルートは、地層の中部で、霜で破砕された軟らかい白亜質のコンシステンシーを伴う灰白色石灰岩と、黒い珪質物を伴う小断層とが単調に繰り返すカンパニアン期の地層を通る。

Saint-Front 村からは D731 道路に沿い Arshiac 村の郊外まで行き右に曲がって、D700 道路を Pons 町に向かう。すると間もなく Echebrune 村付近③で、粘土－白亜質石灰岩と礫質－生砕質相からなるカンパニアン階上部に到達する。

Pons 町直前で D732 道路に入って**コニャック**町に向かい Bougneau 村まで行き、D134 道路に入り**サント**市に向かう。ルートは Chanlers 村に着く直前に D24 道路に入り、Les Arcivaux 村経由で**サント**市に到着する。村の端で止まり、丘を取り囲むサントニアン階の崖④を見学する（第82図参照。また 'Guide géologique Poitou, Vendée, Charetes' p.51 も見よ）。

サント市からコニャック町まで

D24 道路を通って**コニャック**町に向かい Chanlers 村の東の交差点まで行き、左に曲がって Coran 川に沿った D134 道路を Saint-Bris-des-Bois 村に向かい、Saint-Cesaire 村まで行く。Saint-Cesaire 村の採石場には Coran 川を横切った複数の立入れがある⑤。最も完全な断面は左側の壁にあり許可を受けて見ることができる。道路の反対側の事務所で申し込めばよい（'Guide géologique Poitou, Vendée, Charetes' の p.29、fig.34 参照）。

ここで、次の４つの岩石層序と動物相を見ることができる。

○採石場の最下部は上部チューロニアン階の軟質および礫質、場所により全く塊状の石灰岩が壁に数 m の厚さで露出している。地層の一部で、薄層あるいは板状の地層が挟まれているのが認められる。

○早期コニアシアン期の地層がチューロニアン階を覆う。不連続を示す厚さ数 cm の酸化海緑石粘土の縞が両者を分離している。このコニアシアン期層は、酸化の程度により帯緑色から帯黄色に変化する斜交層理を伴う砂質塊状の岩石からなり、とくに頂部には、ノジュールとコンクリーションが認められる。この砂は優れたガラス原料となる。

○中部コニアシアン階が 10 数 m の厚さの石灰岩の崖を形成している。これには、緻密塊状の壁を伴い、ノジュールを含む帯が認められ、カルスト化作用によって、サントニアン期の脱方解石作用起源のフリント質粘土で充たされた割れ目と流失部が発達する。

○上部コニアシアン階は、時に粘土質および海緑石質の、厚さ 5m、霜により破砕された軟質の石灰岩によって代表される。石灰岩中に、ウニ類、苔虫類の遺体化石およびとくに牡蠣を含む貝殻質石灰岩の層準が認められる。

D131 道路に沿って D731 道路との交差点にある Burie 村まで行き、右に曲がって**コニャック**町の方へ 500m、旧 Burie 鉄道駅まで行く。Malakoff と呼ばれる所に厚歯二枚貝類を含む中部セノマニアン期の地層を道路用石材として掘る採石場⑥がある。採石場には白亜質で中位の厚さの石灰岩の壁があり、多数の不規則な節理が発達して、一部で深い割れ目を形成している。その外側の地層は不均質で透明方解石が結晶しており、下部には稍粗粒の層準が認められる。注目すべきものは、生物砕屑遺体化石、ペレットイド、有孔虫類である（'Guide géologique Poitou, Vendée, Charetes' の p.47 参照）。

Burie 村と Brizambourg 村の間では、中部および下部セノマニアン階を見ることができる。この地層は砂層からなり、厚歯二枚貝類を含む石灰岩を伴う。

D731 道路を Burie 村まで戻って更に Pouvet 村まで行く、そこで右へ曲がり Peu Deis の丘⑦に向かう。一時的な砂採掘作業により下部セノマニアン期層の砕屑物層準が暴露され、ここで見ることができる。採掘場では、底部から頂部へ次のような層が認められる：黄色砂層、葉片状粘土層、石灰質ノジュールを伴う泥灰岩、最上部のエクソギラとオルトリナを含む板状石灰岩。

　D731 道路を Saint-Hilaire-de-Villefranche 村まで行き交差点を右に曲がって D150 道路を通り Saint-Jean-d'Angély 町に到着する。Saint-Jean-d'Angély 町と Rouillac 村の間では、コニャックのブドウ畑は、一般にジュラ期末の炭酸塩岩上に分布する。

　ここでは、キンメリッジアン期層が出現し、層厚 300m、次の 2 単位からなる。
○厚い炭酸塩岩で代表される下部キンメリッジアン階、局部的に生物起源堆積物で終わる。
○灰色泥灰岩を伴い、生砕質および粘土質石灰岩からなる上部キンメリッジアン階。

　Saint-Jean-d'Angély 町の北西約 15km の Les Chénales（Bernay 地域）と呼ばれる所には、上記の地層が道路の切り通しに露出している。キンメリッジアン期末期の地層は、緻密な生砕質塊状石灰岩、粘土質石灰岩、lamellibranchs およびアンモナイトを伴った泥灰岩からなる互層である。この地層の最も典型的な露頭は Saint-Jean-d'Angély 町の南方、旧鉄道線路の所にある Fossemagne 村の切り通し⑧に見出される。

　ポートランディアン期の地層は、側方相変化を示す 4 つの主要単位からなる。この階の基底は、Angoulême 市と Rouillac 村の間にあり、厚さ約 20m の魚卵状および生砕質含ネリネア石灰岩である。この地層は、頭足類を含む厚さ 30m の石灰岩によって覆われている。この石灰岩内では、細粒の石灰岩と多数の生砕質層準を含む粘土質石灰岩とが互層をなす。動物相は、基本的に弁鰓類（籠莢— *corbula* —、*cardium*、*mytilus*、*arca*、*cyrena* 等）および頭足類（*gravesia*）からなり、主として地層の基底部に集中している。含 gravesiae 石灰岩の最良の露頭は、Saint-Jean-d'Angély 町の南の鉄道切り通しにある。

　上記の大量の籠莢類によって特徴付けられる前蒸発相は、白亜質、細粒、僅かに粘土質の部分を伴う白色板状の石灰岩とこれと互層をなす葉片状、ラメラ状石灰岩からなる。

　ジュラ紀末の海退は、蒸発岩を挟む緑色および黒色の粘土岩（パーベッキアン相）の堆積によって記録されている。

　Saint-Jean-d'Angély 町から D939 道路を通って Matha 村に至り、D121 道路に入って Thors 村まで行く。次に D22 道路を経由して Bréville 村へ、最後に D48 道路を通って Orlut 村に到着する。村の南に Champblanc 石膏採掘所⑨がある。Garandeau 社の事務所で見学の許可を受けると良い。

　地層の詳細は 'Guide géologique Poitou, Vendée, Charetes' に記載されている。p.45 〜 p.46 のルート No.2 を参照されたい。要約すると、この地点でパーベッキアン期層中には、灰色ないし黒色の泥灰岩（現場で '石けん石' と呼ばれる）を含む泥灰岩層に挟まれ、主として粒状石膏からなり、繊維状石膏を伴う 2 つの塊状石膏鉱床を産する。

　キンメリッジアン期およびポートランディアン期の地層の岩相変化は、穏やかに起伏

する凹地、ケスタ、台地など地域の地形に強い影響を与えている。コニャック地域の含 gravesia 板状石灰岩は、穏やかに南西に傾斜し、静かに起伏する平板状の乾いた風景を与え、一方石膏を伴う泥灰岩層は、西部 Pays-Bas 凹地のような形を作る。

14.3　コニャックと料理

　コニャックは、地域外の特別料理でさえ、料理の味に応じて食事のどんな段階でも飲むことができる。またコニャックは、多くの種類のソースに香味料として用いられる。

　また、テーブルに着く前に、貴方は、食欲を増すために赤または白のピノウ酒を飲むことができる。

　多くのアントレは、コニャックの味と良く調和する。とくにパテとパイは良い：雷鳥、小さな猟鳥のパテ（多分"ラブレー風パン皮包み―en croûte à la rabelaisienne―"として供される）、フォアグラ付きやましぎ（多分"Fin Champagne 風"）、トリュフ付きの兎、美食あひる、兎のテリーヌ、猟鳥のパイ"ヴォージュ風"等のアントレ。

　シーフード料理の中では、海老コニャック・ソース添え、ロブスター・スフレ、"Moitrier"（食品会社の名前）のスープあるいはタンバル、ホタテ貝の"アラモリク風― a l'armoricaine ―"、ザリガニのクリーム和え、"Hippocampe"（レストランの名前）の舟形ペーストリーまたはカーディナル・ソース付きトースト、ロブスターのクリーム和え、"ダンケルク風― de Dankerque ―"グラタン、"泳ぐシェルブールの貴婦人風― en Demoiselles de Cherboug à la nage ―"グラタンなどがコニャックに合う。

　コニャックは、また、ササウシノシタの切り身料理"Syla"、"船頭風―à la batelière―"ブリーム、"ディジョン風―à la dijonnaise―"最高のカワカマス料理などのある種の魚料理の風味を引き出すのを助ける。

　しかし、コニャックがフランス料理芸術の最高の伝統の中にあり、料理評価の頂点にある時、実はコニャックは家禽、猟鳥、猟獣の肉と組んでいる。

　そこで我々は、次の料理を推薦することができる：蒸し煮したアヒルの子に Poitou 地方産蕪または新サヤエンドウの付け合わせ、鶏の"コニャックあぶり焼き"、吊しおきあるいは調味料詰めしたホロホロチョウ、蒸し煮あるいはライス添えした Bresse 地方の鶏、調味料詰めした鶏の伝統的シチュー（蒸し焼き肉）、"大公― Archiduc ―"あるいは"美しい水車―Belle-Meunière―"の鶏、"鶏の白ワイン煮―coq au blanc―"、"シャラント地方のグラタン―gratiné à la Charantaise―"。

　次の料理も試みると良い："流行の―à la mode―"あるいは"ブルゴーニュ風―à la bourguignonne―"ビーフ、蒸し煮尻肉ステーキ、Marie のトゥルネード、仔牛の腎臓"ブルボネ風― bourbonnaise ―"あるいは"樵風炙り焼き― flambé à la forstiere ―"、子山羊のソテー"猟師風― chasseur ―"、羊の足、蒸し煮仔牛のレバー"Briade 風―à la Briade ―"または"ベニス風―à la Vénitienne―"。

　最後にはまた次の料理もある：ヤマシギまたはキジのラグー、串焼きまたはブドウ添

えウズラの "Fin Champagne 風"、ヒバリの "Du Guesclin 風"、詰め物をしたヨーロッパオオライチョウのフォアグラ添え、キジの "Bellevue 風"、小さな猟鳥のカナッペ、兎の鞍下肉のタラゴン添えまたは "Braconnière 風"、野兎鞍下肉のクリーム和えまたはクワの実添え、兎の "Duchambey 風" または "Mère Marie 風"、干しスモモと壺で煮た野兎、ヤマウズラのソーセージ "樵風"。

野菜の中では、コニャックの中にキノコを入れることが、贅沢なサービスとして評判を得た：Maderia のトリフ、トリフの驚き "皇帝風― a l'impériale ―"、コニャックの中のおいしい野生キノコ。

多くのデザートがコニャックと良く合う：干しスモモ入りビスケット、ケーキ "ボルドーの王様―des rois de Borrdeaux―"、カステラ入りプディング、パンケーキ、ジャムオムレツ、コーヒークリーム、リンゴとライスのメレンゲケーキ、フルーツフランベー。

食事の後、ブランディーグラスを手の窪みで揺らしながら暫し暖めた最高のコニャック Fin Champagne を楽しみ、コニャックのブーケを口に保とう。これは用心のため最も必要なことである。

参考文献

地質学

Guide géologique Poitou, Vendée, シャラント' (1978)（Poitou, Vendée, シャラントの地質案内） by J. Gabilly et al., Masson, Paris.（とくに P. Moreau による tour 2 を見よ）

Coquand, H. (1857) Sur l'influence du sol dans la production des diverses qualities d'eau-de-vie（ブランディーの品質変化への土壌の影響）, Bull. Soc. géol., Fr., 14, p.885.

ワイン醸造学

Coquillaud, H. (1964) Le Cognac, chef d'oeuvre du sol de France（コニャック、フランスの土壌の傑作）, Rev. géogr. industry. Fr. La Charente, No.69, pp.78-82.

Lafond, J., Couillaud, P. and Gay-Belile F. ― Le Cognac sa distillation（コニャックの蒸留）, Baillère, Paris.

15　ロワール地方　*Loire*

　ロワール渓谷のブドウ畑は、面積約 42,000ha、年間約 1,500,000hl のワインを生産する。その約 90% は、公認された名称（AOC または VDQS）の産地からである。これらのブドウ畑は、パリ盆地の南部と南西部、および Armorican 地塊南部の中心地域においてロワール川の両岸およびその支流（例えば Loir 川、Cher 川、Vienne 川、Layon 川、Sèvres-Nantaise 川）の下流部に沿って分布している（第 83 図および第 84 図）。

　第四紀最終氷期の後、5,500 年前、完新世の大西洋相中に野生のブドウが花粉図上に再び現れた（Planchais, 1972）。

　ロワール渓谷におけるブドウ栽培の最も早い記録はガロ・ローマ時代に遡る。5 世紀および 6 世紀には、ブドウ栽培は、Orlèan 地区の Saint Mesmin 修道院、あるいは Tours 市の Saint Martin's 修道院などの大修道院の周辺で発展した。修道士は宗教的および医療的用途のためにワインを作った。Tours 市の Gregory（6 世紀）はその著書'フランク族の歴史'において、Anjou 地区およびナント（Nantes）市のブドウ畑が被る自然および人的災害に関して述べている。

　その後、ブドウ畑の拡張と運命は、商業の気まぐれの対象となった。世紀の変わり目まで通行可能であったロワール川は、ブドウ新品種の導入促進と輸出ワイン運搬の鍵の役目を果たした。

　サンセール（Sancerre）町と Orlèan 市の大昔のブドウ畑は本当に有名であった。ブルゴーニュ・ワインの真似をして、オーヴェルニュ（auvernat）種（ピノ・ノアール種）のブドウから作られたワインは、荷馬車によってパリ市やフランドル地方に運ばれた。シュナン種およびカベルネ種のブドウから作られた Anjou 地区のワインは、主としてブリタニアおよびノルマンディー、そして海を越えて英国まで送られた。Touraine 地区からは、地理的位置が輸出に適さず、その生産物を売るのが困難であった。

　16 世紀ルネッサンスにおけるこの地方出身の Rabelais、Ronsard、Bellay のような作家・詩人は、優美なもの、繊細なものから霊感を得たが、また、ワインの多くの美点を賞賛してその品質強化を鼓舞した。

　17 世紀および 18 世紀には、フランスの人々のワイン消費量が増加した。外国との貿易は主としてオランダとの間で行われた。オランダは、品質の高い白ワインばかりでなく毎日飲むためのワインとオー・ド・ヴィー（eaux-de-vie）も購入した。ワインの生産は需要に適応し、ブドウ畑の立場によって異なった進化をした。

　Orlèan および Blois 地区では、品質の高いワインが、パリ市場における通常ワインの地位を与えられ、ヘンリー 4 世以来の王権による庇護を放棄した。ブルターニュ州 Ingrandes 村税関の上流に位置していた Touraine 地区（Vouray 村）および Anjou 地区

（Couteaux du Layon 地区）は、オランダに祝日用のワインを供給した。ナント市付近のロワール川下流地域では、"ブルゴーニュのメロン（melon de Bourgogne）"の名で知られるミュスカデ（muscadet）種のブドウが導入される一方、地方種のグロ・プラン（gros plant）種のブドウは、主としてブランディーを作るのに用いられた。

19 世紀には、ネアブラムシが Orlèan 地区のブドウ畑にとどめの一撃を与えた。他のワイン生産地区も同様に襲撃されたが、20 世紀には大きく回復した。Cher 川地域、**ヴヴレー**（Vouvray）村と**ソミュール**（Saumur）村のブドウ栽培は、17 世紀にシャンパーニュ地方で起こった完全発泡ワインの流行に一部道を譲った。ナント地区産の Muscadet ワインも有名になった。

結論として、Touraine 地区と Anjou 地区の一部のブドウ畑は、緩やかな発展を示したが、Orlèan 地区とナント地区のブドウ畑は主として経済的な理由で衰微してきた。

15.1　ブドウと土壌

原産地

　サンセール町とナント市間の約 500km、ロワール川は、全体的にシャトーの点在するワイン生産地を通り抜けて行く。Broi 市より下流の 3 大ワイン産地は、Touraine 地区、Anjou-**ソミュール**地区、Pays Nantais 地区（ナント地区）からなる。これらは主流の両岸、主流との合流点に近い支流（Cher 川、Vienne 川、Layaon 川、Sèvres 川）の下流部に沿って分布する。AOC および VDQS ワインがここで生産される（第 84 図）。ロワール川に直接する範囲にある Orlèan 地区、Giennois 地区、**サンセール**地区、**プイィ**（Pouilly）地区は第 4 番目の偉大なワイン生産地、中央地区を形成している（第 83 図）。この地区はロワール地方の他の地区に比べて広くないが、一部で極めて有名なワインを生産している。

　ロワール渓谷本流から稍離れた所に他の公認されたブドウ畑が存在するが、土壌が極めてよく似ているためにロワール地方のワイン原産地とされている。これらの原産地には、中央地区における**シャトーメイアン**（Châteaumeillant）（VDQS）および Quincy（AOC）、Touraine 地区における Côteaux du Loir（AOC）および Coteaux du Vendômois（VDQS）、Anjou 地区における Haut-Poitou 大農園（VDQS）がある。

　ブドウ畑が広く散在するため Pays de la Loire 地域圏（ロワール地方）で生産されるワインには多くの種類がある。ロワール・ワインの名声は、比較的限られた区域（**サンセール**町、**ヴヴレー**村、Bourguell 村など）で生産される一部の高品質ワインの原産地に負うことが多いが、全地域のワインも新鮮で明るく良いブーケを持ったフルーティーな一般的特性を有している。あちこちに、Tours 市近くの "Nouble Joué" のような多くの由緒あるワイン原産地がある。ワイン生産者は、そのような原産地が自身の主体性を持ち続けるために全力を振るっている。

　ロワール地方は、主として白およびロゼ・ワインを生産している。これらにはごく辛口（Quincy、Sancerre、Muscadet du Pays nantais）からごく甘口で豊かなもの（Coteaux du

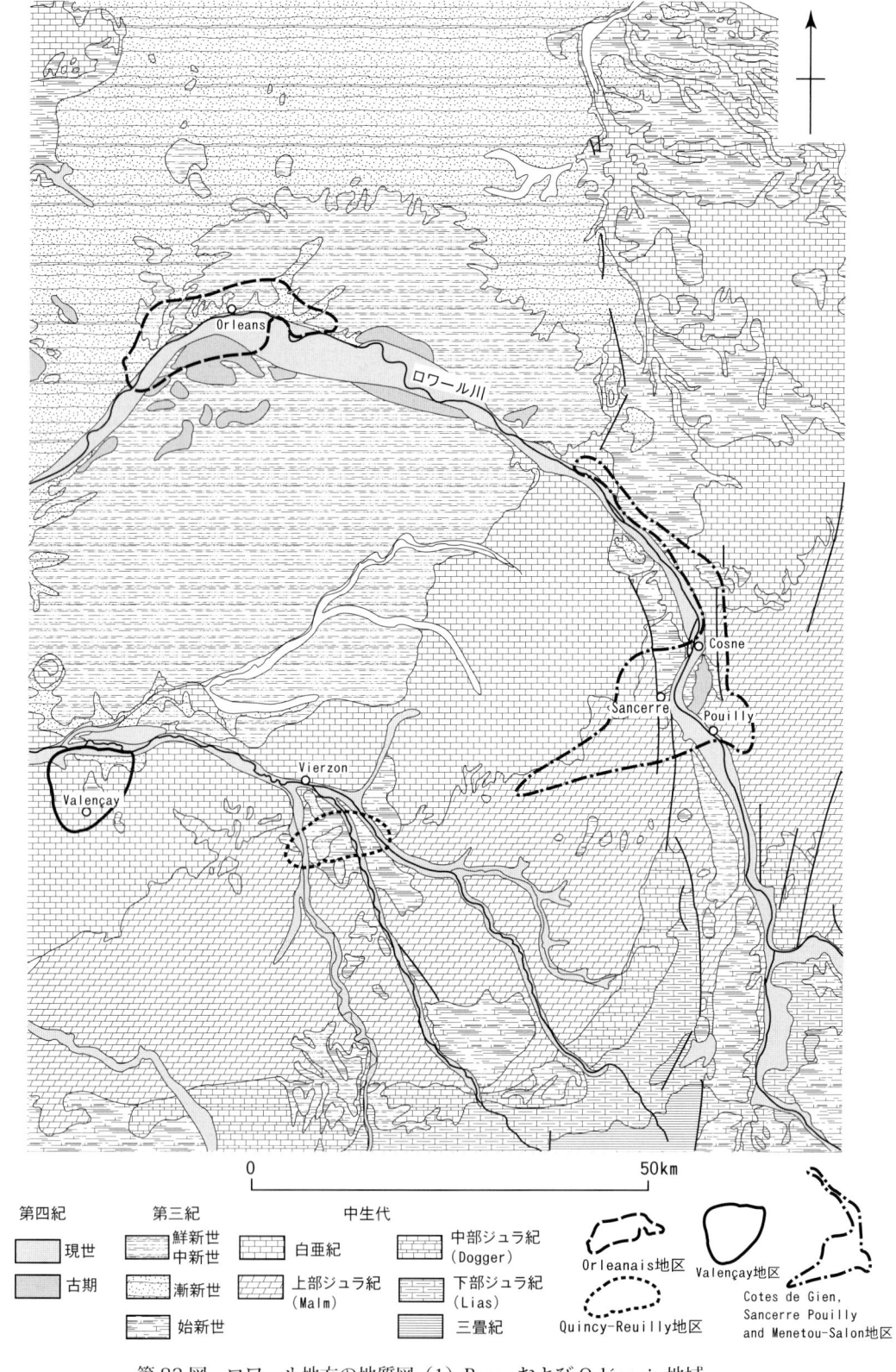

第83図 ロワール地方の地質図（1）Berry および Orléanais 地域

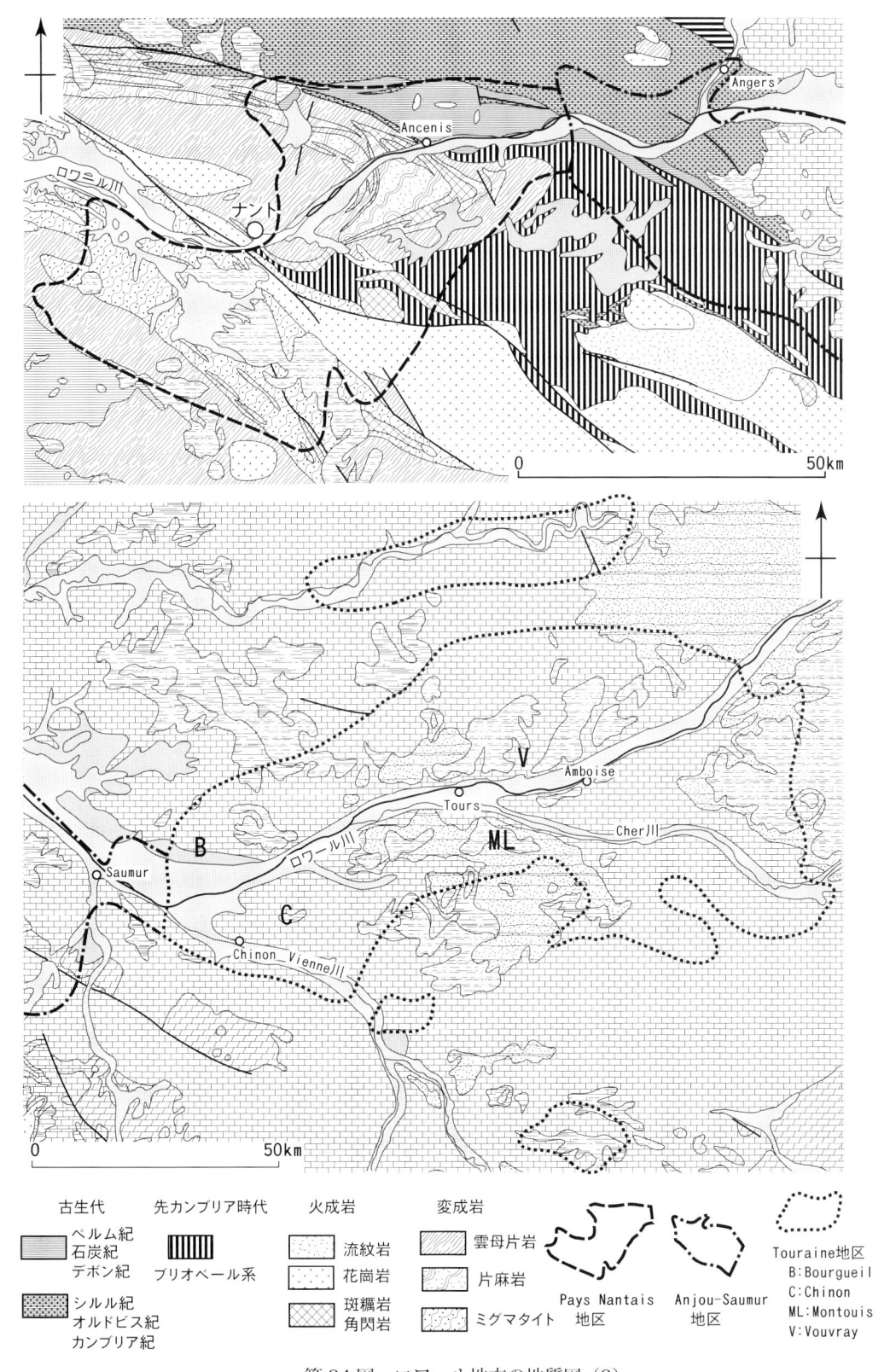

第 84 図　ロワール地方の地質図（2）
Touraine, Anjou, Pays Nantais 地区（第四紀から中生代までの凡例は第 80 図参照）

Layon）まで、また**ヴヴレー**村、**モンルイ**（Montlouis）村、**ソミュール**村のワインのようなその間のあらゆるレベルのものがある。しかし、Touraine 地区 および**ソミュール**村はまた、Chinon、Bourgueil、Saumur-Champigny のような偉大な赤ワインを有する。これらのワインはロワール渓谷の全生産量の約 1/5 を代表する。同様に多数および多種類の発泡またはスパークリング・ワインが**ヴヴレー**村および**ソミュール**村で見出される。

　要約すれば、Pays de la Loire 地域圏は、食前酒からデザートまで食事全段階のためのワインばかりでなく、あらゆる時に飲む渇きを癒すワインまで生産している。

地質と土壌

　ロワール川が流れるワイン生産地は平地であるが時に僅かに起伏があり、平均の標高は 100m 程である。最も著しい起伏は**サンセール**町付近の丘陵で認められ、標高は 350m に達する。ワインに相違点を生ずる 2 つの重要な要素がある。すなわちブドウ畑が分布する地層の地質とそれに由来する土壌の性質である。第 84 図は、2 つの全く異なった地質を示す地域、西部の Armorican 地塊と東部のパリ・ベーズンの地質図を示す。

○ Armorican 地塊：Anjou 地区の一部とナント地区の大部分のブドウ畑は、先カンブリア時代および古生代の噴出岩、変成岩、堆積岩上に分布する。これらの示す褶曲構造はカドミア造山運動およびヘルシニア造山運動によるものである。この地域におけるブドウ畑の土壌は、主として溶脱褐色土、酸性褐色土、溶脱または未発達（漂流または浸食）土壌である。土壌に含まれる礫は多くの場合暗色であり、従って蓄熱効率が良く、ブドウの温度上昇を促進する。

○ パリ・ベーズン：中央地区、Touraine 地区と Anjou 地区の一部のブドウ畑は、数 100m あるいは 1,000m 以上の深さにある基盤を覆って発達した中生代および新生代の砕屑性または石灰質起源の堆積岩上に分布する。この堆積岩層上の土壌は変化に富んでいる。ブドウ畑が通常分布する急斜面上の浅い浸食土壌に加えて、石灰質原岩上の一般的な土壌型は、レンジナ、褐色石灰質土壌、褐色土壌である。溶脱およびポドゾル性土壌は、珪質岩上にしばしば発達する。ブドウ畑は、高品質のブドウを栽培するには粘土が多すぎ、湿度が高すぎる Sologne 地域の中新統を除いて、南部パリ・ベーズンの大部分の地層と土壌を覆って発達する。

気候

　Pays de Loire 地域圏産ワインの主な性質は、おおよそ気温と湿度を総合した気候に左右される。Tours 市の冬季気温 0℃、夏季気温 25℃、年平均気温 11℃、初夏は一般に好天であるが雨は年間を通じて降り年平均降雨量 650mm である。これはシュナン・ブラン種のような晩熟のブドウに好適である。

　気候は西から東に向かって微妙に変化する。ナント市周辺では、秋季は海洋的な気候であり穏和で湿度が高いが、**サンセール**町周辺では、大陸的な傾向を有し、早霜が見られる。

丘陵斜面の方向性に伴う微気候もまた鍵の役割をなす。これら要素の組み合わせによって、ブドウ品種の分布に観察される経度累帯を説明することができる。

ブドウ品種

　ロワール渓谷では多くの品種のブドウが栽培されている。あるものは地域特有の品種であり、かつてロワール川付近で野生していたブドウから最良のものを選んで発展した。また他のものは、過去のいろいろな時代にフランスの他地方（ギュイエンヌ－ Guyenne －地方、ブルゴーニュ地方）から導入された。

- シュナン・ブラン種または"ピノー・ド・ロワール（pineau de Loire）"種：これは、ロワール地方の品種"優れもの（par excellence）"であり、他地方では知られていない。この品種はとくに Anjou 地区と Touraine 地区で広く栽培され、これらの地区ではこのブドウから非常に良く知られた白ワイン（Couteaux du Layon、Vouray、Jasnière）が作られている。これらのワインには微気候、収穫法、醸造技術によって辛口から甘口のものまである。シュナン・ブラン種は晩熟であり、比較的土壌に関して要求が厳しくないが、セノニアン世のフリントを伴う粘土層（地方名"perruches"）から形成された急傾斜上の礫質粘土質土壌、または古生代の頁岩－砂岩層からの土壌に良く適合する。
- ソーヴィニオン（sauvinion）種：この品種もまたロワール渓谷に起源を有する。これは早熟種であり、大陸性の気候を好む。この品種のブドウは、とくに中央地区のブドウ畑で認められ、これから有名な Sancerre 白ワインが作られる。Touraine 地区より西ではほとんど栽培されていない。この品種は、ジュラ紀石灰岩または第四紀沖積層上の急速に暖まる空隙質の土壌を好む。
- ミュスカデ種または"ブルゴーニュのメロン"種：この品種は 17 世紀にブルゴーニュ地方からナント地区に導入され、現在この地区の主要品種になっている。この品種はロワール地方の他地区では事実上知られていないが、海洋性気候に良く適合する。種々の土壌で栽培され早期の収穫後軽い白ワインを多量に生産している。
- グロ・プラン種または"フォル・ブランシュ（気違い白）"種：この品種は、ナント地区で長い間確立してきた自生品種であり、一般に礫質の土壌を好み、非常に淡い色の辛口白ワインを少量生産する。
- シャスラ種：これは、ロワール川沿岸のほとんどあらゆる所、とくにこの品種に最も適した大陸性気候の Pouly-sur-Loire 町で見出されるが、広く栽培されている品種ではない。このブドウからは、醸造後早い時期に飲める白ワインを作っている。
- シャルドネ種：高品質の白ワイン用ブドウ品種でブルゴーニュ地方原産である。この品種はかつてロワール渓谷から Touraine 地区まで良く知られていたが、現代ワイン生産からほとんど脱落し、今や Orlèan 地区に評価可能な量が見出されるのみである。
- カベルネ・フラン種：この品種は、ボルドー地方のブドウ畑から Basse Brutagne の港

経由で導入されたため、地域的には"breton"種という名で知られる。ロワール川沿岸の多くの場所で産し、この品種の北限を形成している。これは、Orlèan 地区のブドウ畑まで見出されるが、晩秋期にしばしば日光に恵まれ低雨量の Anjou 地区と Touraine 地区が、晩熟傾向のこの種のブドウにとって最良の場所である。またこの品種は、チューロニアン期のトゥファを覆う第四紀の礫質石灰質沖積砂層を好む。カベルネ・フラン種のブドウからは、注目すべき香を有し、タンニンに富む赤ワイン（Chinon、Bourgueil、Champigny）が作られ、また、時にロゼ・ワインが作られる。

- カベルネ・ソーヴィニオン種：前述した品種と同類の品種、しばしば同じ地域で見出される。これは主としてロゼ・ワイン用とされる。
- ガメイ種：早熟品種である。このボジョレー地方で異議無く王様として認められている品種は、Pays de la Loire 地域圏（Touraine 地区、Giennois 地区、**シャトーメイアン**農園）において広く産し、最高品質のワインを作るのに適さない露岩の少ない粘土質土壌を好む。この品種のブドウからは、醸造後早い時期に飲める赤ワインが作られる。
- グロロ（groslot）種：主として Anjou 地区と Touraine 地区で栽培される。このブドウは砂質・礫質土壌を好み、発酵してロゼ・ワイン（Rosé d'Anjou）になる。
- コット種：この優れた品種のブドウは、ボルドー地方ではマルベック種という名で良く知られている。これはある赤ワインの増量のため、あるいはグロロ種とともにロゼ・ワイン（Azay-le-Rideau）を醸造するために Touraine 地区で栽培されている。
- ピノー・ドーニス（pineau d'Aunis）種またはシュナン・ルージュ（chenin rouge）種：シュナン・ブラン種と関係してピノー・ドーニス種は、ロワール地方のもう 1 つの典型的品種である。この品種のブドウは、事実上ロワール渓谷に沿う石灰質および粘土－珪質斜面に限って分布し、非常に個性的な赤ワインとロゼ・ワインを作っている。
- ピノ・ノワール種：これはかつて中央地区、とくに Orlèan 地区のブドウ畑で栽培されたが、現在でも Pays de la Loire 地域圏は、ブルゴーニュから来たこの高貴な品種の少数の残留例を有する。Sancerre 赤ワインはその典型的例である。
- グリ・ムニエ（gris meunier）種：このピノ変種は Orlèan 地区およびシャトーメイアン農園のピノ・ノワール種から引き継いだものである。そこでは種々の地層に適応しており、かなりの生産性を示している。この品種からはヴァン・グリ（灰色ワイン）として知られる淡色のロゼ・ワインが作られている。
- ピノ・グリ種：ロワール地方では、"マルヴォアジー"（またはマームジー）種という名で知られるこの品種は、アルザス地方ではトケー種と呼ばれている。この品種のブドウはすべてロワール渓谷に沿った幾つかの村で見出され、この地域における先祖伝来のワイン生産に用いられたように見え、ピンクがかった白ワインが作られる。グリ・ムニエ種とピノ・ノワール種とともにこれは "Noble Joué" のような極めて個性的なロゼ・ワインを作る。

多数のブドウ品種に加えて、この地方のワイン生産者は、彼ら自身の個性に意を用いて

いるので醸造方法に大きな違いが存在し、伝統は幾世紀の間の色鮮やかな歴史に根ざしている。このことによって、多くの偉大な"クリュ"ばかりでなく多くの魅力的な地方ラベルのワインの存在を説明することができる。

ロワール渓谷のワイン生産に含まれる地質的、土壌的、気候的、生物的、人間的要素が極めて変化に富むことを、明らかに見てとることができる。ある場合には2,000年近い間これらの要素が観察され、経験を通して濾過され、巧妙に組み合わされ、経済的要求に適応してきた。これがこのように価値あるワインの存在する理由である。これらは華麗な王権と小作農階級の勤勉な実用主義との結合による歴史に根ざす文化遺産の一部である。

15.2　旅行案内

ワインをそれが生まれた所で飲むより大きな楽しみはない。以下に5ルートの旅行を推薦するので、これに沿ってロワール渓谷の主要なブドウ畑を訪問し、その地質状況を検討する。

15.2.1　プイィ＝スュル＝ロワール（Pouilly-sur-Loire）地区－サンセール地区－ Quincy 地区

プイィ地区、**サンセール**地区、Quincy地区のブドウ畑は、フランス中央部で最も知られたワイン生産地域である。これらの地区はVDQSの資格を有するVins de l' Orlèanaisおよび Coteaux du Giennois、AOCのMenetou-SalonおよびReuillyなどの産地を含む。

これらBerryおよびNivernais地域における特徴的なブドウ品種は、ソーヴィニオン種である。このブドウからは、力強く良い香の辛口白ワインが作られる。このワインはシーフードおよび魚ばかりでなく、調理済みソーセージおよびある種の肉とともに供される。その場での試飲では通常山羊チーズと一緒に飲む。ソーヴィニオン種のブドウから作られたワインのブーケと風味はブドウ畑ごとに異なる。これはこの品種のブドウが、日射方向に極めて敏感で、またとくに土壌の性質に良く反応するからである。

この地域の気候は、大陸的で穏和であり、西部のロワール渓谷に比べて季節の違いが際だっている。平均気温は夏季の25℃と冬季の－1℃の間である。雨量は標高により600mmから800mmまで変化し、優勢な風向は北東方向である。丘陵の傾斜方向による微気候は、千差万別である。

プイィ地区と**サンセール**地区のブドウ畑は、Nivernais地域のロワール川の両側に分布し、350m程の高さの絵のように美しい丘陵地帯である。ここは南部に露出するジュラ紀層と北部に分布する白亜紀層との接触部である。地域の地質は、現在流れているロワール川を通るグラーベン構造を形成した南北方向の断層によって複雑になっている。

最良の土壌は、キンメリッジアン期層上にある。この土壌は石灰質、一般に浅く礫質である。また、丘陵の傾斜によってレンジナあるいは褐色土壌が存在する。東および南東に向いた斜面は、早霜の危険があるためブドウ栽培に適さない。**プイィ**産地と**サンセール**産

地のワインは、際だった良い香と繊細さを有する。

　Quincy 地区のブドウ畑は、Vierzon 市の上流約 15km の Cher 川沿いに分布する。地形は比較的平坦で、基盤のジュラ紀層は始新世および漸新世の湖沼成石灰岩に覆われている。ワイン生産地は主として湖沼層を覆う第四紀砂層と沖積礫層上に分布する。これは、土壌が珪質－溶脱質であって**サンセール**地区周辺の土壌と大きく異なることを意味する。ソーヴィニオン種のブドウが、ここでは**プィ**地区と**サンセール**地区よりも控えめなブーケを持ち新鮮で極めて辛口のワインを作っている。

　Pouilly-Fumé ワインはソーヴィニオン種のブドウから作られる。その香はじゃこう質および香辛料質であり、良く熟成される。**プィ**地区で生産されるワインの 4/5 をこのワインが占める。Pouly-sur-Loire ワインは、シャスラ種のブドウから作られるが、ときにソーヴィニオン種のブドウが加えられる。このワインは醸造後早い時期に飲まれる。シャスラ種のブドウは始新世の粘土質―珪質土壌で栽培されるのが最も良く、その場合フリント質の風味を獲得する。

プィ・スュル・ロワール地区

　プィ町から Cosne 市に向かって A77 道路を進む（第 85 図）。町を離れた直後左に曲がって D153 道路を Les Loges 村へ向かう。道路は、後期キンメリッジアン期の Exogyra virgula を含む泥灰岩および石灰岩からなり、西または西南に面し、露光の良い斜面に分布するブドウ畑の間を曲がって行く。ここはソーヴィニオン種ブドウの地域である。土壌の表面は礫質であるが、全体としては粘土質で非常に良く湿度を保っている。Les Loges 村から下りる道でロワール渓谷と白亜系と始新統からなるサンセール町周辺の丘陵の壮大

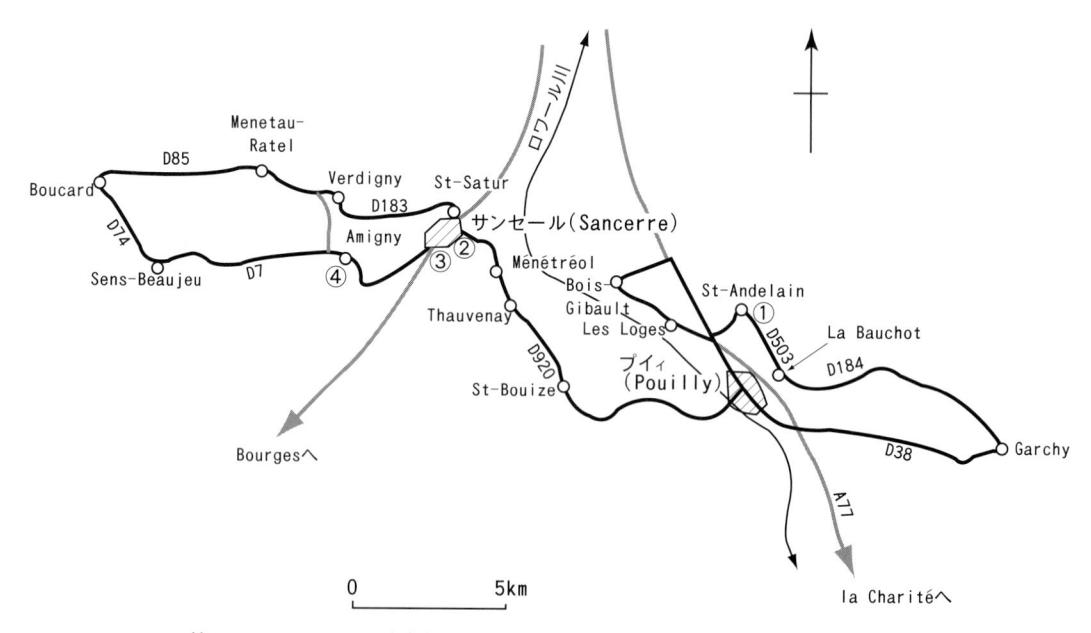

第 85 図　ロワール地方旅行案内図（1）プィ地区－サンセール地区

な景色を楽しむ。

　Les Loges 村で鉄道橋の下をくぐって、D243 道路を右に向かう。道路はロワール川に沿って進む。右側には、ブドウ畑が極細粒ポートランディアン期石灰岩の上に広がっている。土壌表面には、ロワール川の沖積層から風によって運ばれた細かい砂の破片が、石灰岩片と混ざっているのが認められる。

　Boisbigault 村から D247 道路に沿って A77 道路まで進み、それから**プィ**町に向かう。道路の左側には、珪質の始新世'がれ'に覆われたキンメリッジアン期泥灰岩からなる Saint-Andelain の丘陵が見える。**プィ**町に着く直前に Les Loges 村へ向かう道路との交差点があり、そこを左に曲がって D153 道路を Saint-Andelain 村に向かう。丘を登るに従って我々はソーヴィニオン種ブドウの植えられた泥灰質の土壌を後にし、シャスラ種のブドウに適した珪質の土壌に入ることになる。村に到着する前の交差点付近①のブドウ畑の間の'がれ'（始新世の沖積環境で形成された円味を帯びたフリントおよびフリント質破片）に注目すること。

　そこから右に曲がって Le Buchot 村へ向かう。丘陵の東斜面は、春霜の危険があるためブドウ畑がまばらである。Le Buchot 村に着くと、我々は暗褐色泥灰質土壌を離れ、より乾燥した中期キンメリッジアン期硬質石灰岩（astarte 石灰岩）の分解によって形成された "caillotes（かたまり）" と呼ばれる赤褐色土壌に入る。Le Buchot 村を過ぎると、早期キンメリッジアン期極細粒石灰岩（Tonnerre 石灰岩）に遭遇する。

サンセール地区

　我々は、かなりな急斜面を持った丘陵とロワール渓谷の風景を示す**サンセール**町周辺の魅力ある田園を一度見ることにしよう。これらの地形は、西方の上部ジュラ紀層によって形成された丘陵（ケスタ）および2つの南北性断層（Sancerre および Thauvenay 断層）によるものである。この断層により落ち込んだ東側の白亜系、始新統と西側のジュラ系が相接している（'ロワール川の地質案内（Guide géologique Val de Loire）' p.49 参照）。

　サンセール地区はまた、その名声を赤ワインとロゼ・ワインの原料であるソーヴィニオン種およびピノ・ノアール種のブドウ畑に負っている。そこには地区の魅力に加えて、中世風の街路と料理旅館を有する**サンセール**の町がある。

　プィ町の中でロワール川を横切り D59 道路を行き、さらに D920 道路を**サンセール**町へ向かう。道路はロワール渓谷の西斜面の基底部に沿っている。Saint-Bouize 村を越え、Thauvenay 村で2つの断層のうちの最初の断層を横切る。この断層は東のアルビアン期砂・粘土層と西の上部キンメリッジアン期泥灰岩との接触部になっている。

　Ménétréol 村の運河に掛かる橋を渡ったら左に曲がる。Sancerre 丘陵の東斜面を登り、教会を過ぎると陸橋の下に来る。少し行くと**サンセール**町への道標が見える（D307 道路）。Thauvenay 村と Ménétréol 村の地域では、比較的露光条件が良くないにも拘らず斜面の下部を形成する泥灰岩と石灰岩（上部ジュラ系）上にブドウ畑が分布している。ブド

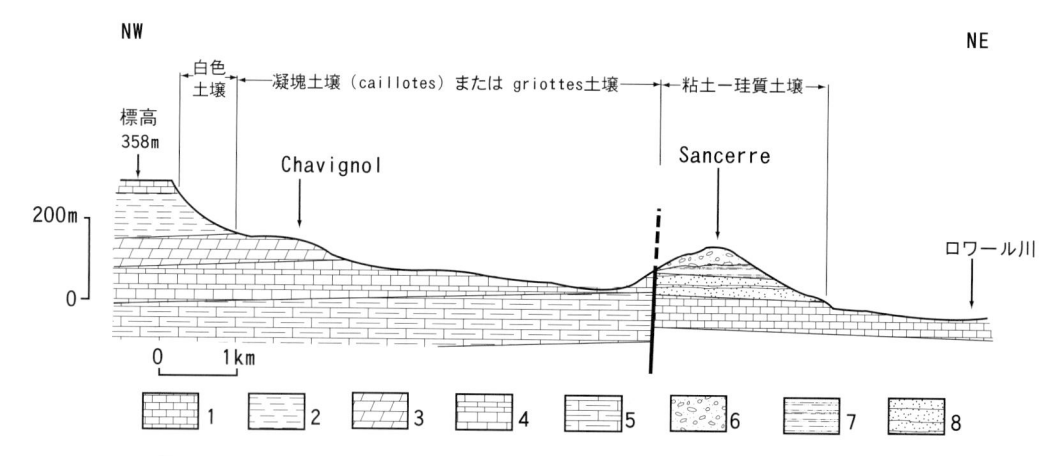

第86図 ジュラ紀層のケスタ断面および Sancerre 断層による地形の反転
1. ポートランディアン期石灰岩、2. 上部キンメリッジアン期泥灰岩（Exogira virgula を伴う）、3. 中部キンメリッジアン期 Astarte 石灰岩、4. 下部キンメリッジアン期 Tonnere 石灰岩、5. 上部オックスフォーディアン期石灰岩、6. 始新世（礫、中礫、硬質珪化礫岩を含む）、7. セノマニアン期、チューロニアン期？層（白亜、泥灰岩、フリントを伴う粘土）、8. オーテリビアン期石灰岩、バレミアン期層、アルビアン期砂－粘土層

ウ畑は、更に下部白亜紀粘土質砂層とセノマニアン期白亜および泥灰岩の上に Orme su Loup の森まで続いている。この粘土質－珪質土壌は、ピノ・ノワール種のブドウにより適しており、ここでは、ワイン生産者が自身の用途のためにソーヴィニオン種よりむしろガメイ種およびシャスラ種を栽培しているがこれにも適している。

　森の端には、右側に小道があり、その道を行くと現在再開発しつつある古い採石場②がある。ここは、丁度ウィンチ越しに見える白亜紀の褐色フリント質粘土層を切り明けている。ここから**サンセール**町、ロワール渓谷、南東の**プィ**地区のブドウ畑など魅力ある景色が眺められる。道路に戻り森の中を登って行き200m 程行くと右側に2番目の小道がある。これを約300m 歩くとゴミ捨て場として使われている採石場③がある。上方の丘の頂上を形成している森林化した崖錐には始新世の礫岩が認められる。これは砂岩様の玉随に富むマトリックスと様々に円味を帯びたフリントの岩片からなる。この岩石は非常に堅く、地形反転の原因となっている（第86図）。

　道路へ戻り、なお**サンセール**町に向かう。森を過ぎると道路は Sancerre 断層を横切る。西に向かって反対側と下のブドウ畑は、早期キンメリッジアン期石灰岩の上に分布する。更に数100m 進み交差点を左に曲がり、直ぐに右側の道路を行くと D955 道路に入る。

　サンセール町に向かって戻り、少し進んだ後 Menetou-Râtel 村に向かう D923 道路に入る。Amigny 村へ行く道路を越え約1km 行くと、**サンセール**地区ワイン生産地の全景が見える所にやってくる④。西から東へ向かって目を向けると次の事実を観察できる（第83図）。

○固いポートランディアン期石灰岩からなる台地の端。この地域は穀物を栽培しているが、石灰岩上には、山羊が群れる牧草地もある。

○同様のポートランディアン期石灰岩により形成されたケスタの上面。非常に傾斜が大きく北風と東風に対する保護を欠くので、この地域ではブドウは栽培されず、一般に休耕地として残されている。
○上部キンメリッジアン期泥灰岩からなるケスタの崖錐。日光に良く曝されている場合には、この斜面上の"白色土壌"はソーヴィニオン種のブドウに適した地質帯となる。このブドウからはブーケを良く保つワインが生産される。
○中部キンメリッジアン期の硬質石灰岩からなり、村々が集まる逆方向と下に向かう山の肩。そこには下部キンメリッジアン期石灰岩との境界に当たる緩やかな地形的高まりがある。断層線を境として下部キンメリッジアン期石灰岩は、前に観察した後期白亜紀または始新世の地層と接する。ブドウ畑はほとんど"caillotes（凝塊）"と呼ばれている乾燥した土壌を形成する石灰岩上に分布する。この土壌から産するワインは早めに瓶詰めにしなければならない。その香はワインが若い時に著しいが、急速に褪せる傾向がある（Bréjoux）。

そこから Verdigny 村および Sainto-Satur 村を経て**サンセール**町に行けば、道路沿いにジュラ紀の地層を観察することができ（'Guide géologique Val de Loire －ロワール川の地質案内－' ルート No.3 参照）、また村では、Sancerre ワインを飲みながら休憩することもできる。

もし希望が強ければ Quincy 地区のブドウ畑を訪問するのも良い。ここでは、ソーヴィニオン種のブドウが沖積層上で栽培されており、土壌は**プイィ**地区および**サンセール**地区のそれとは異なる。

シャトーメイアン（VDQS）ブドウ畑は、三畳紀の砂・粘土層上で栽培されるピノ種およびガメイ種のブドウから作られた"ヴァン・グリ"の名で知られている。その清澄さ、繊細な香、活気に満ちた色によって、VDQS 授与を獲得した。

15.2.2　Touraine 地区の白ワイン

モンルイ村、**ヴヴレー**村、Touraine-Amoboise 亜地区は、大きな Touraine ワイン生産地区（10,000ha）の一部である。この地域は、なお主として軽スパークリングあるいは完全スパークリング白ワインを生産している。これらは年によって辛口、甘口、あるいは極甘口であり、シュナン・ブラン種またはピノ・ド・ロワール種のブドウから作られる。このワインはコース料理の食前酒またはデザート用に供され、また、多くの地域特別料理（ロワール川の魚料理、肉のペースト料理など）を作るために用いられる。

Touraine 地区の気候は、温和で（平均気温は冬 0℃、夏 25℃）稍湿っぽく（年間平均降雨量 650mm）、支配的な風向きは西－南西である。嵐は大部分ロワール川の北側斜面に影響を与え、降霜は森林付近で期待される。

ブドウ畑は主として低い台地に分布する。これらの台地はロワール渓谷と Cher 渓谷の合流点で地形的な切断作用が起こった結果生じている。比較的緩やかな渓谷の側面では斜

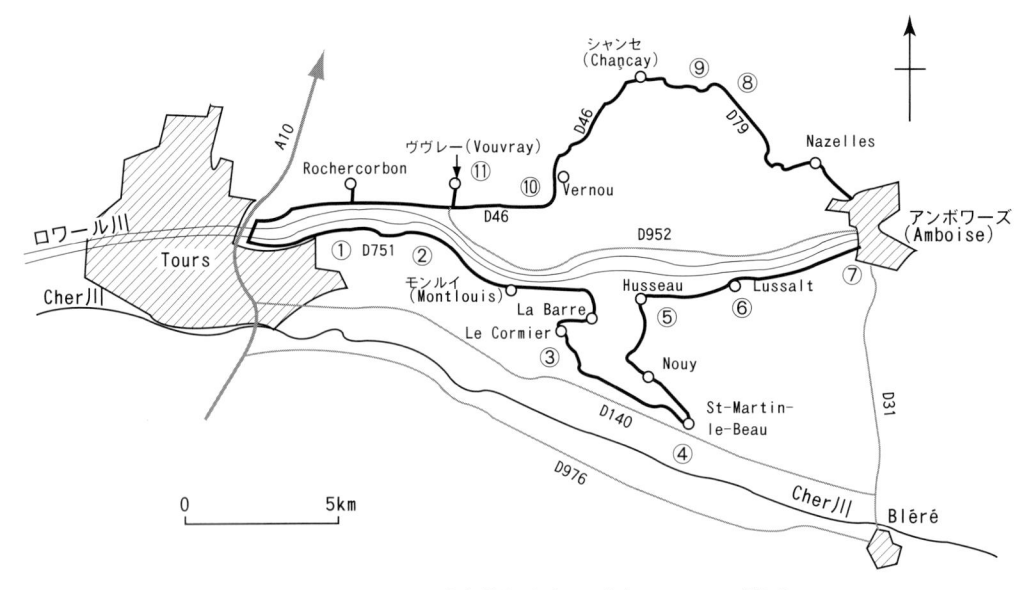

第 87 図　ロワール地方旅行案内図（2）Touraine 地区

面にのみブドウ畑が存在し、そのような所では日射状況が良好である。渓谷の底面は、一般にブドウ畑にとって湿気が多すぎる。

　この地域はチューロニアン期層の標識地であり、また、上部白亜紀海成層準および新生代の大陸成砕屑物層準が露出する。チューロニアン階は、基底の粘土質白亜および中部および上部層準のトゥファ（砕屑性石灰岩）によって代表される。ロワール渓谷ではトゥファは非常に急峻な黄色の斜面を形成している。町や村はこの斜面を背景にして、あたかも洞窟住居を形成しているように岩石中に潜り込んでいる。Cher 渓谷にはセノニアン世の Villedieu 白亜が分布する。上部にはセノニアン世の粘土－珪質層（フリントを伴う粘土）があり台地の端にあるブドウ畑の非常に礫の多い土壌を形成している。

　シュナン・ブラン種のブドウは、土壌の性質に対して選り好みがなく、砂質土壌、フリントを伴う粘土質土壌（"perruches" と呼ばれる）、石灰質土壌（"aubois" と呼ばれる）いずれにも適合するが、重すぎて湿度のある土壌（"bourmais"）だけは適合しない。収穫および栽培手順は農場主ごとに、またブドウが直面している状況によって異なる。このため、**ヴヴレー**村および**モンルイ**村の白ワインは、常に楽しい香があり味も良いが、実際的な細部において非常に変化する。

　事実上トゥファは、ワインの品質に鍵となる影響を及ぼす。トゥファは稍軟らかく空隙質であるが、チャートの破片を多く含み、これによって強く堅実なワイン貯蔵庫を作ることができる。**ヴヴレー**村および**モンルイ**村のワインは、一般に 5 ないし 10 年後にこの中で最高の品質になる。

モンルイ村付近

　Tours 市からロワール川の南岸に沿い**アンボワーズ**（Amboise）町および Blois 市に向かう D751 道路を進む（第 87 図）。道路はロワール川と Cher 川によって浸食された 4.5km の幅を持った谷に沿って走っている。道路が走る堤防は、11 世紀に最初に設けられ、後にルイ 11 世のもとで 15 世紀に拡幅されたたものの一部である。左側に流れるロワール川。その流量（平均 380m^3/s）は、5 つの要素よって季節ごとに変化する。

　道路の右側には、一度氾濫し、現在市場街と穀物畑によって占領されている砂質沖積層地域 "varennes" が分布する。沖積層中の浅い含水層のために土壌の湿度が高く AOC 地域ではないブドウ畑が散在する。第 31 郵便局から数 km のところ①で、ロワール川の北岸（左岸）にあるチューロニアン期雲母質黄色トゥファからなる Rochecorbon 村の崖を良く見ること。

　モンルイ村の②地点まで進む。右側にロワール川と Cher 川を分けている山脚が眺められる。その上のブドウ畑は主として南ないし南西方向に面する斜面の砂質土壌上に分布する。ここから産する白ワインは、**ヴヴレー**村のもの（後述）と同タイプであるが、概してボディーが少ない。**モンルイ**村は、東に向かって上昇する黄色トゥファの急斜面を背景として広がる。村から離れる時にこのトゥファに掘られたワイン協同組合の貯蔵所に注意すること。

　右に曲がって Saint-Martinle-Beau 村に向かう D40 道路に入り、La Barre 村を過ぎたら再び右に曲がって**モンルイ**村に向かう。また 1km 進み、左に入り Le Cormier 村③に着く。我々は、粘土のない第四紀砂質被覆層上に広がるブドウ畑の地域に入ったことになる。この層は、石英礫と珪酸塩岩石を含む早期第四紀の沖積砂と、現世第四紀にロワール川沖積平野の底面から西風によって運ばれた砂の混合物からなる。これらの砂は、肥沃でない排水性に優れた土壌を形成している。ブドウの木の根は一般にセノニアン世のフリント－粘土層またはその下のチューロニアン期トゥファ迄達している。この地域のブドウ畑は、果樹園、穀物畑、森林の間に分布している。

　Le Cormier 村を過ぎ C300 道路（Azay 通り）を通って Azay-sur-Cher 村に向かう。道路はセノニアン世の粘土質－珪質層を横切りながら Cher 渓谷に下りて行く。左に曲がって C22 道路（Martin 通り）に入り、Saint-Martin-le-Beau 村に向かう。Saint-Martin-le-Beau 給水所近くの森で、左に入り小道を行くと（第 87 図）、地域で "des Sablon" の名で知られる古い砂採掘所④がある。ここで次のことを観察する。

○基底のセノニアン世 Villedieu 白亜は軟弱で団塊に富み、海緑石を含む。また、腕足類および弁鰓類等の化石を産する。

○頂部の古期 Cher 川沖積層は砂質で珪質の礫および中礫を含むが、一部崩積堆積作用および風食作用により改変されている。

　C22 道路（Martin 通り）に戻り Saint-Martin-le-Beau 村に向かう。丁度村はずれで左に曲がり D40 道路に入って Montlous 村に向かう。ルートは前述の Cher 渓谷とロワール渓

谷の間でこれを連結し切削した沖積層流路の東側斜面に沿って曲がっている。Nouy村を過ぎたら右に曲がってHusseau村⑤に向かう。ルートはすべてブドウ畑に当てられている均質な砂質地帯を横切っている。Husseau村を過ぎるとD751道路と交差するので**アンボワーズ**町に向かってロワール川沿いに進む。

　Lussault村に着く直前の右側にチューロニアン期黄色トゥファ中の大きな採石所⑥がある。これは、再結晶した方解石セメント中に主として石英砂、海緑石、有機質岩屑を含む砕屑性石灰岩である。枝分かれしたり板状をなすフリントおよびチャート層が砕屑性石灰岩中に認められる（'Guide géologique Val de Loire －ロワール川の地質案内－' p.78参照）。

アンボワーズ町

　アンボワーズ町に向かってD751道路を行く。我々のルートはTouraine-AmoboiseAOC亜地区へと入って行く。ここの産物は変化に富んでいる。シュナン・ブラン種から作られる白ワイン、ガメイ種、カベルネ種、コット種から作られるロゼ・ワインおよび赤ワイン、種々のスパークリング・ワイン。ソーヴィニオン種とグロロ種から作られたワインはTouraine地区の産地名が付けられる。種々の土壌がブドウ栽培に用いられている。その一部は上部斜面上のトゥファの上に発達した炭酸塩土壌で、またより一般的な後ヘルベティア期粘土質砂礫層上あるいは台地から供給されたシルト上の珪質でかなり重い土壌などである。

　Amboise背斜軸に近い谷では、チューロニアン階基底の粘土質白亜が認められる。既に述べた種類のワインをワイン貯蔵庫で探し出すのは容易なことではない。地域的に "Four-à-Chaux（かまど石灰岩）" の名で知られる岩石は古い採石場⑦で見ることができる。**アンボワーズ**町への道の途中で右へ曲がってLa Fuyeホテルに向かう道に入り最初の曲がり目を左に枝分かれする小道を行くと大きな広場に導かれ、そこで厚さ12mの粘土質白亜を観察できる。この岩石の頂部は白色で黒色のフリント団塊を伴い、底部に向かって灰色になり、黄鉄鉱団塊を伴うようになる（'Guide géologique Val de Loire －ロワール川の地質案内－' p.79参照）。

　アンボワーズ町を離れる前にその城を眺め、ロワール川を渡りD5道路を通ってNazelles村へ着く。そこからD1道路をNoizay村へ向かう。道路は雲母質黄色トゥファからなる斜面を縁取って走る。

　Nazelles村を過ぎてから約1.5kmの所で右へ曲がりD79道路を経て**シャンセ**（Chançay）村へ向かう。この道路は、粘土質の砂礫層あるいはシルト層上に分布するTouraine-Amoboise亜地区ブドウ畑の北部を横切って行く。こらの地層は、煉瓦工場（第4距離標識柱から数kmの所で右へ曲がる）の北にある古い採掘場⑧で見ることができる。

ヴヴレー村

　D79道路へ戻り、右へ曲がって**シャンセ**村へ向かう。我々は今やVouray AOC地区に

入っている。500m 程行くと、森のはずれの Serpot 工場の入り口の前に礫岩の大きな岩塊⑨がある。礫岩は珪質の礫と膠結物質を有し、地域的に "perrons（踏み段）" と呼ばれている。

　道路はそれから、岩石の外側を囲む様に貯蔵庫と家屋がある小さな渓谷に沿って Brenne 渓谷に下って行く。**シャンセ**村で左に曲がって D46 道路に入り**ヴヴレー**村に向かう。道路は最初 Brenne 渓谷の低い河岸段丘を横切って走る。西側の崩積土で覆われ、ブドウ畑が分布する緩やかな斜面と、東側の森に覆われた急な斜面の違いを観察する。更に進み Vernou 村では、道路は黄色トゥファの丘陵斜面を囲み、ロワール渓谷に到着する。

　ヴヴレー村ブドウ畑の基本的要素は台地において見出される。地層および土壌（石灰質、砂質あるいは粘土−珪質）は類似した型の場合と、Touraine-Amoboise 亜地区ブドウ畑のように変化をする場合がある。しかし、ここではシュナン・ブラン種のみが栽培されている。最高の眺望が得られる斜面上には、豊で、フルボディーのワインを生産し、貴腐の形を取る収穫期の遅いブドウ畑が存在する。例えそうでもシュナン・ブラン種のブドウは辛口の白ワインの製造にも用いられる。Vouvray ワインは自然に発泡する傾向がある。通常貧弱な土壌から収穫されたブドウの一部は、軽スパークリングあるいは完全スパークリング白ワインを作るのに用いられる。

　ヴヴレー村に向かって更に進むと、D46 道路が走る河岸段丘のようなロワール渓谷河底上の僅かに盛り上がった部分に極めて少数のブドウ畑が見出される。

　第3距離標識柱から約 900m の所で左に曲がりロワール川へ向かう。我々がかつて河岸段丘から古い洪水平野の "varennes（荒れ地）" へ移動した時、ブドウ畑は存在しなかった。La Cisse 川を越えて道路が鋭く曲がる所にある僅かな盛り上がりに注意する。その盛り上がりは沖積平野底部から 1 ないし 3m の高さがあり、地域的に "montille（塚）" と呼ばれている。それはロワール川の現世の沖積堆積物であることを示している。これらの乾燥した砂質土壌上にもブドウが栽培されている。すぐそばの採掘場⑩にはロワール川亜現世の洪水による沖積層が露出している。

　D46 道路に戻り、トゥファの急斜面に沿い**ヴヴレー**村に向かって進み続ける。**ヴヴレー**村の直前、第1距離標識柱の所で右に曲がり、La-Croix-Buissee 村に向かう。ブドウ畑の小旅行を楽しみながら台地の上を進む。この地点は悪天候とくにあられに対して敏感である。道路はまた、Touraine 地区に典型的な多数の小渓谷⑪を横切って走る。

　ランタン塔を頂部に頂く Rochecorbon 村の有名な黄色トゥファの崖に沿ったルートを行く。ここには、Saint-Julian 教会の傍に訪問する価値のあるワイン博物館がある。

15.2.3　Touraine 地区およびソミュール地区の赤ワイン

　ロワール渓谷の赤ワインは、すべて同一品種、地域的に "breton" と呼ばれるカベルネ・フラン種のブドウを基本とし、Touraine 地区および**ソミュール**地区内のブドウ畑から生産されている。Bourgueil、Saumur-Champigny、Chinon の産地名を使用する資格のある

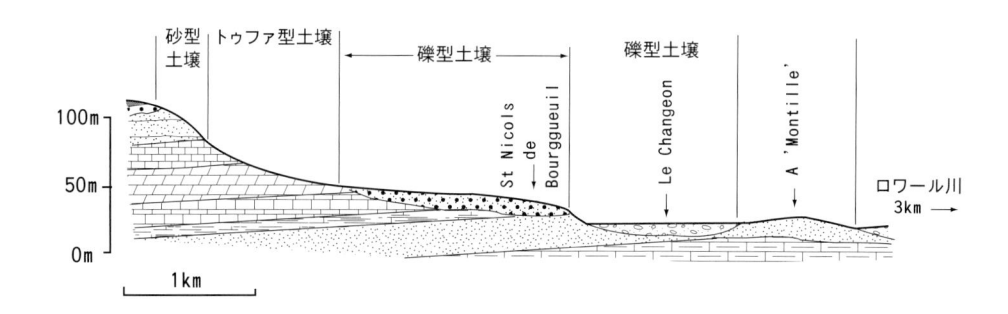

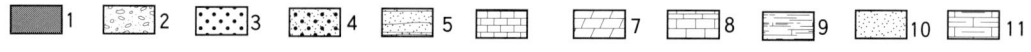

第88図 Bourguell 河岸段丘地質断面図
第四紀：1. 風成砂層、2. 現世沖積層、3. 古期沖積層　始新世：4. 珪質礫岩　セノニアン世：5. 海綿動物を伴う砂－粘土層　上部チューロニアン階：6. 黄色トゥファ　中部チューロニアン階：7. 雲母質白亜　下部チューロニアン階：8. 粘土質白亜　上部セノマニアン階：9. 貝形類を伴う泥灰岩　中部－下部セノマニアン階：10. 粘土－砂－礫層　オックスフォーディアン階：11. 石灰岩および泥灰岩

地域は、ロワール川と Vienne 川との合流点付近である。

　これらの地区の気候はその近傍の地区より乾燥しており、年間降雨量はしばしば 600mm 以下となる。

　土壌下は褶曲した堆積岩からなる。周縁部に断層が発達する Couzé 背斜が支配的な地質構造となっており、ジュラ紀石灰岩がその浸食中心に露出している。

　渓谷底が第四紀沖積層に覆われているため、セノマニアン期の砂層、粘土層、泥灰岩層の僅かな徴候のみが認められる。チューロニアン階の下部および中部層準は白亜質（トゥファ）である。この白色白亜は一般に渓谷端の急斜面の露頭として産し、この地域の基本的風景となっている。石灰－砂質のチューロニアン階の上部層およびセノニアン統は、粘土質より砂質となり、白亜紀の海が浅くなり海岸線が近くなったことを反映している。

　台地は始新世の陸成層すなわち、砂および粘土によって膠結された珪質礫岩（'perrons'）および Champigny 湖沼成石灰岩によって覆われている。第四紀の間にロワール川と Vienne 川は、その洪水平野の上に2つの顕著な河岸段丘沖積層を堆積している。大氷河期には沖積砂質シルト成分の一部が風により台地に運ばれている。

　産地名によって、ブドウは沖積河岸段丘上（Bourgueil、Chinon）かあるいは台地上（Saumur-Champigny）で栽培されている。従って土壌下の地層の性質が変化し、作られるワインは多くの微妙な差異を示す。カベルネ・フラン種のブドウは、事実上、土壌型に鋭敏である。Morlat et al. (1981) は、セノニアン統および始新統起源の砂礫質および粘土質土壌よりもチューロニアン階炭酸塩岩からなる斜面および台地上の方が、根の生長が良いことを示した。これは、乾燥した秋の年に収穫されたブドウから作られるワインは、著しく熟成が改善されることを意味する。カベルネ種のブドウは、粘土に富んだ地層の土壌を好まず、肉料理、軍鶏料理、チーズに最も良く合う、味が良く、香り高い、微妙な色

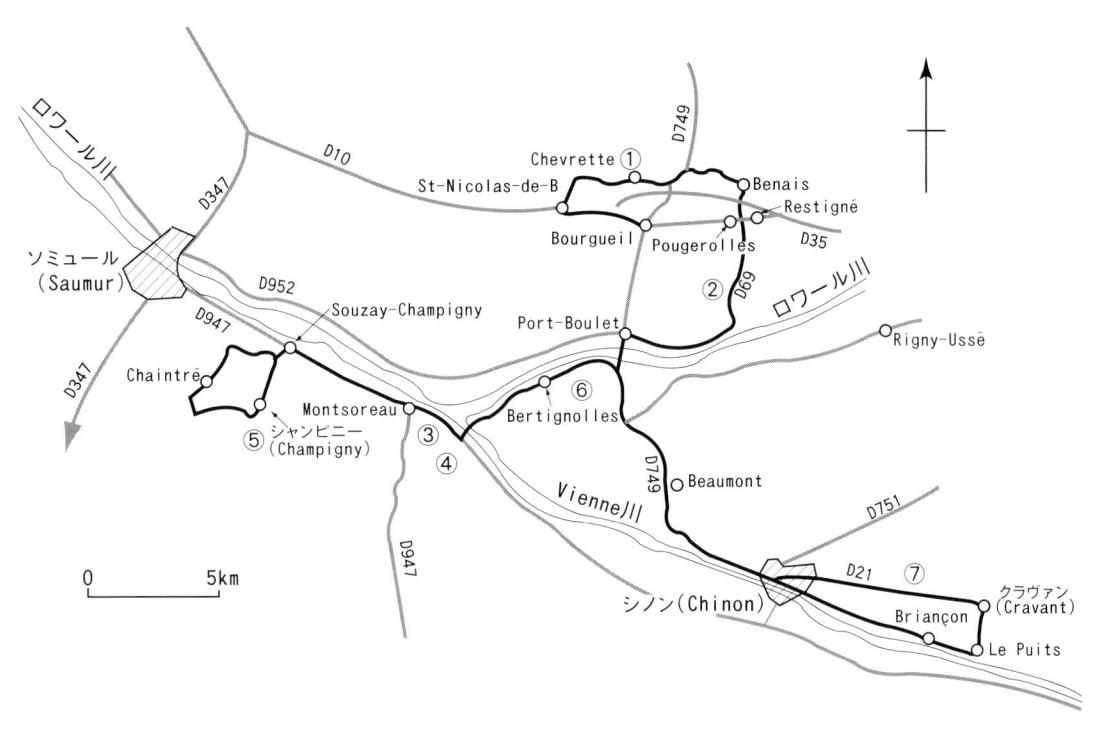

第89図　ロワール地方旅行案内図（3）ソミュール地区

のワインを作る。

Bourgueil 村および Saint-Nicolas-de-Bourgueil（AOC）村

　1,500 ha のブドウ畑が、ロワール川の右岸の膨大な河岸段丘（長さ 20km、幅 2km）の一部に分布している。河岸段丘の川面からの高さは 15m に達する場合がある（第88図）。ブドウ畑はまた北側の渓谷斜面の下部の約半分を占めている。土壌には 3 つの型がある。即ち "礫型"（第四紀沖積層）、"トゥファ型"（チューロニアン階）、"砂型"（セノニアン統）であり、始めの 2 つが大部分を占める。伝統的にワイン製造者は、各型の土壌別にブドウを栽培することを好む。

　Bourgueil 村から Longué 村に向かって D35 道路を行く（第89図）。このルートはブドウ畑の間を河岸段丘に沿って我々を導いてくれる。右側には渓谷の北斜面がある。ブドウ畑はその低い緩やかな斜面を覆い、地層はチューロニアン階雲母質黄色トゥファからなる。この地層は、セノニアン統砂層由来の風成砂層および砂質崩積土により覆われている。斜面上部および台地は土壌下に粘土質および珪質の地層を伴い、森に覆われている。

　旅行は最も若い中から非常にフルーティーな "gravels wines（礫のワイン）" で有名な Saint-Nicolas-de-Bourgueil（AOC）村へと続けられる。Saint-Nicolas 村から右に曲がって Vernantes 村の方向へ向かう。それから La Jarnonterie 村で再び右へ曲がり Martellière 村および Chevrette 村へ向かう。道路は丘の麓に沿って曲がっている。道路は幾つかの典型

的な小さな町を通過していく。そのトゥファ建ての家は Anjou 町から航行可能な日にロワール川に沿って運ばれたスレートで屋根が葺かれている。崩積土が道路のり面のあちらこちらに認められる。砂層に覆われた雲母質トゥファを掘ってワイン貯蔵庫が造られている。

　Chevrette 村へ着いたら、通り抜けられない道路を入ってセノニアン統砂－粘土層中の採掘場①に行く。採掘場の底部から頂部にかけて次の地層が観察される。
○多少の礫を含み極めて租粒の黄土色砂層（厚さ 5～6m）
○ Porifera（海綿）とフリントを含む黄土色、灰色、赤色の細粒紗－粘土層（厚さ 6～8m）

　Chevrette 村から Banais 村へ向かって Bourgueil 産地を行く。このルートは Changeon 川と交差し、D35 道路に再び繋がる。Tours 市に向かって曲がり 1km 程行くと河岸段丘に再会する。左の方を見ると、チューロニアン期の粘土質－雲母質の白亜の露頭上に Banais 村が立っている。これは疑いもなく最も良く知られた"トゥファのワイン"地区である。このワインは"礫のワイン"よりもボディーがあり数年間最適保存ができる。

　暫くしてから、右に曲がって D69 道路に入り La-Chapelle-sur-Loire 村に向かう。道路は沖積層上を走り、Fougerolles 村を過ぎると沖積平野上に下りてくる。ここではブドウは例えば第 2 距離標識柱②付近のように丘陵上のみで栽培されている。これらの小山は、現在の沖積平野より 2～3m 高い現世の沖積堆積層準を示している。

　La-Chapelle-sur-Loire 村から右に曲がって D952 道路に入りロワール川沿いに**ソミュール**町に向かう。さらに Port-Boulet 村で D749 道路に道を変え**シノン**（Chinon）町に向かう。ロワール川を渡る時には、Chinon 原子力発電所が左側の低い河岸段丘上に見える。川を渡ったら直ぐに右に曲がり D7 道路を Candes-Saint-Martin 村に向かう。道路は左側の**シノン**産地のブドウ畑に沿って走る。

　Candes-Saint-Martin 村迄行くと、そこはロワール川と Vienne 川との合流点である。聖 Martin が亡くなった Candes の村では、教会の裏の道標のある小道に入って景色の見える地点へ行く。その途中の道は古い採石場③と中部チューロニアン期雲母質トゥファを掘り抜いて作った家の間を曲がって行く。このトゥファは灰色または白色の砕屑性石灰岩で、海緑石質、軟弱である。またその厚い露頭中にチャートの樹枝状層が認められる。

　高さ 87m の地点④から、Véron 地域およびロワール川と Vienne 川との合流点が一望できる。これらの川は実質的にセノマニアン期砂質層を Chouzé 背斜の中心部から流し去っている。

　Vienne 川は、少なくとも後期鮮新世以後我々が今日知っているものと同一のルートを取って流れており、重要な河川（全長 370km、その半分は中央地塊中を流れる。平均流量 300m^3/s）である。この川は広く深い谷を刻み、噴出岩および変成岩起源の礫を高い割合で含む膨大な沖積層を堆積している。

　ロワール川は全長 1,000km、Tours 市における平均流量は 390m^3/s である。この川は、

English 運河に向かう北のルートを放棄し、第四紀早期にパリ盆地南西部の Vienne 川と合流した後、比較的最近 Touraine 地域に到達した。

　北東方に離れた Bourgueil 産地のブドウ畑は、ロワール川に沿った前地森林縁辺部と水平線を画する台地との間に位置している。北西方には**ソミュール町－シャンピニー（Champigny）村**のブドウ畑が見えるロワール川南岸の台地がある。

ソミュール町－シャンピニー村

　ブドウ畑はロワール渓谷と Thouet 渓谷の間の台地に分布している。ブドウは、チューロニアン期のトゥファおよび石灰質砂層に由来する炭酸塩土壌と、セノニアン世および始新世の砕屑性地層に由来する僅かに酸性で溶脱され一部水成の粘土－砂質土壌の上で栽培されている。また、かつて湖沼成石灰岩上に分布し、**シャンピニー村**を有名にしていたブドウ畑の名残（Bréjoux）が少し存在する。**ソミュール町－シャンピニー村**のワインは美しい色を有し、一般にフルボディーである。

　Candes-Saint-Martin 村から D947 道路をロワール川に沿って**ソミュール**町に向かう。沖積層は 4～8m の厚さがある。その下部層は砂、礫、中礫からなり（地方語 "jard"）、砂質粘土からなる上部層とは植物の破片を含む暗色の粘土縞（地方語 "jalle"）によって隔てられている。

　Montsoreau 村を越えると、道路は左側のチューロニアン階からなる崖に沿って走る。その基底は粘土質白亜からなり、現在はワイン貯蔵庫またはキノコ栽培場になっている旧地下採掘場があった雲母質白亜に次第に変わって行く。しかし、Caint-Cyr-en-Bourg 村には現在まだ操業している建築石材用トゥファ採掘場が 1 つある。住居を造るためにくり抜かれた岩石と村とが如何によく混ざり合っているか観察すると良い。

　Souzai-Champigny 村で左に曲がり、D205 道路に入って**シャンピニー**村に向かう。丁度 Souzai 村を過ぎた所で道路はブドウ畑の間を右に曲がって行く。道路が造られた地表は元は沖積層であったが、その堆積物は流し去られている。現存する地層は、ロワール川の現在の水面より 30～40m 高い所にあり、チューロニアン期の雲母質白亜と石灰質砂層である。また、ブドウ畑は湖沼成 Champigny 石灰岩が覆う台地に導く斜面（セノニアン統および砕屑成始新統）にも分布している。

　2km 程進んだ所で左に曲がり Chaintré 村に向かう。Chaintré 村ではトゥファと少量の 'perrons'（始新世の鉄質マトリックス珪質礫岩）のブロックで作った囲い壁を見る。これらの囲い壁は侵略者と西風から、ブドウを守ろうとしたものであるが、同時にトゥファの熱的性質を利用しブドウの成熟に重要な役割を果たしている。この多孔質の岩石は、日中効率よく熱を蓄え、夜その熱を周囲に戻すのである。

　シャンピニー村は我々に湖沼成石灰岩をもたらしている。ブドウは最早見ることができない。この地層は**シャンピニー**村から Fontevrault 町に向かって 300m 程の D145 道路の右側にある大きな採石場⑤で見ることができる。このプリアボニアン期石灰岩は白色また

は灰色、硬質で窪みのある岩石で、ミルストン団塊を伴う。

　Souzai-Champigny 村へ戻る。村へ着く直前の道標 "Circui toristique du vin（ワインの道）" の所で右に曲がり、風車が点在するブドウ畑を通り Montsoreau 村へ向かう。道路は小さな谷の最上端では下にある雲母質トゥファを切り込み、上部チューロニアン期およびセノニアン世の砂層上に造られている。Candes-Saint-Martin 村へ戻る。

シノン町

　シノン町ブドウ産地は、ロワール川との合流点から 40km 上流の Vienne 渓谷両岸に広く分散したブドウ畑 1,200ha からなる。ブドウは、チューロニアン期雲母質黄色トゥファからなる斜面上および Vienne 川の水面から 5〜10m 高い古期沖積層上で栽培されている。

　相対する Bourgueil 村産地とは異なり、**シノン**町産地のワイン生産者は、意識的に、異なった土壌型から産するブドウを混合している。彼らは、若くて新鮮な間に飲むのに適した異常にすみれの香の強いワインを生産しているが、その評判は、この地方出身の François Rabelais が賞賛して以来少しも進歩していない。**シノン**町産地はまたカベルネ・フラン種あるいはカベルネ・ソーヴィニオン種のブドウから少量のロゼ・ワインを生産している。

　Candes-Saint-Martin 村から再び Vienne 川を渡り、D7 道路を Riggny-Ussé 村および Tours 市へ向かう。道路は洪水平野を横切り、Bertignolles 村でそれから離れ、右側のブドウ畑に覆われた沖積層河岸段丘（高さ 5〜8m）に登る。この河岸段丘は非常に広く、異なった時代の覆瓦構造堆積物からなる。その基本的な形は最終氷河期末にできあがった。小さな採石場⑥で沖積層について研究する機会がある。

　Vienne 川に沿った D749 道路を行く。この地域では洪水平野が渓谷の全幅を占めている。**シノン**町では、左岸のワイン貯蔵庫が如何に雲母質トゥファを掘って造られているかを注意しよう。町は、フランス国王チャールス 7 世およびジャンヌ・ダルクで有名な城が立つチューロニアン階からなる崖と背後で接している。

　シノン町を抜け D21 道路をワイン貯蔵庫が掘られた均質な雲母質トゥファからなる急な傾斜面に沿って**クラヴァン**（Cravant）村へ向かう。この地層については Malvault 村の採石場⑦で観察することができる。ブドウは、セノニアン世の黄色トゥファまたはフリントを伴う砂層からなる丘陵斜面上部で栽培されている。ブドウは又**シノン**町の森の端および沖積平野の高い部分にも見られる。

　クラヴァン村で右に曲がって D44 道路に入り、Le Puy 村に行く。それから D8 道路に入り Briançon 村および**シノン**町に向かう。この地域では Vienne 川の下底が沖積平野に約 8〜10m 切り込んでいる。古期沖積層の分布範囲は、最早洪水平野の一部に過ぎず従ってブドウ畑に適している。これらは長く伸びた湿った牧草低地によって分離されている。

　シノン町に戻る。中世の魅力を持ったこの町は 1 泊の価値がある。他の魅力としては、

ワインと樽作りに特化した博物館がある。

15.2.4　Anjou 地区

　Anjou 地区はほぼ等量の白ワインとロゼ・ワインを生産することで有名である。これらのワインには辛口もあるが、中辛口、中甘口、甘口、また極甘口さえある。

　甘口から極甘口までのワインを作るには、ブドウは遅く（10月の終わりから11月の始め）良く熟してから収穫しなければならない。それから貴腐ブドウの形を取ったものを見出すために繰り返し分別される。これらの課程で糖分、グリセリン、アルコール度（20以上）が増加する。気候は**シノン**町産地あるいは Bourgueil 村周辺と全般的に類似しているが、一般に急斜面では微気候に大きな相違が認められる。ブドウ畑の露光は決定的な要素である。渓谷側面、あるいはロワール川の'coteaux（丘の斜面）'、南あるいは南西に面する Layon 川または Aubance 川の側面には最も良く知られたブドウ畑が分布する。

　これらの斜面の多くには、Armorican 地塊の東縁にあたる先カンブリア紀および古生代の基盤岩類およびこれに伴う地層が分布する。その主要な岩石は結晶片岩、砂岩、礫岩、石灰岩で、火山岩を夾在する。

　その東方では、基盤岩類は海進的な砂質－海緑石質セノマニアン階、中新世の"falun（貝灰泥）"、鮮新世赤色砂層に覆われ、この地帯のブドウ畑は次第に**ソミュール**地区型に移り変わる。

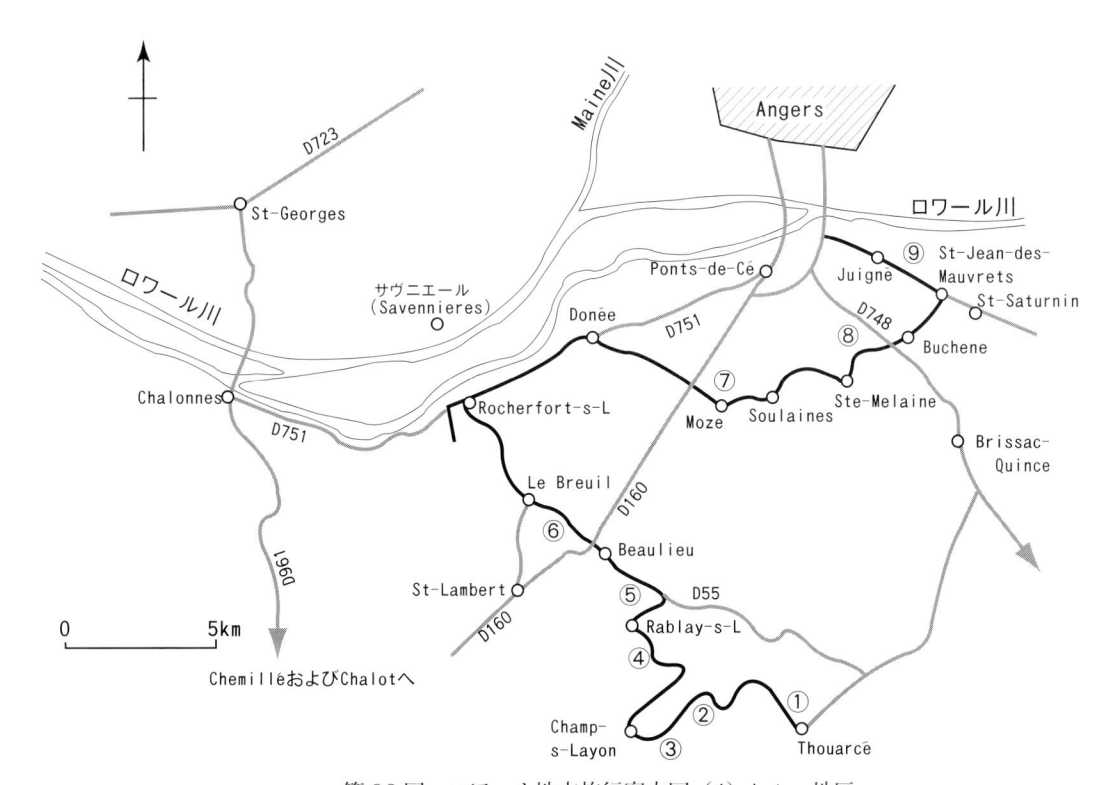

第90図　ロワール地方旅行案内図（4）Anjou 地区

白ワインは例外なくシュナン・ブラン種のブドウから作られる。このブドウは土壌に関して気むずかし過ぎることがない。また、中晩結実なのでこの地域で最も名声のあるワイの主成分であるとともに、最高の露光地が与えられている。また、このブドウはしばしば頁岩上の固い礫質－粘土質の土壌が浸食された裸の急斜面でも栽培される。ロゼ・ワインはカベルネ・フラン種（AOC ワイン Cabernet d'Anjou）あるいはグロロ種（AOC ワイン Rosé d'Anjou）のブドウから作られる、また余り一般的ではないがピノー・ドーニス種およびコット種あるいはガメイ種からも作られる。カベルネ・フラン種およびグロロ種のブドウは、礫および珪質砂あるいはセノマニアン期または新生代の石灰岩からなる透水性の高い土壌上で最高の結果が得られる。

　これらの白またはロゼ・ワインは、冷やして供せられるのが好ましい。また、とくに食前酒として、あるいはデザートとともに飲むのがよい。食事中に飲む場合は、魚料理または白肉（鶏の胸肉、豚・仔牛の肉）料理と良く合う。

　この地区ではまた、ガメイ種、カベルネ・フラン種、カベルネ・ソーヴィニオン種のブドウから赤ワインが作られているが、Anjou 地区の粘土質土壌は、これらの品種のブドウから良質の赤ワインを作るのに適さないためその産出量は極めて少ない。

コトー・ド・レイヨン（Coteaux du Layon）産地

　Layon 川はロワール川の右手支流である。そのほぼ全長に渡って両岸がブドウ畑に覆われている。ブドウ畑の全面積は約 4,000ha に達する。最も知られた大農園は Thouarché 村地域およびその下流にあり、そこでは Layon 川は先カンブリア紀および古生代の地層を切って流れる。右岸に沿う D120 道路を走って Thouarché 村を離れ、Faye-d'Anjou 村および Rocherfort 村へ向かう。この地域を出る途中で右側の赤色ないし菫色（この色は頁岩に由来する）の土壌に注意する。この理想的な露光を受けている急斜面の頂上は、Bonnezaux ワイン生産地域の始まりである。台地を鮮新世の砂礫層が広く覆って発達するため、そこでの生産量の 2/3 は、カベルネ種のブドウから作られるロゼ・ワインである（第 90 図）。

　2.5km 程進んで左へ曲がり D133 道路に入り Valanjou 村へ向かう。次に Layon 川を渡ったら右に曲がって Rablay 村に向かう。1km 進んでから左に曲がって Le Champ-sur-Layon 村へ向かう。道路は Layon 渓谷の南斜面を登って行く。ここでは、斜面は北向きだが傾斜が緩いので、ブドウ畑は太陽に対して比較的良い位置を占めている。Broverian 結晶片岩が渓谷側に露出する一方、河間地域は、中新世の "falun" あるいは鮮新世の赤色砂礫層に覆われている。土壌は重粘土型（シュナン・ブラン種に適する）、珪質型、炭酸塩―透水型（カベルネ種およびグロロ種専用）の間を変化する。従って土壌の適応性はブドウ品種に左右される。

　Thouarché 村から 800m 程の所の Breil 村にある古い採石場①には厚さ 3m の鮮新世赤色砂礫層が露出している。

2km 程の所の反対側にある La Grouas 村には、別にもう1つの古い採石場②があり、そこでは中新世の"falun"を採掘し、部分的に白色石英礫を包有する固結度の高い黄色炭酸塩砂層が4mにわたって見える。この地層は斜交層理を示し、苔虫類および他の動物相の化石と破片を多産する。

　D199 道路を Le Champ-sur-Layon 村まで行くと、Broverian 結晶片岩と中新世"falun"(Grouas 石)の建物が見られる。右に曲がって D124 道路を Fay 村および Mozé 村へ向かう。約 2.5km で左側に L'Angelière および La Petite-Grouas という2つの場所にわたって小さな谷の底に古い採石場③がある。そこでは、白雲母と石英小脈を伴う淡色の結晶片岩とベージュ色ないし青灰色の砂岩からなる Broverian 層を見ることができる。この地層は全体的に節理が発達し部分的に微褶曲が認められる。

　D125 道路を Rablay 村へ向かう。Mozé へ向かう道路を越えて約 1km の所にある交差点④の道路の土手には、恐らく Broverian 層と思われる風化した赤色結晶片岩の上に鮮新世の赤色砂礫層が認められる。

　道路は穏やかな起伏の地形を下りながら Rablay 村へ向かう。主としてロワール川下流炭田を伴う石炭系からなる Layon 川の北側急斜面に注意しよう。丁度到着したこの地域では、Coteaux de Layon 産地名の白ワインの生産がロゼ・ワインの犠牲のもとに増加しつつある。これは頁岩質土壌の拡大、露光の良い斜面の延長、北風から保護される地域的微気候によってシュナン・ブラン種のブドウの成熟が助けられるからである。

　Rablay 村から D54 道路を Beaulieu 村へ向かって進み Layon 川を渡る。旧踏切警手小屋の裏手に Broverian 結晶片岩の露頭がある。そこを過ぎたら直ぐに右に曲がり C7 道路に入る。この道は丘を登り、最初の曲がりで Layon 断層を横切る。ブドウ畑の間に石炭紀頁岩から形成された黒色ないし菫色の耕された土壌が見える。丘の頂上近くに小さな駐車場⑤があり、そこから Layon 渓谷を見渡すことができる。駐車場の土手には、頁岩片と砂岩縞を伴う帯黒色ないし褐色の粘土質マトリックスと、石英、結晶片岩、石灰岩、噴出岩の大礫からなる礫岩が認められる。地層は北東に急傾斜する。Beaulieu-sur-Layon 村では貧弱な石炭層を採掘するため竪坑が掘られたことがある。

　Beaulieu 村を過ぎてから左に曲がって D160 道路に入り Chemillé 村に向かう。丘の麓の丁度 Layon 川岸に、右に入る小道があり最後期シルル紀石灰岩を採掘した古い採石場⑥に続いている。この岩石は帯灰色、細粒ないし粗粒の結晶質石灰岩で小さな黄鉄鉱結晶を含み、粘板岩破片と方解石脈を伴って2～3mの厚さで露出している。D160 道路に戻り、Beaulieu 村で左に曲がり D54 道路に入って Rochefort-sur-Loire 村に向かう。この道路はシルル紀石灰岩を現在掘っている大採石場を通過する。

　ルートは、ここから**レイヨン**産地北西部のブドウ畑を横切る。これらのブドウ畑は、Saint-Georges-sur-Loire 複合オルドビス－デボン系の石灰質岩、頁岩質岩、噴出岩、酸性岩、塩基性岩などすべての岩石上に無差別に栽培されている。Breuil 城に着く前の道路の左側には、Layon 川地域で最も有名な"クリュ"である"Quarts-de-Chaume"のブドウ畑

42haが理想的な露光条件のもとに広がっている。ここではワインの試飲者も歓迎される。Anjou 地区南部の白、ロゼ、赤ワインは軽く新鮮な品質で知られている。

Couteaux de la Loire ワイン産地

　Angers 市と Ingrandes 村の間のロワール川右岸は、Couteaux de la Loire ワイン産地と呼ばれる。このワイン産地の大部分は Saint-Georges-sur-Loire 複合オルドビス－デボン系（'Guide géologique Bretagne －ブルターニュ州の地質案内－'p.16 参照）の上に分布する。Angers 市に近い部分では、ブドウ畑は Bouchemaine － Erigné 複合岩体のオルドビス－シルル紀結晶片岩上に広がる。

　この産地は主としてシュナン・ブラン種のブドウからフルーティーで'こく'のある白ワインを生産している。この白ワインは一般に**レイヨン**産地の相当ワインに比較して辛口である。これは主として多くの斜面が南東に面していること、従ってブドウの成熟期間を引き延ばしにくいことによって説明可能である。

　この産地では**サヴニエール**（Savennières）村のブドウ畑が最も知られている。ここへは Rochefort-sur-Loire 村から D106 道路経由で Louet 川とロワール川を渡って行き着くことができる。**サヴニエール**村（10 世紀の教会がある）から D111 道路を Epiré 村へ向かう。道路際には、Saint-Georges 複合岩体の異なった岩相の良い断面が認められる。このルートは、Coulée-de-Serrant および La Roche-au-Moine 等の大農園の近くを通る。Rochefort 村に戻る。

　Aubance 川はロワール川と Layon 川の間にあり、どこでも主構造方向、すなわち南東または北西方向に流れる小さな川である。その流れは台地を約 40m 切り込んでいるに過ぎない。従って斜面は**レイヨン**産地より緩やかである。結果としてブドウは北風から少ししか守られていない。これに加えて結晶片岩の表面風化によって導かれる粘土質の土壌は浸食されにくく非常に厚い。**レイヨン**産地の場合より乾きにくい重く湿った土壌を産する。

Coteaux de l'Aubance ワイン産地

　Coteaux de l'Aubance AOC ワイン産地は、北の Ponte-de-Cé 背斜に連続する Saint-Georges 向斜褶曲北翼の種々の部分を覆っており、一般に新鮮で軽い白ワインを産するが、Layon 川およびロワール川流域から産する仲間のワインと比べると稍ボディーに欠ける。東へ行くと、基盤岩は白亜紀の海進的地層または時代不詳の残留礫層に覆われる。大農園は、ここではカベルネ種またはグロロ種のブドウからロゼ・ワインを生産している。

　Rochefort-sur-Loire 村から D751 道路を Denée 村に向かい、更に台地を横切る D123 道路を Mozé 村に向かう。ブドウ畑は Saint-Georges-sur-Loire 複合岩体の堆積岩および火山岩上に分布する。所によってこれらの地層は変質褐色粘土質シルトによって広く覆われている。

　Mozé 村では、酸性火山岩活動によって形成された花崗斑岩が道路舗装用として採掘さ

れている。これは石英、アルカリ長石、緑泥石化暗色雲母、方解石脈を伴う灰色の岩石である。Soulaines-sur-Aubance 村へ向かう D123 道路から採石場⑦の東側に入ることができる。

引き続き Soulaines 村および Sainte-Melains 村へ向かう。このルートは Bouchemaine 結晶片岩および Erigné 結晶片岩（オルドビス紀からシルル紀）上を走る。この斜面上のブドウ畑は非常に分散している。Sainte-Melains 村を過ぎたら共同墓地を左に曲がり、Buchêne 村および Saint-Jean-des-Mauvrets 村へ向かう。Aubance 川を渡って直ぐの Bas-Versillé 村には左側に古い採石場⑧があり、ここでは厚さ数 cm から数 10cm の粗平板を生産し、主として地域の建築材として用いられていた。

引き続き Saint-Jean-des-Mauvrets 村に向かって進む。Aubance 川の北側斜面は良い露光条件であり、集中的なブドウ栽培が行われている。Buchêne 村は、恐らく中期オルドビス紀の Angers 結晶片岩を覆うセノマニアン期海緑石砂層上に存在する。この地域は明らかに Ponte-de-Cé 背斜の軸上にある。結晶片岩は青黒色で容易に割れ、19 世紀以来 Angers-Trélazé 粘板岩採石場で採掘されている。粘板岩は船によってロワール川を Orléans 地域まで運び下ろされ、現在でもロワール渓谷景観に不可欠なものとなっている。結晶片岩はまた、ブドウ栽培用の杭としても用いられてきた。これは、遙か彼方 Bourgueil 地方まで送られた。また、結晶片岩は一方に傾けて立つ幅広い薄い板の形の特殊な塀を作るのに用いられ、Buchêne 村と Saint-Jean-des-Mauvrets 村周辺で見ることができる。

Saint-Jean-des-Mauvrets 村に着く前に、Saint-Saturnin 村が D232 道路の右側に見えてくる。この村は白亜系からなる斜面（ケスタ）に立っている。白亜系の基底部はセノマニアン期砂層および泥灰岩からなり、上位のチューロニアン期白亜がこれを覆い、最上位のセノニアン世砂岩および砂層がこれに重なる。カベルネ種のブドウはこの斜面の軽い炭酸塩土壌を好む。

Saint-Jean-des-Mauvrets 村で、D751 道路に入り、Juigné 村⑨に向かう。この村へ行く途中、道路の両側に古い採石場から運ばれた非常に裂けやすい結晶片岩による埋め戻しがあるのに注意しよう。

15.2.5 Pays nantais 地区

Pays nantais 地区は Muscadet ワインの国である。この淡黄色の軽く辛口の白ワインは大変評判が良くなってきた。このワインは、17 世紀にロワール川下流に導入された"ブルゴーニュのメロン"種とも呼ばれるワインと同名の品種（ミュスカデ種）のブドウから作られる。10,000ha のミュスカデ種のブドウ畑は、Muscadet、Muscadet des Coteaux de la Loire、Muscadet de Sèvre et Maine の 3 つの AOC ワイン産地に分割される。

大部分のブドウ畑は、ロワール川両岸の低い丘（標高数 10m）の上に分布する。気候は海洋性で比較的湿っている（平均年間雨量場所により 600 ～ 800mm）。季節による最

低最高気温の変動は更に東の地域より 1～2℃ 少ない。霜も同様に頻度が低い。

地形は主として Amorican 地塊の変成岩および噴出岩の分布に基づいており、おおよそ NW-SE 方向に長く伸びた帯状をなしている。

北東部には Ancenis 向斜を形成するオルドビス紀～石炭紀の地層が露出する。これらの

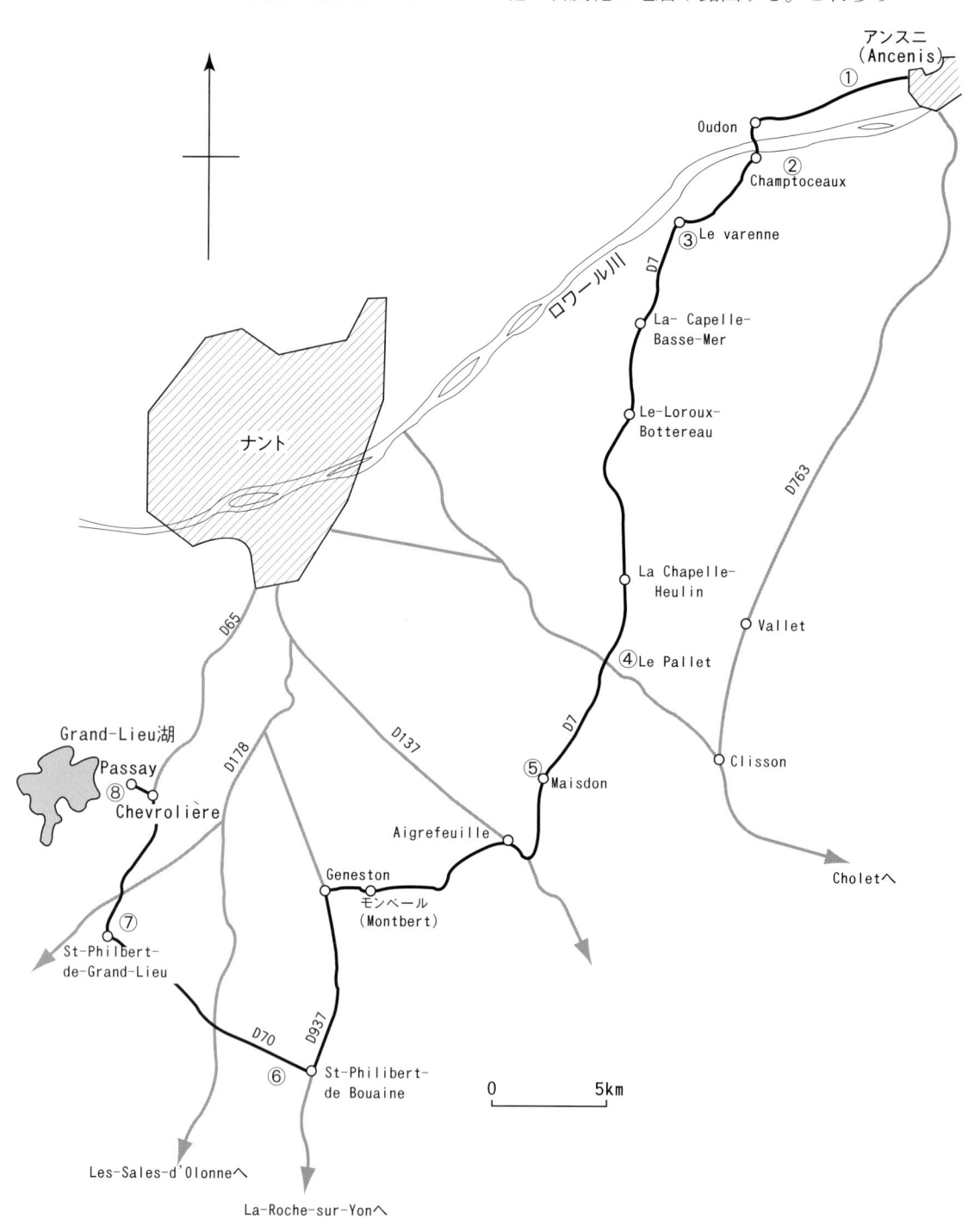

第 91 図　ロワール地方旅行案内図（5）Pays nantais 地区

地層は、複雑な構造の先カンブリア紀変成岩からなる Champtoceaux ナッペの上に乗っている。更に南方には斑糲岩からなる Le Pallet 高地がある。

この大きな波曲地帯の南西方向には変成した先カンブリア系〜ヘルシニア相岩石が分布し、Grand-Lieu 湖を含む凹地を形成している。時にこの凹地を覆って、始新統からなるモナドノックを産し、広く鮮新世海成層が分布する。

種々の組織を持った土壌がこれらの地層の上に発達する。平らな地形では雲母－長石質岩石から砂質あるいは粘土－シルト質土壌が形成される。斜面が緩やかなほど礫の多い土壌となる。一般に土壌は酸性または溶脱褐色型であり、所により水成土壌を産する。

全体的にミュスカデ種のブドウは、すべての土壌型および如何なる方向の斜面にも適すると思われる。この理由として、ある区域では（例えば Sèvere et Maine 地域）ブドウ畑が目に見える限り広がり、AOC 畑と他の畑との差がほとんど無いことがあげられる。そのアロマを得るために、ブドウは熟するやいなや（9 月）直ぐに収穫されなければならない。Muscadet ワインはそれが若い中に飲むのが最高であり、あらゆる形の貝類を含む魚料理に良く合う。

Pays nantais 地区には、Muscadet ワインより稍古くから作ってきた白ワインがある。それは Gros Plant ワインと呼ばれ、フォルブランシュ種のブドウから作られる。それはより辛口、より淡色で、ロワール川あるいは Grand-Lieu 湖で取れた魚の料理に同様に良く合う。Gros Plant ワインの VDQS ブドウ畑は Muscadet ワイン原産地とかなり重複している。Grand-Lieu 湖周辺の鮮新統上の砂－礫質土壌は Gros Plant ワインの生産にとくに好適である。

終に、我々はシュナン種、ピノ・グリ種、あるいはヴァエルデロ・ド・マデール（verdelho de Madère）種のブドウから作られるもう 1 つの白ワイン、ガメイ種およびカベルネ種から作られるロゼ・ワインと赤ワインを生産する Couteaux d'Ancenis VDQS 原産地について述べなければならない。

Coteaux de la Loire ワイン産地から、Couteaux d'Ancenis ワイン産地および Muscadet ワイン産地のブドウ畑は**アンスニ**（Ancenis）町の上流及び下流のロワール川両岸に広がる。その大農園は、Gros Plant ワインの VDQS ブドウ畑と一部重なり、主として Ancenis 向斜の古生層上に分布するとともに Champtoceaux ナッペ北部の断層帯上に散在する。

アンスニ町からナント市に向かう D723 道路を進む。町を離れるとルートは、ヘルシニア造山運動によって形成された Ancenis 向斜軸部の砂岩－泥岩層上に栽培されたブドウ畑の間を走る。Saint-Géréon 村と La Pommerate 村の間で道路は砂岩－泥岩層中に夾在する石灰岩を切り込んで進む（第 91 図）。

La Pommerate 村では向斜端の結晶片岩と珪岩が認められる。これらの岩石は第 24 距離標識柱①の直前の道路の左側に露出している。地形の最高地点は砂岩の層準である。この地区を通して、ブドウ畑は穀物畑、市場の敷地、果樹園の間にある程度散在している。良い露光の斜面上では、ワインは一般に混作農民によって作られ、様式が多岐に渡る。

左に曲がって D323 道路に入り Oudon 村に向かい、さらにロワール川を渡る。変成作用を受けた地層はロワール川によって現在の水面より 15～20m 下まで切り込まれ、沖積堆積物によって充填されている。ここより上流と比較して深いこの浸食作用は、最終氷期における大西洋海水準の低下によるものである。

　Champtoceaux 村まで進む。ここからはロワール渓谷の素晴らしい展望が開ける。丘の頂上はナッペ中心の片麻岩からなり、村へ登る道路上②で観察される（'Guide géologique Bretagne －ブルターニュ州の地質案内－' ルート No.14 参照）。

　Pays nantais 地区の Muscadet ワインのほぼ 9 割は Muscadet de Sèvre et Maine 産地で生産される。La Varenne 村を過ぎると、より多くの土地、とくに西向きの斜面がブドウ畑に用いられていることが判る。

　Loroux-Botterau 村へ向かい La Varenne 村を越えて 1km ほどの La Bréhardière 村には、左側に大きな採石場③がある。そこでは、厚い地層中に入り込んでいる青灰色の岩石、レプチナイト（珪長質片麻岩）を生産している。

　La Chapelle-Basse-Mer 村へ向かって更に進む。西方には Mauves-sur-Loire 雲母片岩からなるロワール渓谷の北側急斜面が見える。ここで D7 道路は村に近づきつつ道路の左側の緑泥石－石榴石質雲母片岩を横切って曲がって行く。

　Loroux-Bottereau 村付近では、ブドウ畑が土地や土壌の型に拘わらず見渡す限り広がっている。ブドウ畑の間に、片麻岩で建てられた赤い瓦の家が寄り添う様にして小さな村が見える。この地域ではミュスカデ種のブドウは多くグロ・プラン種に取って代わられている。

　La Chapelle-Heulin 村に向かって D7 道路を更に 10.6km 行った La Roche 小集落で、道路は強く変質（蛇紋石化）した斑糲岩④上を進む。

　La Chapelle-Heulin 村は西方に Goulaine 沼を伴う低地（標高 10m）にあり、現世の砂－粘土質沖積層に覆われる。この村を過ぎて D7 道路を進み、D149 道路に入って斑糲岩高地の Le Pallet 村へ向かう。

　斑糲岩の試料は Sèvre 川岸の 'La Rochelle' と呼ばれる古い採石場⑤で取ることができる。この地点の上に渓谷とブドウ畑を見渡せる素晴らしい場所がある。

　Sèvre 川を渡って D7 道路に戻り Aigrefeuille-sur-Maine 村に向かう。Maisdon 村では Clisson-Mortagne 花崗岩を産する。ブドウ畑はほとんど減少することなく、ワインは石の味がする。

　Aigrefeuille 村から D117 道路に入り**モンベール**（Montbert）村へ向かう。我々は、ここから Muscadet AOC ワイン産地に入るが、この地域は砂－礫質土壌が分布するので、是を好むグロ・プラン種のブドウが主として栽培されている。この土壌は鮮新統地域を後背地とする砕屑性地層から形成される。この地層には所により化石が含まれる。

　モンベール村から Geneston 村へ進み、そこから D937 道路に入り Saint-Philbert-de-Bouaine 村に向かう。基盤の片麻岩は始新世の分離した砂層－砂岩層レンズに覆われ、**モ**

ンベール村のような外座層を形成し、また更に広い鮮新世砂層および台地シルト層を産する。

　変成岩は "La Gerbaudière" と呼ばれる大きな採石場⑥で観察される。Saint-Philbert-de-Bouaine 村から D74 道路に入り Corcoué 村へ向かって 1km 程進む。採石場に通ずる小道に入ると、レプチナイト（暗色雲母を含む片麻岩）および藍晶石を含むペグマタイト脈を横切って行く。採石場は縞状エクロジャイトを採掘している（'Guide géologique Bretagne－ブルターニュ州の地質案内－' ルート No.14 参照）。

　Saint-Philbert-de-Bouaine 村から Boulogne 川の渓谷に沿って Saint-Philbert-Grande-Lieu 村へ向かう。この村にはフランスの最も古い教会⑦（9 世紀）の 1 つがある。礫質－珪質土壌の斜面にはグロ・プラン種のブドウが栽培されている。比較的散在するブドウ畑に見られる様に耕作は一般に混作農民によって行われている。

　Saint-Philbert-Grande-Lieu 村から D65 道路に入り La Chevroliè 村に向かう。村に着く直前に Grand-Lieu 湖に下りる道に入り Passay 村⑧に着く。ここの完新世の草炭および軟泥はブドウ属－ Vitis（Planchais, 1972）の花粉を含んでいる。この野生のブドウは、以後繰り返し交配が行われているが、恐らくシュナン・ブラン種の先祖であり、ロワール渓谷ブドウ畑の特徴的な自然品種である。

参考文献

地質学

Guide géologique 'Massif central' 2nd edition（1978）（中央高地地質案内）by J. M. Peterulongo, Masson, Paris.（とくに introduction と tour 6, 11, 27 を見よ）

Guide géologique 'Val de Loire'（1975）（ロワール渓谷地質案内）by G. Alcaydé et. al., Masson, Paris.（とくに tour 3, 5, 7, 8, 9 を見よ）

Guide géologique 'Bretagne' 2nd edition（1985）（ブルターニュ州地質案内）by S. Durand et al., Masson, Paris.（とくに introduction と tour No.14 を見よ）

Macaire J. -J.（1981）Contribution a etude géologique et paléopédologique du Quaternaire dans le sud-ouest du basin de Paris（Touraine et ses abords）（南西パリベーズン Tourain 地域における第四紀地質学的および古土壌学的研究）State Doct. Thes., University Tours, 1, 304p.: 126p.

Planchais N.（1972-73）Apports de l'analyse pollinique à la connaissance de l'extension de la vigne au Quaternaire（花粉分析とその第四紀ブドウ伝搬学に対する貢献）Naturalia monspeliensia, Bot ser.（23-24）, pp. 211-223.

Rasplus L.（1978）Contribution à l' etude géologique des formations continentals détriques tertiaires de la Tourain, de la Brenne et de la Sologne（Brenne および Sologne 地方 Tourain 地域における第三紀砕屑陸成地層の地質に関する研究）, State Doct. Thes., University of Orléans, 454p.

ワイン醸造学

Bisson J. and Studer R.（1971）Etude des sols du Sancerrois viticole nord（北 Sancerre 地域におけるブドウ畑土壌）Bull de l'INAO No.111.

Blancher S.（1983）Les vins du Val de Loire（ロワール渓谷のワイン）, Edit, Jemma, Saumur.

Bréjoux P.（1974）Les vins de la Loir（ロワール川のワイン）, La revue du vin de France, Paris, 239p.

Comité interprofessionnel des vins de Touraine, Tours － Le vigonoble de Touraine（Tourain 地域のブドウ畑）, 18p.（19 square Prosper-Mérimée, 37,000 Tours, France）

Morlat R., Puissant A., Assellin C., Léon H., Remoue M. (1981) Quelques aspects de l'influence du milieu édaphique sur l'enracinement de la vigne, consequence sur la qualité du vin（土壌のブドウの根の生長に対する影響とワインの品質に対する影響について）, Bull. Ass. Fr. Et. Sol., No.2, pp.125-146.

Puisais J. (1985) Les vins de la Loire（ロワール川のワイン）, Nouv. République, Tours.

16 ブルボネーおよびオーヴェルニュ地方
Bourbonnais et Auvergne

　ずっと以前の中世には、ブルボネー地方、オーヴェルニュ地方、Pays de Loire 地域圏の非常に雑多なブドウ畑間の連絡は、Sioule 川、Allier 川、ロワール川等の水路によって行われた。

　ブルボネーおよびオーヴェルニュ地方は、Limagne 平野とそこで産するローマ人によって既に高く評価されたワインによって知られている。Saint-Pourçain ワインが最も有名である。その評判は、13 世紀と 14 世紀に頂点に達し、ワインは王室に納められ、貴族階級から大きな名声を得、香辛料と同様に通貨としての価値さえ有した。これらの褐色に近い赤ワインに加えて、**サン・プルサン**（Saint-Pourçain）地区では、16 世紀に、主として Sioule 川と Allier 川の合流点近く、および La Chaise 港周辺で収穫されたブドウから絶妙な白ワインが作られ、これはパリまで送られた。

16.1　ブドウと土壌

　ブルボネーおよびオーヴェルニュ地方のワイン（VDQS）は、140km の長さを有するリフトヴァレー、Allier 川によって排水される Briode 町と Moulins 市の間の Limagne 平野で作られる（第 92 図）。ライン峡谷あるいはローヌ川－ソーヌ川通路のように、その縁に沿った丘陵側面にブドウ畑が発達する。ブドウ畑は、結晶質岩台地および火山岩高地によって西風から防御され、雨量の比較的少ない西側側面に発達する傾向がある。**サン・プルサン**地区のブドウ畑は北部にあり、南方には Côtes d'Auvergne 地方（**シャトーゲイ**－Châteaugay－、**シャンチュルグ**－ Chanturgue －、**コラン**－ Corent －、**ブド**－ Boudes －の各地区）のブドウ畑がある。

　ブルボネーおよびオーヴェルニュ地方のブドウ畑を訪問することによって、Limagne 平野第三系の主要な層序を見ることができる。旅行の前に、第三紀に進化した地質の概略について知ることは有用である。

　始新世末に向かって、この地方は結晶質岩地塊の平坦化段階にあった。気候は熱帯性であり、地域は地域的な鉄質岩石相であるラテライト質粘土、"赤色土"、あるいは古土壌に覆われた。これらの土壌はしばしば原地成として産するが、多くはある程度移動している。漸新世の堆積物は Limagne 断層地溝形成後に堆積している。

　早期中新世（アキタニアン期）の間、Limagne 平野のブルボネー地方の一部（Moulins 市とサン・プルサン地区）には、フィリガネアエ（トンボに似たトビケラ）を伴ってトラヴァーチンと石灰岩を堆積し、泥灰質および砂質堆積物の間にバイオハーム質石灰岩礁を形成する湖がなお存在していた。またブルボネー地方では中新世末から鮮新世の間に、広大な河川－湖沼堆積物、Bourbonnais 砂・粘土層を形成し、Moulins 市地域の丘陵斜面を

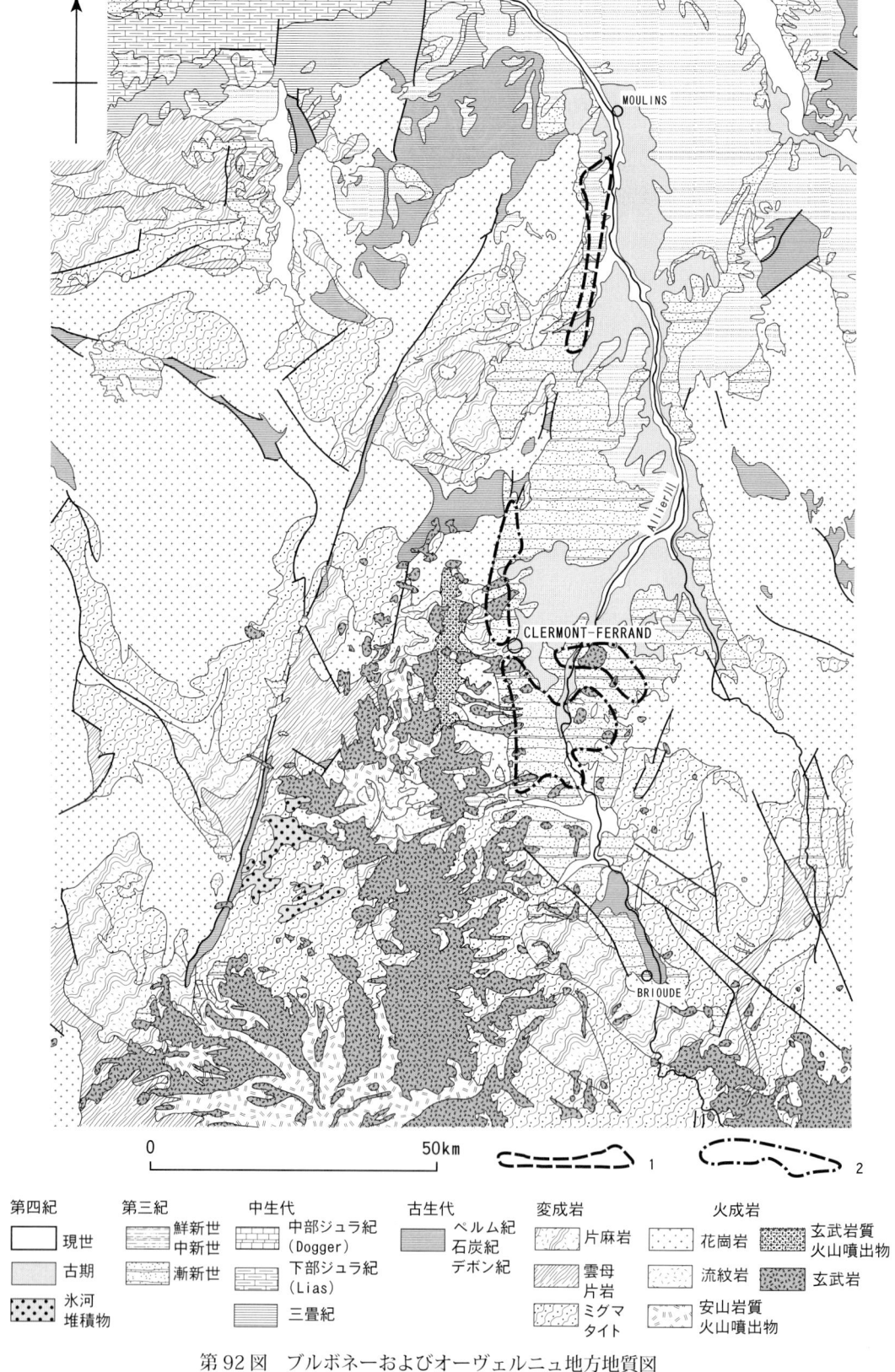

第92図　ブルボネーおよびオーヴェルニュ地方地質図
1 サンプルサン地区　2 Côtes d'Auvergne 地方

覆った。

　南のオーヴェルニュ地方の地質は、火山活動の影響を受けている。Limagne 平野には、2,000 万年～1,200 万年前のアルカリ玄武岩溶岩流を多数産する。これらは、現世の浸食作用によって軟らかい第三紀堆積物が大部分取り除かれたことにより現在高地に露出している。堆積物と混合した溶岩からなるパペリーノは、同様に中新世の産物で**シャトーゲイ**地区のブドウ畑に関係して詳しく述べる。

　Limagne 平野における鮮新世の火山活動は少なくなるが、ワイン産地として知られるコラン高原に認められる（'Guide géologique Massif Central －中央高地の地質案内－'参照）。

　Puys Range 第四紀火山は、Limagne 平野の西、平野に平行する割れ目にそって形成された。この火山は最初 3 万年前に活動し、1 万 3,000 年前から 7,500 年前の間主要活動が行われた。

16.2　旅行案内

サン・プルサン地区

　Moulins 市から D2009 道路経由で Allier 川に沿って南下すると、河岸段丘および沖積平野とその西側の漸新世－中新世堆積物を見ることができる。なお更に西へ数 km 行くとこの堆積物は、結晶質岩台地の端に位置する Tréban 花崗岩を覆っているのが認められる。最初のブドウ畑は Chemilly 村付近のこの堆積物上に分布し、南方**サン・プルサン**町の南西 2.5km にある Montord 村に向かって広がる。ブドウ畑の面積は 1,000～1,200ha である。この地区で最初に作られたワインは、ロゼワインと辛口、豊潤、輝かしく透明な白ワインであったが、最近ソーヴィニオン種を加えることによって改良された。更に最近では、ガメイ種とピノ種の組み合わせによって軽くフルーティーな赤ワインを作る傾向がある。Limagne 平野産の他のワインと同様に、このワインはオーヴェルニュ地方が起源だと主張されている'コッコーヴァン－ coq au vin －（雄鳥肉の赤ワイン煮込み）'の価値ある友である。

　Chemilly 村と Besson 村付近のブドウの一部は Bourbonnais 砂・粘土層、とくにこの地層の基底近く、漸新世－中新世石灰質堆積物を覆う礫質砂層の表土上に植えられている。

　サン・プルサン町周辺のブドウ畑は、ルペリアン期およびアキタニアン期層の比較的上位の全体的に湖昭成の層準上に分布する。ここでは泥灰質および砂質砕屑物層が見られるが、最も見応があり特徴的な層相は、フィリガネアエと藻類の団塊を含むトラヴァーチン礁である。これらの固い岩体は、地形の頂部を占め、丘陵側面はブドウ畑が分布する。下位の周囲に分布する地層は、より泥灰質である。これらの地層の露頭は極めて稀で、砕屑層の挟みと団塊を含む石灰岩体を含む。

　ブドウ畑は、台地端からの礫層残留物を含む一方、原地成のより泥灰質の土層をマトリックスとする丘陵側面の崩積層上に分布する。礁成石灰岩は商業目的で採掘されたが、現在採石場はほとんど閉鎖され、Gannat 村の南西約 1km にある採石場のみが操業している。

シャトーゲイーシャンチュルグ地区

　D2009道路を更に南下し、Riom村を過ぎると、Auvergne火山岩地帯に入る。西方約12kmには現世のPuys Range火山がスカイラインを形成している。手の届く近さに、Châteaugai台地がぼんやりと現れ、それからClement丘陵、Var山、Chanturgue山が見える。これらすべての高地は、古期玄武岩に覆われ有名なブドウ畑が分布する。

　シャトーゲイ村は城の塔によって遠くから認めることができる。村は台地の端にあり、ここは中新世玄武岩末端部表面を風が吹き渡り、栽培されるブドウは極少ない。この傾向は比較的複雑な地質構造を持つ南東斜面にありがちである。地質は泥灰岩からなり、その下にルペリアン期の湖沼成泥灰質石灰岩が横たわる。後者と溶岩流の間に緑色粘土層に覆われる赤色長石砂層の挟みがある。他方、村の中および下では、泥灰岩層を相当の大きさの"peperino"岩塊が横切っているのが認められる。

　"peperino"は、一般に堆積物マトリックス中にガラス質玄武岩の粒子とより大きな破片を含む凝灰岩である。Limagne平野全体では、通常マトリックスは泥灰岩であるが、**シャトーゲイ**村では経数mmの石英と白色長石粒子を多数を含む砂質泥灰岩である。

　シャトーゲイ村の"peperino"層は一部末端の溶岩流に覆われている。"peperino"の露頭は、Pompignat道路との交差点手前200mのCébazat村からの道路上で容易に観察される。また城の要塞と村の北部の間で、溶岩流の下の"peperino"の露頭を見ることができる。ワイン貯蔵庫が、固くはないが長持ちするこの地層を切って作られている。"peperino"の露頭は、最初に述べた露頭の500m東にあるブドウ畑中でも岩石質隆起部に沿って見ることができる。

　ブドウ畑が分布する土壌は非常に複合的な性質を有する。土壌は、岩石の風化率と岩屑の下方漸動率によって変化する混合成分の重力堆積物である。混合物は泥灰岩－石灰岩膠結物質と長石砂層あるいは"peperino"由来の砂粒および長石粒、"peperino"由来の溶岩細礫および破片、溶岩末端から落下した玄武岩小塊を含む。最終産物は粘土成分が少なく極めて粘着性の低い褐色の土壌である。

　都市の発展によって、Clemond-Ferrand市郊外における**シャンチュルグ**地区ブドウ畑の範囲は、連続的に浸食された。しかし断層によって分離された北部のVar山東斜面と南部のChanturgue山では、真新しい家の上に、まだブドウ畑が存在している。**シャンチュルグ**地区では、ぶどう畑は中新世玄武岩の下の厚さ25mに達する長石砂層の挟みを伴う泥灰岩－石灰岩層斜面に分布するので、その位置は"peperino"を除いて**シャトーゲイ**地区と類似している。Var山には、今述べた玄武岩とは中新世後期のフリント砂層によって約20m隔てられて、もう1つのアルカリ玄武岩を産する。ブドウが栽培されている土壌は、同様に主として泥灰岩マトリックス中に泥灰岩－石灰岩と玄武岩の破片を含む崩積成混合物である。

コラン地区

　Corent 高原は多くの産物の中でロゼワインが有名である。Clermont-Ferrand 市の南西 15km のこの高原には、Allier 渓谷が発達している。高原は玄武岩溶岩流に覆われている。この火山活動によって南西部に噴石丘が形成されているが、時間とともに大きく浸食され矮小化している。また溶岩流の北東端は僅かに漂白化し、南部は大きな採石場によって切り開かれている。溶岩流の Allier 渓谷からの高さと噴石丘の角閃石の K-Ar 年代測定（300万年前）によって、この玄武岩層は鮮新世に生成されたものと考えられる。

　ブドウ畑が分布する斜面の地層はルペリアン期のもので、比較的薄い。Loungues 村の北、Allier 川を横切る橋より上流の河畔には塩基性アルコーズが露出している。

　このアルコーズは、Allier 川北岸の Saint-Jean の泉で、発泡性鉱泉と一緒に観察できる。Saint-Jean の泉は、鉄道橋の上流 125m、川を横切る電力線のほとんど下にある（ここへは Longues 橋の北東 250m で、Metres-de-Veyre 道路から左へ入る細道を行く）（'Guide géologique Massif Central －中央高地の地質案内－第 2 版 '99 頁参照）。

　アルコーズを覆って、厚さ約 1m、Cypris 化石と石膏を含み葉片状泥灰岩を挟む黄色の多少砂岩様の泥灰岩－石灰岩層が認められる。このルペリアン期の潟相を示す地層は海成相との親近性も示す。潟相を示す地層の上の地層は、後期ルペリアン期のモノアラガイを含む湖沼成泥灰岩および石灰岩である。その破片は耕作によってとくに東斜面上にもたらされるが、露頭は稀である。

　Corent 高原の側面は、急傾斜をなして泥灰岩質の地層が分布し、玄武岩の板状片が最上部から滑落することを可能にしている。小さいが節理のない玄武岩片が北部の斜面で認められ、長さ 100m を超す大岩片が東側斜面の低部で観察された。**コラン**村と Loungues 村間の D96 道路へアピンカーブから南西方向に向かう細道を行くと古い採石場がある。

　高原周辺のブドウ畑の土壌は、種々の割合の石灰岩および上部溶岩流の 'がれ' あるいは滑動岩片の破砕物由来の玄武岩岩片を含む、別の泥灰岩－石灰岩崩積混合物である。この過程によって、礫状岩片の混合により過密化を免れ、目の粗い石灰質および粘土質の土壌が形成された。

ブド地区

　ブド地区のブドウ畑について触れずに、オーヴェルニュ地方のブドウ畑の概観を完成することはできない。**ブド**地区のブドウ畑は、かつて有名であり繁栄したが、ネアブラムシ発生の悪影響を受けた。しかし、現在は品質への集中のお陰で、その当然の地位を再び獲得している。ブドウ畑の広さは 50ha に達し、ロゼワインと並んで、ガメイ種を用い時にピノ種を加えて赤ワインを生産している。**ブド**地区のブドウ畑は、かつての重要性を取り戻したと言ってもおかしくない。

　ブド村は、Saint-Germain-Lembron 村の西 4km、Clermont-Ferrand 市の南直線距離で 36km に位置する。Lembron 村付近は地域地質的に赤色粘土の発達で知られている。

Saints川を少し歩くと、**ブド**村の西南西1kmの所に、この赤色粘土の素晴らしい露頭を見ることができる。露頭は浸食の結果尖塔のようになり、巨大な人の像を想像させる（川の名"聖人—Saints—"の由来）。この地点に行き着くには、村の狭い中世風の道を歩き、橋を渡り、共同墓地を過ぎ100mの所で狭い道を左に曲がり、500m歩いて左の道を入ると河床に到達する。

　ブドウ畑の大部分は、**ブド**村の北の斜面上にあり、南に面する優れた位置を占めている。土層は、砂質の層準と数10cmの厚さのピンク色結晶質石灰岩を含む、明瞭な縞状の赤色－緑色粘土からなる。この地点はルペリアン期層の基底に近く、ここではラテライト様鉄質粘土は変化しつつある一方、その多彩な色が保存されている。これらの土層は、最近トレンチによって明らかにされた。

　斜面の頂上は玄武岩溶岩によって覆われ、台地を形成している。この溶岩は西方約10kmのLeiranoux火山（時にはRanoux火山とも呼ばれる）から流れ出したものである。ブドウ畑の分布する斜面は、硬い石灰岩岩塊と上部から来た玄武岩の破片を含み、かなり目の粗い泥灰岩－石灰岩マトリックスを伴う厚さ1～2mの崩積層に覆われている。この混合層は多彩な粘土層を覆うが、傾斜によって良く排水され、完全にブドウに適した土壌を形成している。

地質年代概表（括弧内の表示はその年代の地層を示す）

百万年前	代（界）	紀（系）	世（統）	期（階）	他単位
2	新生代	第四紀			
		第三紀	鮮新世	ピアセンジアン＝アスティアン	前期ビラフランキアン
				タビアニアン＝ザンクリアン	
			新第三紀		
			中新世	メッシニアン	ポンティアン
				トートニアン	
				サーラバリアン	ヘルベチアン
				ランギアン	
				バーディガリアン	
24				アキタニアン	
			漸新世	チャッティアン	
				スタンピアン＝ルペリアン	スタンピアン
36					サノイジアン
			古第三紀	プリアボニアン	リューディアン
			始新世	バートニアン	マリネシアン
					オーベルシアン
				ルテシアン	
				ヤブレシアン	クイジアン
55					スパルナシアン＝イレルディアン
			暁新世	サネティアン	ヴィトロリアン
				モンティアン	
65				ダニアン	
	中生代	白亜紀	後期 セノニアン	マーストリヒチアン	Rognacian Begudian
				カンパニアン	Fuvelian
					Valdonian
				サントニアン	
				コニシアン	
				チューロニアン	
100				セノマニアン	
			前期 ネオコミアン	アルビアン	Vraconian
				アプチアン	ウルゴニアン相
				バレミアン	
				オーテリビアン	
				バランギニアン	
135				ベリアシアン	
		ジュラ紀	後期 マルム	ポートランディアン	チトニアン
				キンメリッジアン	
					セカニアン
				オックスフォーディアン	
					ローラシアン
			中期 ドッガー	カロビアン	
					アルゴビアン
				バトニアン	
				バジョシアン	
				アーレニアン	
			前期 リアス	トアルシアン	
				ドメーリアン	プリンスバッキアン＝シャルムーチアン
				Carixian	
				シネムーリアン	Lotharingian
					シネムーリアン
195				ヘッタンギアン	
		三畳紀	前期	レーティアン	
				ノーリアン	コイパー
				カーニアン	
			中期	ラディニアン	ムッシェルカルク
				アニシアン＝ビルギューリアン	
			前期	スキチアン	ブントザントシュタイン
230				ベルフェニアン	

百万年前	代（界）	紀（系）	世（統）		期（階）
230	古 生 代	ペルム紀	後期		サーリンジアン
			前期		サクソニアン
280					オーチューニアン
		石炭紀	後期	シレジアン	ステファニアン
					ウエストファリアン
					ナムーリアン
			前期	ディナンチアン	ビゼーアン
345					トルネージアン
		デボン紀	後期		ファメニアン
					フラスニアン
			中期		ジベーチアン
					クービニアン
			前期		エムシアン
					ジーゲニアン
395					ジュディニアン
		シルル紀	後期		ルドロビアン
					ベンロッキアン
435			前期		ランドベリアン
		オルドビス紀	後期		アシュギリアン
					カラドキアン
			前期		ランディリアン
					ランビルニアン
					アレニギアン
500					トレマドキアン
		カンブリア紀	後期		ポツダミアン
			中期		アカディアン
570			前期		ジョージアン
	先カンブリア時代	原生代			ブリオベーリアン
1000					ペンテブリアン
					イカルティアン
2600		始生代			
3800					

この年代表は一部 F.W.B. van Eysinga(Elsevir,1978) に基づいており、やむを得ず図表の形を取っている。
　特に＝の印は時間層序的な尺度で厳密に等価であること、あるいは層相が同一であることを必ずしも意味しないことに注意しなければならない。例えば後期鮮新世の期間に、ピアセンジアン階は基本的に粘土質であり、アスティアン階は砂質である。同様に、左端の欄に百万年単位で示された絶対年代は近似的な値に過ぎず、過去に遡る程不確実度が増す。
　表に画かれている線は、微妙な層序の真の印象を伝達するには、あまりにも真っ直ぐ過ぎる。例えば、ウルゴニアン相はアルプス帯におけるバレミアン－アプチアン階に一致するが、ピレネー帯では、一般により若い（下部アプチアン－アプチアン階）。第四紀は2つの非常に異なる部分に分けられる。即ち 10,000 万年前までの更新世と、それ以後の完新世である（後氷河期）。
　表に示した全ての地質単位は、C.Pomerol および C.Cabin 著、Doin 編、Paris. 'Stratigraphie', 'Paléogéographie: Précambrien' and 'Paléozoïque, Mésozoïque, Cénozoïque' で詳細に議論されている。

主要ブドウ品種の索引

ア行

アスピラン（aspiran）185
アブリュウ（abouriou）234, 239
アリゴテ（aligoté）72, 77, 89, 94, 103, 124
アルテス（altesse）117, 118, 123, 125, 126, 127, 128
ヴィオニエ（viognier）140, 146
ヴェルメンティーノ（vermentino）175
ヴァエルデロ・ド・マデール（verdelho de Madère）317
ヴェルドー（verdot）254
エリール（étraire）123
オセール（auxerrois）19, 20, 22, 50, 51, 53, 240
オーヴェルニュ（auvernat）290

カ行

カベルネ（cabernets）124, 211, 213, 218, 234, 238, 239, 247, 254, 255, 273, 290, 295, 296, 304, 305, 306, 310, 312, 315, 317
カベルネ・ソーヴィニオン（cabernet-sauvignon）6, 161, 165, 213, 218, 233, 239, 248, 254, 255, 265, 273, 275, 296, 310, 312
カマーレレ（camarelet）213
ガメイ（gamay）1, 6, 50, 53, 72, 76, 77, 78, 86, 94, 98, 99, 116, 118, 119, 123, 127, 134, 142, 146, 234, 239, 246, 247, 248, 296, 300, 301, 304, 312, 317, 323, 325
カリニャン（carignan）151, 160, 175, 185, 191, 198, 199
グラナシュ（grenache）6, 151, 153, 160, 175, 185, 191, 194, 199, 201, 205,
グランジェ（gringet）123, 125

グリ・ムニエ（gris meunier）296
クルビュ（courbu）211, 213, 215
クレブナー（klevner）20
クレレット（clairettes）151, 153, 160, 161, 185
グロ・プラン（gros plant）291, 295, 318, 319
グロロ（groslot）296, 304, 312, 313
ゲヴェルツトラミネール（gewurztraminer）5, 19, 21, 31, 34, 38, 41
コット（cot）234, 239, 240, 254, 296, 304, 312
コロンバード（colombard）223, 227, 255, 281

サ行

サンソー（cinsault）145, 151, 160, 161, 162, 175, 185, 191, 198, 199
サンテミリオン（saint-émilion）223, 227, 281
ジャケール（jacquére）123, 128, 135
シャスラ（chasslas）19, 22, 118, 123, 191, 295, 298, 299, 300
シャルドネ（chardonay）1, 6, 55, 57, 72, 76, 86, 87, 90, 103, 108, 111, 112, 113, 117, 118, 124, 127, 195, 295
シュナン（chenin）6, 290, 294, 295, 301, 302, 304, 305, 312, 313, 314, 317, 319
シラー（syrah）140, 142, 146, 160, 198, 199, 234, 239, 246, 247, 248
シルヴァネール（silvaner）5, 19, 20, 22, 32, 35, 42, 50
スキアカレッロ（sciaccarello）175
セミヨン（sémillon）6, 161, 231, 234, 239, 254, 266
ソーヴィニオン（sauvignon）6, 108, 111,

112, 113, 160, 213, 228, 231, 233, 234, 240, 254, 255, 266, 295, 297, 298, 299, 300, 301, 304, 323

タ行

タナ（tannat）211, 213, 215, 217, 238, 240
ティブラン（tibouren）160
デュラス（duras）246, 247
トゥルノン（tournon）144
トケー（tokay）19, 20, 22, 37, 144
トラミネール（traminer）22,
トルソー（trousseau）108, 110

ナ行

ニエルキオ（nielluccio）175
ネグレット（négrette）248
ノア（noah）223

ハ行

バッコ（bacco）223, 227
バルバロー（barbaroux）160
バルビン・ド・サヴォア（barbin de Savoie）123
ピクプール（picpoul）151, 192, 223
ピネン（pinenc）213
ピノ（pinot）51, 53, 86, 89, 112, 117, 118, 301, 323, 325
ピノ・グリ（pinot gris）19, 21, 37, 296, 317
ピノー・ドーニス（pineau d'Aunis）296, 312
ピノー・ド・ロワール（pineau de Loire）295, 301
ピノ・ノワール（pinot noir）1, 6, 19, 21, 22, 26, 30, 50, 51, 55, 57, 65, 66, 72, 75, 76, 96, 103, 108, 124, 290, 296, 299, 300
ピノ・ブラン（pino banc）19, 20, 22, 34, 42, 50
ファンダン（fendant）118
フェール（fer）213

フェール・サルヴァドール（fer salvadou）234, 238, 239, 247
フォルブランシュ（folle blanche）222, 227, 295, 317
ブシ（bouchy）213, 218
ブシャール（bouchalès）234
プールサール（poulsard）108, 110, 112, 114, 116
ブールブーラン（bourboulenc）151, 160, 161
ブローコル（braucol）246
ペルサン（persan）124
ベルメンティーノ（vermentino）161, 175
ポルトゲーズブルー（portugais bleu）247

マ行

マカベオ（macabéo）151, 153, 201
マスカテル（muscatel）233, 254, 255
マームジー（malmsey）21, 296
マルヴォアジー（malvoisie）124, 153, 175, 201, 296
マルサンヌ（marsanne）143, 144, 146
マルベック（malbec）6, 233, 239, 240, 248, 255
ミュスカ（muscat）19, 20, 37, 38, 149, 153, 154, 185, 191, 200, 201, 228, 233, 234, 238, 247
ミュスカ・オットネル（muscut ottonel）21
ミュスカデ（muscadet）291, 295, 315, 318
ムニエ（meunier）50, 55, 57
ムールヴェドル（mourvèdre）160, 161, 198, 199
メクル（mécle）117
メリル（mèllire）234, 239
メルロー（merlot）6, 233, 234, 236, 238, 240, 247, 254, 255, 273, 275
メンセン（menseng）211, 213, 215
モーザック（mauzac）194, 233, 246, 247
モレ（mollete）118, 124
モンドーズ（mondeuse）116, 118, 123, 125, 127

ヤ行

ユニ・ブラン（ugni blanc）151, 160, 234, 254, 255

ラ行

ラフィア・ド・モンカデ（rafiat de moncade）213
リースリング（riesling）6, 19, 20, 22, 28, 34, 37, 38, 50
ルーサンヌ（roussanne）123, 143, 144, 146, 162
ルーセット（roussette）117, 118, 123
ルフィアック（ruffiac）217
ルーレンダー（ruländer）21,
ローゼ（lauzet）213

主要ワイン産地名の索引

ア行

アイズ（Ayze）120, 122, 125, 129
アジャクシオ（Ajaccio）175, 176, 184
アヌシー（Annecy）129, 131, 132
アプルモン（Apremont）120, 127, 135
アルボア（Arbois）108, 110, 111, 112, 114, 115
アロース・コルトン（Aroxe-Corton）99, 100
アンボワーズ（Amboise）303, 304
アンスニ（Ancenis）317
アンドー（Andlau）32
アントル＝ドゥ＝メール（Entre-Deux-Mers）251, 256, 261, 268, 277
アンベリュー＝アン＝ビュジェイ（Ambérieu-en-Bugey）117, 118
アンマーシュヴィア（Ammerschwihr）18, 38, 39
イッタースヴィラー（Itterswiller）32
イルーレギー（Irouléguy）207, 209, 210, 211, 212, 219
ヴァンゲン（Wangen）27
ヴァントー（Ventoux）160
ヴィヴァレ（Vivarais）146
ヴィック・ビル（Vic-Bilh）207, 209, 210, 217
ヴィラール＝サン＝タンセルム（Villar-Saint-Anselme）195
ヴィリエ＝モルゴン（Villié-Morgon）80, 81
ヴィンツェンハイム（Wintzenheim）39, 40, 41
ヴヴレー（Vouvray）291, 294, 301, 302, 303, 304, 305
ウエスタルタン（Westhalten）43
ウエストフェン（Westhoffen）27
ヴェゾン＝ラ＝ロメーヌ（Vaison-la-Romaine）149, 156
ヴェルジー（Verzy）62
ヴェルテュ（Vertus）64
ヴエンハイム（Wuenheim）43
ヴォーヌ＝ロマネ（Vosne-Romanée）101
エーグイスハイム（Egquisheim）41
エクス＝アン・プロヴァンス（Aix-en-Provence）161, 165
エプフィグ（Epfig）32
オットロット（Ottrott）21, 30
オーベルタン（Aubertin）216
オベルネ（Obernai）30
オルシュヴィア（Orschwihr）43
オルトロ（Ortolo）178

カ行

カイサーベルグ（Kayserberg）38
カオール（Cahors）240, 241
カシ（Cassis）162, 163, 167, 168, 171, 181
カップ・コルス（Cape Corse）181
ガヤック（Gaillac）243, 244, 245, 246, 247
カルヴィ（Calvi）182, 183
ガン（Gan）216
キャノン・フロンサック（Canon Fronsac）261
キャブリエール（Cabrières）191, 192
キーンツハイム（Kientzheim）38
クラヴァン（Cravant）310, 311
グラーブ（Graves）5, 251, 261, 265, 270, 275, 277
グリモー（Grimaud）170
クリュエ（Cruet）120, 136

クルブル（Cléebourg）24
クレピ（Crépy）120, 122, 123
クレルモン＝レロー（Clermont-l'Héraut）188, 190, 191
クロズ＝エルミタージュ（Crozes-Ermitage）144
クロ・ド・ヴージョ（Clos de Vougeot）101
ゲーバーシュヴィア（Gueberschwihr）40, 41
ゲブヴィレー（Guebwiller）43
コキュモン（Cocumont）235, 236
コスティエール（Costiéres）153
コテ＝ロティ（Côte-Rôtie）138, 140, 141
コート・ドール（Côte d'Or）4, 72, 74, 75, 76, 86, 90, 92, 94, 95, 96, 98, 100, 108
コニャック（Cognac）279, 281, 282, 283, 285, 286
コラン（Corent）321, 325
コルマール（Colmar）40, 41
コンドリュー（Condrieu）138, 140
コン＝レ＝バン（Contz-les-Bains）51

サ行

サヴニエール（Savennières）314
サリー＝ド＝ベアルヌ（Salies-de-Béarn）207, 210, 213, 215, 218, 219
サルテーヌ（Sartène）175, 176, 177, 178
サレル（Salleles）190
サン＝サチュルナン（Saint-Saturnin）190
サン＝シニアン（Saint-Chinian）188, 199
サン＝ジュスタン（SaintJustin）226
サン＝ジュリアン（Saint-Julien）270, 274, 275
サン＝ジョルジュ＝ドルク（Saint-Georges-d'Orques）191
サンセール（Sancerre）290, 291, 294, 297, 298, 299, 300, 301
サンタムール（Saint-Amour）81
サンティポリット（Saint-Hypolyte）32, 34
サン＝テミリオン（Saint-Emilion）228, 251, 256, 257, 258, 260, 261, 273
サント（Saintes）283, 286
サント＝クロワ＝デュ＝モン（Sainte-Croix-du-Mont）251, 261, 263
サント＝セシル＝レ＝ヴィーニュ（Sainte-Cécile-les-Vignes）146, 148, 149, 150
サン＝ドレゼリー（Saint-Drèzery）191
サントロペ（Saint Tropez）163, 170, 171
サン＝パンタレオン＝レ＝ヴィーニュ（Saint-Pantaléon-les-Vignes）146
サン＝プルサン（Saint-Pourçain）321, 323
サン＝フロラン（Saint-Florent）182, 183
サン＝ペレ（Saint-Péray）138, 141, 142, 143, 144, 146
サン＝マルタン＝デュ＝モン（Saint-Martin-du-Mont）117
シェイニュー＝ラ＝バルム（Cheignieu-la-Balme）118
シェナ（Chenas）81
シェルク（Sierck）51
ジゴルスハイム（Sigolsheim）38
ジゴンダス（Gigondas）145, 149
シナン（Chignin）128, 136
シノン（Chinon）308, 310, 311
ジルーブル（Chiroubles）81
シャブリ（Chablis）74, 76, 102, 103
シャトー・オー・ブリオン（Château Haut-Brion）266
シャトー＝グリエ（Château-Grillet）140
シャトーゲイ（Châteaugai）321, 324
シャトー＝シャロン（Château-Chalon）108, 110, 111, 113, 114, 115
シャトーメイアン（Châteaumeillant）291, 296, 309
シャンチュルグ（Chanturgue）321, 324
ジュヴレ＝シャンベルタン（Gevrey-Chambertin）92, 101, 102
シュズ＝ラ＝ルッス（Suze-la-Rousse）148
ジュランソン（Jurançon）207, 209, 210, 213, 215, 216
ジュリエナ（Juliénas）81
シャラヒベルクハイム（Scharrachbergheim）28
シャンセ（Chançay）304, 305
シャンピニー（Champigny）309
シャンベリ（Chambéry）132, 135, 137
ショターニュ（Chautagne）120, 122, 126,

132, 134
スエル（Souel）245
セイセル（Seyssel）－ジュラ県－ 115, 116, 118
セイセル（Seyssel）－アン県－ 122, 124, 125, 132, 134
ゼルンベル（Zellenberg）37
ソーテルヌ（Sauternes）251, 261, 264, 265, 270, 277
ソミュール（Saumur）291, 294, 308, 309
ソルトゥレ（Solutré）85, 86

タ行

タヴェル（Tavel）151, 162
タランス（Talence）265
タン（Thann）13, 43, 44
ダンバッハ＝ラ＝ビル（Dambach-la-Ville）32, 34
タン＝レルミタージュ（Tain-L'Ermitage）141, 142, 144
テナレーズ（Ténarèze）220, 222, 224
デュラス（Duras）233
テュルクアイム（Turckheim）39
テュルサン（Tursan）207, 210, 218
トゥール（Toul）48, 49, 53, 54
トゥルノン（Tournon）141, 142, 143
トノン＝レ＝バン（Thonon-les-Bains）129, 131
トラエンハイム（Traenheim）27
トリカスタン（Tricastin）145, 146, 148

ナ行

ニュイ＝サン＝ジョルジュ（Nuits-Saint-Georges）72, 100

ハ行

ハイリゲンシュタイン（Heiligenstein）31
パトリモニオ（Patrimonio）181, 182
バニュルス（Banyuls）204
バラッキ（Baracchi）176
バール（Barr）31
バルサック（Barsac）251, 261, 265
バール＝シュル＝オーブ（Bar-sur-Aube）65, 66, 69, 70
バール＝シュル＝セーヌ（Bar-sur-Seine）65, 68, 69
バンドール（Bandol）161, 162, 163, 168, 170, 171
ピエールヴェール（Pierrevert）159, 162, 163
ピエルフ（Pierrefeu）162, 169, 170, 171
ピネ（Pinet）192
ビュゼ（Buzet）236, 237, 238, 240
プィ＝スュル＝ロワール（Pouilly-sur-Loire）291, 297, 298, 299, 300, 301
フィトゥー（Fitou）196
ブド（Boudes）321, 325, 326
プファッヘンハイム（Pfaffenheim）41
ブライ（Blaye）250, 255, 266, 269, 277
ブルロイス（Brulhois）238
フロンサック（Fronsac）258, 261
フロンティニャン（Frontignan）192
フロントン（Fronton）248
プュルニー・モンラッシェ（Puligny-Montrachet）96
ペサック（Pessac）265
ベジエ（Béziers）188
ペシャルマン（Pécharmant）230
ベネヴィヒル（Bennwihr）37
ベルクハイム（Bergheim）35, 37
ベルグビートン（Bergbieten）27
ベルクホルツ（Bergholtz）43
ベルジュラック（Bergerac）228, 230, 250
ベロック（Bellocq）207, 209, 213, 214
ベーブレンハイム（Beblenheim）37
ボー（Baux）161, 163, 164, 170
ボルドー（Bordeaux）250, 251, 257, 260, 261, 265, 266, 273, 275
ポルト＝ヴェッキオ（Porto-Vecchio）180
ボニファシオ（Bonifacio）178, 179, 180,
ボーヌ（Beaune）72, 90, 96, 98, 99, 100
ボーピュイ（Beaupuy）235, 240
ポマール（Pommard）98, 99
ボーム＝ド＝ヴニーズ（Beaumes-de-Venise）148, 149, 150
ポムロール（Pomerol）256, 260, 261
ポメロル（Pomerols）192

ボーリュ（Beaulieu）60, 164, 170

マ行

マコン（Mâcon）82, 83, 86, 87
マディラン（Madiran）207, 209, 213, 217, 218
マルゴー（Margaux）270, 272, 274, 275
マリニャン（Marignan）120, 124, 131
マルマンデ（Marmandais）234, 235, 237
マルレンハイム（Marlenheim）13, 21, 26, 27
ミッテヴィヒエ（Mittelwihr）37
ミッテルベルカイム（Mittelbergheim）20, 31, 32
ミルヴァル（Mireval）192
ミルポア（Mirepoix）195
ミネルヴォア（Minervois）199, 200
ムーラン＝ア＝ヴァン（Moulin-á-Vent）76, 81
ムルソー（Meursault）76, 99
メス（Metz）48, 49, 51, 52
メーズ（Mèze）192
メドック（Médoc）250, 251, 255, 265, 266, 269, 270, 273, 275
メルキュレ（Mercurey）87, 89
モナン（Monein）215, 216
モリー（Maury）203
モルゴン（Morgon）76, 80
モルスアイム（Molsheim）27, 28
モンタニュー（Montagnieu）117
モンバジャック（Monbazillac）228, 231, 239
モン・ブルイイ（Mont Brouilly）80

モンペイルー（Montpeyroux）190
モンベール（Montbert）319
モンルイ（Montlouis）294, 301, 302

ヤ行

ユスラン（Husseren）41
ユナヴィール（Hunawihr）37

ラ行

ラスブ（Lasseube）216
ラバスティド＝ダルマニアック（Labastide-d'Armagnac）226
ラ・マルペール（La Malepère）193, 194
ラ・ムジャネル（La Méjanelle）191, 192
ランス（Reims）58, 63, 64
リクヴィール（Riquewihr）37
リストラック（Listrac）270, 275
リパイユ（Ripalle）120
リブルヌ（Libourne）251, 255, 257, 258
リボヴィレ（Ribeauvillé）37
リムー（Limoux）194, 195
リュネル（Lunel）191
リュベロン（Lubéron）160
リラック（Lirac）151, 162
ルピアック（Loupiac）251
ルリー（Rully）87, 89
レイヨン（Layon）312, 314
レオニャン（Léognan）265, 266
レ・ザスプル（Le Aspere）204
レトワール（L'Etoile）112
ロウファッハ（Rouffach）43
ロデルヌ（Rodern）21, 35

訳者紹介

鞠子　正　まりこ　ただし

早稲田大学名誉教授，工学博士（早稲田大学）
1930年東京生まれ．1953年早稲田大学第一理工学部鉱山学科卒業，1961年早稲田大学大学院工学研究科博士課程修了．1972-1998年早稲田大学教育学部教授，元資源地質学会副会長．
主著に『鉱石顕微鏡と鉱石組織』（共著，1988，テラ学術図書出版），『日本大百科全書』（分担執筆，1985，小学館），『環境地質学入門』（2002，古今書院），『鉱床地質学－金属資源の地球科学』（2008，古今書院）

書　名	フランスのワインと生産地ガイド ―その土地の岩石・土壌・気候・日照、歴史とブドウの品種―
コード	ISBN978-4-7722-7137-0　C3061
発行日	2014（平成26）年10月20日　初版第1刷発行
監修者	シャルル・ポムロール
訳　者	鞠子　正 Copyright ©2014 MARIKO Tadashi
発行者	株式会社古今書院　橋本寿資
印刷所	三美印刷株式会社
製本所	渡辺製本株式会社
発行所	古今書院 〒101-0062　東京都千代田区神田駿河台2-10
電　話	03-3291-2757
ＦＡＸ	03-3233-0303
振　替	00100-8-35340
ホームページ	http://www.kokon.co.jp/

検印省略・Printed in Japan

古今書院発行の関連図書一覧

ご注文はお近くの書店か、ホームページで。
www.kokon.co.jp/ 電話は03-3291-2757
fax注文は03-3233-0303 order@kokon.co.jp

都市の景観地理 日本編1
阿部和俊編
B5判 本体2200円+税

★都市のビル、タワーで驚く景観変化
多くの学生にとって都市の景観は関心も高く惹きつける魅力もある。景観は地理学の最も古いテーマである。都市の姿、景観の変化を、その背後の要因と関係付けてうまく説明し興味深く語ることで景観というテーマが新鮮になる。魅力ある地理学のテーマそれは都市の景観地理だ。
　[主な内容] 都市景観とランドマーク、札幌の成長、仙台の景観計画、東京の変わるスカイライン、世界都市東京、名古屋の都心景観、京都の景観変遷、広島の被爆景観、小倉都心部の景観ツアー、北九州市八幡東区の景観変遷　執筆陣は阿部和俊、津川康雄、堤純、山田浩久、芳賀博文、伊藤健司、戸所泰子、阿部亮吾、橋田光太郎。ISBN978-4-7722-5205-8　C3025

都市の景観地理 日本編2
阿部和俊編
B5判 本体2200円+税

★身近な都市の景観と歴史を住民の目線で追う
中小都市をテーマにすれば、身近な景観問題、観光による地域振興、また日本の文化地理的な視点もある。景観に焦点をあてて都市の地理学を語ることは、地域の本質をさぐり、魅力を引き出す。
　[主な内容] 都市の文化的景観とまちづくり観光、小京都の景観とイメージ、東京vs大阪、都市のなかの農の景観、都市郊外としての琵琶湖岸の景観変化、郊外ニュータウンの景観、羽島市の景観変容、田川は高度成長を知らない近代都市、名瀬の歴史と景観、鹿児島の歴史と景観　執筆陣は阿部和俊、井口貢、内田順文、日比野光敏、宮地忠幸、稲垣稜、由井義通、大西宏治、松田孝典、原眞一、深見聡。
ISBN978-4-7722-5206-5　C3025

都市の景観地理 韓国編
阿部和俊編
B5判 本体2300円+税

★韓国の都市、景観変化の謎を解く歴史と地理
ここに地理学者が紹介する韓国の7つの都市、その景観変化と特徴は、韓国でも知名度の高い都市だ。特色ある都市景観を多くの写真と地図で紹介し、身近に感じられる韓国都市の違いがわかる本。
　[主な内容] 韓国の「旧邑都市」における歴史的景観変化、ソウルの都市発展と伝統的景観の保全、激変した首都ソウル、水原市の昔といま、仁川広域市は首都圏最大の港湾都市、大田広域市は大きな田んぼが科学技術の町へ、忠清北道の清州市の旧市街地と新市街地、釜山広域市は日本と関係が残る、ナンバー3の大邱市は中小企業の町　執筆陣は阿部和俊、轟博志、藤塚吉浩、細野渉、沈光澤、北田晃司、山元貴継、神谷浩夫。ISBN978-4-7722-5213-3　C3325

都市の景観地理 中国編
阿部和俊・王徳編
B5判 本体2500円+税

★話題の中国、知名度のある都市を語る
オリンピックで中国の情報が一段と増えた。中国の都市についても主な都市は身近になった。歴史、景観変化、その特徴をとらえて紹介する。若手中国人研究者も含めた執筆陣による中国8都市の最新の都市景観論。
　[主な内容] 1社会主義中国の首都北京 2激変のつづく北京の都市景観 3国際都市上海 4東シナ海の臨港新城 5江南の古都武漢 6華中の大都市武漢 7黄河にはぐくまれた都市蘭州 8無錫 9蘇州の農村景観 10高原水郷都市麗江古城
執筆陣は阿部和俊、山崎健、前川明彦、王徳、陳為、劉雲、範凌雲、程国輝、唐相龍、劉律、蔡嘉璐、杜国慶。
ISBN978-4-7722-5214-0　C3325

都市の景観地理 大陸ヨーロッパ編
阿部和俊編
B5判 本体2800円+税

★ヨーロッパの都市景観をカラーで見る
ドイツ、フランス、スペイン、トルコ、オランダ、デンマークの6カ国の都市を写真とともに紹介する。その都市の性格と景観に物語を読む。
　[主な内容] 1バルセロナは産業都市、居住区と職業との関連(竹中克行)2ゆっくりと変化するパリのすがた(阿部和俊)3歴史的街区のマレ地区を調べた(荒又美陽)4アムステルダムの景観を歩く(大島規江)5伝統美と革新的機能性の調和コペンハーゲン(山根拓)6ウィーン(加賀美雅弘)7ドイツの都市景観はなぜ美しい(小林浩二)8ミュンヘン(藤塚吉浩)9ハイデルベルクのまちづくり(由井、フンク、川田)10アンカラは共和国中央の首都(寺阪昭信)ISBN978-4-7722-5234-8　C3325

古今書院発行の関連図書一覧

ご注文はお近くの書店か、ホームページで。
www.kokon.co.jp/ 電話は03-3291-2757
fax注文は03-3233-0303 order@kokon.co.jp

フードツーリズム論

安田亘宏著
A5判 本体3200円+税

★「地域の食」に関する初めての本格的論考

B級グルメなど「地域の食」に係わる新しい旅が生まれ定着した。この観光現象をフードツーリズムという。いま地域の食や食文化を観光資源として観光振興への取り組みが全国に広がっている。観光現象「フードツーリズム」の日本初の専門書。

[主な目次]第1部フードツーリズム論 1章 その研究と定義 2章 その歴史的展開 3章 その現状 4章 その類型 第2部フードツーリズムと観光まちづくり 5章 観光まちづくりとマーケティング 6章 高級グルメツーリズム 7章 庶民グルメツーリズム 8章 マルチグルメツーリズム 9章 食購買ツーリズム 10章 食体験ツーリズム11章 ワイン・酒ツーリズム ISBN978-4-7722-7118-9

文学を旅する地質学

蟹澤聰史著
A5判 本体3000円+税

★岩石学者である著者が旅した文学作品の舞台

ゲーテは地質学や鉱物学に興味があり若いとき関連する職についたそうだ。宮沢賢治やノヴァーリスは若い時地質学を学んだという。作品の舞台や背景となった自然の描写にその影響が読める。著名な文学作品やギリシャ神話を題材に、地質学的背景を探ろうという意欲的な試みが新鮮で、かつ身に付く教養に。

[おもな目次] スタインベック「怒りの葡萄」とルート66 ゲーテの「ファウスト」と花崗岩の成因、イタリア紀行の地質学 宮沢賢治とノヴァーリスに共通 漢詩でみた中国の地質 魯迅と地質学 大岡昇平と地質学 「ニルスのふしぎな旅」と北欧の地質 地中海東部の地質とギリシャ神話

発展途上世界の観光と開発

阿曽村邦昭・鏡武訳編
A5判 本体3800円+税

★大学観光学科の最良テキストとして訳出

原著はルートレッジ社の教科書。著者はカナダとイギリスの観光学科の教授。発展途上諸国で観光産業がおかれている現状を理解し、持続可能性の理想を推進することが極めて困難であることを理解するが、しかし途上国にとって観光は、開発の上で魅力ある選択肢であることは間違いない。観光開発のディレンマは、環境面をはじめ経済的、社会的、文化的な側面でも事例豊富に解説。

[主な内容] 1序説:発展途上諸国における観光 2観光と持続可能な開発 3グローバル化と観光 4観光の企画と開発の過程 5地域社会の観光似対する反応 6観光の消費 7観光の影響評価 8結論:観光開発のディレンマ ISBN978-4-7722-7109-7

棚田 その守り人

中島峰広著
A5判 本体3200円+税

★美しい棚田写真と読んで出かける旅ガイド

著者は棚田学会会長、NPO法人棚田ネットワーク代表を務める。好評の第三弾。今回は40箇所さらに新しい棚田を発見し、美しい景観を作り出し保存に努力するその守り人たちを紹介する。読んだら出かけることを前提に書かれた実用旅ガイド

〔主な内容〕1日本海に面する庄内の棚田、2蔵王山西斜面にある棚田、3会津裏磐梯の棚田、4高原山の東麓山県第二農場の棚田、5都心に近い秩父盆地の棚田、6魚沼丘陵にある棚田、7グリーンリース事業が支える棚田、8中越地震震央部の棚田、9日本一の棚田卓越地頸城の棚田、10トキが舞っていた棚田、…36隠れキシリタンの里にある棚田、40甲突川の水源にある棚田 ISBN978-4-7722-5260-7

文化観光論—理論と事例研究—上巻

阿曽村邦昭・智子訳
A5判
上巻本体3600円+税

★観光学科のある大学43校で、学びたい講義内容がこれだ!

創られたイメージが発信されて観光客を呼び寄せた結果、観光客の抱くイメージや期待が現地の人々の意識や文化に影響を与える…文化のさまざまな局面で、観光がどのような機能を果たしているか、事例研究と理論で明らかにする。原題Cultural Tourism in a Changing World—Politics Participation and Representation—。[主な内容]1政治、権力、遊び 2文化政策、文化観光 3遺産観光とアイルランドの政治問題 4ノルウェー貴族的生活の復活 5ポーランド文化観光 6文化観光・地域社会の参加、能力開発 7アフリカ地域社会 8黒人町を観光する 9地域社会の能力開発 10ラップ人地域社会 ISBN978-4-7722-7105-9